Allgemeine Botanik für Dummies – Schummelseite

Die wichtigsten Zellbestandteile und ihre Funktion:

Zellbestandteil	Hauptfunktion
Zellwand	Schutz, Struktur und Stabilität der Zelle
Plasmamembran	Kontrolle des Stoffaustauschs zwischen Zellen, Aufrechterhaltung des Zellmilieus
Zytoskelett	Gerüstmaterial für die Zelle; Bildung von Transportwegen für Vesikel und andere Organellen innerhalb der Zelle
Plasmodesmen	Stofftransport zwischen Zellen
Zentralvakuole	Speicherung von Wasser und anderen Stoffen, Aufrechterhaltung des Turgordrucks der Zelle
Zellkern	Speicherort der Erbinformation, Ort der DNA-Replikation und Transkription
Chloroplasten	Ort der Photosynthese
Mitochondrien	Energiegewinnung, Ort der Zellatmung
Glattes ER	Produktion von Proteinen (Translation und Proteinmodifikation)
Raues ER	Produktion von Lipiden
Golgi-Apparat	Empfang und Weiterleitung von Vesikeln
Peroxisom	Abbau von Lipiden
Vesikel	Stofftransport innerhalb der Zelle (Transport-Vesikel) oder aus der Zelle hinaus (Sekretorische Vesikel); Einlagerung und Abbau von Abfallstoffen (Lysosomen)

Die wichtigsten Pflanzengewebe im Überblick:

Gewebe	Zelltypen	Funktion	Ort
Leitungsgewebe	– Xylem besteht aus Tracheen und Tracheiden – Phloem besteht aus Siebröhren- und Begleitzellen	– Xylem: Wassertransport – Phloem: Nährstofftransport	In Spross, Blättern und Wurzeln
Abschlussgewebe	Parenchym	Schützt das Pflanzengewebe und verhindert Wasserverlust	Äußere Schicht von Spross, Blättern und Wurzeln
Grundgewebe	Parenchym Kollenchym Sklerenchym	Aufbau des Pflanzenkörpers	In Spross, Blättern und Wurzeln
Meristeme	Parenchym	Produktion neuer Pflanzengewebe	In Triebspitzen, Wurzelspitzen und Knospen. Bei Holzpflanzen in einem Ring um den Stamm

Allgemeine Botanik für Dummies – Schummelseite

Die Bestandteile einer Blüte

Blüten können *ein-* oder *zweigeschlechtlich* sein.

Der **männliche Teil** einer Blüte *(Androeceum)* besteht aus ein bis mehreren *Staubblättern (Stamina)*. Jedes Staubblatt besteht aus zwei Teilen: Die dünnen Stiele heißen *Staubfäden* oder *Filamente*. An deren Spitze sitzen die *Staubbeutel (Antheren)*, die *Sporangien* enthalten. Sporangien bilden *Sporen*, aus denen sich dann die Pollenkörner mit Spermazellen entwickeln.

Die *Fruchtblätter (Karpelle)* bilden den **weiblichen Teil** einer Blüte *(Gynoeceum)*. Jedes Karpell besteht aus drei Teilen: Die Spitze des Fruchtblattes heißt *Narbe*. Wenn Pollen auf der Narbe landet, spricht man von Bestäubung. Der lange, röhrenförmige Abschnitt des Fruchtblattes, der die Narbe trägt, ist der *Griffel*. Die verdickte Basis des Fruchtblatts wird *Fruchtknoten* oder *Ovar* genannt. In ihm befinden sich die Plazentas mit ein oder mehreren Samenanlagen. Diese werden von Spermien befruchtet und entwickeln sich nach der Befruchtung zu Samen.

Der Lebenszyklus einer Pflanze

Die meisten Pflanzen wechseln während ihres Lebenszyklus zwischen zwei Formen: Der Sporophyten-Generation und der Gametophyten-Generation. Ein kompletter Lebenszyklus einer Pflanze beinhaltet also beide Formen.

Eigenschaften	Sporophyten-Generation	Gametophyten-Generation
Ploidie (= Anzahl der Chromosomensätze)	Diploid, zwei Chromosomensätze	Haploid, ein Chromosomensatz
Art der Zellteilung und deren Funktion	Mitose → Wachstum Meiose → Produktion haploider Sporen, die den Beginn der Gametophyten-Generation darstellen	Mitose → Wachstum Mitose → Produktion haploider Gameten, die sich verbinden, um die Sporophyten-Generation zu bilden
Wie die Generation beginnt	Beginnt, wenn haploide Gameten (Spermium und Eizelle) zu einer diploiden Zygote verschmelzen	Beginnt, wenn der Sporophyt haploide Sporen bildet
Aussehen bei verschiedenen Pflanzenarten	Bei Farnen, Gymnospermen und Angiospermen stellt die Sporophyten-Generation die sichtbare Form (Bäume, Sträucher etc.) dar. Bei Moosen und Bärlappgewächsen, sind die Sporophyten kleine Strukturen, die auf dem Gametophyten wachsen.	Bei Moosen und Bärlappgewächsen stellt die Gametophyten-Generation die sichtbare Form dar. Bei Farnen sind es kleine, aber unabhängige Strukturen. Bei Gymnospermen und Angiospermen handelt es sich um kleine Strukturen, die vom Sporophyten eingeschlossen sind.

Allgemeine Botanik
für Dummies

Rene Fester Kratz

Allgemeine Botanik für Dummies

Übersetzung aus dem Amerikanischen
von Dr. Frank Erdnüß

Fachkorrektur Dr. Frank Erdnüß und Dr. Tina Blasche

WILEY-
VCH

WILEY-VCH Verlag GmbH & Co. KGaA

Bibliografische Information der Deutschen Nationalbibliothek
Die Deutsche Nationalbibliothek verzeichnet diese Publikation in der Deutschen Nationalbibliografie; detaillierte bibliografische Daten sind im Internet über http://dnb.d-nb.de abrufbar.

1. Auflage 2013

FSC www.fsc.org MIX Papier aus verantwortungsvollen Quellen FSC® C006701

Printed in Germany

Gedruckt auf säurefreiem Papier

Coverfoto: istock/alanphillips
Korrektur: Dr. Tina Blasche, Neuenhagen
Satz: Mitterweger & Partner, Plankstadt
Druck und Bindung: CPI, Ebner & Spiegel, Ulm

Print ISBN: 978-3-527-70862-8

Über die Autorin

Dr. Rene Fester Kratz studierte Biologie an der Boston University. Dabei begeisterte sie vor allem die Botanik, sodass sie im Anschluss an ihr Studium zwei Jahre lang an der University of Massachusetts im Department für Botanik arbeitete und anschließend an der University of Washington auch ihren Doktor in Botanik machte. Rene Fester Kratz, die mit ihrem Mann, ihren beiden Söhnen und zwei Hunden in Washington lebt, lehrt derzeit Biologie am Everett Community College in Everett. Zudem arbeitet sie in der Lehrerausbildung und ist Mitautorin von *Biologie für Dummies*.

Über den Übersetzer

Dr. Frank Erdnüß studierte Biologie mit den Schwerpunkten Botanik und Naturschutz an den Universitäten Mainz und Marburg. Für seine Diplomarbeit untersuchte er 1994 die artenreichen Feuchtwälder im Bienwald, einer für Deutschland einzigartigen Schwemmfächerlandschaft in der Südpfalz. Im Jahr 2000 wurde er an der Universität Koblenz-Landau mit einer Dissertation zu den letzten naturnahen Erlenwäldern des Westerwaldes promoviert. Seine Leidenschaft für Wälder und Holzpflanzen drückt sich auch in seinem ersten Buch aus, das 2010 unter dem Titel *Blütenpracht am Lago Maggiore* erschien; darin werden zahlreiche Gehölze Oberitaliens in Wort und Bild porträtiert. Seit 1995 arbeitet er als freiberuflicher Wissenschaftsjournalist und Übersetzer, unter anderem für die Universität Mainz. Seine Publikationen erscheinen in deutschen und internationalen Fachzeitschriften sowie in der Tagespresse.

Cartoons im Überblick

von Rich Tennant

„Das sollte gehen."

Seite 23

»Scheint eine ganz normale Margerite zu sein.
Aber Moment – was ist das?«

Seite 113

»Und, Herr Schulze – wie läuft es mit Ihren
genetischen Experimenten an den Wildtulpen?«

Seite 189

»Such nach einem Schattenparkplatz, meine Pflänzchen
vertragen keine direkte Sonne.«

Seite 227

»Gute Nachricht, Chef!
Wir haben ein Kraut gegen Haarausfall entdeckt.«

Seite 307

»Ich glaube irgendwas bei Deinen Kakteen ist gerade gestorben.«

Seite 361

Fax: 001-978-546-7747
Internet: www.the5thwave.com
E-Mail: richtennant@the5thwave.com

Inhaltsverzeichnis

Teil IV Biodiversität im Pflanzenreich 227

Kapitel 13 Im stetigen Wandel: Evolution und Adaptation 229

Kapitel 14 Der Baum des Lebens – wie alle Organismen miteinander verwandt sind 245

Kapitel 15 Typische Pflanzen am Waldboden – Moose und Farne 257

Einleitung

Heutzutage ist so vieles »grün«: Technologien, Energie, Lebensweise und auch in der deutschen Parteienlandschaft sind »Die Grünen« fest etabliert. Das Wort »grün« symbolisiert dabei eine gesunde Umwelt und einen nachhaltigen Lebensstil. Es eignet sich gut als positives Adjektiv, denn grün sind auch unsere üppig wachsenden Felder und Wälder. Dieses Buch handelt von den Organismen, die unsere Welt begrünen – von den Pflanzen, die unseren Planeten in weiten Teilen dominieren und ihn so wunderschön gestalten.

Über dieses Buch

Allgemeine Botanik für Dummies versteht sich als Einführung in die Welt der Pflanzen und offenbart dabei deren fundamentale Bedeutung für jegliches sonstige Leben auf unserem Planeten. Mein Ziel ist es, die Biologie pflanzlicher Organismen einfach und klar darzustellen, wobei stets versucht wird, einen Bezug zwischen der Wissenschaft und unserem täglichen Leben herzustellen. Viele der im Buch verwendeten Abbildungen werden auch in botanischen Grundkursen an Universitäten verwendet.

Die Botanik umfasst die wissenschaftliche Untersuchung der pflanzlichen Lebewesen, das heißt ihre Morphologie, Physiologie, Ökologie, Diversität, Evolution, Genetik sowie auch ihre Wechselbeziehungen zu Tieren und Menschen. Ich hoffe, dass es Ihnen ebenso geht wie mir, als ich mit dem Studium der Botanik begann: Ich war überrascht, wie vielfältig und geheimnisvoll die Pflanzenwelt ist und gleichzeitig fasziniert von ihrer Schönheit.

Konventionen in diesem Buch

Um Sachverhalte so einfach und nachvollziehbar wie möglich darzustellen, werden Fachbegriffe entweder vermieden oder direkt erklärt. Die Darstellung sehr umfangreicher Sachverhalte beschränkt sich in der Regel auf die zugrunde liegenden Konzepte und komplexe Zusammenhänge werden in aufeinanderfolgenden Schritten erklärt.

Damit Sie sich im Text besser zurechtfinden, habe ich die folgenden Stilmittel beziehungsweise Formatierungen verwendet:

- ✔ *Kursivschrift* wird für Begriffe verwendet, die neu auftreten und anschließend definiert werden. Auch Gattungs- und Artnamen werden kursiv geschrieben.
- ✔ **Fettdruck** stellt Schlüsselwörter heraus und markiert die wichtigsten Satzteile beziehungsweise Begriffe in Aufzählungslisten.
- ✔ Grau unterlegte Kästen enthalten interessante Hintergrundinformationen zum jeweiligen Thema; das Lesen der Kästen ist zum Verständnis des Kapitels jedoch nicht zwingend erforderlich.

- `Internetadressen` sind durch den Schrifttyp `Monofont` gekennzeichnet, sodass sie leicht wiedergefunden werden können.

Törichte Annahmen über den Leser

Beim Schreiben des Buches habe ich mich immer wieder gefragt, wer es wohl lesen wird. Welche Zielgruppe will ich erreichen. Ich weiß es nicht, aber vielleicht sind ja Sie, lieber Leser,

- ein Oberstufenschüler, der Biologie als Leistungsfach gewählt hat und vielleicht eine Facharbeit in Botanik plant.
- ein Student eines naturwissenschaftlichen Faches (zum Beispiel Biologie, Pharmazie, Medizin, Geographie), der mithilfe des Buches den Pflichtkurs Botanik besser absolviert.
- einfach ein an Pflanzen interessierter Mensch (zum Beispiel Hobbygärtner, Wanderer), der sich eingehender mit unseren Primärproduzenten beschäftigen möchte.

Wie dieses Buch aufgebaut ist

Das Buch gliedert sich in sechs Teile, in denen die wesentlichen Teilgebiete der Botanik, also Morphologie (Aussehen und Gestalt), Physiologie (Stoffwechselvorgänge und Biochemie), Genetik (Vererbungslehre), Entwicklungsbiologie, Taxonomie (Pflanzenbestimmung), Phylogenie (Abstammungslehre) sowie die Bedeutung für den Menschen dargestellt werden.

Teil 1: Grundlagen

Pflanzen unterscheiden sich gar nicht so sehr von der übrigen belebten Welt. Genau wie bei allen anderen Lebewesen stellt die Zelle die kleinste Einheit des pflanzlichen Organismus dar. Pflanzenzellen bilden Gewebe, die wiederum die bekannten Organe Wurzel, Spross und Blatt aufbauen. In Teil 1 wird die Pflanzenzelle besprochen und erklärt, wie sich Zellen zu unterschiedlichen Strukturen und Geweben organisieren.

Teil 2: Pflanzenphysiologie

Pflanzen haben die gleichen Grundbedürfnisse wie alle anderen Lebewesen: Für ihr Wachstum brauchen sie Baustoffe und Energie. Das Besondere an Pflanzen aber ist natürlich, dass sie die Fähigkeit haben, Sonnenenergie zu nutzen, das heißt die notwendigen Baustoffe selbst herzustellen und die Energie für sich zu gewinnen. Weil Pflanzen sich nicht vom Fleck bewegen können, haben sie ganz ausgeklügelte Techniken zur eigenen Wasserversorgung entwickelt. Teil 2 beginnt mit einem Überblick über den pflanzlichen Stoffwechsel und präsentiert dann die Mechanismen des Wasser- und Nährstofftransports sowie der Signalübertragung.

Teil 3: Reproduktion und Genetik

Pflanzen können sich sowohl sexuell (generativ) als auch asexuell (vegetativ) vermehren. In diesem Teil widmen wir uns der Zellteilung, sowohl für normales Wachstum (Mitose) als auch für die generative Vermehrung mit Eizellen und Spermien (Meiose). Außerdem versuche ich, Ihnen die Grundlagen der Genetik zu vermitteln, das heißt zu erklären, wie bestimmte Merkmale von einer Generation zur nächsten weitergegeben werden.

Teil 4: Biodiversität im Pflanzenreich

Wahrscheinlich kennen Sie die Pflanzen in Ihrem Garten, die Bäume im Wald und auch die Gemüsesorten in Ihrer Küche mit Namen. Aber haben Sie sich jemals die Blüten genauer angeschaut und gefragt, was die eine Pflanzenart von der anderen unterscheidet? In Teil 4 beschäftigen wir uns daher mit den Hauptgruppen des Pflanzenreichs und mit ihren speziellen Merkmalen, sowohl hinsichtlich der Gestalt als auch der Lebensweise.

Teil 5: Pflanzen und Menschen

Pflanzen sind untrennbar mit unserem täglichen Leben verbunden. Man denke nur an ihre Bedeutung für unser Klima, den Wasserhaushalt oder an die vielen pflanzlichen Produkte, die wir nutzen. In diesem Teil zeige ich Ihnen, wie wichtig Pflanzen für eine gesunde Umwelt sind und erläutere ihre zahlreichen Nutzungsmöglichkeiten, von Medikamenten über Kleidung, Treibstoff und Nahrung bis hin zu Baumaterialien. Außerdem gehe ich auf die Technik der Genveränderungen bei Pflanzen ein, die unsere Landwirtschaft bereits stark verändert hat und auch die Entwicklung neuer Arzneimittel beeinflusst.

Teil 6: Der Top-Ten-Teil

Dieser letzte Teil eines jeden »Dummies«-Buchs besteht aus kurzen Kapiteln mit jeweils etwa zehn Themen. Hier werden zehn außergewöhnliche Geschichten aus der Pflanzenwelt erzählt.

Symbole, die in diesem Buch verwendet werden

Die folgenden Symbole werden wie in jedem »Dummies«-Buch verwendet, damit Sie sich leichter orientieren können.

Pfeil und Zielscheibe stehen als Symbol für den Kern der Sache. Das Symbol markiert Informationen, die Ihnen dabei helfen sollen, die wesentlichen Informationen besser zu behalten und weist auf praktische Eselsbrücken hin.

Das Symbol »Techniker« bezeichnet Hintergrundinformationen, die für ein Verständnis des jeweiligen Sachverhaltes nicht unbedingt gelesen werden müssen. Wenn Sie jedoch etwas mehr als nötig wissen möchten, können Sie diesen Text gern lesen.

Der erhobene Zeigefinger ersetzt sozusagen den gelben Textmarker. Informationen hinter diesem Symbol gilt es im Gedächtnis zu behalten. Falls das nicht immer gelingt, können Sie sich mithilfe dieses Symbols ganz schnell wieder einen Überblick über das ein oder andere Thema verschaffen.

Mit diesem Symbol soll auf Missverständnisse und Fallstricke hingewiesen werden. Wenn Sie den vorstehenden Textabschnitt nur flüchtig gelesen haben, achten Sie bitte besonders auf diesen Warnhinweis.

Wie es weitergeht

Wie in allen »Dummies«-Büchern so stehen auch hier die einzelnen Kapitel für sich allein. Man kann also jedes beliebige Kapitel einzeln durcharbeiten, egal in welcher Reihenfolge. Wenn Sie sich generell einen Überblick über die Pflanzenwelt verschaffen möchten, fangen Sie vielleicht mit Teil 5 »Pflanzen und Menschen« an. Wenn Sie jedoch gerade einen Grundkurs Botanik an der Universität absolvieren, sollten Sie bei den Grundlagen in Teil 1 beginnen.

Ich hoffe, Sie genießen diese Reise durch die Pflanzenwelt und können am Ende meine Begeisterung für die Botanik etwas nachvollziehen.

Teil I

Grundlagen

„Das sollte gehen."

In diesem Teil ...

In diesem ersten Teil des Buches mache ich Sie mit Pflanzen bekannt – mit Lebewesen, die Sie vielleicht noch nie so richtig wahrgenommen haben. Obwohl viele Menschen einen Garten haben und auch ihre Fensterbänke mit Blütenpflanzen schmücken, sind ihnen Pflanzen relativ fremd.

Während der Lektüre dieses Teils werden Sie die grundlegenden Prinzipien pflanzlichen Lebens kennenlernen und auch die Evolution besser verstehen. Sie werden verstehen, dass Pflanzen und Tiere viele Ähnlichkeiten miteinander haben. Genau wie wir, sind Pflanzen aus Zellen aufgebaut, die als Gewebe organisiert sind und Organe bilden. Pflanzen haben sogar Sex. Viele Nahrungsmittel sind beispielsweise das Produkt der sexuellen Vermehrung von Pflanzen.

Botanik verstehen

1

In diesem Kapitel

- Von der Zelle zur Pflanze
- Wie Pflanzen funktionieren
- Pflanzen und Menschen

Unter Botanik verstehen wir das Studium von Pflanzen, das heißt ihre Morphologie, Funktion, Reproduktion, Diversität, Abstammung und so weiter. Im täglichen Leben scheint es vielleicht so, dass Pflanzen ein Schattendasein führen – in Wahrheit stehen sie jedoch im Mittelpunkt unseres Lebens. Unsere Nahrung, unsere Kleidungsstücke, unsere Einrichtungsgegenstände – all das basiert letztlich auf der Vegetation. Grüne Pflanzen nehmen Kohlendioxid aus der Atmosphäre auf und wirken damit der Klimaerwärmung entgegen. Viele Pflanzen stellen den Lebensraum für Insekten und andere Tiere bereit, sie tragen zur Reinigung der Gewässer bei und helfen, unsere Küsten und Berge vor übermäßiger Erosion zu schützen.

Und neben all diesen nützlichen Eigenschaften sind Pflanzen auch einfach faszinierend. Sie haben einzigartige Strategien entwickelt, mit deren Hilfe sie in den unterschiedlichsten Lebensräumen überleben können. Auf nährstoffarmen Böden fangen sie Insekten, sie wachsen in der Erde oder hoch in den Wipfeln von Regenwaldbäumen und kommen mit jedem Klima klar, sei es in der Wüste oder in kalten Polarregionen. Auf den ersten Blick sind Pflanzen so anders als Menschen, aber wenn man ihren Stoffwechsel genau anschaut, ist man überrascht, wie viele Ähnlichkeiten doch bestehen. Dieses Kapitel stellt die Botanik als Wissenschaftsdisziplin vor und bietet einen Einblick in die Geheimnisse der Pflanzenwelt.

Der pflanzliche Aufbau im Detail

Kaum zu glauben, aber Pflanzen und Menschen haben vieles miteinander gemeinsam. Ebenso wie bei uns bestehen ihre Körper aus Zellen (siehe Kapitel 2), die sich zu Geweben organisieren (siehe Kapitel 3), welche wiederum die drei bekannten Grundorgane Wurzel, Spross und Blatt bilden. In pflanzlichen Zellen laufen vielfach die gleichen biochemischen Reaktionen ab wie bei uns; so wird beispielsweise die Erbinformation auch als DNA gespeichert, Kohlenhydrate dienen als Energiequelle und Proteine übernehmen bestimmte Aufgaben im Organismus. Schließlich handelt es sich sowohl bei menschlichen als auch bei pflanzlichen Zellen um *eukaryotische Zellen*, das heißt es gibt einen Zellkern und verschiedene Zellorganellen.

Gut organisierter Aufbau – Wurzel, Spross und Blatt

Pflanzen streben nach Sonnenlicht, denn Grundlage ihres Wachstums ist die *Photosynthese*. Mit diesem Prozess, der meist in den Blättern stattfindet, verwandeln Pflanzen Lichtenergie in

Zuckermoleküle. Damit möglichst viel Sonnenlicht absorbiert werden kann, sind die Blätter in der Regel flach ausgebreitet. Aber es gibt auch andere Blattformen für spezielle Aufgaben, wie etwa Blattranken zum Erklimmen von Zäunen, Blattdornen als Fraßschutz oder dickfleischige Blätter als Wasserspeicher.

Blätter sitzen stets am Spross beziehungsweise der Sprossachse. Somit hilft der Spross den Blättern, optimal ausgerichtet zu sein und sich nicht gegenseitig zu beschatten. Neues Pflanzenwachstum findet durch Zellteilung an den Sprossspitzen statt. Der Spross wächst und es bilden sich neue Blätter, Äste und manchmal auch Blüten. Manche Sprossachsen sind ebenfalls grün und können Photosynthese betreiben, zum Beispiel bei manchen Kakteen. Andere Sprosse wiederum kriechen horizontal am Boden entlang und bilden in gewissem Abstand immer wieder neue Pflanzen – wir kennen das zum Beispiel von der Erdbeere.

Die Wurzeln sind für die Wasserversorgung von Spross und Blättern zuständig. Sie nehmen das Wasser mitsamt den darin gelösten Mineralien aus dem Boden auf und absorbieren damit auch gleichzeitig Nährstoffe, wie etwa Stickstoff und Phosphor, die für die Funktionen im Pflanzenkörper wichtig sind. Manche Pflanzen wie beispielsweise der Löwenzahn haben eine lange Pfahlwurzel, die tief in den Boden hineinreicht, während Gräser zum Beispiel ein feines Wurzelgeflecht ausbilden. Wiederum andere, wie etwa Maispflanzen, bilden sogenannte *sprossbürtige Wurzeln* aus, die kurz oberhalb der Erdoberfläche am Spross entspringen, in den Boden wachsen und die normalen Wurzeln unterstützen.

Wie Pflanzen sich vermehren

Im Laufe der Evolution haben sich im Pflanzenreich ganz unterschiedliche Arten der Vermehrung entwickelt. Für die generative (sexuelle) Vermehrung werden spezielle reproduktive Zellen gebildet, die sogenannten *Sporen* (siehe auch Kapitel 5). Viele der uns bekannten Pflanzen absolvieren den Generationswechsel jedoch in einer anderen Form, als *Same*. Samen eignen sich besser für die Reproduktion als Sporen, da sie den pflanzlichen Embryo schützend umhüllen und ihm mit einem speziellen Nährgewebe beim Auskeimen helfen.

Manche Pflanzen scheinen bei der generativen Vermehrung fast übermütig geworden zu sein, denn sie produzieren aufwändige Blüten (siehe auch Kapitel 5), die als Lockmittel für potenzielle Bestäuber dienen sollen. Andere Pflanzenarten, zum Beispiel viele Gräser und Bäume, verzichten auf Tiere als Pollenüberträger und lassen ihre Blüten stattdessen durch den Wind bestäuben.

Die Blüten beherbergen sowohl männliche Staubblätter als auch weibliche Fruchtblätter. Die Staubblätter enthalten den Pollen, in dem sich wiederum die Spermien befinden. Die Fruchtblätter enthalten die Samenanlagen mit den Eizellen. Wenn nun der Pollen an der Eintrittspforte des Fruchtblattes gelandet ist, spricht man von *Bestäubung*. Der Pollen entlässt dann die Spermien, sodass sie mit der Eizelle verschmelzen können – die *Befruchtung* hat stattgefunden und die nächste Generation dieser Pflanze kann beginnen. Nach der Befruchtung entwickeln sich die Samenanlagen von Blütenpflanzen zu einer Frucht (siehe Kapitel 5). Einige Früchte sind süß und fleischig, sodass Tiere angelockt werden und die Samen verbreiten. Andere Früchte sind trocken und leicht, sodass sie vom Wind verweht werden oder auch im Fell eines Tieres auf »Wanderschaft« gehen können; wieder andere Früchte platzen noch an der Pflanze hängend auf und verstreuen dabei ihre Samen. Egal welche Strategie die jeweilige

Pflanze verfolgt, das Ziel ist stets dasselbe – eine Nische, einen Standort zu finden, an dem der Same keimen und zu einem neuen Individuum heranwachsen kann.

Wie Pflanzen funktionieren

Zellaufbau und Biochemie der Pflanzen sind also gar nicht so verschieden von uns, aber es gibt noch weitere Gemeinsamkeiten im Leben von Pflanzen und Menschen. Genau wie wir brauchen auch Pflanzen eine Quelle für *Nährstoffe* zum Aufbau ihres Körpers und ebenso eine *Energiequelle*, die Wachstum und Bewegung ermöglicht (siehe Kapitel 6). Und genau wie im menschlichen Körper müssen auch im pflanzlichen Organismus Nahrungsmoleküle und Flüssigkeiten transportiert werden. Schließlich muss erwähnt werden, dass Pflanzen sich in ganz ähnlicher Weise verändern und weiterentwickeln wie wir, denn auch sie sind gezwungen, auf sich ändernde Umweltbedingungen zu reagieren.

Nahrungsaufbau und -abbau

Jedes Lebewesen auf der Erde braucht Nahrung als Energiequelle – und darin unterscheiden sich Pflanzen und Menschen grundlegend. Während wir andere Organismen beziehungsweise Lebewesen als Nahrung nutzen und daraus Energie gewinnen, sind Pflanzen in der Lage, ihre Nahrung selbst zu produzieren.

Die eigene Nahrung selbst herstellen, das können nur Pflanzen und zwar mithilfe der *Photosynthese* (siehe Kapitel 7). Obwohl die Photosynthese einen ziemlich komplexen Prozess darstellt, kann man sich das Geschehen auch in Form eines einfachen Rezeptes vorstellen. Man nehme Kohlendioxid aus der Atmosphäre und Wasser aus der Erde und verfahre dann folgendermaßen:

1. **Kohlendioxid und Wasser mithilfe von Sonnenenergie zusammenfügen, sodass sich die Atome neu ordnen können: es entstehen Kohlenhydrate (Zucker) und Sauerstoff.**
2. **Dann den Zucker als Nahrungs- beziehungsweise Energiequelle in allen Bereichen des pflanzlichen Organismus bereitstellen und den Sauerstoff als Abfall entsorgen.**
3. **Wenn Kohlenhydrate übrig sein sollten, können diese in Stärkemoleküle umgewandelt und gespeichert werden.**

Wenn eine Pflanze nun für irgendeinen Stoffwechselprozess Energie benötigt, macht sie dasselbe, was auch wir Menschen mit unserer Nahrung tun – ihre Zellen bauen die Stärke- beziehungsweise Zuckermoleküle ab; dieser Vorgang wird als *Zellatmung* bezeichnet (siehe Kapitel 7). Die Zellatmung besteht aus einer speziellen Abfolge von chemischen Reaktionen (auch Atmungskette genannt), in deren Verlauf die Nahrungsmoleküle so zerlegt werden, dass Energie und Nährstoffe für die Zellen verfügbar werden. Am Ende der Atmungskette bleiben dann Kohlendioxid und Wasser als Abfallprodukte übrig; sie werden von den Pflanzenzellen wieder abgegeben.

Stofftransport

Zur Nährstoff- und Energieversorgung brauchen alle Pflanzenzellen Nahrung. Diese wird wie bereits erwähnt gewöhnlich in Form von Zucker selbst hergestellt, und zwar in den Blättern. Von dort müssen die Zuckermoleküle nun in alle Bereiche des Pflanzenkörpers transportiert werden, wo sie gebraucht werden. Umgekehrt nehmen die Wurzeln aus dem Boden Wasser auf, das im gesamten Organismus benötigt wird. Besonders in den Blättern ist es wichtig für die Photosynthese. Entsprechend unseren Venen und Arterien, in denen Blut mitsamt den Nährstoffen zirkuliert, besitzen auch Pflanzen spezielle Leitungsgewebe, in denen der Wasser- und Nährstofftransport stattfindet (siehe Kapitel 9).

Wir unterscheiden dabei zwei Typen von Leitungsgeweben: das *Phloem* zum Transport von gelösten Zuckermolekülen und das *Xylem*, in dem Wasser und gelöste Mineralstoffe fließen.

Innerhalb des Phloems werden die Kohlenhydrate, die durch Photosynthese in den Blättern gebildet wurden, zu all den Stellen im pflanzlichen Organismus gebracht, wo sie gebraucht werden – entweder für weiteres Zellwachstum oder als Speicherstoffe in Form von Stärke. Mithilfe des Xylems wird das Wasser von den Wurzeln durch den gesamten Pflanzenkörper geleitet, sodass alle Zellen mit der erforderlichen Menge Wasser versorgt werden können.

Hormonregulation

Es gibt noch eine weitere Gemeinsamkeit zwischen uns und den Pflanzen: Wachstum und Entwicklung werden durch *Hormone* gesteuert (siehe Kapitel 10).

Im Laufe ihres Lebens bleiben Pflanzen zwar von der für uns so lästigen Pubertät verschont, aber es finden durchaus gravierende Veränderungen in der Entwicklung statt, die von Hormonen gesteuert werden: zum Beispiel wenn ein Same aus seiner Ruhephase erwacht und zu keimen beginnt oder wenn für eine Blütenpflanze der richtige Zeitpunkt im Jahr gekommen ist, ihre Blüten zu entfalten. Pflanzliche Hormone regulieren auch die Wachstumsrichtungen von Sprossen und Wurzeln: Erstere wachsen stets in Richtung Licht, Letztere streben hingegen nach unten in Richtung der Erdanziehungskraft.

Reproduktion und genetische Gesichtspunkte

Pflanzen schießen in wie Unkraut die Höhe. Klar, weil Unkräuter auch Pflanzen sind. Klingt albern, aber es ist etwas Wahres dran, denn pflanzliches Wachstum findet stets an den Sprossspitzen statt. Dort befindet sich das sogenannte *apikale Meristem*, ein spezielles Gewebe, in dem sich die Pflanzenzellen teilen. Dieser Zellteilungsprozess, der neues Größenwachstum generiert, wird als *Mitose* bezeichnet (siehe Kapitel 11). Die Mitose läuft bei Pflanzen ziemlich ähnlich ab wie bei uns Menschen und auch Holzpflanzen betreiben Mitose; sie werden dadurch nicht nur größer sondern auch dicker, das heißt ihr Stammumfang nimmt zu.

Pflanzen können sich generativ (sexuell) vermehren, indem Spermium und Eizelle verschmelzen und die nächste Generation bilden. Spermien und Eizellen werden durch einen speziellen Zellteilungsprozess produziert, der *Meiose* genannt wird (siehe Kapitel 11); sie tragen jeweils eine Kopie der DNA ihrer Mutterpflanze in sich und geben die darin enthaltene Erbinformation an ihre Nachkommen weiter.

Innerhalb der Wissenschaftsdisziplin *Genetik* (siehe Kapitel 12) studieren Forscher die Interaktionen und Zuständigkeiten von Genen, indem sie zum Beispiel aufeinanderfolgende Generationen einer Pflanzenart bezüglich der Ausprägung bestimmter Merkmale (Blütenfarbe, Behaarung und so weiter) beobachten.

Die unglaubliche Vielfalt im Pflanzenreich

Unsere Erde beherbergt eine enorme Anzahl verschiedener Pflanzen, die sich in Größe, Gestalt und Lebensform unterscheiden. Sie können so groß sein wie der mächtige Mammutbaum oder so winzig wie ein Stecknadelkopf. Sie können ihren Generationswechsel, das heißt die Zeit vom Samen bis zum Samen der nächsten Generation, in einem Monat durchlaufen oder sie können länger als tausend Jahre leben. Im Laufe der mehr als 400 Millionen Jahre, in denen Pflanzen nun an Land leben, haben sie jeden Lebensraum der Erde für sich erobert: Sie wachsen heute in Wüsten, im Regenwald und in den Bergen und manche Pflanzen haben auch den Ozean als Lebensraum für sich wiederentdeckt. Neben den klassischen bunten Blüten gibt es im Pflanzenreich auch Blüten in Form von Zapfen. Manche Pflanzen fangen Insekten zur Nahrungsergänzung, andere locken Tiere an und benutzen sie als Bestäuber. In Anbetracht dieser unterschiedlichen Strategien und Lebensräume kann man sich leicht vorstellen, dass es ganz erstaunliche Vertreter im Pflanzenreich gibt, zum Beispiel filigrane Moose (siehe Kapitel 15), robuste Nadelbäume (siehe Kapitel 16) oder farbenprächtige Blütenpflanzen (siehe Kapitel 17).

Botaniker untersuchen all diese unterschiedlichen Pflanzen, um deren Lebensweise und Reproduktionsstrategien zu verstehen. Mithilfe genetischer Analysen, das heißt durch Entschlüsselung der Erbinformation (DNA), schafft man sich zudem neue Einblicke in die Verwandtschaftsverhältnisse der verschiedenen Pflanzengruppen, sodass sich zukünftig ihre Evolution noch besser rekonstruieren lässt (siehe Kapitel 14).

Verbindungen zwischen Pflanzen und Menschen

Pflanzliches Leben ist ganz eng mit uns Menschen verknüpft:

- ✔ **Wir alle sind Teil eines Ökosystems, das letztlich von Pflanzen aufrecht erhalten wird.** Was sollten wir essen, wenn es keine Pflanzen als Primärproduzenten gäbe? (Mehr zu diesem Thema lesen Sie in Kapitel 18).
- ✔ **Der Mensch kann Pflanzenarten manipulieren, etwa um ihre Produktivität zu steigern oder auch um Arzneimittel herzustellen.** Nahrungsmittel aus genetisch veränderten Pflanzen werden sehr kontrovers diskutiert – sie weisen sowohl Vor- als auch Nachteile auf (siehe Kapitel 19).
- ✔ **Der Anbau von Nahrungspflanzen.** Der Ursprung des menschlichen Ackerbaus reicht etwa 10.000 Jahre in die Vergangenheit zurück. Dabei hat der Übergang vom Jäger und Sammler zu Ackerbau und Viehzucht tiefgreifende Veränderungen für unsere Gesellschaftsstruktur mit sich gebracht (siehe Kapitel 20).

- **Aus Pflanzen können wir Kleidungsstücke herstellen.** Baumwolle und Leinen werden direkt aus den entsprechenden Pflanzenarten hergestellt. Darüber hinaus werden Teile verschiedener Pflanzen zum Färben von Stoffen benutzt (siehe Kapitel 20).
- **Der Mensch nutzt Pflanzen als Arzneimittel.** Digitoxin ist ein wirksames Herzmedikament, Aspirin reduziert Fieber und Artemisinin wird bei Malaria therapeutisch eingesetzt. Dies sind nur ein paar wenige Beispiele für Arzneimittel, die aus Pflanzen (hier Fingerhut, Weide und Beifuß) extrahiert werden beziehungsweise wurden (siehe Kapitel 20).
- **Pflanzen sind Grundlage für wichtige Materialien.** Holz für Hausbau, Möbel und Werkzeuge ist aus unserem Alltag kaum wegzudenken und auch Stroh wird heute teilweise immer noch als Dacheindeckung genutzt.
- **Ein Spaziergang im Park und Joggen im Wald haben positive Auswirkungen auf unser Gemüt und die körperliche Fitness.** Stressreduktion ist äußerst wichtig, denn Stress hat negative Auswirkungen auf die menschliche Gesundheit. Der Aufenthalt in der Natur wirkt auf viele Menschen beruhigend.
- **Pflanzen helfen bei der Gewässerreinhaltung.** Wahrscheinlich haben Sie schon von den Diskussionen um das immer schneller voranschreitende Verschwinden von Feuchtgebieten gehört; sie fallen immer wieder neuen Entwicklungsprojekten zum Opfer. Der Lebensraum Feuchtgebiet zeichnet sich durch spezielle Typen von Pflanzen und Böden aus. Mit dem Regen werden verschiedene Schadstoffe aus unseren Siedlungsgebieten fortgetragen, darunter Düngemittel, Ölreste und Haustierkot. Wenn das Regenwasser mit seiner schädlichen Fracht durch ein Feuchtgebiet fließt bevor es in einem Fluss oder See landet, wird es dort deutlich sauberer ankommen, denn Pflanzen und Bakterien filtern das Wasser und entfernen dabei viele der gefährlichen Substanzen. Außerdem stellen Feuchtgebiete wichtige Ausdehnungsflächen für Flüsse dar, wodurch die Gefahr von Überflutungen verringert wird.

Egal was man in den Vordergrund stellt, die Ähnlichkeiten zwischen Pflanzen und anderen Organismen, ihre Schönheit oder ihre Nützlichkeit für den Menschen – man wird sicherlich immer ein paar gute Gründe finden um mehr über Pflanzen zu erfahren.

Die Pflanzenzelle unter der Lupe

2

In diesem Kapitel

- Atome bilden Moleküle
- Zellen bestehen aus Molekülen
- Pflanzenzellen im Detail

Alle Lebewesen sind aus Zellen aufgebaut, auch die Pflanzen. Ihr Aussehen (Morphologie) und ihre Funktionsweisen (Physiologie) hängen von diesen Zellen ab. Daher ist es wichtig, dass Sie zuerst die zellulären Grundlagen verstehen, bevor Sie sich den übrigen Aspekten der Botanik in diesem Buch widmen. In diesem Kapitel gebe ich Ihnen einen zusammenfassenden Überblick über das Wesen der Pflanzenzelle und über die Moleküle, die am Zellaufbau beteiligt sind.

Von der Materie zum Molekül

Als *Materie* wird all das bezeichnet, was Platz braucht und etwas wiegt. Somit besteht eigentlich alles auf dieser Erde aus Materie, sowohl die Lebewesen als auch die leblose Umwelt (Steine, Wasser und so weiter).

Genau wie Sie, lieber Leser, oder die Luft, die wir atmen, oder das Buch in Ihren Händen, so sind auch Pflanzen aus Materie aufgebaut. Wahrscheinlich sind Ihnen einige der Moleküle bereits bekannt, die Materie auf unserem Planeten bilden, wie etwa die Proteine, Fette und Kohlenhydrate in unserem Körper oder die Zellulose in Büchern; auch von Kohlendioxid und Sauerstoff in der Luft hat wohl jeder schon einmal gehört. Pflanzen bestehen aus denselben Molekülen wie wir und auch sie tauschen Sauerstoff und Kohlendioxid mit der Atmosphäre aus. In den folgenden Abschnitten werden diese Moleküle vorgestellt und die Atome, aus denen sie aufgebaut sind.

Elemente, Atome und Isotope entdecken

Materie kann aus ganz unterschiedlichen *Elementen* bestehen. Bekannt sind Ihnen sicher Elemente wie Kupfer, Eisen, Chlor und Kalzium. Als Elemente bezeichnet man reine Substanzen, die nur aus einer Art von *Atomen* bestehen. Ein Atom wiederum ist das kleinste Teilchen eines Elements, das noch die Eigenschaften dieses Elements aufweist. Ein Beispiel: Das Element Kupfer ist ein glänzendes Metall, das elektrischen Strom sehr gut leitet und mit anderen Elementen auf bestimmte Art und Weise reagiert. Eisen ist ebenfalls ein metallisches Element, das jedoch andere elektrische und chemische Eigenschaften hat als Kupfer. Wenn man nun jeweils ein einzelnes Atom aus den beiden Metallen isolieren würde – Atome sind so winzig, dass sie noch nicht einmal unter dem Mikroskop zu sehen sind – dann hätten diese beiden Atome immer noch die gleichen Eigenschaften wie ihre Muttermetalle (zum Beispiel in Bezug auf die elektrische Leitfähigkeit und die chemische Reaktionsbereitschaft).

Periodensystem der Elemente

Periode	IA (1)	IIA (2)	IIIB (3)	IVB (4)	VB (5)	VIB (6)	VIIB (7)	VIIIB (8)	VIIIB (9)	VIIIB (10)	IB (11)	IIB (12)	IIIA (13)	IVA (14)	VA (15)	VIA (16)	VIIA (17)	VIIIA (18)
1	1 H Wasserstoff 1,008																	2 He Helium 4,00
2	3 Li Lithium 6,94	4 Be Beryllium 9,01											5 B Bor 10,81	6 C Kohlenstoff 12,01	7 N Stickstoff 14,00	8 O Sauerstoff 16,00	9 F Fluor 19,00	10 Ne Neon 20,18
3	11 Na Natrium 22,99	12 Mg Magnesium 24,31											13 Al Aluminium 26,89	14 Si Silicium 28,09	15 P Phosphor 30,97	16 S Schwefel 32,07	17 Cl Chlor 35,45	18 Ar Argon 39,94
4	19 K Kalium 39,10	20 Ca Calcium 40,08	21 Sc Scandium 44,96	22 Ti Titan 47,88	23 V Vanadium 50,94	24 Cr Chrom 52,00	25 Mn Mangan 54,94	26 Fe Eisen 55,85	27 Co Kobalt 58,93	28 Ni Nickel 58,69	29 Cu Kupfer 63,55	30 Zn Zink 65,37	31 Ga Gallium 69,72	32 Ge Germanium 72,61	33 As Arsen 74,92	34 Se Selen 78,96	35 Br Brom 79,90	36 Kr Krypton 83,80
5	37 Rb Rubidium 85,47	38 Sr Strontium 87,62	39 Y Yttrium 88,91	40 Zr Zirkonium 91,22	41 Nb Niob 92,91	42 Mo Molybdän 95,94	43 Tc Technetium (98,91)	44 Ru Ruthenium 101,07	45 Rh Rhodium 102,91	46 Pd Palladium 106,42	47 Ag Silber 107,87	48 Cd Cadmium 112,41	49 In Indium 114,82	50 Sn Zinn 118,71	51 Sb Antimon 121,75	52 Te Tellur 127,60	53 I Jod 126,90	54 Xe Xenon 131,29
6	55 Cs Cäsium 132,91	56 Ba Barium 137,33	57 – 71 La– Lu Lutetium	72 Hf Hafnium 178,49	73 Ta Tantal 180,95	74 W Wolfram 183,85	75 Re Rhenium 186,2	76 Os Osmium 190,2	77 Ir Iridium 192,22	78 Pt Platin 195,08	79 Au Gold 196,97	80 Hg Quecksilber 200,59	81 Tl Thallium 204,38	82 Pb Blei 207,2	83 Bi Wismut 208,98	84 Po Polonium (210)	85 At Astat (210)	86 Rn Radon (222,02)
7	87 Fr Francium (223,02)	88 Ra Radium (226,03)	89 – 103 Ac– Lr Lawrencium	104 Rf Rutherford. (261)	105 Ha Hahnium (262)	106 Sg Seaborgium (266)	107 Bh Bohrium (264)	108 Hs Hassium (269)	109 Mt Meitnerium (268)	110 Ds Darm-stadtium (269)	111 Rg Roent-genium (271)	112 Uub Ununbium (277)	113 Uut *	114 Uuq Ununquadium (285)	115 Uup *	116 Uuh Ununhexium (289)	117 Uus *	118 Uuo Ununoctium (293)

Elemente der Lanthanreihe	57 La Lanthan 138,91	58 Ce Cer 140,12	59 Pr Praseodym 140,91	60 Nd Neodym 144,24	61 Pm Promethium (146,92)	62 Sm Samarium 150,36	63 Eu Europidium 151,97	64 Gd Gadolinium 157,25	65 Tb Terbium 158,93	66 Dy Dysprosium 162,50	67 Ho Holmium 164,93	68 Er Erium 167,26	69 Tm Thulium 168,93	70 Yb Ytterbium 173,04	71 Lu Lutetium 174,97
Elemente der Actiniumreihe	89 Ac Actinium (227,03)	90 Th Thorium 232,04	91 Pa Protactinium (231,04)	92 U Uran 238,03	93 Np Neptunium (237,04)	94 Pu Plutonium (244,06)	95 Am Americium (243,06)	96 Cm Curium (247,07)	97 Bk Berkelium (247,07)	98 Cf Californium (251,08)	99 Es Einsteinium (252,08)	100 Fm Fermium (257)	101 Md Mendelevium (258)	102 No Nobelium (259,10)	103 Lr Lawrencium (260,11)

* Bemerkung: Die Elemente 113, 115 und 117 sind heute noch nicht bekannt.
Sie sind jedoch in dieser Tabelle an ihrer erwarteten Position

Abbildung 2.1: Das Periodensystem der Elemente

Alle Elemente, die bis heute identifiziert und wissenschaftlich beschrieben wurden, sind im sogenannten »Periodensystem der Elemente« zusammengestellt (siehe Abbildung 2.1):

- ✔ **Jede Reihe der Tabelle wird *Periode* genannt.** Je weiter man von links nach rechts fortschreitet, desto schwerer werden die Elemente.
- ✔ **Jede Spalte heißt *Gruppe*.** Elemente einer Gruppe haben ähnliche Eigenschaften. Innerhalb einer Spalte nimmt die Größe der Atome von oben nach unten zu.

Elemente und Atome

Kein Element gleicht dem anderen. Elemente unterscheiden sich durch den Aufbau ihrer Atome. Atome bestehen aus kleineren Einheiten, den Protonen, Neutronen und Elektronen (siehe Abbildung 2.2A).

A. Das Bohr'sche Atommodell am Beispiel von Kohlenstoff.

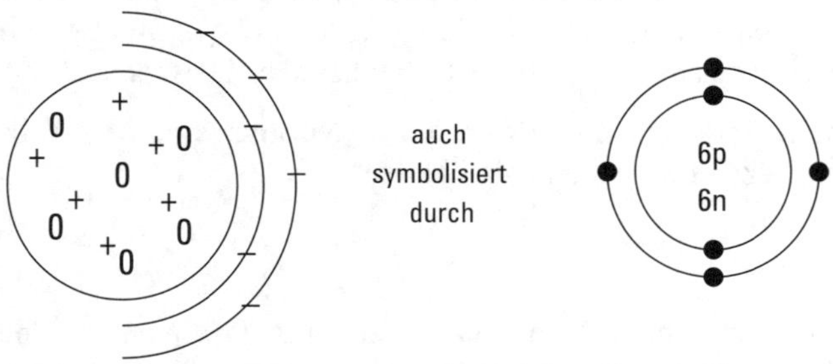

Merke: Der Atomkern beinhaltet Protonen (+) und Neutronen (0); er ist von in Schalen angeordneten Elektronen (–) umgeben. Kohlenstoff hat sechs Protonen, sechs Neutronen und sechs Elektronen; zwei Elektronen befinden sich auf der inneren Schale, vier auf der äußeren Schale.

B. Die Ionen (Teilchen mit elektrischer Ladung; siehe unten) von Natrium und Chlor verbinden sich zu Kochsalz. Das Natrium-Ion hat eine einfach positive Ladung, weil die Zahl seiner Protonen diejenige der Elektronen um eins übersteigt. Das Chlorid-Ion nimmt das Elektron von Natrium auf und ist dann insgesamt einfach negativ geladen (18 Elektronen gegenüber 17 Protonen). Als NaCl in einer Ionen-Verbindung ist das Kochsalz-Molekül dann wieder neutral.

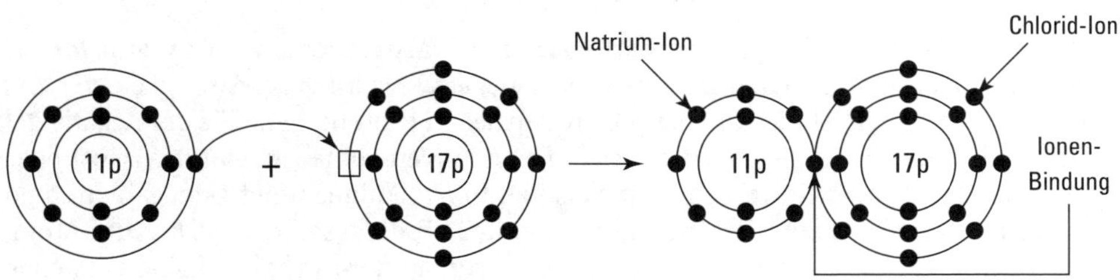

Chlor ist ebenfalls neutral, freut sich aber über das eine Elektron von Natrium, da es damit seine äußerste Schale auffüllen kann.

Die an sich neutrale Ladung von Natrium verändert sich zu einfach positiv, wenn das einzelne Elektron in der äußersten Schale an Chlor abgegeben wird.

Natriumchlorid-Molekül

C. Zwei Sauerstoff-Atome verbinden sich zu einem Sauerstoff-Molekül, das wir als Gas kennen.

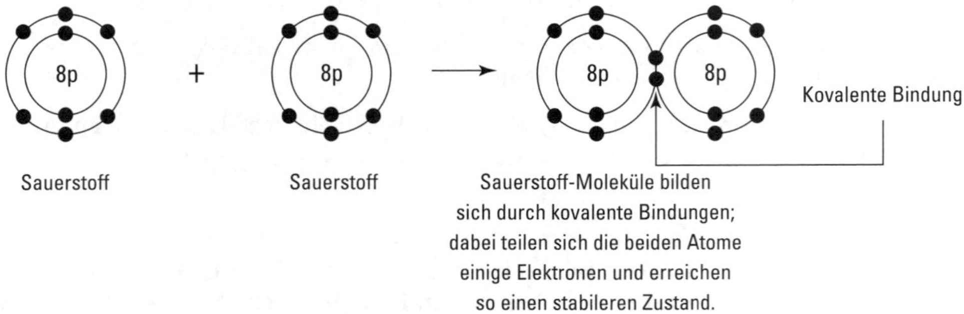

Abbildung 2.2: Atome und chemische Verbindungen

- **Protonen und Neutronen befinden sich im Zentrum des Atoms, im sogenannten *Atomkern*.** Beide haben eine bestimmte Masse und tragen so maßgeblich zu Größe und Gewicht des Atoms bei. Protonen sind positiv geladen, Neutronen haben keine elektrische Ladung.
- **Elektronen sind negativ geladene Teilchen, die in Schalen angeordnet eine Art Wolke rund um den Atomkern bilden.** Elektronen haben keine Masse.

Ionen und Isotope

Die Anzahl von Protonen in einem Atom, die sogenannte *Protonenzahl*, bestimmt, um welches Element es sich handelt. Alle Eisenatome (Fe) haben beispielsweise 26, alle Kupferatome (Cu) dagegen 29 Protonen. Die Protonenzahl ist gleichzeitig auch die Ordnungszahl im Periodensystem der Elemente (das ist die Zahl, die im Periodensystem ganz oben oberhalb der Elementsymbole steht).

Während die Anzahl von Protonen eines Elements stets gleich ist, kann sich die Anzahl der Elektronen und Neutronen verändern.

- **Wenn ein Atom ein Elektron verliert oder eines dazugewinnt, wird es zum *Ion*.** Ionen haben eine elektrische Ladung (positiv oder negativ), wohingegen Atome elektrisch neutral sind; bei ihnen ist die Zahl der positiv geladenen Protonen und die der negativ geladenen Elektronen exakt gleich, sodass sich die Ladungen aufheben. Durch Verlust oder Zugewinn von Elektronen werden Atome also zu Ionen. Folglich gibt es negativ und positiv geladene Ionen, wie zum Beispiel in Abbildung 2.2B dargestellt. Das Natrium-Atom reagiert mit dem Chlor-Atom, indem es ein Elektron an dieses abgibt. Dabei entstehen ein positiv geladenes Natrium-Ion und ein negativ geladenes Chlorid-Ion.
- **Atome mit derselben Anzahl an Protonen, die sich jedoch in der Zahl der Neutronen unterscheiden, heißen *Isotope*.** Neutronen haben eine Masse, sodass die Isotope eines Elements ein unterschiedliches Gewicht aufweisen. Nehmen wir beispielsweise das Element Kohlenstoff (C): Seine Atome haben stets sechs Protonen und meistens auch sechs Neutronen; daraus ergibt sich die sogenannte *Massenzahl*, in diesem Fall zwölf. Manche Kohlenstoff-Atome haben jedoch sechs Protonen und acht Neutronen, sodass sie eine Massenzahl von 14 tragen. Wir unterscheiden daher die beiden Kohlenstoff-Isotope C-12 und C-14.

Wissenschaftler haben die Häufigkeit der Isotope eines Elements abgeschätzt und daraus die durchschnittliche *Atommasse* für dieses Element errechnet. Für Kohlenstoff bedeutet das: Die meisten Kohlenstoff-Atome auf der Erde haben eine Atommasse von 12, aber in geringer Zahl gibt es auch Isotope mit Massen von 13 und 14. Unter Berücksichtigung der Isotopenhäufigkeit ergibt sich im Durchschnitt eine Atommasse für Kohlenstoff von 12,01. Das heißt, in jeder Probe mit Kohlenstoff-Atomen wird man von einer durchschnittlichen Masse des Kohlenstoffs von 12,01 ausgehen. Die Atommasse eines Elements finden Sie im Periodensystem ganz unten, unterhalb des jeweiligen Elementnamens.

Mehrere Atome verbinden sich zu Molekülen

Chemische Verbindungen aus zwei oder mehreren Atomen werden als *Moleküle* bezeichnet. Dabei hängt die Reaktionsbereitschaft eines Atoms, das heißt seine Neigung, sich mit anderen Atomen zu verbinden, vor allem von der Anzahl seiner Elektronen ab. Jedes Atom strebt einen möglichst stabilen Zustand an und ist dafür bereit, Elektronen abzugeben, aufzunehmen oder zu teilen. Die Anziehung zwischen den Atomen variiert und spiegelt sich in verschiedenen *chemischen Bindungsformen* wieder.

In der pflanzlichen Zelle sind besonders die folgenden vier Typen von chemischen Bindungen wichtig:

- ✔ **Ionenbindungen** entstehen durch die elektrische Anziehung zweier unterschiedlich geladener Ionen (Abbildung 2.2B). In trockenem Milieu können Ionenbindungen sehr stabil sein, etwa bei Salzkristallen, während sie in Lösungen, wie zum Beispiel in einer wassergefüllten Pflanzenzelle, eher instabil sind.
- ✔ **Kovalente Bindungen** entstehen, wenn sich verschiedene Atome Elektronen teilen (Abbildung 2.2C). Dieser Typ der chemischen Bindung ist innerhalb der Pflanzenzelle am stabilsten; kovalente Bindungen bilden sozusagen das Rückgrat der Moleküle, aus denen die Zelle aufgebaut ist.
- ✔ **Polare kovalente Bindungen** stellen einen Spezialfall der kovalenten Bindungen dar; die Bindung ist polar, wenn die Elektronen zwischen den Atomen nicht gleichberechtigt geteilt werden. Dies ist zum Beispiel beim Wassermolekül der Fall: Hier werden die gemeinsamen Elektronen vom Sauerstoff-Atomkern stärker angezogen als vom Wasserstoff-Atomkern; dadurch halten sich die Elektronen längere Zeit auf der Sauerstoffseite des Moleküls auf und geben dieser Seite eine leicht negative Ladung. Die Wasserstoffseite des Moleküls weist entsprechend eine leicht positive Ladung auf (siehe auch Abbildung 2.3).
- ✔ **Wasserstoffbrückenbindungen** bilden sich durch schwache elektrische Anziehungskräfte zwischen polaren Gruppen. Letztere entstehen typischerweise in Molekülen mit polar kovalenten Bindungen. Solche Moleküle haben dann eine leicht positiv und eine leicht negativ geladene Seite, die elektrisch anziehend auf andere, entgegengesetzt geladene Moleküle wirkt. In Abbildung 2.3 ist dies am Beispiel von Wasser (H_2O) dargestellt, wobei $\delta+$ die leicht positive Ladung des Wasserstoffatoms und $\delta-$ die leicht negative Ladung des Sauerstoffatoms bezeichnet. Diese Wasserstoffbrückenbindung zwischen den H_2O-Molekülen verleiht Wasser viele seiner einzigartigen Eigenschaften, darunter zum Beispiel die Oberflächenspannung des Wassers oder die Tatsache, dass Eis oben schwimmt. Wasserstoffbrü-

ckenbindungen zwischen polaren Gruppen innerhalb eines Moleküls beeinflussen außerdem die Gestalt von Molekülen entscheidend mit.

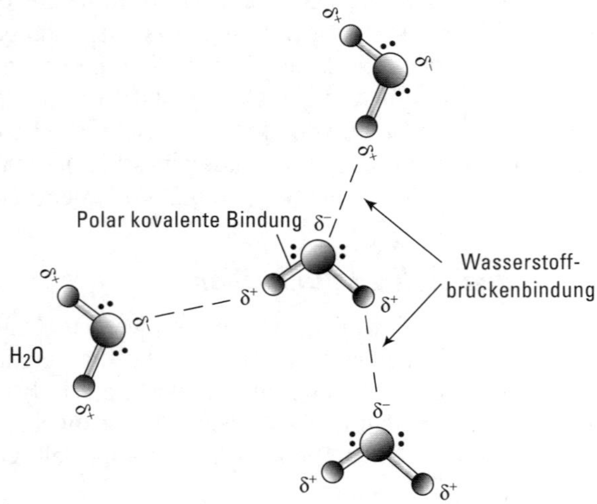

Abbildung 2.3: Polar kovalente Bindungen innerhalb von Wassermolekülen und Wasserstoffbrückenbindungen zwischen den Wassermolekülen.

Säuren und Basen

Wenn Moleküle in *Lösung* gehen, das heißt, wenn sie mit einer Flüssigkeit wie zum Beispiel Wasser gemischt werden, können sie sich verändern und auch die Eigenschaften der Lösung beeinflussen.

Säuren und *Basen* sind Moleküle, die in einer Lösung als freie Ionen vorliegen. Die Lösung wird dadurch entweder sauer oder basisch und kann Zellen schädigen:

- ✔ **Säuren sind Moleküle, die mit Wasserstoff-Ionen (H^+) in Lösung gehen.** Wenn beispielsweise Salzsäure (HCl) in eine Flüssigkeit gegeben wird, spaltet sich das Molekül in Wasserstoff- (H^+) und Chlorid-Ionen (Cl^-) auf. Damit erhöht sich die Anzahl der H^+-Ionen in der Lösung – die Lösung wird saurer.
- ✔ **Basen sind Moleküle, die mit Hydroxid-Ionen (OH^-) in Lösung gehen oder die Wasserstoff-Ionen (H^+) durch Bindung aus der Lösung entfernen.** Wenn etwa Natronlauge (NaOH) in eine Flüssigkeit gegeben wird, spaltet sie sich in ihre Ionen (Na^+ und OH^-) auf. Je ein Hydroxid-Ion kann sich dann mit zwei Wasserstoff-Ionen zu einem Wassermolekül verbinden – die Lösung wird weniger sauer beziehungsweise basischer.

Die gelösten Ionen von Säuren und Basen können mit anderen chemischen Verbindungen reagieren, sodass unter Umständen Moleküle gespalten und Zellen geschädigt werden. Um das Potenzial einer Lösung zur Zellschädigung abschätzen zu können, bestimmt man üblicherweise die Wasserstoffionen-Konzentration (H^+) der Lösung – das heißt, es wird der sogenannte *pH-Wert* bestimmt. Ein Anstieg der H^+-Ionen-Konzentration macht eine Lösung stärker sauer, während eine verringerte H^+-Ionen-Konzentration zu einem eher basischen pH-Wert führt.

In Tabelle 2.1 sind die pH-Werte verschiedener Lösungen des täglichen Lebens dargestellt. Die meisten Zellen, so auch die menschlichen und pflanzlichen Zellen, weisen einen neutralen pH-Wert auf (ungefähr 7). Saure Flüssigkeiten wie Zitronensäure haben einen pH unter 7, basische Lösungen wie Spülmittel haben einen höheren pH als 7. Je weiter der pH-Wert von neutral (7) abweicht, egal in welche Richtung, desto größer ist das Potenzial dieser Lösung, Moleküle aufzubrechen und damit Zellen zu schädigen.

pH-Wert	Flüssigkeit/Substanz
0 (maximal sauer)	Salzsäure
1	Batteriesäure
2	Zitronensäure, Essig, Magensäure
3	Cola, Äpfel
4	Bier
4,5	Tomaten
5	Bananen, schwarzer Kaffee
5,5	unbelastetes Regenwasser
6	Urin
6,5	Milch, Speichel
7 (neutral)	reines Wasser, Tränenflüssigkeit
7,4	menschliches Blut
8	Meerwasser, Eier
9	Backpulver, Antazidium
10	Salzseen, wie etwa im Norden Utahs (USA)
11	Ammoniak
12	Natron, Seifenwasser
13	Bleichmittel, Backofenreiniger
14 (maximal basisch)	Natronlauge

Tabelle 2.1: pH-Werte bekannter Flüssigkeiten/Substanzen

Vier Moleküle bestimmen den Zellaufbau

Moleküle sind die Bausteine der Zellen. Man kann sie sich als chemische Legosteine vorstellen, die durch ihre teilweise wechselnde Anordnung jeder Zelle schon im Wachstum Stabilität und Struktur geben. Bei vielzelligen Organismen wie Pflanzen arrangieren sich gleichartige Zellen zu den verschiedenen Geweben; diese bestimmen dann Aufbau und Struktur der Pflanze.

Die Zellen aller Lebewesen, inklusive der Pflanzen, werden primär von vier verschiedenen Molekül-Typen aufgebaut, den sogenannten *Makromolekülen*:

- ✔ Kohlenhydrate (Zucker)
- ✔ Proteine (Eiweiße)
- ✔ Nukleinsäuren
- ✔ Lipide (Fette)

Kohlenhydrate

Kohlenhydrate sind üblicherweise als Zucker bekannt. Entsprechend sind Nahrungsmittel, die süß schmecken (zum Beispiel Obst), reich an Kohlenhydraten. Zellen nutzen Kohlenhydrate zur Energiespeicherung, als Baumaterial und auch zur Aufrechterhaltung der Zellstruktur.

Es gibt verschiedene Kohlenhydrate, die wichtig für die Zellen sind:

- ✔ **Viele süß schmeckende Kohlenhydrate sind relativ kleine, einfache Zucker; wissenschaftlich bezeichnet man sie als *Monosaccharide*.** Ein bekanntes Beispiel ist Glukose, ein sehr wertvolles Makromolekül, da es als schnelle Energiequelle genutzt werden kann. Glukose kommt in linearer Form vor (Abbildung 2.4a), aber in einer Lösung verbinden sich die beiden Enden zu einem ringförmigen Molekül (Abbildung 2.4b).
- ✔ **Monosaccharide können sich miteinander verbinden und größere Strukturen (Molekülketten) bilden.**
  - Wenn sich beispielsweise Glukose mit Fruktose (Fruchtzucker) verbindet, entsteht das *Disaccharid* Saccharose, auch bekannt als Rohrzucker (Abbildung 2.4b). Pflanzen bilden Saccharose durch Photosynthese in den grünen Blättern und transportieren sie in alle Regionen ihres Körpers; so werden Baustoffe und Energie für alle Zellen bereitgestellt.
  - Kurze Ketten von Monosacchariden werden als *Oligosaccharide* bezeichnet (Abbildung 2.4c). Oligosaccharide sind die Signalgeber für Pflanzenzellen und lösen Wachstumsprozesse und Abwehrmechanismen aus.

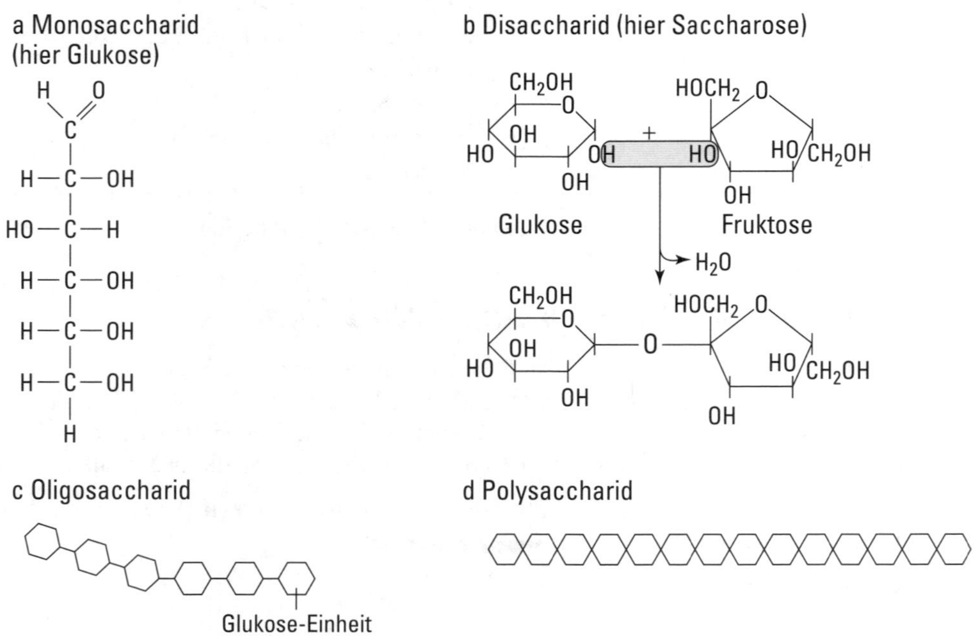

Abbildung 2.4: Kohlenhydrate.

- Wenn sich lange Ketten von Monosacchariden bilden, sprechen Wissenschaftler von *Polysacchariden* (Abbildung 2.4d). Oft werden Polysaccharide auch als komplexe Kohlenhydrate bezeichnet. Genau wie Monosaccharide dienen sie den Pflanzenzellen als Baustoffe und fungieren als wichtige Energiespeicher. So ist zum Beispiel Stärke, die sich in Reis, Nudeln, Brot und Kartoffeln befindet, ein Polysaccharid, das eine wichtige Energiequelle für Pflanzen, Tiere und Menschen darstellt. Pflanzen erhöhen die Stabilität ihrer Zellen durch das Polysaccharid Zellulose, das ein Hauptbestandteil der Zellwände darstellt.

Ballaststoffe für alle

Obst, Gemüse und andere pflanzliche Nahrungsmittel wie Nüsse und Getreide, sind hervorragende Quellen für Ballaststoffe. Aber was ist das eigentlich? Und warum besitzen Pflanzen Ballaststoffe? Ballaststoff ist der Trivialname für das pflanzliche Polysaccharid Zellulose. Es baut die Zellwände auf, die wiederum jede Zelle umgeben und sie damit schützen. Ebenso wie Stärke, die wir zur Energieversorgung und als Zellbaustoff essen, besteht auch Zellulose aus einer langen Kette von Glukosemolekülen. Allerdings gibt es einen gravierenden Unterschied zwischen Stärke und Zellulose in der Anordnung der Glukosemoleküle. Das hat entscheidenden Einfluss auf unsere Ernährungssituation, denn wir Menschen sind nicht in der Lage, Zellulosemoleküle zu verdauen; Stärkemoleküle können wir dagegen sehr wohl aufbrechen und dementsprechend verwerten. Das Stärkemolekül zerlegt unser Körper ganz leicht in einzelne Glukosemoleküle, die dann zur Energiegewinnung und als Baustoff bereitstehen. Anders sieht es mit Zellulose (Ballaststoff) aus. Sie kann in unserem Verdauungssystem nicht aufgespalten werden und verlässt unseren Körper somit immer als Polysaccharid. Alle Ballaststoffe passieren unseren Darm also unverdaut; sie quellen lediglich auf, erhöhen dadurch das Volumen des Darminhalts, was wiederum die Darmbewegung (Peristaltik) anregt und damit eine normale Funktionsweise des Verdauungstraktes fördert. Ballaststoffe helfen bekanntlich, einen normalen Cholesterin- und Blutzuckerspiegel zu erhalten, und für übergewichtige Personen wird eine ballaststoffreiche Ernährung empfohlen. Man ist also gut beraten, wenn man täglich viel »Grünzeug« ist.

Proteine

Ohne Proteine können Pflanzenzellen nicht funktionieren. Sie übernehmen essenzielle Aufgaben im Organismus, wie Material- und Nährstofftransport, Beschleunigung von chemischen Reaktionen, Informationskontrolle und Signalleitung.

Jedes Protein hat eine einzigartige Struktur, die bei der Aufgabenerfüllung hilft. Proteine entstehen, wenn in der Zelle *Aminosäuren* miteinander reagieren. Aminosäuren bilden dazu spezielle kovalente Bindungen untereinander aus, die sogenannten *Peptidbindungen* (Abbildung 2.5), sodass lange Ketten aus Aminosäuren, die sogenannten *Polypeptidketten*, entstehen. Einzeln oder in Gruppen falten sich die Polypeptidketten schließlich zu einem funktionellen Protein auf.

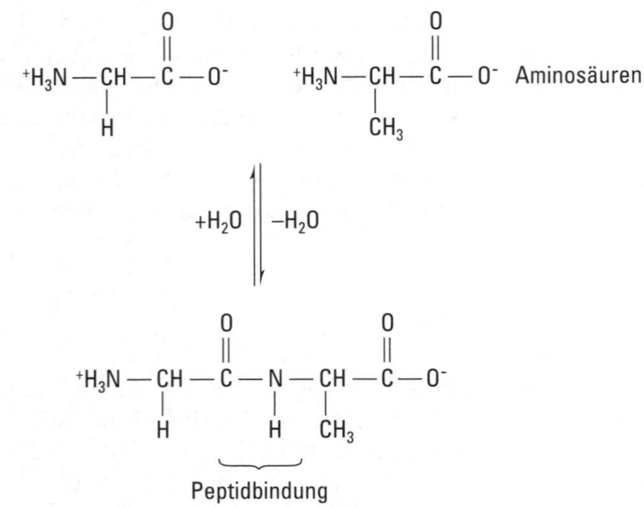

Abbildung 2.5: Aminosäuren verbinden sich und bilden Proteine.

Proteine übernehmen extrem viele Aufgaben in der pflanzlichen Zelle; eine entsprechende Liste würde sicher mindestens zwei Buchseiten füllen. Um Sie als Leser hier nicht zu überfordern, beschränke ich mich nachfolgend auf die wichtigsten Funktionen. Weitere spezielle Proteine und ihre Aufgaben werden dann im weiteren Verlauf des Buches vorgestellt.

- ✔ ***Enzyme* sind Proteine, die chemische Reaktionen beschleunigen; man nennt sie auch Biokatalysatoren.** Im Verlauf ihres Lebens bilden Pflanzen ständig neue Moleküle, während andere Verbindungen abgebaut werden. Die notwendigen chemischen Reaktionen wären ohne die Hilfe von Enzymen viel zu langsam, um mit dem pflanzlichen Wachstum Schritt zu halten. Genau wie alle anderen lebenden Zellen nutzen Pflanzenzellen daher auch Enzyme für das richtige Timing der Reaktionen.
- ✔ ***Strukturproteine* unterstützen die Zelle.** Proteinketten innerhalb der Zellen, sogenannte Zytoskelett-Proteine, sorgen für ein stützendes Gerüst von innen heraus (weitere Einzelheiten zu diesen Gerüststoffen finden Sie im nachfolgenden Abschnitt »Das Zytoskelett«). Außerhalb der Zelle werden verschiedene Proteine als Ummantelung in die *Zellwand* eingebaut (Details zur Zellwand finden Sie im Abschnitt »Zellwand und extrazelluläre Matrix«).
- ✔ ***Transportproteine* befördern notwendige Stoffe sowohl in die Zelle hinein als auch innerhalb dieser.** Pflanzen müssen Moleküle in ihre Zellen hinein und hinaus transportieren. Dazu nutzen sie bestimmte Proteine, die an den Zellgrenzen Transportwege bilden. Innerhalb der Zellen bewegen sich Moleküle gern entlang der von Strukturproteinen gebildeten Pfade.
- ✔ ***Rezeptorproteine* helfen den Pflanzenzellen bei der Kommunikation.** Um Signale zu empfangen, zum Beispiel von Hormonen, brauchen die Zellen entsprechende Rezeptoren. Auch diese Aufgabe übernehmen Proteine. Rezeptorproteine sind spezifisch für bestimmte Botenstoffe und befinden sich entweder in der Zelle oder an ihrer Oberfläche.

Nukleinsäuren

Auch wenn Ihnen der Begriff *Nukleinsäure* bislang noch nicht begegnet sein sollte – ich bin sicher, Sie haben schon einmal von DNA gehört. Das ist die Abkürzung für *Desoxyribonukleinsäure*. Nukleinsäuren wie DNA sind Makromoleküle, die auf Informationsspeicherung und -transfer zur nächsten Generation spezialisiert sind. Im Grunde stellt das Molekül einen einzigen chemischen Code dar.

In Zellen finden sich zwei Typen von Nukleinsäuren:

- ✔ **Die DNA speichert die Informationen, die bei allen lebenden Zellen Struktur und Funktionsweise festlegen.** Eine bestimmte Struktur und Funktion von Zellen führt bei den Organismen zu bestimmten Merkmalen; daher sagen wir gemeinhin: die DNA ist für viele unsere speziellen Eigenschaften und Merkmale verantwortlich. Das gilt auch für Pflanzen. Wie auf einer Computerfestplatte speichert die DNA einer Zelle alle Informationen, die ein Lebewesen auszeichnen. Sie legt fest, ob eine Pflanze zu einer mächtigen Eiche oder zu einem Gänseblümchen heranwächst und auch Merkmale wie Blütenfarbe, Behaarung und so weiter sind in der DNA einer jeden Zelle codiert. Genau wie die Daten einer Festplatte können auch die Codes der DNA übertragen werden. Das machen Zellen immer dann, wenn sie sich teilen: sie kopieren ihre DNA-Moleküle und geben sie an die neuen Zellen der Folgegeneration weiter.
- ✔ **RNA oder *Ribonukleinsäure* ähnelt der DNA in ihrer Struktur, ist jedoch funktionell viel flexibler.** In der Zelle übernehmen die verschiedenen Typen von RNA-Molekülen unterschiedliche Aufgaben: Es gibt RNA, die innerhalb der Zelle Informationen befördert, solche, die beim Aufbau von Proteinen hilft und auch solche, die die Bildung von Proteinen kontrolliert. RNA-Moleküle lassen sich mit E-Mails vergleichen: Sie beinhalten Informationen, bewegen sich von A nach B und sorgen dafür, dass bestimmte Aktionen stattfinden.

Nukleinsäuren sind aus *Nukleotiden* aufgebaut; das sind komplexe Moleküle, die aus drei Teilen bestehen (Abbildung 2.6):

- ✔ **eine Pentose**: ein Zuckermolekül mit fünf Kohlenstoffatomen (siehe Abbildung 2.6). In RNA-Nukleotiden handelt es sich bei dem Zucker um *Ribose*, in DNA-Nukleotiden dagegen um *Desoxyribose*. Diese unterscheidet sich von Ribose nur durch das Fehlen eines Sauerstoffatoms.
- ✔ **eine Phosphatgruppe**: Sie besteht aus einem zentralen Phosphoratom, das von Sauerstoffatomen umgeben ist. Einige dieser Sauerstoffatome sind ionisiert, das heißt sie haben zusätzliche Elektronen und sind daher negativ geladen. Die Phosphatreste führen damit zu einer negativen Ladung der RNA- und DNA-Moleküle.
- ✔ **eine Nukleinsäurebase**: Ringförmiges Molekül mit dem Element Stickstoff. In Nukleotiden finden sich insgesamt fünf verschiedene Basen: Adenin (A), Cytosin (C), Guanin (G), Thymin (T) und Uracil (U). DNA-Nukleotide enthalten A, C, G und T, während in RNA-Nukleotiden A, C, G und U vorkommen.

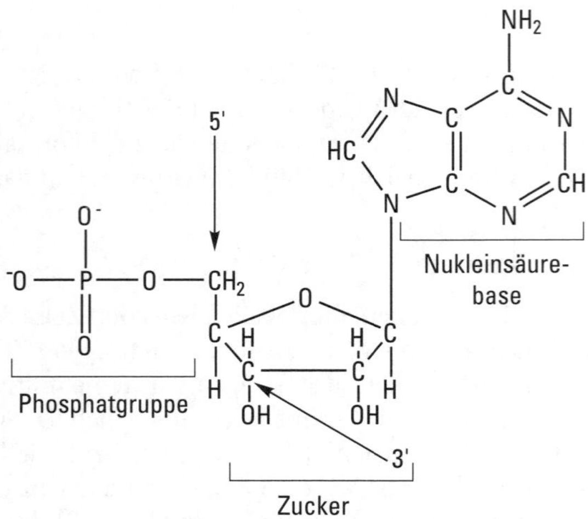

Abbildung 2.6: Aufbau eines Nukleotids, hier Adenosinmonophosphat, ein RNA-Nukleotid.

Zellen bilden DNA- und RNA-Moleküle durch kovalente Bindungen zwischen Nukleotiden (Abbildung 2.7). Die so entstehenden Ketten werden *Polynukleotide* genannt.

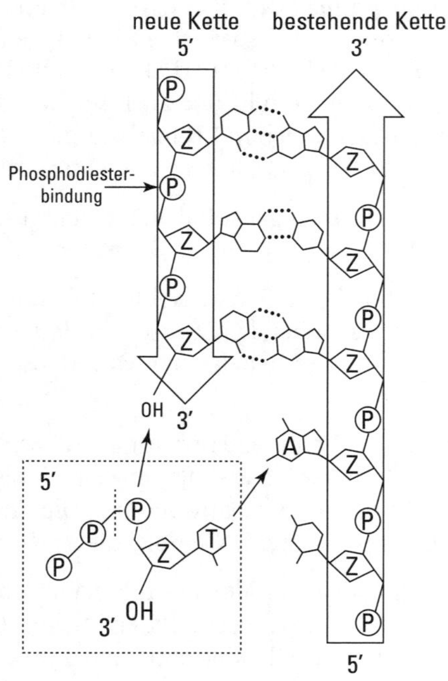

Abbildung 2.7: Synthese eines Polynukleotids.

DNA-Moleküle bestehen aus zwei Polynukleotidketten, die über Wasserstoffbrückenbindungen zusammengehalten werden. RNA-Moleküle bestehen nur aus einer Polynukleotidkette. Bei der DNA befinden sich die Wasserstoffbrücken zwischen den Basen A und T sowie zwischen den Basen C und G. Diese Basenpaare können Sie sich wie die Sprossen einer Leiter vorstellen: Die beiden Holme der Leiter, die Polynukleotidketten, sind umeinander verdreht – es entsteht die bekannte Doppelhelix-Struktur der DNA (Abbildung 2.8).

Der Informationscode der DNA und RNA wird durch die Reihenfolge der Nukleinsäurebasen in den Polynukleotiden bestimmt. Ähnlich wie die Informationen auf der Festplatte eines Computers als Abfolge von »0« und «1« vorliegen oder wie die Reihenfolge der 26 Buchstaben des Alphabets Wörter ergibt, so wird die Information der DNA mithilfe der Basen A, C, G und T ausgedrückt (siehe Abbildung 2.8). Die Abfolge dieser Basen enthält alle Informationen zur Synthese von Proteinen, die wiederum Zellstrukturen und -funktionen bestimmen. Entsprechend wird die Information von RNA-Molekülen durch die Abfolge der Basen A, C, G und U codiert.

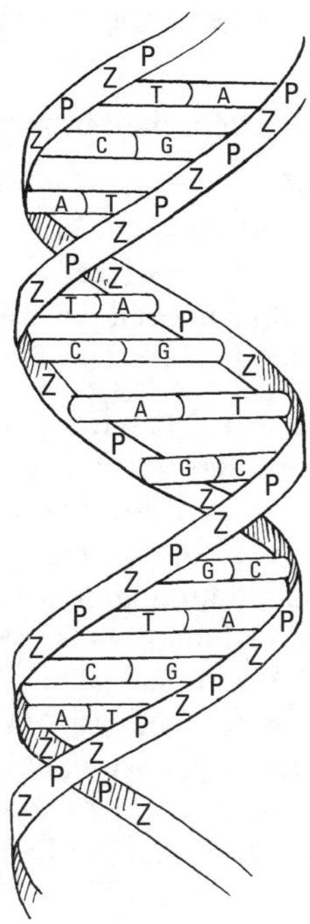

Abbildung 2.8: Die DNA-Doppelhelix können Sie sich als spiralig gedrehte Leiter vorstellen.

Die genetische Information aller Zellen wird in DNA-Molekülen gespeichert, die als gefaltete und verdrehte Moleküle charakteristische Strukturen formen, die sogenannten *Chromosomen*. Die Abfolge, das heißt die *Sequenz* der vier verschiedenen Nukleotide innerhalb eines Chromosoms stellt den Code dar, der die Merkmale eines Organismus bestimmt.

Lipide

Moleküle, die sich nicht mit Wasser mischen, werden als *Lipide* bezeichnet; bekannte Beispiele sind Fette, Öle und Wachse. Lipide werden von Zellen benutzt, um Grenzen zu ziehen, sowohl innerhalb der Zelle als auch nach außen. Lipide eignen sich außerdem auch sehr gut zur Speicherung von Energie und Zellbaustoffen, bei vielen Pflanzen wie etwa Olive, Haselnuss und Mais zum Beispiel in Form von Ölen.

Lipidmoleküle zeichnen sich durch ein spezielles Merkmal aus: sie enthalten zahlreiche Kohlenstoff- und Wasserstoffatome, die über kovalente Bindungen zusammenhängen. Dabei handelt es sich um elektrisch neutrale kovalente Bindungen, das heißt im Grunde das Gegenteil der im Wassermolekül vorhandenen polaren kovalenten Bindungen (siehe Abbildung 2.3). Das hat zur Folge, dass Lipidmoleküle, die mit Wasser in Berührung kommen, sich nicht mit diesem mischen; die Wassermoleküle bleiben über Wasserstoffbrückenbindungen zusammen und verbinden sich nicht mit den Lipiden. Sie stoßen diese sozusagen ab, was dazu führt, dass die Lipide ebenfalls zusammenbleiben und auf der Wasseroberfläche schwimmen. Solche Stoffe, die sich nicht mit Wasser mischen, nennt man *hydrophob* (wasserabweisend). Demgegenüber stehen die sogenannten *hydrophilen* (wasserliebenden) Stoffe, also Moleküle, die sich gut mit Wasser mischen.

Wir unterscheiden vier Lipidtypen, die für Pflanzenzellen besonders wichtig sind:

- ✔ **Triglyceride (Fette und Öle)**: *Triglyceride* speichern Energie und Baustoffe für Wachstumsprozesse. Dabei unterscheiden sich Fette und Öle auf molekularer Ebene nur wenig (siehe Abbildung 2.9): Das Grundgerüst wird von Glycerol (synonym: Glycerin) gebildet, einem dreiwertigen Alkohol (drei Kohlenstoffatome), der mit drei Fettsäuren verbunden ist. Die meisten Pflanzen speichern Öle, keine Fette.

  Ob es sich bei einem Triglycerid nun um ein Fett oder Öl handelt, hängt davon ab, wie viele der Verbindungen zwischen seinen Kohlenstoff- und Wasserstoffatomen *ungesättigt* sind. Eine ungesättigte Verbindung liegt vor, wenn sich zwei Kohlenstoffatome zwei Elektronenpaare teilen – es entsteht eine *Doppelbindung*, wie in Abbildung 2.9 unten gezeigt. Kohlenstoffatome in einer solchen Doppelbindung können sich mit weniger Wasserstoffatomen als normal verbinden, sodass die Verbindung als ungesättigt mit Wasserstoff deklariert wird. Die Fettsäureketten sind in diesem Fall gebogen und dadurch weniger dicht gepackt – die Fette liegen bei Raumtemperatur in flüssigem Zustand vor und werden als Öle bezeichnet. Im Gegensatz dazu sind die Kohlenstoffatome in *gesättigten* Fetten über Einfachbindungen mit dem Wasserstoff verbunden. Es entstehen gerade Fettsäureketten (Abbildung 2.9 oben), die dichter gepackt und daher bei Raumtemperatur fest sind (zum Beispiel Butter).

- ✔ **Phospholipide**: Ihr molekularer Aufbau ähnelt demjenigen von Triglyceriden, allerdings ist hier eine Fettsäurekette gegen einen hydrophilen Molekülbaustein ausgetauscht. In Bezug auf die Mischbarkeit mit Wasser sind Phospholipide damit Zwitter – das eine Ende des Moleküls ist hydrophil, das andere hydrophob. Aufgrund dieser Eigenschaft sind Phospholipide hervorragende Bausteine für *Zellmembranen*. Mehr zur Rolle von Phospholipiden in Membranen finden Sie im Abschnitt »Die Plasmamembran« weiter unten in diesem Kapitel.

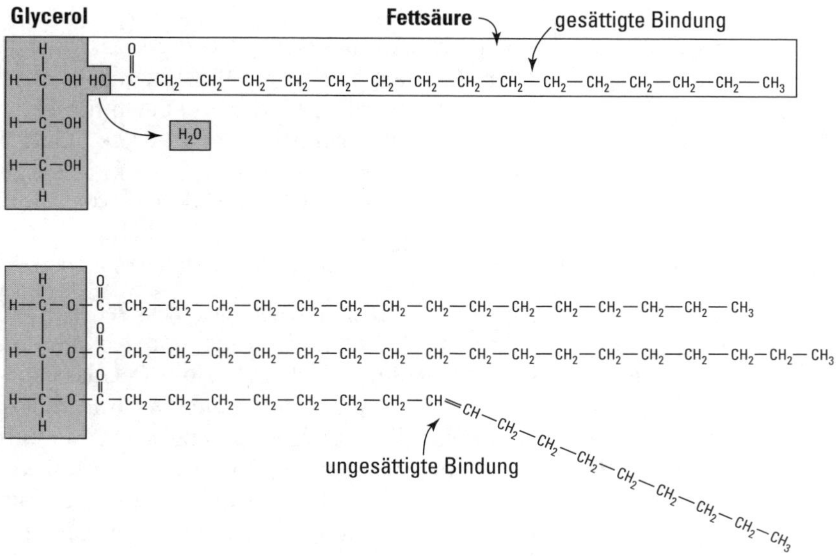

Abbildung 2.9: Gesättigte und ungesättigte Bindungen in einem typischen Triglycerid.

- **Steroide**: Verschiedene pflanzliche Hormone sind *Steroide*, das heißt Lipide, die aus vier miteinander verbundenen Kohlenstoffringen bestehen. Diese sogenannten *Brassinosteroide* kontrollieren viele Prozesse des Wachstums und der Entwicklung von Pflanzen und übernehmen außerdem wichtige Regelfunktionen bei der Stressbewältigung (ja, auch Pflanzen können gestresst sein).
- **Wachse:** Viele Pflanzen schützen ihre Blätter und Stängel durch Wachseinlagerungen in der äußersten Zellschicht vor schädlichen Umwelteinflüssen. *Wachse* verhindern etwa übermäßigen Wasserverlust und wirken einem Schädlingsbefall, zum Beispiel durch Pilze und Insekten, entgegen. Manche fleischfressenden Pflanzen, zum Beispiel Kannenpflanzen *(Nepenthes sp.)*, besitzen von Wachs überzogene Oberflächen, auf denen angelockte Insekten ausrutschen und ins Verderben (in die Kanne) stürzen. Und auch der Glanz vieler Blätter wird durch Wachse hervorgerufen. Wachsmoleküle können sehr unterschiedlich aufgebaut sein; ihre Basis, eine lange Kette aus Kohlenstoff- und Wasserstoff, gleicht jedoch einer Fettsäure.

Kohlenwasserstoffe als Energiequelle

Die kovalenten Bindungen zwischen Kohlenstoff- und Wasserstoffatomen in Lipiden speichern sehr viel nutzbare Energie. So hat zum Beispiel ein Gramm Fett neun Kalorien, ein Gramm Kohlenhydrate dagegen nur vier. Fette sind damit mehr als doppelt so energiereich wie Kohlenhydrate. Doch Fette spielen mittlerweile längst nicht mehr nur für unsere Ernährung eine Rolle. Nachdem wir das Potenzial dieser Moleküle erkannt hatten, haben wir unsere Lebensweise Zug um Zug an die Nutzung von Kohlenwasserstoffen angepasst. Die Nutzung von Öl und Gas als Lichtquelle machte die Nacht zum Tag – wir können seitdem länger produktiv sein. Maßgebliche Triebfeder für den Walfang, der zahlreiche Arten an den

Rand des Aussterbens gebracht hat, war ebenfalls das Öl der Meeressäuger. Nachdem wir das Potenzial von Kohlenwasserstoffen als Energiequelle für Maschinen entdeckt hatten, beschleunigte sich die industrielle Revolution, mit gravierenden Folgen für unsere Umwelt. Fabriken, Eisenbahnlinien und Straßen wurden gebaut und unsere Städte vergrößerten sich. Der Hunger nach Energie wuchs weiter und wir begannen mit der Ausbeutung fossiler Energielagerstätten. Die Förderung von Öl und Gas, aber auch Kohle (ein kohlenstoffhaltiges Molekül, jedoch kein Kohlenwasserstoff), ermöglichte es uns, in die entlegensten Regionen der Erde vorzustoßen und immer mehr Bauwerke zu errichten.

Leider gibt es aber einige unangenehme Nebeneffekte dieser exzessiven Nutzung von Kohlenwasserstoffen: Umweltverschmutzung, Naturzerstörung und Klimaveränderungen. Einer der wichtigsten Schadstoffe ist heute das Kohlendioxid (CO_2), das bei der Verbrennung von Kohlenwasserstoffen in die Atmosphäre entweicht. Der Kohlendioxid-Gehalt der Atmosphäre ist seit der industriellen Revolution stetig angestiegen und mit ihm steigen auch die globalen Wasser- und Lufttemperaturen. Mittlerweile wissen wir: Kohlendioxid ist ein Treibhausgas; es wirkt wie eine Wolldecke, die die normale Abkühlung der Erdoberfläche verhindert. Wir sehen uns heute mit der schwierigen Doppelaufgabe konfrontiert, einerseits die aus der starken Nutzung von Kohlenwasserstoffen erwachsenen Umweltprobleme zu lösen und andererseits eine alternative umweltfreundliche Energiequelle zu finden – denn die fossilen Energieträger Öl, Gas und Kohle sind endlich. Es ist längst nicht klar, welches Ausmaß die von uns bereits in Gang gesetzten Umweltveränderungen erreichen werden und ob wir die schädlichen Trends vielleicht noch stoppen können. Bezüglich der Energieversorgung sind wir auf einem guten Weg, indem wir unsere Maschinen mit effizienteren Motoren ausstatten und gleichzeitig alternative Energiequellen, wie Wind und Sonne, nutzbar machen. Erst die Zukunft wird zeigen, ob wir den Bogen nicht bereits überspannt haben.

Die Zelle – eine Welt für sich

Alle Lebewesen bestehen aus Zellen, angefangen von winzigen Bakterien bis hin zu riesigen Blauwalen. Die Zelle ist ihr Grundbaustein und die kleinste bekannte Einheit, die alle charakteristischen Funktionen des Lebens erfüllt; sie kann sich vermehren, Signale empfangen und aussenden, wachsen sowie Stoffe und Energie mit ihrer Umgebung austauschen. In Abbildung 2.10 sind diese Prozesse mitsamt ihren Zellbausteinen (Zellorganellen) beziehungsweise -strukturen dargestellt.

Vergleicht man die zellulären Prozesse und die Organisation des Erbguts aller Lebewesen dieser Erde, lassen sich drei Großgruppen *(Domänen)* unterscheiden. Diese drei Domänen stellen die Hauptäste im Stammbaum des Lebens dar:

- **Eukaryoten**: Pflanzen, Tiere, Pilze und Protisten.
- **Bakterien**: Einzellige Mikroorganismen, die wir zum Beispiel aus unserem Joghurt kennen und die uns auch zahlreiche Krankheiten bescheren.

- ✔ **Archaea**: Früher als Archaebakterien bezeichnete Gruppe von Einzellern, die überall vorkommen und auch vor extremen Lebensräumen wie Salzseen und heißen Quellen nicht zurückschrecken.

In Bezug auf den Zellaufbau gleichen sich Bakterien und die Archaea ziemlich, denn bei beiden liegt die Erbinformation frei im Zytoplasma der Zelle – sie sind *prokaryotisch*. Demgegenüber stehen die *Eukaryoten*, deren Zellen einen komplexeren Aufbau haben und deren Erbgut im Zellkern *(Nukleus)* gespeichert ist. Einzelheiten dazu lesen Sie weiter unten im Abschnitt »Erbinformationen speichern«.

Die Zellen der Lebewesen aus allen drei Domänen haben bestimmte Gemeinsamkeiten. Sie alle besitzen Grenzstrukturen, die die Zelle von ihrer Umgebung trennt, sie enthalten DNA und haben die Fähigkeit, Proteine zu synthetisieren. In den folgenden Abschnitten werden diese grundlegenden Vorgänge und Strukturen genauer erläutert.

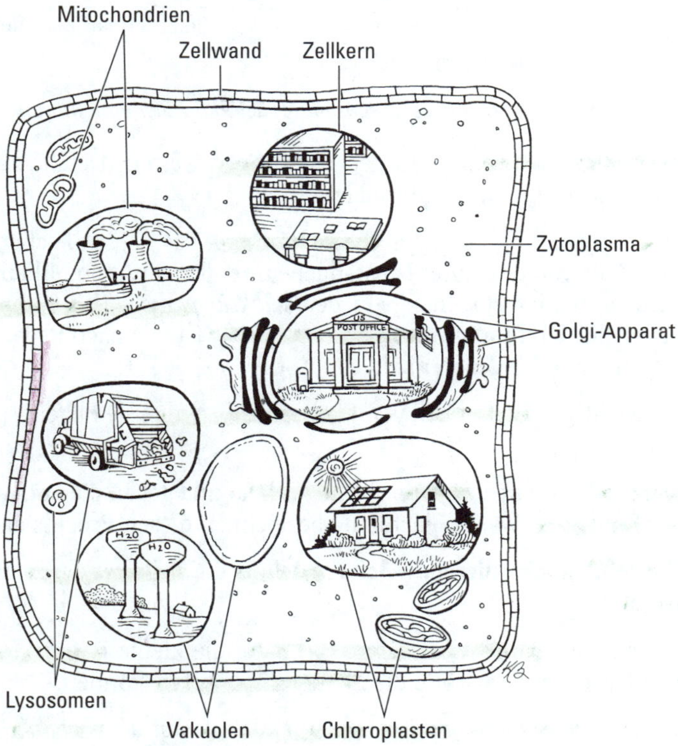

Abbildung 2.10: Jede einzelne Pflanzenzelle ist in der Lage, alle lebensnotwendigen Prozesse durchzuführen.

Die Grenzkontrolle – Plasmamembran

Die Grenzstruktur, die eine Zelle von ihrer Umgebung abschirmt, wird als *Plasmamembran* bezeichnet (vgl. Abbildung 2.11). Sie ist als sogenannte Lipiddoppelschicht ausgebildet, das heißt sie besteht aus zwei Lagen von Phospholipiden, deren hydrophile Kopfgruppen nach

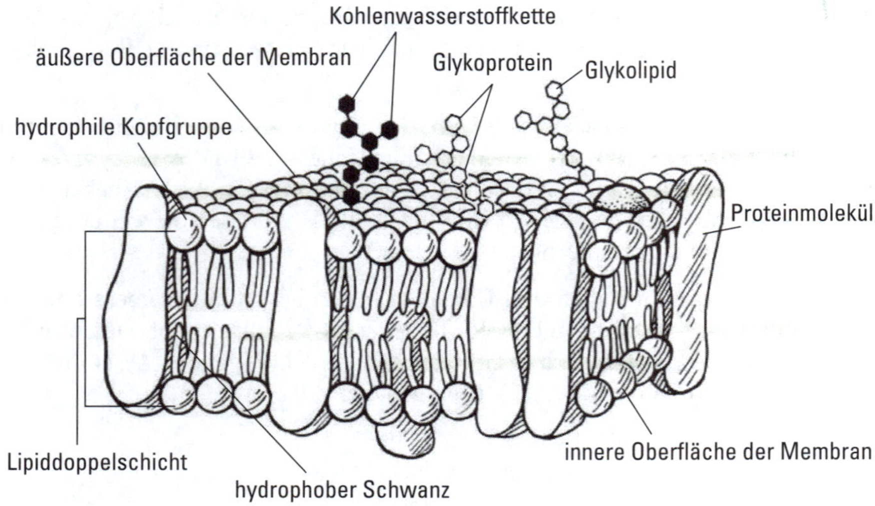

Abbildung 2.11: Das Flüssig-Mosaik-Modell der Plasmamembranen.

außen, die hydrophoben Schwänze dagegen nach innen weisen (Details zu Phospholipiden finden sich im Abschnitt »Lipide« weiter oben).

Die Aufgabe der Plasmamembran ist die Milieutrennung, das heißt die chemischen Reaktionen innerhalb der Zelle von den unter Umständen störenden äußeren Milieubedingungen abzuschirmen. Wissenschaftler sprechen von der *selektiv permeablen* Plasmamembran und meinen damit, dass die Membran nur bedingt durchlässig ist – je nach Bedarf können spezielle Stoffe passieren, andere hingegen nicht.

Proteine sind ein wichtiger Bestandteil von Plasmamembranen; sie helfen, spezielle Aufgaben zu erledigen:

- ✔ ***Rezeptor-Proteine* erkennen Signale von außerhalb und geben die entsprechenden Informationen ins Zellinnere weiter.** Fachleute bezeichnen diesen Prozess als *Signalleitung*.
- ✔ ***Transport-Proteine* kontrollieren, welche Moleküle die Zelle verlassen und welche Stoffe hinein gelangen.**
  - Es gibt sogenannte Kanal- oder *Tunnelproteine*, die kleine Röhren formen, durch die Moleküle entsprechender Größe die Membran passieren können.
  - Die eigentlichen *Transportproteine* binden Moleküle auf der einen Seite der Membran, ändern dann ihre Gestalt und entlassen die Moleküle wieder auf der anderen Membranseite.

Wissenschaftler erklären den Aufbau der Plasmamembran mithilfe des *Flüssig-Mosaik-Modells*. Der Begriff ist treffend, denn die verschiedenen Komponenten der Membran, wie Proteine und Phospholipide, bilden ein Mosaik; dieses Mosaik ist dabei nicht statisch, sondern es fließt, das heißt die Moleküle der Membran können ihre Position verändern.

Man kann sich eine Plasmamembran ganz gut als internationale Staatsgrenze vorstellen, wo Zollbeamte (die Transportproteine) kontrollieren, wer und was die Grenze passiert.

Der Bereich innerhalb der Plasmamembran wird *Zytoplasma* genannt; dieses ist flüssig und umgibt alle Moleküle und Strukturen der Zelle.

Im Zytoplasma ist immer viel los, es ist vergleichbar mit unseren Innenstädten, wo viel transportiert, auf-, ab- und umgebaut wird. Die Zellorganellen kann man sich als Geschäftsgebäude vorstellen, in denen jeweils spezielle Aufgaben erledigt werden. Und die Fahrzeuge stellen die Stoffe dar, die in der Zelle unaufhörlich transportiert werden.

Botaniker bezeichnen das gesamte Zellinnere, mit Ausnahme des Zellkerns und der Zellwand, als den *Protoplasten*.

Die Bibliothek – Erbinformationen speichern

Wichtige Informationen archivieren wir in den Büchern unserer Bibliotheken. Die Bibliothek der eukaryotischen Zelle ist der Zellkern (Nukleus), in dem alle biologischen Informationen beziehungsweise das Erbgut als DNA gespeichert wird (zum Aufbau der DNA siehe den Abschnitt »Nukleinsäuren« weiter vorn in diesem Kapitel). Damit sind wir bei einem wichtigen Unterschied zwischen Prokaryoten und Eukaryoten:

- ✔ *Eukaryotische Zellen* isolieren ihre Erbinformationen vom Rest des Zytoplasmas. Ihre DNA liegt im Zellkern, der von der sogenannten *Kernmembran* (Kernhülle) umgeben ist. Diese ist genau wie die Plasmamembran aus Phospholipiden und Proteinen aufgebaut, stellt sich jedoch als Doppelmembran aus zwei Lipiddoppelschichten dar. Die Durchlässigkeit für bestimmte Stoffe wird ebenfalls von Tunnelproteinen gewährleistet, die sogenannte *Kernporen* bilden.
- ✔ In *prokaryotischen Zellen* liegen die Erbinformationen in Form von DNA frei im Zytoplasma; sie sind nicht von einer Membran umgeben, aber in einer bestimmten Region der Zelle zu finden, dem *Nukleoid*.

Die Fabriken – Ribosomen

Die speziellen Zellorganellen, die für die koordinierte Synthese von Proteinen verantwortlich sind, heißen *Ribosomen*. Sie sind in allen Zellen vorhanden, denn Proteine werden immer und überall gebraucht.

Der Aufbau der Ribosomen ist in allen Zellen mehr oder weniger gleich:

- ✔ An ihrem Aufbau sind zwei verschiedenen Typen von Molekülen beteiligt: eine spezielle Form der RNA, die sogenannte *ribosomale RNA* (rRNA), und Proteine.

- Die rRNA und die ribosomalen Proteine sind miteinander verbunden und formen zwei verschieden große sowie funktionell unterschiedliche Einheiten: die *große* und die *kleine Untereinheit*. Beide Untereinheiten werden getrennt voneinander gebildet und vereinigen sich erst zum kompletten Ribosom, wenn ein Protein synthetisiert werden soll.

Ribosomen können Sie sich als kleine Fabriken vorstellen, in denen Proteine gebildet werden.

Im Verlauf der Proteinbiosynthese werden zwei Prozesse unterschieden:

- **Transkription**: Im Zellkern wird die spezifische Information für den Bau eines Proteins von der DNA abgelesen und in ein neues Molekül kopiert, in die sogenannte *Messenger-RNA* (mRNA). Dieses Transportmolekül verlässt den Zellkern und befördert die Information zu den Ribosomen im Zytoplasma.
- **Translation**: An den Ribosomen werden die mRNA sowie andere notwendige Moleküle so organisiert, dass ein neues Protein gemäß der von der mRNA gelieferten Information gebildet werden kann.

Die Pflanzenzelle im Detail

Jede Pflanzenzelle stellt eine eigene Welt dar, die in unterschiedliche funktionelle Einheiten (Kompartimente) gegliedert ist. Dabei erfüllt jedes Kompartiment in der Zelle spezifische Aufgaben, sodass ein hohes Maß an Organisation und Koordination nötig ist. Ähnlich wie der Zellkern sind auch einige dieser funktionellen Einheiten von Membranen umgeben – sie werden als *Zellorganellen* bezeichnet. Die folgenden beiden Abbildungen 2.12 und 2.13 zeigen den typischen Aufbau von eukaryotischen Zellen von einer Pflanze und einem Tier. Bei genauem Studium werden Sie vermutlich überrascht sein, wie viele Gemeinsamkeiten zwischen Ihren Zellen und einer Pflanzenzelle bestehen.

Fast alle eukaryotischen Zellen, auch die von Pflanze und Tier, enthalten die folgenden Kompartimente:

- Plasmamembran
- Ribosomen
- Zytoplasma
- Zellkern
- Endoplasmatisches Retikulum
- Golgi-Apparat
- Mitochondrien
- Zytoskelett
- Vesikel, Vakuolen und Lysosomen

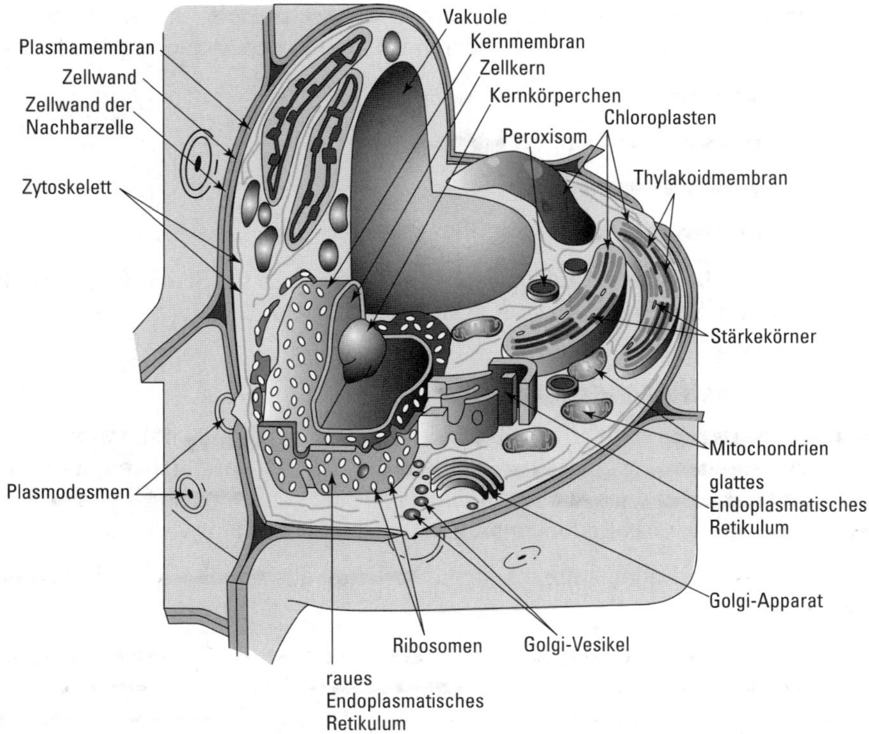

Abbildung 2.12: Aufbau und Kompartimente in einer typischen Pflanzenzelle.

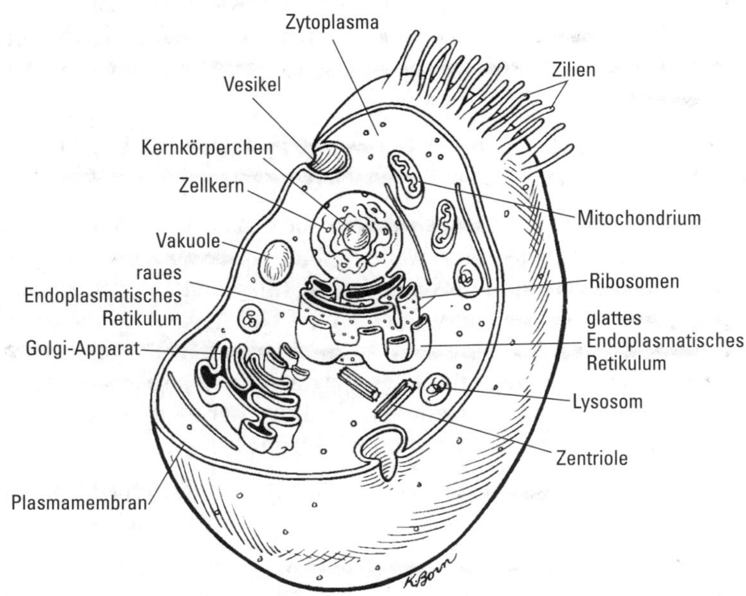

Abbildung 2.13: Aufbau und Kompartimente in einer typischen Tierzelle.

Pflanzenzellen haben darüber hinaus vier Strukturen, die der tierischen Zelle fehlen, jedoch teilweise bei anderen eukaryotischen Zellen vorhanden sind:

- ✔ Zellwand
- ✔ Plastiden, inklusive der Chloroplasten
- ✔ große, zentrale Vakuole
- ✔ Plasmodesmen

Im folgenden Abschnitt gehe ich auf die einzelnen Organellen und Strukturen der eukaryotischen Zelle sowie auf ihre spezifischen Aufgaben genauer ein.

Das Postamt – Endomembransystem

Das *Endomembransystem* stellt ein großes Netzwerk von Membranen innerhalb der Zelle dar. Es hilft bei der Synthese von Proteinen und Lipiden und ist anschließend auch für deren Transport an ihren Bestimmungsort zuständig. Es verpackt und verschickt die neu gebildeten Moleküle, sodass Sie sich das Endomembransystem gut als Postamt vorstellen können.

Alle Komponenten des Endomembransystems bestehen aus Membranen, die Proteine und Phospholipide enthalten:

- ✔ Das *Endoplasmatische Retikulum*, kurz als ER bezeichnet, ist ein gefaltetes Membranpaket, das vom Zellkern ein Stück weit bis ins Zytoplasma reicht. Seine Membran ist mit der äußeren Kernhülle verbunden und wie ein steiler Bergpfad in zahlreiche Windungen gelegt. Wir unterscheiden zwei Formen des ER:
  - Das *raue ER* (rER) hat seinen Namen erhalten, weil es außen mit zahlreichen Ribosomen besetzt ist. Diese lagern sich an die ER-Membran an, wenn ein Protein gebildet wird. Das fertige Protein wird dann für den Transport zum Golgi-Apparat in ein Vesikel (siehe unten) gepackt.
  - Das *glatte ER* (sER; von engl. smooth) weist keine Ribosomen auf. Es ist für die Synthese von Lipiden zuständig, zum Beispiel Phospholipide für Zellmembranen.
- ✔ Der *Golgi-Apparat* sieht aus wie ein Stapel Waffeln, die Oma früher immer gern gebacken hat. Nur sind es natürlich keine leckeren Waffeln, sondern Membranen, die den Golgi-Apparat aufbauen. Er entsendet und empfängt Vesikel (Bläschen), in denen zum Beispiel Proteine vom rER herantransportiert werden. Am Golgi-Apparat werden die Proteine dann verändert, chemisch markiert, sortiert und anschließend in Vesikeln weiter an ihren Bestimmungsort geschickt. Der gesamte Golgi-Apparat besteht also aus gestapelten Membranen (den Waffeln) und aus den assoziierten Vesikeln. Der Membranstapel allein wird von Botanikern auch manchmal als *Dictyosom* bezeichnet.
- ✔ *Vesikel* kann man sich gut als Behälter vorstellen, die ganz unterschiedlich genutzt werden können:
  - *Transport-Vesikel* befördern Stoffe innerhalb der Zelle. Sie sind sozusagen die Postautos, die mit ihren Paketen (den Molekülen) vom ER zum Golgi-Apparat und von dort dann zur Plasmamembran oder zu anderen Zellorganellen fahren.

- *Lysosomen* sind Vesikel, in denen die Zelle ihre Abfallstoffe deponiert. Sie enthalten entsprechende Verdauungsenzyme, die in der Lage sind, überflüssige Moleküle, Organellen und Bakterien abzubauen und somit unschädlich zu machen.
- *Sekretorische Vesikel* transportieren bestimmte Stoffe zur Plasmamembran, sodass diese dort aus der Zelle hinaus befördert *(sezerniert)* werden können.

✔ *Peroxisomen* sind kleine Zellorganellen, die von einer einfachen Membran umgeben sind. Sie beteiligen sich am Abbau von Lipiden, das heißt sie spalten die Fettsäuren auf. Eine spezielle Gruppe von Peroxisomen wird *Glyoxisomen* genannt. Diese haben die Fähigkeit, gespeichertes Öl in Moleküle zu zerlegen, die zur Energiegewinnung taugen.

✔ *Vakuolen* kann man sich ähnlich wie Vesikel vorstellen; es sind ebenfalls Hohlräume, die jedoch verschiedene Funktionen erfüllen. Die meisten Pflanzenzellen weisen eine zentrale Vakuole auf, die bis zu 95 Prozent des Zellvolumens ausmachen kann. Die Vakuole wird von einer Membran umschlossen, dem sogenannten *Tonoplast*. Die große Zentralvakuole ist in der Regel wassergefüllt und dient der Pflanze als Deponie für Abfall- und Baustoffe.

Am besten stellen Sie sich die Pflanzenzelle als einen wassergefüllten Ballon vor, der sich in einem Schuhkarton befindet. Der Karton stellt dabei die Zellwand dar, der Wasserballon die Zentralvakuole. Das Gummi des Ballons wäre dann der Tonoplast. Das Zytoplasma mit den Zellorganellen liegt zwischen Tonoplast und Zellwand.

Gerüste und Transportwege – das Zytoskelett

Ein Netz von Proteinsträngen, das sogenannte *Zytoskelett*, durchzieht die Zellen und sorgt für Stabilität. Außerdem ermöglichen seine Proteine und Strukturen die Bewegung von Zellen und den Transport von Baustoffen.

Zytoskelett-Proteine erfüllen in Zellen vor allem die folgenden drei Funktionen:

✔ **Gerüstmaterial:** Zytoskelett-Proteine sind die Basis von Membranen; sie verleihen diesen Festigkeit und Struktur.

✔ **Transport von Stoffen innerhalb der Zelle:** Die Stränge der Zytoskelett-Proteine sind mit Eisenbahnschienen vergleichbar, die die Zelle durchziehen und den Transport von Vesikeln und Organellen ermöglichen.

✔ **Bewegung von Zellen:** Manche Zellen besitzen peitschenförmige Auswüchse, sogenannte *Zilien* oder *Geißeln*, mit deren Hilfe sie sich fortbewegen. Auch die Spermien mancher Pflanzen haben Geißeln und bewegen sich schwimmend fort. Innerhalb solcher Zilien beziehungsweise Geißeln wurden Zytoskelett-Proteine nachgewiesen.

In eukaryotischen Zellen kommen drei verschiedene Typen von stützenden Zytoskelett-Proteinen vor:

✔ **Mikrofilamente** bestehen aus dem Protein *Actin*. In pflanzlichen Zellen wirken Mikrofilamente an der Zellteilung mit und fungieren als Schienenstränge für Vesikel und Zellorganellen. Mit ihrer Hilfe wird somit der als *Zytoplasmaströmung* bezeichnete Prozess aufrechterhalten, die Zirkulation des Zytoplasmas. In tierischen Zellen aktivieren Mikrofilamente die Muskelkontraktion und helfen ebenfalls bei der Zellteilung mit.

- **Mikrotubuli** bestehen aus dem Protein *Tubulin*. Dieses findet sich vor allem in Zilien und Geißeln. Während der Zellteilung befördern Mikrotubuli die Chromosomen und fungieren auch als Schienenstränge für Vesikel und Zellorganellen. Schließlich sind sie auch zum Teil für das Aussehen einer Pflanze verantwortlich, denn sie unterstützen die Bildung der Zellwände.

- **Intermediäre Filamente** bestehen aus verschiedenen, stabilen Proteinen, die der Zelle Struktur und Festigkeit geben. So stärkt zum Beispiel das Protein *Lamin* die Kernhülle und *Keratin*, ein anderes stabiles Protein, macht unsere Hautzellen robuster; auch Wurzelzellen, die sich ihren Weg durch den Boden bahnen müssen, enthalten Keratin und profitieren von dessen Stabilität.

Grüne Photovoltaik – die Chloroplasten

Die meisten unserer Nahrungsmittel gehen auf Organismen zurück, die *Photosynthese* betreiben. Im Verlauf dieses Prozesses wandelt die Pflanzenzelle Sonnenenergie in chemische Energie um und speichert diese in Form von Nährstoffen (in der Regel Zucker). Die Zellen von Pflanzen (inklusive der Algen) und auch von bestimmten Bakterien betreiben Photosynthese. Die eukaryotische Pflanzenzelle besitzt spezielle Kompartimente für die Photosynthese: grün gefärbte Zellorganellen, die Chloroplasten (Abbildung 2.14).

Chloroplasten sind grün, weil sie den grünen Farbstoff Chlorophyll enthalten. *Chlorophyll* kann Sonnenlicht absorbieren, dessen Energie dann im Zuge der Photosynthese genutzt wird, um aus Kohlendioxid und Wasser Kohlenhydrate zu synthetisieren. Aus Kohlenhydraten können dann alle Arten von Nährstoffen hergestellt werden, wobei erwähnt werden muss, dass für den Aufbau von Proteinen auch noch eine Stickstoffquelle notwendig ist.

Chloroplasten können Sie sich als Solarzellen vorstellen, also die Module einer Photovoltaikanlage, die Sonnenenergie in eine für die Pflanze und für uns nutzbare Energieform (Zucker) umwandeln.

Chloroplasten sind von zwei Membranen umgeben, einer inneren und einer äußeren, die beide als Lipiddoppelschicht ausgebildet sind. Ihr Inneres, das Stroma, ist von Membranen durchzogen, die vielfach kleine Ausstülpungen aufweisen, *Thylakoide* genannt. Die Thylakoide liegen geldrollenartig gestapelt vor und werden als *Grana* bezeichnet (siehe Abbildung 2.14).

So werden durch die Thylakoidmembranen viele separate Innenräume *(Lumina)* gebildet, in denen die verschiedenen Reaktionen der Photosynthese getrennt ablaufen können (in Kapitel 7 wird die Photosynthese eingehend besprochen).

- Zwischen der inneren und der äußeren Membran liegt der *Intermembranraum*.

- Die innere Membran eines Chloroplasten umgibt einen flüssigkeitsgefüllten Raum, das *Stroma*.

- Die Lumina der Thylakoide sind ebenfalls flüssigkeitsgefüllt.

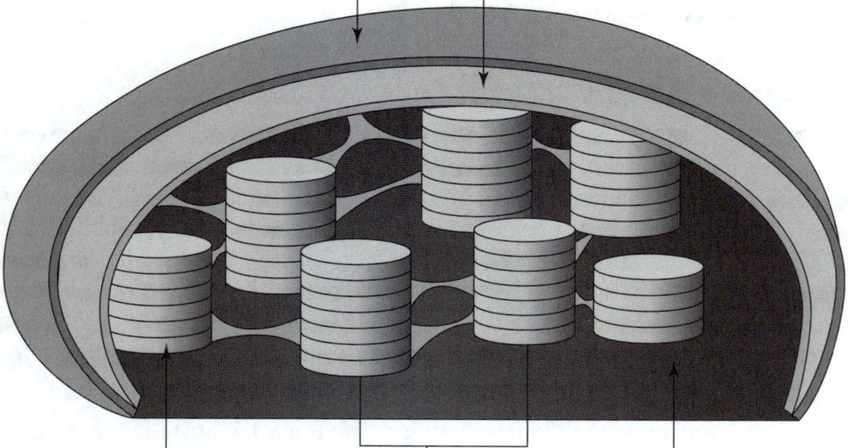

Abbildung 2.14: Der Chloroplast.

Chloroplasten gehören zu den *Plastiden*. So werden Zellorganellen genannt, die sich eigenständig vermehren können, von einer Doppelmembran umgeben sind und wichtige Funktionen in der Pflanzenzelle übernehmen. Die Aufgabe der Chloroplasten ist die Photosynthese und sie kommen in den grünen Teilen von Pflanzen vor.

In anderen Bereichen des pflanzlichen Organismus sind die Gewebe auf andere Aufgaben spezialisiert und es kommen dort andere Arten von Plastiden vor:

✔ *Proplastiden* sind die Vorstufe von Plastiden. Sie sind klein, farblos und in Keimlingen zu finden, in Geweben also, die sich noch nicht auf eine spezielle Aufgabe spezialisiert haben.

✔ *Leukoplasten* sind farblose Plastiden, die sich auf die Synthese und Speicherung von wichtigen Nähr- und Baustoffen spezialisiert haben. Wir unterscheiden drei verschiedene Typen:

- *Amyloplasten* bilden und speichern Stärke. Man findet sie typischerweise in Wurzeln, Speicherknollen oder ähnlichen Geweben, die Stärke speichern. So enthalten etwa Kartoffeln große Mengen an Amyloplasten.
- *Elaioplasten* oder Ölkörper bilden und speichern Öle. Sie finden sich zum Beispiel in Geweben, in denen sich Pollenkörner entwickeln.
- *Proteinoplasten* bilden und speichern Proteine. Sie kommen in vielen Samen vor, beispielsweise in Erdnüssen.

✔ *Chromoplasten* enthalten als Farbstoff verschiedene *Carotinoide* und sind deshalb rot, orange oder gelb gefärbt. Dieser Plastidentyp findet sich in Blüten, Früchten und Blättern, bei letzteren vor allem im Herbst. Chromoplasten können sich aus Chloroplasten, aus Amyloplasten und auch aus Proplastiden entwickeln.

- *Etioplasten* sind blasse, manchmal etwas gelbliche Plastiden, die bei Pflanzen unter Lichtmangel vorkommen. Wenn diese Pflanzen dann der Sonne ausgesetzt werden, entwickeln sich die Etioplasten zu grünen Chloroplasten.

Die Kraftwerke – Mitochondrien

Als photosynthetisch aktive Organismen bilden Pflanzen Nährstoffe, aber genau wie jeder andere Organismus auch, müssen sie die Nährstoffe wieder abbauen, um Energie und Baustoffe für ihr Wachstum zu gewinnen. In der eukaryotischen Zelle findet dieser Prozess der Energiegewinnung – er wird *Zellatmung* genannt – in den *Mitochondrien* statt (Abbildung 2.15). Im Verlauf des Prozesses, der auch als *Atmungskette* bezeichnet wird, wird die Energie aus den Nährstoffmolekülen auf ein spezielles Molekül übertragen, das *Adenosintriphosphat* (ATP). ATP ist der wichtigste Energieträger in allen Zellen. Energie, die in Form von ATP gespeichert ist, lässt sich von den Zellen leicht für notwendige chemische Reaktionen nutzen (weitere Informationen zu ATP und Atmungskette finden Sie in den Kapiteln 6 und 8).

Viele Leute meinen, Pflanzen besäßen Chloroplasten anstelle von Mitochondrien. Das ist falsch! Pflanzen besitzen sowohl Chloroplasten als auch Mitochondrien. Bei genauer Betrachtung zeigt sich, dass das auch nicht anders geht: Mithilfe der Chloroplasten wird Sonnenenergie in speicherbare Energie umgewandelt. Damit die Pflanze diese wieder nutzen kann, braucht sie die Mitochondrien; dort findet der Abbau der Speicherstoffe statt und das universelle Energieträger-Molekül ATP wird gebildet.

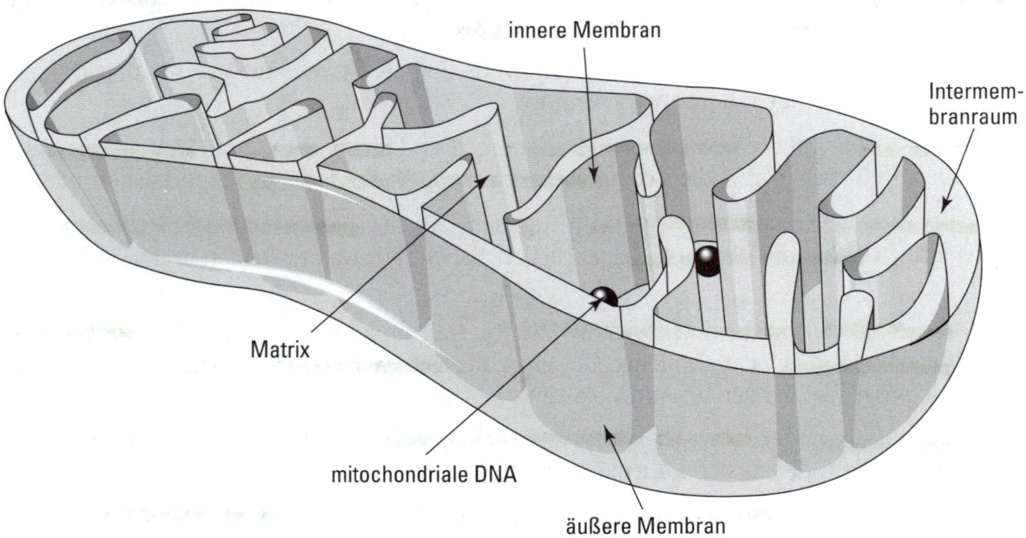

Abbildung 2.15: Das Mitochondrium.

Genau wie Chloroplasten so sind auch Mitochondrien von zwei Membranen umgeben, einer äußeren und einer inneren. Die innere Membran ist dabei vielfach in Falten gelegt. Diese Einstülpungen werden *Cristae* genannt; sie vergrößern die Oberfläche der inneren Membran, an der die chemischen Reaktionen stattfinden, erheblich und ermöglichen so eine gesteigerte ATP-Bildung.

Durch die beiden Membranen wird das Mitochondrium in zwei Reaktionsräume geteilt (Abbildung 2.15):

✔ Zwischen den beiden Membranen liegt der *Intermembranraum*.

✔ Der flüssigkeitsgefüllte Raum innerhalb der inneren Membran wird *Matrix* genannt.

Mitochondrien sind die Energiekraftwerke der Zelle. Sie wandeln die chemische Energie der Nährstoffmoleküle in eine für die Zellen leicht nutzbare Energieform um.

Stahlbeton – Zellwand und extrazelluläre Matrix

Bei vielzelligen Organismen wie Pflanzen und Tieren stellt sich die Frage, wie die Zellen stabilisiert und in Geweben zusammengehalten werden. Dazu dienen zum einen die mehrschichtigen *Zellwände* (Abbildung 2.16); sie bestehen aus langen Kohlenwasserstoff- oder Proteinketten und verleihen den Zellen Festigkeit; zum anderen gibt es die *extrazelluläre Matrix*, die Zellen von Tieren wie Zement aneinanderklebt.

✔ Zellwände stellen steif-elastische Schichten dar, die die Plasmamembran umgeben und die Zelle schützen. Pflanzen, Pilze, manche Protisten und auch die meisten Bakterien bilden Zellwände aus.

✔ Die extrazelluläre Matrix ist eine flexible Schicht aus langkettigen Proteinen, zum Beispiel *Kollagen*, die in Polysaccharid-Moleküle eingebettet ist. Sie umgibt in der Regel tierische Zellen.

Zellwände von Pflanzenzellen bestehen aus mehreren Schichten, die im Detail in Abbildung 2.16 dargestellt sind. Ihre Bildung erfolgt von außen nach innen:

✔ Die dünne und flexible *Mittellamelle* stellt die äußerste Schicht dar; sie »klebt« Pflanzenzellen zusammen und wird bei der Zellteilung als erstes gebildet. Sie besteht hauptsächlich aus *Pektin*, einem klebrigen Polysaccharid.

✔ Im Verlauf des Wachstums bilden Pflanzen auf der Innenseite der Mittellamelle die sogenannte *Primärwand*. Sie besteht aus stabilen Zellulosefasern, die in eine klebrige Matrix aus Pektin und anderen Polysacchariden eingebettet sind. Sie kann dicker oder dünner sein als die Mittellamelle.

✔ Holzpflanzen bilden noch eine *Sekundärwand*, die der Primärwand aufgelagert wird. Sie besteht überwiegend aus Zellulose und einer weiteren komplexen chemischen Verbindung, dem sogenannten *Lignin*. Lignin ist ein sehr stabiles Polymer, das dem Holz seine Festigkeit verleiht. Man kann es mit Kraftkleber vergleichen. Die Sekundärwand ist die dickste Schicht der Zellwand.

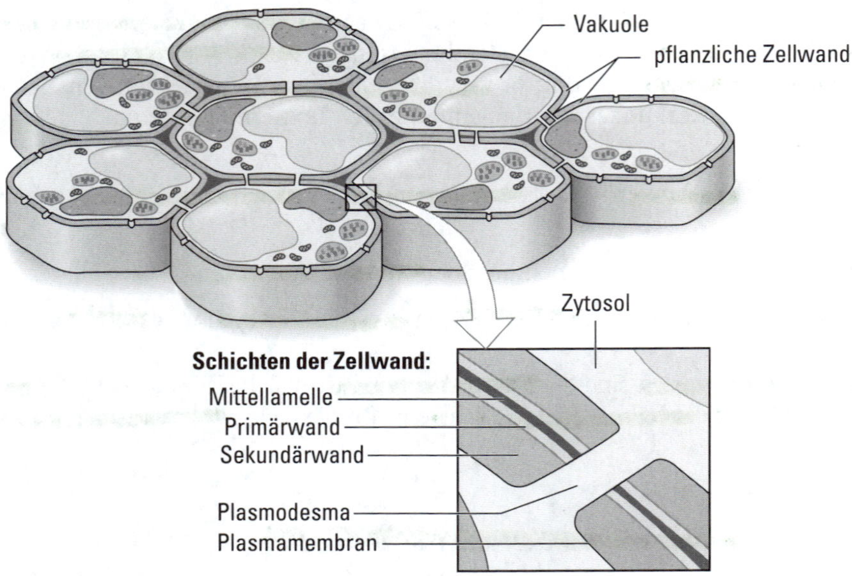

Abbildung 2.16: Die pflanzliche Zellwand mit Plasmodesmen.

Pflanzenzellen werden von Zellwänden umgeben, die sie schützen, stabilisieren und zusammenhalten. Dennoch sind sie nicht voneinander isoliert. Ein Stoffaustausch zwischen den Zellen wird durch die *Plasmodesmen* gewährleistet, kleine Tunnel in der Zellwand. Dadurch können Moleküle von einer Zelle zur anderen transportiert werden.

Pflanzliche Gewebe erkennen

3

In diesem Kapitel

- Zellvermehrung in Meristemen
- Einfache und komplexe Gewebe im Vergleich
- Die Zelltypen der Pflanzen

Pflanzenwachstum findet an den Spitzen statt, dort wo Meristeme vorhanden sind und sich die Zellen teilen. Zellen differenzieren sich, spezialisieren sich für bestimmte Aufgaben und bilden zusammen mit anderen Zellen besondere Gewebe. Nachfolgend gehe ich auf die verschiedenen Gewebe und Gewebesysteme ein, die wir im Pflanzenreich finden können.

Zellen fusionieren zu Geweben

Pflanzen wachsen durch Zellteilung in speziellen Gewebebereichen, den *Meristemen*. Unmittelbar nach ihrer Entstehung beginnt jede Zelle, sich für ihre zukünftige Aufgabe im pflanzlichen Organismus zu spezialisieren, das heißt sich beispielsweise zu vergrößern oder ihre Struktur zu ändern. Genau wie im tierischen Organismus so sind auch Pflanzenzellen zu *Geweben* organisiert, das heißt sie arbeiten zusammen und erfüllen gemeinsam eine bestimmte Aufgabe. Gewebe sind wiederum in *Gewebesystemen* vereinigt, die dann schließlich die bekannten *Organe* Wurzel, Spross und Blatt bilden.

Pflanzen weisen vier Haupttypen von Gewebesystemen auf:

- ✔ Das *meristematische Gewebesystem* beinhaltet Zellen, die sich aktiv teilen und so neues Gewebe produzieren.
- ✔ Das *Grundgewebesystem* umfasst mit seinen Geweben die Masse des Pflanzenkörpers; das photosynthetisch aktive Gewebe, das Speichergewebe und auch die Reparaturgewebe gehören dazu.
- ✔ Im *Leitungsgewebesystem* sind Gewebe zusammengefasst, in denen Wasser, Mineralstoffe und Speicherstoffe (Kohlenhydrate) transportiert werden.
- ✔ Das *Abschlussgewebesystem* beinhaltet die äußeren Abschlussgewebe der Pflanze, die Schutz vor Austrocknung und Fressfeinden bieten.

Wachsen mit Meristemen

Wahrscheinlich ist Ihnen der Begriff »*Stammzelle*« geläufig. Das sind die Zellen des tierischen Organismus, die sich zu allen möglichen Zelltypen ausdifferenzieren können. Das Pendant der Pflanze sind die *meristematischen Zellen*; sie teilen sich aktiv und die neu entstehenden Abkömmlinge haben die Fähigkeit, sich zu jeder Art von Pflanzenzelle zu entwickeln.

Man sagt, sie sind *omnipotent*. Und so sehen meristematische Zellen auch aus: klein, kastenförmig und mit kleinen Vakuolen (Abbildung 3.1). Sie beginnen dann zu wachsen und sich zu *differenzieren*, das heißt sich auf bestimmte Aufgaben zu spezialisieren. Damit erhält jede Zelle auch ein bestimmtes Aussehen und eine bestimmte Struktur, sodass man sie und die entsprechenden Gewebe unter dem Mikroskop identifizieren kann.

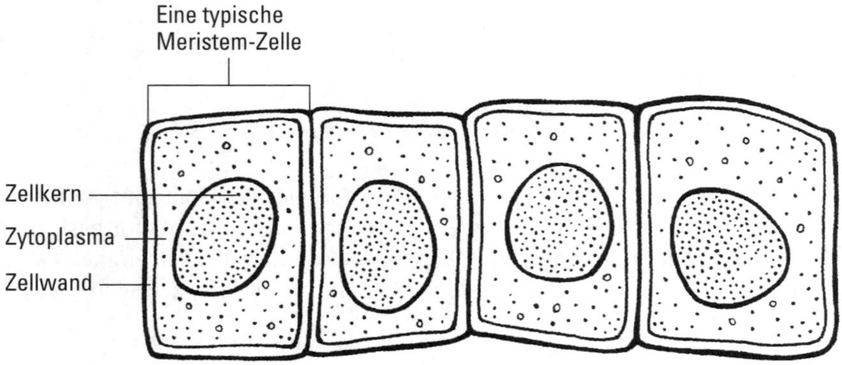

Abbildung 3.1: Meristematische Zellen.

Eine Pflanze besitzt zwei Organsysteme:

- ✔ Den *Spross*, der alle oberirdischen Pflanzenteile beinhaltet und Blätter, Blüten und Früchte trägt.
- ✔ Die *Wurzel*, das heißt alle unterirdischen Teile der Pflanze, die Wasser und Mineralien aufnehmen.

Abbildung 3.2 zeigt die Lage der verschiedenen Meristeme in Spross und Wurzel. Insgesamt werden vier Typen von Meristemen unterschieden:

- ✔ Apikalmeristeme (auch Scheitelmeristeme genannt)
- ✔ Axilläre Meristeme (Achelknospen)
- ✔ Laterale Meristeme
- ✔ Interkalare Meristeme

Apikalmeristeme bilden neue Zellen, die dafür sorgen, dass Pflanzensprosse in die Höhe wachsen und ihre Wurzeln länger werden (Einzelheiten zur Zellteilung finden Sie in Kapitel 11).

Apikalmeristeme sind Regionen mit sehr aktiver Zellteilung; sie befinden sich stets an den Spitzen von Sprossen und Wurzeln (apikal bedeutet an der Spitze, dem Apex).

Wenn sich die neu entstandenen Zellen verlängert und zu einem bestimmten Zelltyp ausdifferenziert haben, verlieren sie ihre Teilungsfähigkeit; ihre steifen Zellwände verhindern dann eine weitere Teilung. Es sind also die meristematischen Zellen, die während des gesamten Pflanzenlebens ein Wachstum durch Zellteilung gewährleisten. Und Pflanzen wachsen unaufhörlich *(unbegrenztes Wachstum)*, was einen entscheidenden Unterschied zu Tieren und uns

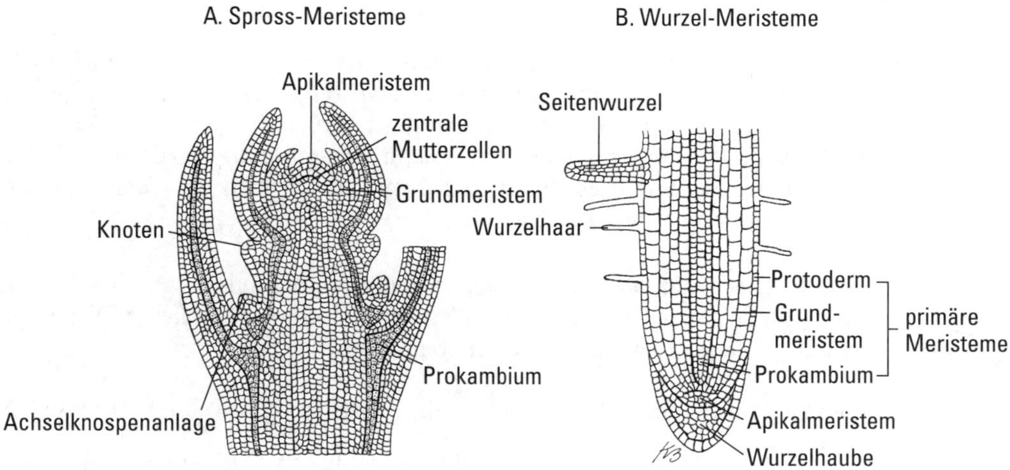

Abbildung 3.2: Pflanzliche Meristeme.

Menschen darstellt. Sobald im tierischen Organismus eine Struktur beziehungsweise ein Gewebe geformt ist, stoppt das Wachstum der entsprechenden Zellen *(begrenztes Wachstum)*. Zum besseren Verständnis vergleichen Sie sich einfach mal mit einem Baum: letzterer wächst weiter bis er stirbt, wir Menschen dagegen hören bereits mit dem Eintritt ins Erwachsenenalter mit dem Wachsen auf.

Sehr anschaulich wird das apikale Wachstum von Pflanzen, wenn man folgendes Experiment macht: Hängen Sie eine Schaukel an den Ast eines jungen Baumes und warten Sie ein paar Jahre ab. Die Schaukel wird weiterhin für Sie und Ihre Kinder erreichbar sein und eben nicht mit dem Baum empor wachsen. Der Baum wächst an der Spitze des Stammes.

Axilläre Meristeme

Wenn Sprosse wachsen, produzieren sie kleine Knospen in den Achseln zwischen Blattstielen und Spross. Diese *Achselknospen* verbleiben oft so lange in einem Ruhezustand, bis das Apikalmeristem sich entfernt hat. Wenn der Abstand zwischen der schlafenden Knospe und der Sprossspitze dann groß genug ist, beginnt das *axilläre Meristem* mit der Zellteilung und es entsteht ein neuer Seitenzweig. Auch er wächst natürlich an der Spitze. Seitenzweige sind im Grunde Sprosse, die in den Blattachseln, an den sogenannten *Knoten*, des Hauptsprosses entspringen (In Kapitel 10 gehe ich auf die Hormone ein, die die Dauer der Ruhephase von Achselknospen steuern).

Probieren Sie es aus: Entfernen Sie die Sprossspitze einer Pflanze und Sie werden sehen, dass die bislang schlafenden Seitenknospen aufwachen und zu wachsen beginnen. Es entstehen neue Seitensprosse, weil das Apikalmeristem des Hauptsprosses entfernt wurde.

Laterale Meristeme

Diese Meristeme sind für das *sekundäre Dickenwachstum* von Spross und Wurzel verantwortlich. Sie werden dementsprechend auch als sekundäre Meristeme bezeichnet, denn bereits ausdifferenzierte Zellen erhalten hier ihre Teilungsfähigkeit zurück. Im Gegensatz dazu werden alle anderen Meristeme als primäre Meristeme klassifiziert. *Laterale Meristeme* sind als dünne Zylinder in Spross und Wurzel zu finden, vor allem bei Holzpflanzen. Wenn sich ihre Zellen teilen, werden Spross und Wurzel dicker.

Wenn Sie ein Band fest um einen jungen Baumstamm binden, wird dieses Band früher oder später reißen, denn der Baum wird kontinuierlich dicker. Dieses Dickenwachstum geht von lateralen Meristemen aus.

Wir unterscheiden bei Pflanzen zwei Arten von lateralen Meristemen:

- ✔ Das *interfaszikuläre Kambium* bildet durch seine Zellteilung neue Leitungsgewebe.
- ✔ Das *Korkkambium* (oder Phellogen) bildet das äußere Abschlussgewebe von Bäumen, den sogenannten *Kork*. Besonders ausgeprägt ist dieser bei den Korkeichen *(Quercus suber)* in Portugal, von deren Rinde traditionell auch unsere Weinkorken stammen.

Man kann sich das Korkkambium als einen Strohhalm aus sekundär meristematischen Zellen innerhalb des Sprosses vorstellen. Innerhalb dieses Strohhalms liegt ein weiterer geschlossener Kambiumring, der aus dem interfaszikulären Kambium (ebenfalls aus sekundär meristematischen Zellen bestehend) und dem faszikulären Kambium besteht. Letzteres stellt ein primäres Meristem dar und befindet sich nur innerhalb der Leitbündel (siehe dazu auch den letzten Abschnitt dieses Kapitels). Nur durch die gleichzeitige Zellteilung im faszikulären und interfaszikulären Meristem kommt es zu einem gleichmäßig runden Dickenwachstum eines Baumes.

Interkalare Meristeme

Sie gehören ebenfalls zu den primären Meristemen. *Interkalare Meristeme* finden sich an den Stängelknoten von vielen Gräsern und ihren Verwandten. Wenn sich ihre Zellen teilen, wächst die Graspflanze in die Länge.

Wenn Sie Rasen mähen, schneiden Sie gewöhnlich alle Apikalmeristeme ab. Für Pflanzen ohne interkalare Meristeme stellt das einen entscheidenden Nachteil dar: sie können nicht weiter in die Höhe wachsen und sterben vielleicht sogar ab. Gräser dagegen vertragen das Mähen sehr gut. Mit ihren interkalaren Meristemen wachsen sie weiter und Sie müssen bald erneut mähen.

Die Grundgewebe des Pflanzenkörpers

Primäres Wachstum bei Pflanzen erfolgt in der Regel durch Bildung von Grundgewebe. Es tritt überall im Pflanzenkörper auf, meist eng verzahnt mit anderen speziellen Geweben.

In Abbildung 3.3 sind die drei Grundgewebetypen dargestellt, die den Pflanzenkörper aufbauen:

✔ Parenchym

✔ Kollenchym

✔ Sklerenchym

Bei allen drei Geweben handelt es sich um sogenannte *einfache Gewebe*. Sie bestehen im Gegensatz zu den *komplexen Geweben* nur aus einem Zelltyp.

Parenchym

Parenchymzellen stellen den einfachsten Zelltyp dar, sozusagen die Allzweck-Zellen. Sie sind am häufigsten vertreten und können verschiedene Funktionen übernehmen. In ihnen laufen zum Beispiel Stoffwechselreaktionen ab und sie können als Speicherort dienen. So beinhalten die Paremchymzellen von Blättern zahlreiche Chloroplasten für die Photosynthese, wohingegen die Parenchymzellen in Kartoffeln viele Amyloplasten aufweisen und Stärke speichern. Sie können auch Kristalle, Öle oder andere Plastidentypen enthalten (Details zu Plastiden finden Sie in Kapitel 2). Manchmal entwickeln sich Parenchymzellen auch zu *Drüsenzellen* weiter. Dieser Zelltyp bildet bestimmte Stoffe (Öle, Schleime und so weiter) und speichert sie in speziellen Kanälen, um sie dann bei Bedarf nach außen abzugeben.

Zellen des parenchymatischen Gewebes besitzen zwei Eigenschaften, die bei ihrer Identifikation unter dem Mikroskop helfen:

✔ **Dünne Zellwände**: Die Primärwand besteht aus Zellulose, bleibt aber relativ flexibel. Daher können die Zellen unterschiedlich geformt sein; meist sind sie aber rechteckig oder abgerundet.

✔ **Langlebigkeit:** Parenchymzellen behalten ihre Teilungsfähigkeit auch nachdem sie voll entwickelt beziehungsweise ausdifferenziert sind. Man hat lebende, also teilungsfähige, Parenchymzellen in Kakteen gefunden, die 100 Jahre alt sein sollen.

Parenchymzellen, die viele Chloroplasten enthalten, nennt man Chlorenchym. Parenchymatisches Gewebe, das mit vielen luftgefüllten Hohlräumen (Interzellularen) durchsetzt ist, wird Aerenchym genannt (zum Beispiel bei vielen Wasserpflanzen vorhanden).

Kollenchym

Kollenchymzellen unterscheiden sich vom Parenchym nur durch ihre verdickten Zellwände. Dadurch stabilisieren sie viele ausgewachsene Pflanzenorgane. Aber sie sind dennoch flexibel und wir finden sie daher auch in Geweben, die noch im Wachstum begriffen sind.

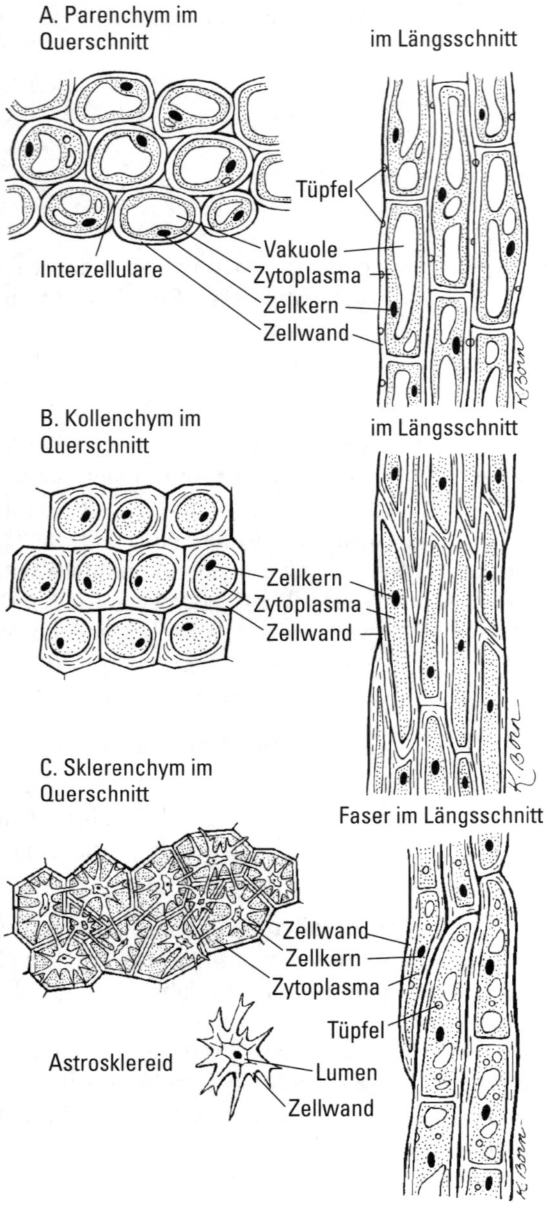

Abbildung 3.3: Einfache Gewebe der Pflanze.

Der folgende Selbstversuch kann Ihnen einen guten Eindruck vom Kollenchym vermitteln: Essen Sie eine Stange Staudensellerie. Die Fasern, die so gern zwischen den Zähnen hängen bleiben, enthalten Kollenchymzellen. Sie sind stabil und gleichzeitig flexibel, was zum Beispiel das Abbrechen der Selleriepflanze bei Wind verhindert.

Im Mikroskop erkennt man Kollenchym an drei Besonderheiten:

- ✔ **Verdickte Zellwände:** Die Zellwände sind ungleichmäßig verdickt und teilweise an den Ecken am dicksten (siehe. Abbildung 3.3). Es handelt sich bei ihnen um Primärwände, das heißt sie enthalten kein Lignin und sind daher nicht steif.
- ✔ Es liegt **direkt unter der Epidermis**: Es gibt zwar überall im Pflanzenkörper parenchymatisches Gewebe, aber in der Regel liegt das Parenchym direkt unter der Epidermis. Die Epidermis stellt die äußerste Zellschicht des Pflanzenkörpers dar.
- ✔ **Langlebigkeit:** Genau wie Parenchymzellen behalten Kollenchymzellen ihre Teilungsfähigkeit auch nachdem sie voll entwickelt beziehungsweise ausdifferenziert sind.

Sklerenchym

Sklerenchymzellen besitzen dicke Zellwände, in die Lignin eingelagert ist. Das Lignin macht sie steif und bruchresistent. Das Sklerenchym schützt die Pflanze also vor schädlichen Umwelteinflüssen.

Ein Gefühl von Sklerenchym vermittelt Ihnen der Verzehr einer Birne. Die kleinen Körnchen in der Frucht bestehen aus speziellen Sklerenchymzellen, den sogenannten *Steinzellen*. Andere Früchte wie Pflaumen und Pfirsiche weisen Kerne auf, deren äußere Schicht durch Sklerenchymzellen verhärtet ist.

Unter dem Mikroskop sind Sklerenchymzellen durch drei Eigenschaften charakterisiert:

- ✔ **Dicke Zellwände:** Es handelt sich um teilweise sehr dicke Sekundärwände, die viel Lignin enthalten und innerhalb der Primärzellwand liegen. Der Astrosklereid (eine sternförmige Steinzelle) in Abbildung 3.3 vermittelt einen Eindruck von der Wanddicke.
- ✔ **Fehlendes Zytoplasma:** Wenn Sklerenchymzellen ausgereift sind, sterben sie ab; das Zytoplasma zerfällt und zurück bleibt nur die Zellwand, die das hohle Lumen umgibt.
- ✔ **Verteilt im gesamten pflanzlichen Organismus:** Sklerenchym kann man in den unterschiedlichsten Geweben des Pflanzenkörpers finden (Kollenchym liegt dagegen meist direkt unter der Epidermis).

Das Sklerenchym wird aus zwei Strukturen aufgebaut: Den eigentlichen Sklerenchymzellen (Sklereiden) und den deutlich längeren *Sklerenchymfasern*. Die Zellen sind meist so lang wie breit und es gibt verschiedene Typen (zum Beispiel Astrosklereide, Makrosklereide und andere). In Abbildung 3.3 ist als Beispiel für eine Sklerenchymzelle eine sternförmige Steinzelle (Astrosklereid) dargestellt, wie sie beispielsweise in den Blättern von Seerosen vorkommt. Ebenso zeigt diese Abbildung die Sklerenchymfasern; sie sind wesentlich länger als breit und an den Enden verschmälert. Im Gewebsverbund überlappen die Fasern leicht.

Modische Fasern

Haben Sie vielleicht ein Kostüm oder einen Anzug aus Leinen? Dann besitzen Sie schon ein exzellentes Beispiel für ein Produkt aus Sklerenchym. Leinen wird nämlich aus dem einjährigen, herrlich blau blühenden Kraut *Linum usitatissimum* gewonnen, indem man die Sklerenchymfasern der Stängel isoliert; die gereinigten Fasern werden zu Garn gesponnen und anschließend zu Leinenstoff verarbeitet. Bis zur industriellen Revolution des 19. Jahrhunderts, als der Siegeszug der Baumwolle begann, war Leinen der Stoff der Wahl für die bessere Gesellschaft; Leinen war bei den alten Ägyptern ebenso beliebt wie bei den britischen Kolonialherren. Heute ist es eher ein Nischenprodukt im »Knitterlook«. In Kapitel 21 präsentiere ich noch andere Beispiele für Textilien, die aus Pflanzen gewonnen werden.

Schützende Abschlussgewebe

Abschlussgewebe schützen die Pflanze. Sie überziehen die Oberfläche des Organismus und bilden Grenzen. Wir unterscheiden hier:

- Epidermis
- Endodermis
- Periderm

Epidermis

Pflanzen sind an ihren Oberflächen von einer speziellen Zellschicht umgeben, der sogenannten Epidermis. Sie trennt das Pflanzeninnere von der Umgebung und besteht hauptsächlich aus parenchymatischen Zellen.

Die *Epidermis* hat hauptsächlich drei Funktionen:

- **Wasserverlust minimieren**: Die meisten Epidermiszellen weisen außen eine wachsartige *Kutikula* auf. Das Wachs, *Kutin* genannt, wird dabei von den Epidermiszellen gebildet und abgesondert; es stellt eine wasserabweisende Schicht dar, die verhindert, dass das in der Pflanze befindliche Wasser verdunstet. Auch die Anordnung der Epidermiszellen in sehr dicht gepackten Verbänden verhindert, dass Wasser aus den Zwischenzellräumen verdunsten kann.

  Die Epidermis von Spross und Blatt kann außerdem sogenannte *Trichome* bilden, kleine haarähnliche Auswüchse, die ganz unterschiedliche Funktionen erfüllen können. So können sie die Windbewegung an der Epidermisoberfläche verringern, was wiederum die Verdunstung reduziert. Trichome können auch als Fressschutz dienen oder drüsenartig ausgebildet sein; dann enthalten sie sekretorische Zellen, die zum Beispiel Öle bilden.

- **Schutz vor Pilzbefall und anderen Feinden**: Die wachsartige Kutikula und der sehr dichte Zellverband der Epidermis erschweren es Pilzen, Bakterien und auch Insekten, in das pflanzliche Gewebe einzudringen. Das Wachs bildet eine wiederstandfähige Schicht und Zellzwischenräume (Interzellularen) sind praktisch nicht vorhanden; Letztere wären eine leichte Eintrittspforte für Schädlinge.

✔ **Stoffaustausch mit der Umgebung**: Pflanzen vollführen ständig einen Balanceakt: Sie müssen sich einerseits vor einem zu starken Wasserverlust schützen und andererseits aber auch notwendige Stoffe mit der Umgebung austauschen können. Die Epidermis darf also keine hermetisch abgeriegelte Grenze darstellen, sie muss je nach Bedarf für bestimmte Moleküle durchlässig sein:

- *Gasaustausch mit der Atmosphäre:* Für den Prozess der Photosynthese (siehe Kapitel 7) müssen Pflanzen Kohlendioxid (CO_2) aus der Luft aufnehmen und Sauerstoff (O_2) als Abfallprodukt abgeben. Durch eine geschlossene Epidermis hindurch wäre dies nicht möglich. Daher weisen Pflanzen in der Epidermis besondere Strukturen auf, die *Spaltöffnungen* (Stomata) genannt werden. Man könnte sie mit unseren Nasenlöchern vergleichen. Der Stoffaustausch, also das Öffnen und Schließen der *Stomata,* wird dabei von bestimmten Zellen, den Schließzellen, geregelt.
- *Wasser- und Mineralienaufnahme*: Mit ihren Wurzeln nehmen Pflanzen Wasser und Mineralstoffe aus dem Boden auf. Die Epidermis der Wurzeln ist dazu besonders ausgebildet: Um ihre Oberfläche zu vergrößern, besitzen ihre Zellen sogenannte *Wurzelhaare,* kleine Auswüchse, die die Wasserversorgung enorm steigern. Epiphytische Pflanzen, wie etwa viele Orchideen, wurzeln nicht im Boden sondern wachsen auf anderen Pflanzen. Damit sie ausreichend Wasser aufnehmen können, bilden sie Luftwurzeln mit einer speziellen Epidermis, dem sogenannten *Velamen radicum*. Dabei handelt es sich um mehrere Schichten toter Epidermiszellen, die Wasser und Mineralien aus der Luft (Nebel) schwammartig aufsaugen können.

Endodermis

Die *Endodermis* ist eine Zellschicht, die in Wurzeln sowie in manchen Sprossen (insbesondere Rhizomen) und Blättern vorkommt. Sie trennt den Zentralzylinder (das Wasserleitungsgewebe) von der Rinde und ist eine entscheidende Struktur für den Wasserhaushalt. Ihre Zellen regeln die Aufnahme von Bodenwasser und verhindern übermäßigen Wasserverlust.

Periderm

Als Periderm wird das äußerste Gewebe von Holzpflanzen bezeichnet, es bildet also die uns allen bekannte Baumrinde. Es stellt ein komplexes Gewebe aus überwiegend Korkzellen und Parenchymzellen dar:

✔ **Die Korkzellen des Periderms schützen den Stamm.** Wenn Sprosse dicker werden, reißt die ursprüngliche Epidermis und fällt ab. Es muss dann eine neue Schutzschicht her. Sie wird vom Korkkambium gebildet und besteht aus kastenförmigen *Korkzellen*, die eine wachsartige Substanz produzieren, das *Suberin*. Dieses schützt die Pflanze, ähnlich wie das Kutin der Epidermis, gegen Pilzbefall und andere Schädlinge. Nachdem sie ihr Wachstum beendet haben, sterben die Korkzellen ab.

✔ **Die parenchymatischen Zellen des Periderms gewährleisten den Gasaustausch mit der Umgebung.** Das Korkkambium bildet außer den Korkzellen auch parenchymatische Zellen, die in Gruppen zusammenliegen und keine wachsartigen Substanzen aufweisen. Somit können sie gasförmige Stoffe (zum Beispiel CO_2 und O_2) mit der umgebenden Luft austauschen. Eine solche Gruppe von Parenchymzellen im Periderm wird als *Lentizelle* bezeichnet.

Lentizellen sind manchmal schon mit bloßem Auge zu sehen. Auf der dunklen Rinde von Rosskastanie und Kirsche fallen sie zum Beispiel als kleine, linsenförmige, hellere Bereiche auf.

Transport im Leitungsgewebe

Das Leitungsgewebe der Pflanze ist mit dem Rohrleitungssystem in unseren Häusern vergleichbar. Es liegt zentral in der Sprossachse und transportiert Wasser und Zucker. Aufgebaut wird es von zwei komplexen Geweben:

- Xylem: Transport von Wasser und Mineralstoffen.
- Phloem: Transport von Zucker.

Xylem

Xylem: In seinen Leitungsbahnen werden Wasser und Mineralien von den Wurzeln in den Spross und die Blätter transportiert. Die Sekundärwände seiner Zellen sind verholzt (Einlagerung von Lignin), sodass gerade das Xylem wesentlich zur Stabilität von Bäumen beiträgt.

Beim Xylem handelt es sich um ein komplexes Gewebe, das von fünf verschiedenen Zelltypen aufgebaut wird (siehe Abbildung 3.4):

- **Tracheiden** sind dünne, langgestreckte Zellen mit zugespitzten Enden, die Wasser in vertikaler Richtung transportieren. Sie stehen in säulenförmigen Gruppen zusammen, wobei ihre Enden mit schrägen Wänden aneinandergrenzen. Nach Abschluss des Wachstums sterben die Tracheiden ab und die Wasserleitung erfolgt fortan durch die von ihren Zellwänden gebildeten Röhren.

  Die sekundäre Zellwand der Tracheiden weist kleine Löcher auf, die sogenannten *Tüpfel*. Sie treten stets paarweise auf, denn bei benachbarten Zellen werden sie auf beiden Seiten der Mittellamelle genau gegenüber gebildet. Somit kann Wasser durch die Tüpfel hindurch von einer Tracheide zur nächsten fließen (zum Aufbau der Zellwand siehe Kapitel 2).

- **Tracheen** bestehen aus tonnenförmigen Zellen, die säulenartig aufeinander stehen und durch weitgehende Auflösung ihrer Querwände lange Röhrensysteme bilden. Manchmal sind noch Reste der Querwände vorhanden, was die Durchleitung von Wasser in vertikaler Richtung jedoch nicht behindert. Auch hier handelt es sich um tote Zellen.

- **Strahlenparenchym** besteht aus langlebigen Parenchymzellen, die wie die Speichen eines Rades vom Zentrum eines Stammes nach außen führen. Sie sind für den horizontalen Transport von Stoffen zuständig.

- ✔ **Xylemfasern** (Holzfasern) sind lange, dünne Sklerenchymzellen, die vertikal parallel zu den Tracheen verlaufen. Sie stabilisieren das benachbarte Leitungsgewebe und verleihen dem Holz seine Festigkeit.

- ✔ **Xylemparenchym** (Holzparenchym) besteht aus lebenden Parenchymzellen, die in Längsrichtung entlang der Tracheen und Tracheiden liegen. Sie speichern Wasser und Nährstoffe.

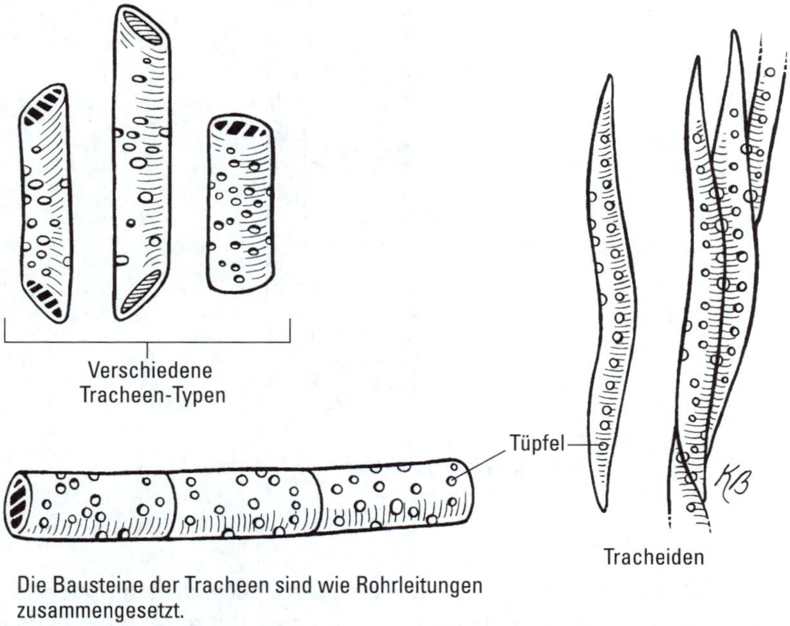

Abbildung 3.4: Verschiedene Zellen des Wasserleitungsgewebes.

Fossilienfunde belegen, dass Tracheiden schon sehr früh in der stammesgeschichtlichen Entwicklung auftraten. Tracheen wurden dagegen bislang nur in Fossilien jüngeren Datums gefunden. Daraus schließen Experten, dass sich Tracheen entwicklungsgeschichtlich erst später entwickelt haben. Bei den heute lebenden Arten finden sich Tracheiden vornehmlich bei Gymnospermen (Nacktsamern), zu denen zum Beispiel unsere Nadelbäume gehören. Tracheiden und Tracheen treten dagegen bei den aus evolutionärer Sicht jüngeren Angiospermen (Bedecktsamern) auf. Somit lässt sich ein Entwicklungstrend von dünnen, zugespitzten Tracheiden hin zu tonnenförmigen, am Ende komplett offenen (querwandlosen) Tracheen feststellen.

Phloem

Das *Phloem* kann man mit unserem Blutkreislauf vergleichen. Es transportiert die Photosyntheseprodukte (Zucker) von den Blättern in alle Teile der Pflanze. Es ist ein komplex aufgebautes lebendiges Gewebe, das fünf Zelltypen aufweist, darunter auch die Siebröhren mit ihren Geleitzellen, die in Abbildung 3.5 dargestellt sind.

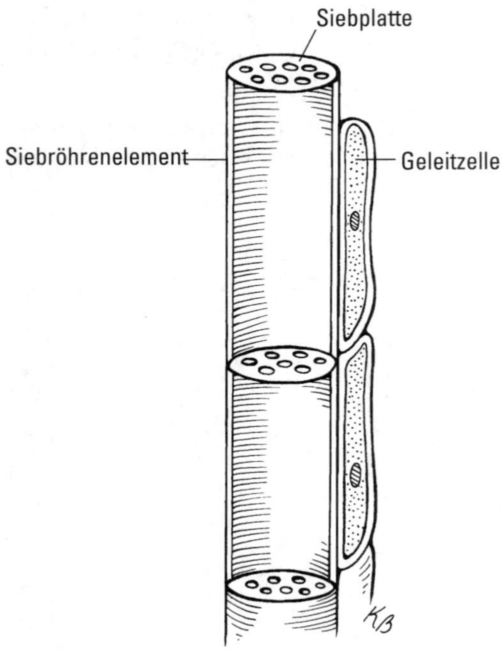

Abbildung 3.5: Bausteine des Phloems.

Die fünf Zelltypen des Phloems sind:

- **Siebröhrenglieder:** röhrenförmige Zellen bei Angiospermen, die am Ende über sogenannte Siebplatten miteinander verbunden sind und lange Röhrensysteme bilden. In diesen werden Kohlenhydrate transportiert. Als Siebplatte wird die durchlöcherte Querwand der Zellen bezeichnet, durch die Zuckermoleküle von Zelle zu Zelle wandern. Siebröhrenzellen sind zwar lebendig, besitzen jedoch keinen eigenen Zellkern mehr. Sie sind daher auf die benachbarten Geleitzellen angewiesen. Bei Farnen und Gymnospermen übernehmen einfacher gebaute Siebzellen den Transport organischer Stoffe.
- **Geleitzellen:** plasmareiche Zellen in direkter Nachbarschaft zu den Siebröhren, mit denen sie über zahlreiche Plasmodesmen verbunden sind. Sie unterstützen den Stoffwechsel der Siebröhren. Geleitzellen kommen nur bei Angiospermen vor.
- **Strahlenparenchym:** besteht auch hier aus langlebigen Parenchymzellen, die wie die Speichen eines Rades vom Zentrum eines Stammes nach außen führen. Sie sind für den horizontalen Transport von Stoffen zuständig und damit dem Strahlenparenchym des Xylems sehr ähnlich.
- **Phloemfasern:** bestehen aus langen, dünnen Sklerenchymzellen, die parallel zu den Siebröhren verlaufen und diese stabilisieren.
- **Phloemparenchym:** besteht aus lebenden Zellen, die zwischen den Siebröhren liegen und Wasser sowie Nährstoffe speichern.

Spross, Wurzel und Blatt – die vegetativen Organe der Pflanze

4

In diesem Kapitel

- Aufbau und Funktion der drei Grundorgane
- Primäres und sekundäres Dickenwachstum im Vergleich
- Verschiedene Ausprägungen von Wurzel, Spross und Blatt

Grundsätzlich unterscheiden wir bei Pflanzen einen vegetativen und einen generativen Teil: Ersterer umfasst die drei Grundorgane Wurzel, Spross und Blatt, die der Pflanze helfen, Wasser und Mineralien aufzunehmen, Photosynthese zu betreiben, Nährstoffe zu speichern und zu wachsen. Der generative Teil umfasst alle Strukturen, die an der sexuellen Vermehrung beteiligt sind, zum Beispiel Blüten und Zapfen (siehe Kapitel 5). Einzelheiten der generativen (und vegetativen) Vermehrung werden in Kapitel 11 besprochen.

In Bezug auf den Aufbau von Wurzel und Spross kann man einerseits innerhalb der Blütenpflanzen zwischen Monokotyledonen (Einkeimblättrigen) und Dikotyledonen (Zweikeimblättrigen) unterscheiden. Andererseits weisen Spross und Wurzel bei krautigen Pflanzen nur primäres Dickenwachstum auf, während Holzpflanzen ein sekundäres Dickenwachstum zeigen.

In diesem Kapitel erläutere ich die grundlegenden Strukturen und Funktionen des vegetativen Pflanzenkörpers und präsentiere einige Beispiele für verschiedene Ausprägungen der Grundorgane.

Arbeitsteilung durch drei Grundorgane

Genau wie auch unser Körper seine Lebensfunktionen mithilfe von verschiedenen Organen (Herz, Leber, Lunge und so weiter) organisiert, so besitzen auch Pflanzen unterschiedliche Organe.

Ein *Organ* besteht aus einer Gruppe verschiedener Gewebe, die zusammen eine bestimmte Funktion im Pflanzenkörper erfüllen.

Die drei vegetativen Grundorgane Wurzel, Spross und Blatt übernehmen alle lebenswichtigen Aufgaben innerhalb des Pflanzenkörpers. Sie betreiben Photosynthese (Gewinn von Energie), lassen die Pflanze wachsen (Verbrauch von Energie), absorbieren Wasser und Mineralien, übernehmen den Stofftransport und speichern Energie in Form von Nährstoffen.

- **Sprossachsen** tragen die Blätter und transportieren Wasser, Nährstoffe und Mineralien in alle Regionen des Pflanzenkörpers.

- **Wurzeln** verankern die Pflanze im Boden und absorbieren Wasser und Mineralstoffe.
- **Blätter** betreiben Photosynthese (siehe Kapitel 7), sodass Zucker als primärer Energieträger zur Verfügung steht.

Wachsen mit der Sprossachse

Der von uns vielfach verwendete Werkstoff Holz ist faktisch ein Stück Sprossachse einer Pflanze. Sprosse sind lineare Strukturen, die Blätter tragen, Stabilität geben und Wasser sowie Nährstoffe transportieren. Die meisten Sprossachsen wachsen aufrecht und verhelfen damit den photosynthetisch aktiven Blättern zu mehr Lichtgenuss; auch Blüten, die ebenfalls an Sprossen sitzen, haben es in luftiger Höhe einfacher mit der Bestäubung. Bei einigen Pflanzen betreiben die Sprossachsen selbst Photosynthese oder speichern Wasser und Nährstoffe.

Abbildung 4.1 zeigt die Teile und den prinzipiellen Aufbau eines Sprosses am Beispiel eines Astes:

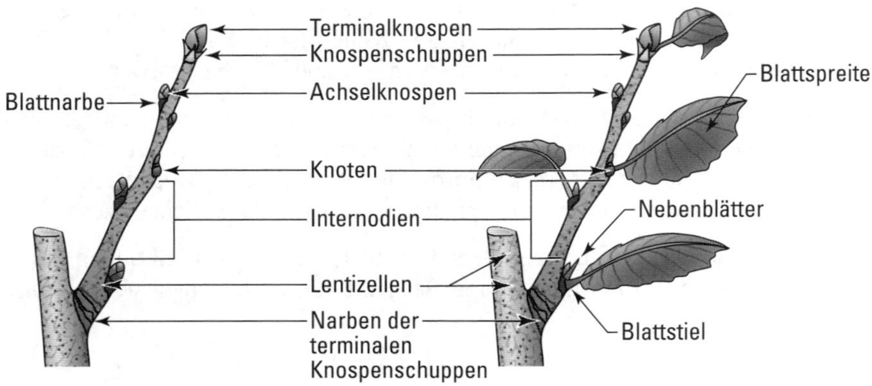

Abbildung 4.1: Morphologisch-anatomischer Aufbau einer verholzten Sprossachse.

- **In der *Terminalknospe* an der Spitze des Sprosses befindet sich das Apikalmeristem.** Neues Längenwachstum erreicht die Pflanze durch Zellteilungen im Apikalmeristem. Außer dem Apikalmeristem beinhaltet die Apikalknospe oft noch *Blattanlagen* (Blattprimordien); das sind winzige, bereits anatomisch ausdifferenzierte Blätter, die nach dem Öffnen der Knospe wachsen können. Die Knospen sind in der Regel durch harte, blattartige Strukturen geschützt, die sogenannten *Knospenschuppen*. Wenn die Terminalknospe wächst, fallen die Knospenschuppen ab und hinterlassen eine ringförmige Narbe am Spross.

Bei laubabwerfenden Bäumen in temperierten Klimaregionen (ausgeprägte Jahreszeiten) kann man durch Zählen dieser Narben feststellen, wie alt der jeweilige Ast ist.

- **Blätter wachsen stets an Sprossen und zwar an den *Knoten*.** Den Bereich des Sprosses zwischen zwei Knoten nennt man *Internodium*. An den Ästen von laubabwerfenden (sommergrünen) Bäumen zeigen uns die *Blattnarben*, wo die Blätter gesessen haben. Wenn man nun die Blattnarben genau betrachtet, sieht man (eventuell nur mit der Lupe) kleine rundliche Strukturen in ihrem Zentrum; das ist die Stelle, an der das Leitbündel (für den Transport von Wasser und Nährstoffen) vom Spross ins Blatt überging.
- **In den Achselknospen, die stets im oberen Winkel zwischen Blattstiel und Spross (in der sogenannten Blattachsel) stehen, befinden sich axilläre Meristeme.** Das Wachstum der Achselknospen läuft genauso ab, wie das der Terminalknospe: das Meristem generiert Längenwachstum durch Zellteilung. So entwickelt sich eine Achselknospe zu einem Seitenzweig oder auch zu einer Blüte. Die schützenden Knospenschuppen fallen auch hier bei beginnendem Wachstum ab.

Längenwachstum von Pflanzen wird also immer durch die Tätigkeit des Apikalmeristems an der Sprossspitze erreicht. Sprossachsen von Pflanzen, die älter als ein Jahr werden (sogenannte mehrjährige Pflanzen), nehmen aber auch oft an Dicke zu. Somit unterscheiden wir bei Sprossen zwei Arten des Wachstums:

- **Primärwachstum bedeutet Längenwachstum.** Es erfolgt durch Zellteilungen des Apikalmeristems (siehe Kapitel 3) und produziert *krautige Sprosse*; diese sind nicht verholzt. Die Begriffe Primärwachstum und primäres Dickenwachstum werden synonym gebraucht.
- **Sekundäres Dickenwachstum resultiert aus Zellteilungen des faszikulären und des interfaszikulären Kambiums.** Die Sprossachsen werden dicker und weisen dann sekundäres Xylem auf; dessen Zellen *verholzen*, das heißt in die sekundären Zellwände lagert sich Lignin ein. Einzelheiten dazu finden sich auch in Kapitel 3.

Primärwachstum

Wenn sich die Zellen des Apikalmeristems teilen, entstehen primär meristematische Gewebe (Protoderm, Grundmeristem und Prokambium), aus denen dann die primären Gewebe der Sprossachse hervorgehen (die Grundlagen zu Meristemen und Geweben werden in Kapitel 3 besprochen).

Die Organisation der verschiedenen Gewebe innerhalb der Sprossachse variiert etwas zwischen den unterschiedlichen Pflanzengruppen. Die meisten Samenpflanzen weisen jedoch typische *Leitbündel* auf, das sind Gruppen von Xylem- und Phloemelementen, die Wurzel, Spross und Blatt in Längsrichtung durchziehen. Im Querschnitt unter dem Mikroskop bilden sie einen rundlichen Zellverband (siehe Abbildung 4.2).

In der primären Sprossachse weisen Leitbündel drei Zelltypen auf:

- Dickwandige Zellen, wie Sklerenchym und Kollenchym, die das Leitbündel als Schutzschicht umgeben und dem Spross Stabilität geben.
- Eine Gruppe von Phloemzellen, die seitlich im Bündel und zur Außenseite des Sprosses orientiert liegen. Sie transportieren Nährstoffe.

- Eine Gruppe von Xylemzellen, die seitlich und zum Zentrum der Sprossachse hin orientiert liegen. Sie transportieren Wasser und Mineralstoffe.

Botaniker unterteilen die Blütenpflanzen (im engeren Sinne die Bedecktsamer) in zwei Gruppen, die Einkeimblättrigen (*Monokotyledonen*) und die Zweikeimblättrigen (*Dikotyledonen*). Sie unterscheiden sich außer in der Zahl der Keimblätter auch im Bau ihrer Sprossachsen. Zu den Monokotyledonen gehören zum Beispiel Gräser, Tulpen und Palmen. Zu den Dikotyledonen gehören beispielsweise Rosen, Bohnen und unsere Laubbäume. Nachfolgend werden die Unterschiede im vegetativen Bau dieser beiden Gruppen erläutert. Kapitel 5 geht auf die generativen Besonderheiten ein.

Die monokotyle Sprossachse

Die meisten Monokotyledonen weisen nur primäres Dickenwachstum auf; sie bleiben ihr Leben lang krautig und verholzen nicht. Es gibt jedoch auch baumförmige Monokotyledonen, wie etwa Drachenbäume *(Dracaena sp.)*, die einen verholzenden Stamm mit sekundärem Dickenwachstum aufweisen, oder Palmen, die durch ihre Blattscheiden Stabilität erlangen.

Die Leitbündel der Monokotyledonen liegen einzeln verteilt in der Sprossachse.

Von außen nach innen fortschreitend weist die monokotyle Sprossachse im Querschnitt unter dem Mikroskop folgende Gewebe auf (siehe Abbildung 4.2): Epidermis, Kollenchym, Grundgewebe mit verstreut liegenden Leitbündeln.

Die dikotyle Sprossachse

Viele unserer dikotylen Blumen und Feldfrüchte wachsen nur durch primäres Wachstum. Zweikeimblättrige, die zu Sträuchern oder Bäumen werden, beginnen hingegen mit primärem Wachstum und wechseln dann im zweiten Jahr zum sekundären Dickenwachstum.

Die dikotyle Sprossachse weist ebenfalls eine Epidermis auf, dann folgt ein Kollenchym und anschließend das Grundgewebe. Bei jungen Sprossachsen ist das Grundgewebe in zwei Lagen ausgebildet:

- Die *Rinde* besteht aus mehreren Lagen parenchymatischer Zellen und reicht bis zum Leitbündelring (siehe unten).
- Das *Mark* liegt zentral und besteht ebenfalls aus parenchymatischen Zellen.

Die Leitbündel der Zweikeimblättrigen liegen als geschlossener Ring vor. Von außen nach innen fortschreitend weist die Sprossachse folgende Gewebe auf: Epidermis, Kollenchym, Rindenparenchym, Leitbündelring, Markparenchym (siehe Abbildung 4.3).

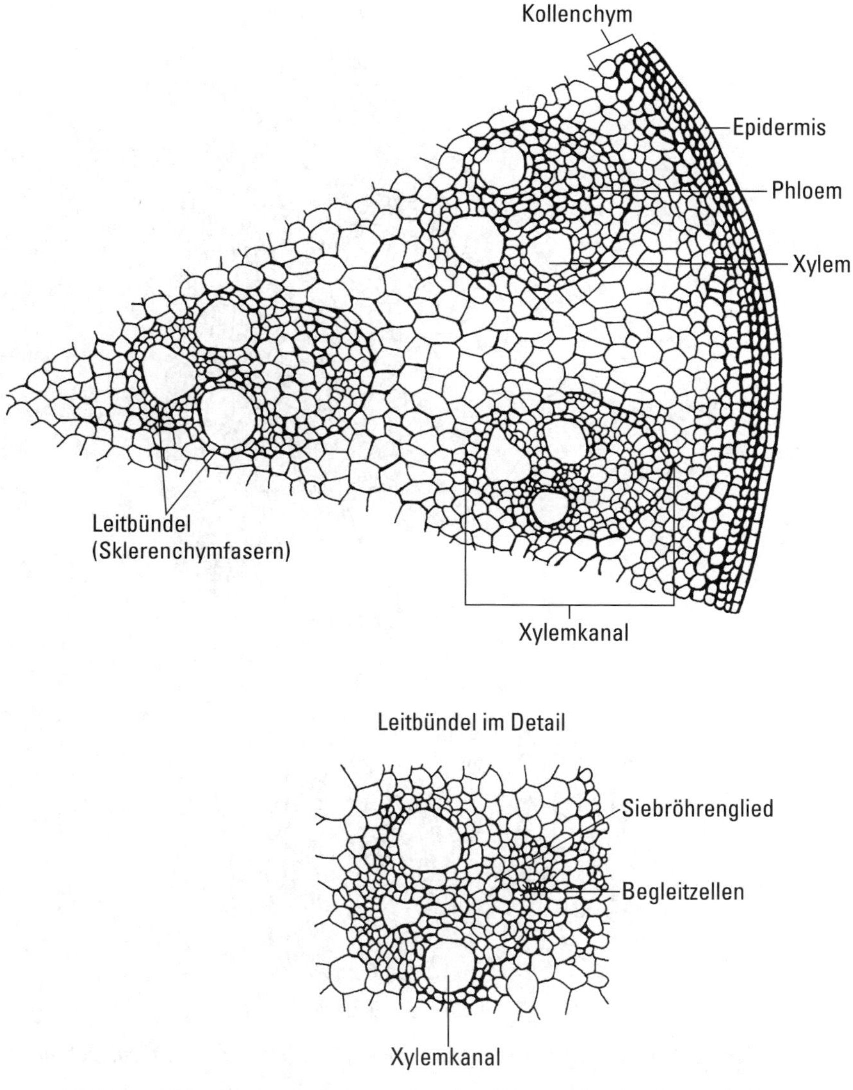

Abbildung 4.2: Anatomie der monokotylen Sprossachse im Querschnitt.

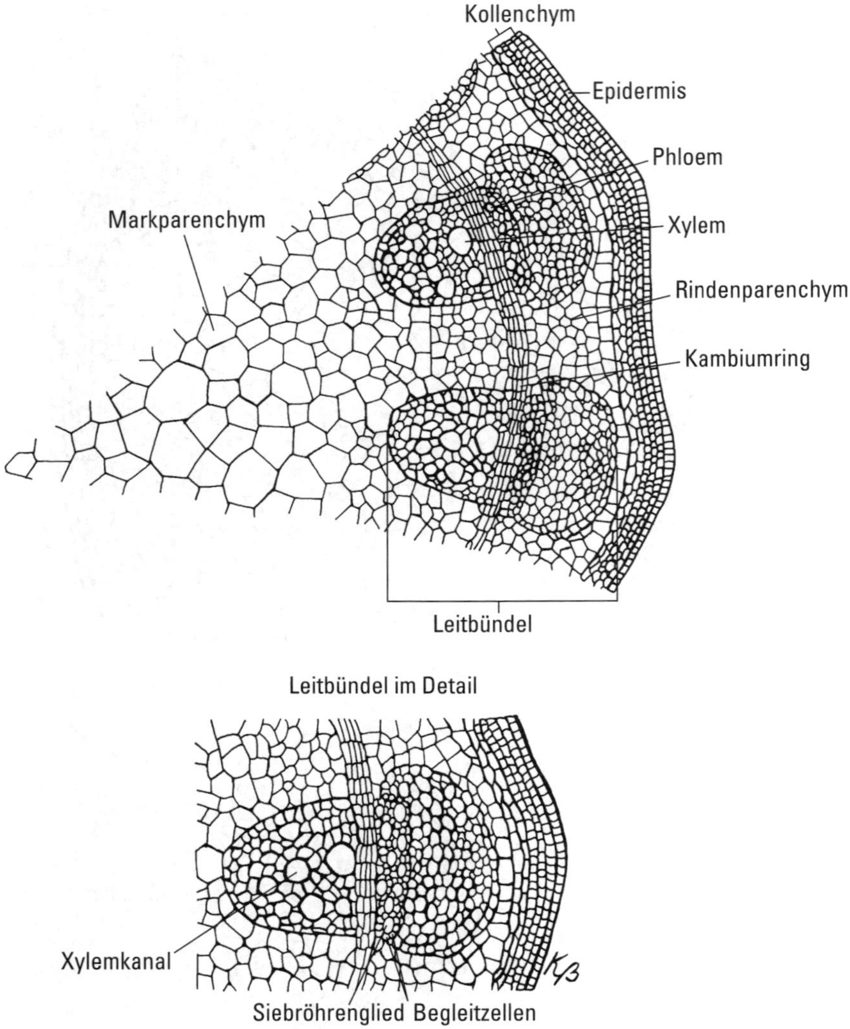

Abbildung 4.3: Anatomie der krautigen, dikotylen Sprossachse im Querschnitt.

Sekundäres Dickenwachstum

Ob eine Pflanze sekundäres Dickenwachstum zeigt oder nicht hängt maßgeblich von ihrer Lebensdauer ab:

- ✔ *Einjährige* Pflanzen durchlaufen einen kompletten Lebenszyklus (Generationswechsel), das heißt die Zeit von der Samenkeimung bis zu ihrem Tod, innerhalb eines Jahres. Sie weisen kein sekundäres Dickenwachstum auf; sie verholzen nicht, sondern bleiben krautig.
- ✔ *Mehrjährige* Pflanzen leben viele Jahre und zeigen daher sekundäres Dickenwachstum. Zur Stabilisierung lagert sich in die sekundären Zellwände Lignin ein – sie verholzen.

Außerdem hängt es vom Pflanzentyp ab, ob sekundäres Dickenwachstum vorkommt. Innerhalb der Samenpflanzen (Spermatophytina) unterscheidet man Nacktsamer (siehe Kapitel 16) und Bedecktsamer (siehe Kapitel 17). Letztere stellen die eigentlichen Blütenpflanzen dar und werden in Monokotyledonen und Dikotyledonen unterteilt. Bei Nacktsamern und bei Dikotyledonen kommt sekundäres Dickenwachstum verbreitet vor; bei Monokotyledonen bleibt es dagegen auf einige Gattungen in der Ordnung der *Liliales* beschränkt (zum Beispiel *Yucca, Aloe, Dracaena* und *Cordyline*). Abbildung 4.4 zeigt das sekundäre Dickenwachstum am Beispiel einer dikotylen Sprossachse.

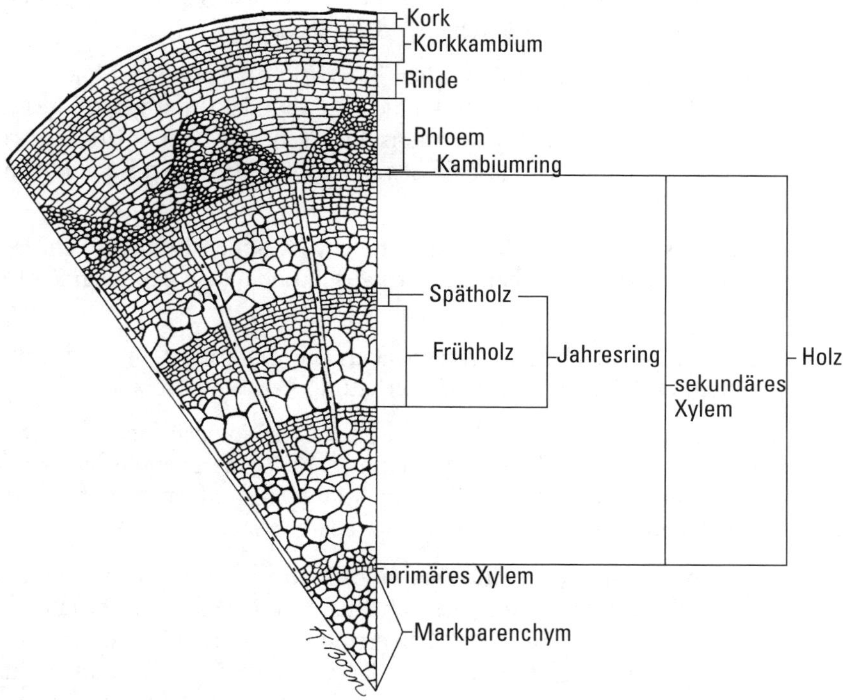

Abbildung 4.4: Anatomie der verholzten, dikotylen Sprossachse im Querschnitt.

Zwei Ringe aus meristematischem Gewebe sind für die Zellneubildung des sekundären Dickenwachstums verantwortlich:

- ✔ Der geschlossene *Kambiumring*, bestehend aus dem faszikulären und dem interfaszikulären Kambium (siehe Kapitel 3 »Wachsen mit Meristemen«), produziert neues Leitungsgewebe, das *sekundäre Xylem* und das *sekundäre Phloem*. Im Zuge der Zellneubildung drückt der Kambiumring das sekundäre Xylem in Richtung Sprosszentrum und das sekundäre Phloem in Richtung der Sprossperipherie.
- ✔ Das *Korkkambium* (Phellogen) bildet Grundgewebe, sogenanntes *Phelloderm*, zum Sprosszentrum hin und *Korkzellen* (Phellem) zur Sprossaußenseite. Die Korkzellen schützen die Sprossachse vor Schädlingsbefall, Feuer und Wasserverlust, da sie mit einer wachsartigen Substanz, dem *Suberin*, imprägniert sind. Die Korkzellen ersetzen also die Epidermis, die mit zunehmender Dicke des Sprosses aufbricht. Der Gasaustausch des

sekundären Sprosses mit der Atmosphäre wird durch besondere schwammartige Strukturen gewährleistet, die *Lentizellen*.

Die Rinde eines Baumes besteht aus allen Zellen beziehungsweise Geweben, die außerhalb des Kambiumringes liegen, das heißt also aus sekundärem Phloem, Parenchym und Korkzellen. Die äußere Rinde, auch *Periderm* genannt, besteht nur aus dem Korkkambium selbst und den von ihm gebildeten Zellen (Korkzellen und Parenchym).

Sowohl der Kambiumring als auch das Korkkambium entwickeln sich bei Beginn des sekundären Dickenwachstums aus Primärgewebe der Sprossachse:

- Der **Kambiumring** geht aus Kambiumzellen innerhalb der Leitbündel (faszikuläres Kambium) und aus Parenchymzellen außerhalb der Leitbündel (interfaszikuläres Kambium) hervor. Diese Zellen werden sekundär meristematisch und bilden dann zusammen mit dem faszikulären Kambium den geschlossenen, einzellschichtigen Kambiumring der sekundären Sprossachse.
- Das **Korkkambium** geht gewöhnlich aus parenchymatischen Rindenzellen des Sprosses hervor. Die Zellen werden sekundär meristematisch und bilden dann den Korkkambiumring der sekundären Achse.

Mit zunehmendem Dickenwachstum werden auch die Leitbündel immer größer bis sie schließlich zu einem zentralen Ring von Wasserleitungsgewebe verschmelzen.

Verholzte dikotyle Sprossachsen weisen von außen nach innen fortschreitend die folgenden Gewebe auf (siehe Abbildung 4.4): Periderm inklusive Korkkambium, Rindenparenchym, primäres Phloem, sekundäres Phloem, Kambiumring, sekundäres Xylem, primäres Xylem und Markparenchym.

Mit den Jahren produziert der Kambiumring eines Baumes immer neues Leitungsgewebe. Dieser Wachstumsprozess führt dazu, dass sekundäres Phloem unaufhörlich nach außen gegen die Baumrinde gepresst wird. Seine Zellen sind relativ instabil, sodass sie dabei leicht zerdrückt werden und sich die Menge des sekundären Phloems mit den Jahren kaum verändert. Demgegenüber sind die Zellen des sekundären Xylems sehr stabil (Lignineinlagerung!), sodass sein Anteil von Jahr zu Jahr schichtweise zunimmt.

Der Weinkorken – fast schon eine Rarität

Die meisten Weinflaschen werden heutzutage nicht mehr mit echtem Korken, sondern mit Schraubverschluss oder Plastikkorken verschlossen. Das war früher anders: Ursprünglich nutzte man Korkeichen *(Quercus suber)*, die vor allem in Spanien und Portugal seit Jahrhunderten kultiviert werden, zur Gewinnung von Kork. Die Rinde dieser Bäume besteht nämlich aus außergewöhnlich dicken Korkschichten, die Jahr für Jahr geerntet werden können. Durch die sinkende Nachfrage nach echten Weinkorken sind mittlerweile die Existenzen der Korkschneider bedroht und mit ihnen auch diese einzigartige Kulturlandschaft.

In temperierten Klimazonen kann man die Schichten aus sekundärem Xylem als Ringe im Querschnitt erkennen:

- ✔ Xylemkanäle, die in der besten Zeit der Vegetationsperiode (Frühling und Sommer) gebildet werden, weisen große Durchmesser auf. Das Holz hat in diesem Bereich eine hellere Farbe und wird *Frühholz* genannt.
- ✔ Xylemkanäle, die im Spätsommer und Herbst gebildet werden, weisen kleinere Durchmesser auf. Das Holz hat in diesem Bereich eine dunklere Farbe und wird *Spätholz* genannt.

Weil nun jeder Ring ein Jahr repräsentiert, kann man durch Zählen der Ringe das Alter eines gefällten Baumes feststellen. Damit man das Alter am lebenden Baum bestimmen kann, nutzen Botaniker und Förster einen speziellen Bohrer, den sogenannten Zuwachsbohrer, mit dem ein kleiner Holzzylinder (ca. 0,5 Zentimeter Durchmesser) aus dem Stamm entnommen wird. Außer über das Alter gibt dieser Bohrkern auch Auskunft darüber, welche Jahre gut waren und in welchen Jahren der Baum unter Stress (zum Beispiel Wassermangel) gelitten hat. Gute Jahre sind unter dem Mikroskop generell durch große Durchmesser der Xylemkanäle charakterisiert.

Methusalems der Pflanzenwelt

In den 1960er Jahren entdeckten Botaniker im US-Bundesstaat Nevada Kiefern, die das für einen Baum unvorstellbare Alter von 4900 Jahren erreicht hatten. Nach Fällung eines Baumes und Auszählung der Jahresringe gab es daran keinen Zweifel. Weitere Analysen aus Bohrkernen bestätigten das hohe Alter von rund 4500 Jahren für mehrere Exemplare. Die Bäume wachsen an der Baumgrenze in mehr als 2000 Metern Höhe, das heißt unter äußerst unwirtlichen Lebensbedingungen. Die Pflanzen müssen mit kurzen Vegetationsperioden, Kälte und häufigen Stürmen zurechtkommen und werden dennoch älter als Individuen der gleichen Art, die in tieferen Lagen wachsen. »Was sie nicht umbringt, macht sie nur härter«, möchte man sagen und bis vor einigen Jahren galten diese nordamerikanischen Grannen-Kiefern *(Pinus aristata var. longaeva)* als die ältesten lebenden Bäume der Erde.

Doch im April 2008 kam eine sensationelle Meldung aus Schweden: Forscher der Universität Umea hatten im mittelschwedischen Fulugebirge Fichten *(Picea abies)* entdeckt, die mehr als 8000 Jahre alt sind. Eine C14-Analyse ergab für das älteste Exemplar sogar ein Alter von 9550 Jahren. Dieser Baum wächst zusammen mit drei anderen, genetisch identischen Individuen (375, 5660 und 9000 Jahre alt) in einem Komplex. Dabei kriecht der älteste Baum flach über den Boden, die anderen wachsen schützend als Sträucher beziehungsweise Bäume darüber. Wie in Nevada so herrscht nämlich auch hier im fast baumlosen schwedischen Bergland ein sehr raues Klima. Diese Entdeckung hat außerdem neue Fakten zur Wiedereinwanderung der Fichte nach der Eiszeit geschaffen. Bislang herrschte die Meinung vor, dass Fichten erst vor etwa 7000 Jahren von Osten her nach Schweden zurückkehrten. Die Methusalem-Fichten sprechen jetzt jedoch für ein eiszeitliches Refugium der Spezies in Skandinavien. Fichten könnten die Eiszeit in küstennahen, milderen Regionen Norwegens überdauert und sich von dort dann nach der Eiszeit (vor etwa 10.000 Jahren) rasch gen Westen ausgebreitet haben.

Als Holz bezeichnet man das gesamte Gewebe eines Baumes, das innerhalb des Kambiumringes liegt. In der Regel besteht es aus sekundärem Xylem und einer geringen Menge primärem Xylem. Je nachdem, ob im Holz noch Wasser und Mineralien transportiert werden, bezeichnet man das Holz unterschiedlich:

- **Splintholz** hat funktionierende Wasserleitungsbahnen (Tracheiden und Tracheen). Es befindet sich im äußeren Bereich des sekundären Xylems. Oft macht es nur wenige Jahresringe aus.
- **Kernholz** transportiert kein Wasser und keine Mineralien mehr. Es liegt im Zentrum des Stammes und trägt durch starke Lignineinlagerung maßgeblich zur Stabilität des Baumes bei. Außerdem ist es mit verschiedenen Gerbstoffen und Harzen imprägniert, die Pilzbefall und Infektionen verhindern.

Strahlenparenchym besteht aus langlebigen Parenchymzellen innerhalb des Holzes, die für den horizontalen Stofftransport von innen nach außen zuständig sind.

Spezialisierungen der Sprossachse

Aufrecht wachsende Sprosse erkennt man sofort. Doch es gibt Pflanzen, die ihre Sprossachsen modifizieren, zum Beispiel zu ober- oder unterirdisch kriechenden Rhizomen oder zu kletternden Ranken. Abbildung 4.5 zeigt einige Beispiele für die unterschiedlichen Funktionen von Sprossachsen:

- **Rhizome** sind horizontale Sprosse, die entweder über oder unter der Erde wachsen. Sie stellen den **Hauptspross** dar, der aus den Seitenknospen immer wieder senkrechte Seitensprosse austreibt. Auf den ersten Blick sieht dann jeder Seitenspross wie ein eigenes Individuum aus; tatsächlich handelt es sich aber um genetisch identische Ableger (Klone) der Mutterpflanze. Durchtrennt man nun das Rhizom rechts und links eines Seitensprosses, wächst dieser als selbständige Pflanze weiter. Man hat damit die Pflanze vegetativ (asexuell) vermehrt (zur vegetativen Vermehrung siehe auch Kapitel 11). Beispiele für Rhizompflanzen sind viele Farne, Ingwer, Spargel, Bambus und Iris.
- **Stolonen** sind ebenfalls horizontale Sprosse in Bodennähe, die neue Individuen hervorbringen, das heißt zur vegetativen Vermehrung beitragen. Allerdings handelt es sich hier um **Seitensprosse** und nicht wie bei Rhizomen um den Hauptspross. Stolonen kommen bei zahlreichen Arten vor, das wohl bekannteste Beispiel für solche Ausläufer ist aber sicher die Erdbeere *(Fragaria sp.)*.
- **Sprossknollen** können unterirdisch **verdickte Rhizome** sein, wie etwa bei der Kartoffel *(Solanum tuberosum)*. Sie dienen der Speicherung von Nährstoffen, meist in Form von Stärke. Auch wenn sie im Boden wachsen, handelt es sich um verdickte Sprosse, wobei die Augen der Kartoffel die Achselknospen darstellen.

  Bei manchen Pflanzen, wie etwa Krokussen *(Crocus sp.)* und der Herbstzeitlosen *(Colchicum autumnale)*, verdickt sich nur die in der Erde verborgene **Basis des Hauptsprosses**.

Mit dieser **Sprossknolle** überwintert der Krokus und im Frühjahr treibt eine Seitenknospe zum neuen Spross aus. Dessen Basis verdickt sich dann wieder zur neuen Sprossknolle.

✔ **Sprossranken** helfen einigen Pflanzen dabei, an Zäunen oder anderen stützenden Elementen empor zu klimmen. Ein typisches Beispiel dafür ist der wilde Wein *(Parthenocissus tricuspidata)*. Ranken können aber auch aus anderen Organen wie zum Beispiel Blättern hervorgehen.

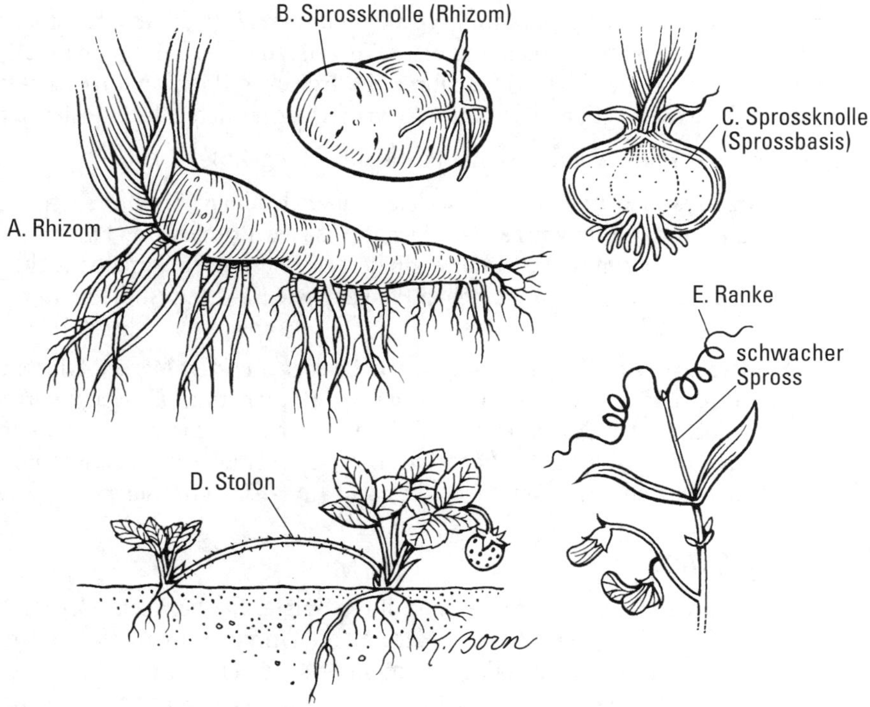

Abbildung 4.5: Beispiele für spezialisierte Sprossachsen.

Holz oder Plastik

Was würden Sie bevorzugen? Ein Schneidebrett aus Holz oder aus Plastik? Sicher würden viele Menschen den Kunststoff vorziehen, weil er sich leichter reinigen lässt und somit lebensfeindlicher für Bakterien ist. Letzteres ist aber nicht der Fall. Studien haben gezeigt, dass Bakterien auf Plastikbrettern länger überleben als auf Holzbrettern. Besonders in den Vertiefungen der Messerschnitte vermehren sie sich und werden von Desinfektionsmitteln nicht erreicht. Holz dagegen bringt eine natürliche Desinfektion gleich mit. Es ist von antibakteriellen Substanzen wie Gerbstoffen (Tanninen) und Harzen durchsetzt, sodass Bakterien nicht lange überleben. Was den Bäumen zu Lebzeiten bei der Schädlingsbekämpfung hilft, kommt also auch uns in der Küche zugute.

Tiefgründige Wurzeln

Mit ihren Wurzeln verankern sich die Pflanzen in der Erde und erlangen so Stabilität gegenüber Wind und Wasser. Außerdem nehmen sie Wasser und Mineralien aus dem Boden auf und transportieren sie durch ihr Leitungsgewebe nach oben in den Spross. Eine weitere wichtige Funktion ist die symbiotische Verbindung der Wurzeln mit Bodenpilzen und Bakterien, die den Pflanzen das Wachstum erleichtern.

Wenn ein Same keimt, entsteht aus dem Embryo die *Keimwurzel* (Radikula). Sie wächst nach unten und bildet mit ihren Seitenwurzeln das erste Wurzelsystem der Pflanze. Wurzelsysteme von Pflanzen können im Vergleich zur Größe ihres oberirdischen Pflanzenkörpers riesig sein. Sie können tief in die Erde reichen oder sich über viele Quadratmeter flach ausbreiten.

Wir unterscheiden zwei Hauptwurzelsysteme (siehe Abbildung 4.6):

- ✔ **Allorrhize Wurzelsysteme** finden wir bei vielen Dikotyledonen. Sie bestehen aus einer *Hauptwurzel*, die aus der Keimwurzel beziehungsweise der Primärwurzel hervorgeht und meist senkrecht nach unten wächst. Sie produziert viele dünnere Seitenwurzeln und ist oft als Pfahlwurzel ausgebildet. Bei manchen Pflanzen wie Karotten ist die Pfahlwurzel als Speicherorgan umgestaltet.
- ✔ **Sekundär homorrhize Wurzelsysteme** finden wir bei den meisten Monokotyledonen, wie etwa unseren Gräsern. Hier wird zwar zuerst auch eine Primärwurzel als Hauptwurzel angelegt; sie stirbt jedoch wegen des fehlenden sekundären Dickenwachstums bald ab und wird durch viele sprossbürtige *Nebenwurzeln* ersetzt. Diese entspringen aus den unteren Sprossabschnitten, sind mehr oder weniger gleich dick und ein Beispiel für *Adventivwurzeln*.

Die Wurzelabschnitte

Genau wie Sprosse so wachsen auch Wurzeln an ihrer Spitze. Sie besitzen dort ein *Apikalmeristem*, das durch Zellteilung neue Zellen bildet und die Wurzel immer tiefer in den Boden wachsen lässt (Abbildung 4.7). Das Apikalmeristem stellt somit ein sehr wichtiges, zugleich aber auch sehr empfindliches Gewebe dar. Daher wird es von der sogenannten *Wurzelhaube* geschützt. Sie wird genau wie die neuen Wurzelzellen vom Apikalmeristem gebildet.

Jede Wurzel wird von einer Schicht aus Epidermiszellen umgeben, man nennt sie *Rhizodermis*. Sie dienen dem Schutz sowie der Verbesserung der Wasser- und Mineralstoffaufnahme, denn ihre Zellen können feine Auswüchse bilden, die sogenannten Wurzelhaare. Das sind einzellige, bis acht Millimeter lange, dünnwandige Gebilde, die die Oberfläche der Wurzel stark vergrößern.

Im Gegensatz zur Epidermis des Sprosses weist die Rhizodermis keine Kutineinlagerungen auf. Ihre dünnwandigen Zellen sind auf die Wasser- und Mineralienaufnahme spezialisiert. Diese werden dann zum zentral gelegenen Leitungsgewebe transportiert, das als sogenannter *Leitbündelzylinder* (Zentralzylinder) ausgebildet ist. Das primäre Xylem ist in den meisten **dikotylen Wurzeln** unregelmäßig kreuzförmig angeordnet und liegt in direkter Nachbarschaft zum Phloem. Der Zentralzylinder wird von der Endodermis umgeben und der Bereich zwischen Zentralzylinder und Rhizodermis wird von Rindenparenchymzellen ausgefüllt. In der **monokotylen Wurzel** sind die Leitbündel konzentrisch als Ring um ein zentrales Markparenchym angeordnet.

Abbildung 4.6: Allorrhize (oben) und homorrhize (unten) Wurzelsysteme.

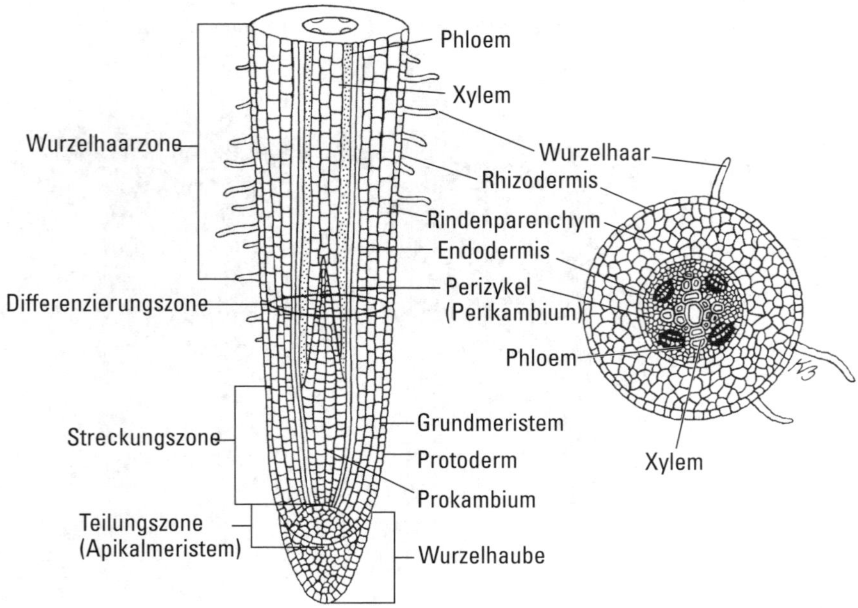

Abbildung 4.7: Anatomie der dikotylen Wurzel.

Botaniker unterteilen die Wurzelspitze in vier Bereiche, entsprechend der jeweiligen Aktivitäten:

- **Die Wurzelhaube sitzt an der Wurzelspitze und schützt das empfindliche Apikalmeristem.** Die Zellen der Wurzelhaube produzieren bestimmte *Schleimstoffe,* die es den Wurzeln erleichtern, in der Erde voranzukommen und die außerdem das Wachstum von nützlichen Bakterien fördern.
- **Die Teilungszone befindet sich direkt hinter der Wurzelhaube.** In dieser Zone bildet das Apikalmeristem neue Wurzelzellen, wobei genau wie in Sprossachsen drei verschiedene Meristemtypen vorkommen:
  - Das **Protoderm** bildet die Rhizodermis.
  - Das **Grundmeristem** bildet die Rindenparenchymzellen.
  - Das **Prokambium** bildet die Leitbündel, das heißt das primäre Phloem und Xylem.
- **Die Streckungszone schließt an das Apikalmeristem an.** Hier verlängern sich die Wurzelzellen und werden auch dicker. Die kleinen Vakuolen in den Zellen verschmelzen zu der für alle Pflanzenzellen typischen großen Zentralvakuole.
- **Die Differenzierungszone ist schließlich der Bereich, in dem sich die neuen Wurzelzellen auf ihre endgültige Aufgabe spezialisieren.** Sie verändern sich zum Beispiel von einer Rhizodermiszelle zu einem Wurzelhaar. Bei mehrjährigen Pflanzen beginnt in dieser Zone das sekundäre Dickenwachstum der Wurzel.

Kontrollstation – Endodermis

Zwischen Rindenparenchym und Zentralzylinder liegt eine Schicht aus Zellen, die mit einer wachsartigen Substanz, dem *Suberin*, angereichert ist. Diese Zellschicht nennt man *Endodermis*. Sie sorgt dafür, dass nur die wirklich gewünschten Stoffe in den Zentralzylinder gelangen.

Das Suberin umgibt die Zellwände der Endodermiszellen und verhindert so, dass Wasser und darin gelöste Stoffe durch die Zellwände ins zentrale Leitungsgewebe vordringen. Die bandförmige Suberinauflage nennt man *Casparischer Streifen*. Jedes Molekül, dass sich von außen nach innen durch die Zellwände der Wurzelzellen bewegt, wird somit am Casparischen Streifen gestoppt. Um nun weiter in den Zentralzylinder zu diffundieren, muss es durch eine Wurzelzelle hindurch, das heißt ins Zytoplasma vordringen.

Durch diesen obligatorischen Schritt hat die Pflanze die Kontrolle über alle Stoffe, die von außen in ihr Leitungsgewebe gelangen. Denn in eine Zelle zu gelangen, bedeutet für die Moleküle, die Plasmamembran zu passieren. Und Plasmamembranen sind sehr selektiv. Sie prüfen genau, welcher Stoff gerade Einlass wünscht (Näheres zur Plasmamembran finden Sie in Kapitel 2). Der Casparische Streifen schützt außerdem den Zentralzylinder vor Wasserverlust.

Wie sich Seitenwurzeln bilden

Der *Perizykel*, auch Perikambium genannt, ist eine Zellschicht des Zentralzylinders direkt innerhalb der Endodermis. Sie kann eine oder mehrere Zelllagen dick sein und besteht aus undifferenzierten Zellen. Diese können sich weiterhin teilen, auch wenn die Zellen der Umgebung schon längst ausdifferenziert sind. Der Perizykel bildet neue Zellen, die als *Seitenwurzeln* von der Hauptwurzel abzweigen.

Es scheint auf den ersten Blick schwierig, Wurzelhaare und Seitenwurzeln zu unterscheiden. Aber es ist ganz einfach. Wurzelhaare sind einzellig und entspringen einer Rhizodermiszelle. Seitenwurzeln sind dagegen mehrzellig und weisen alle Gewebe beziehungsweise Bereiche einer primären Wurzel auf. Sie entspringen im Perikambium im Zentrum der Wurzel.

Den Bereich des Bodens, der von Wurzelhaaren und Seitenwurzeln durchzogen wird, nennt man *Rhizosphäre* (Wurzelumgebung). Innerhalb der Rhizosphäre unterhält die Pflanze komplexe Verbindungen mit Mikroorganismen, die teilweise auch zu chemischen Veränderungen im Boden führen; durch diese Wechselbeziehungen verbessert die Pflanze ihre Wasser- und Nährstoffaufnahme.

Von außen nach innen fortschreitend besteht die Wurzel der dikotylen Pflanze aus folgenden Geweben: Rhizodermis mit Wurzelhaaren, Rindenparenchym, Endodermis (innerste Rindenschicht; mit Casparischem Streifen aus Suberin), Perizykel (äußerste Schicht des Zentralzylinders; hier entstehen Seitenwurzeln) und Zentralzylinder mit Phloem und Xylem.

Sekundäres Dickenwachstum der Wurzel

In den Wurzeln von Holzpflanzen (Dikotyledonen und Nacktsamer) entwickelt sich genau wie im Spross ein geschlossener Kambiumring, und zwar aus Parenchymzellen des Zentralzylinders und aus Teilen des Perizykels. Mit beginnendem sekundären Dickenwachstum scheidet dieser Kambiumring nach außen sekundäres Phloem und nach innen sekundäres Xylem ab. Die sekundären Xylemzellen verschmelzen mit den primären zu einem Ring und weil jedes Jahr eine neue Lage Xylem gebildet wird, entstehen ganz ähnliche Jahresringe wie in der sekundären Sprossachse.

Aus dem Perizykel entsteht auch das Korkkambium der Wurzel. Es produziert Korkzellen, die am Aufbau einer schützenden Rinde in der sekundären Wurzel beteiligt sind.

Spezialisierungen der Wurzel

Neben den schon genannten Hauptaufgaben, nämlich der Verankerung im Boden sowie Wasser- und Nährsalzaufnahme, können sich Wurzeln auch auf bestimmte Art und Weise spezialisieren. Sie übernehmen dann besondere Aufgaben (siehe Abbildung 4.8):

- **Stützwurzeln** werden die Adventivwurzeln mancher Pflanzen, zum Beispiel von Mais genannt, die am bodennahen Spross entspringen und der Pflanze zusätzlichen Halt geben. Auch viele tropische Bäume stabilisieren sich durch Stützwurzeln.

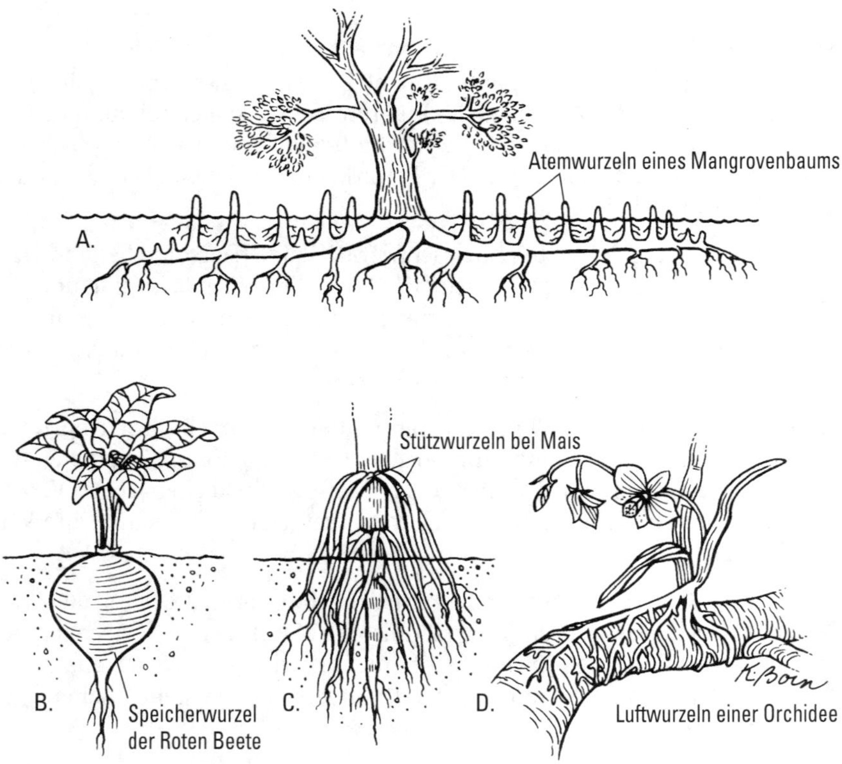

Abbildung 4.8: Spezialisierungen der Wurzel.

- ✔ **Speicherwurzeln** speichern Wasser und Nährstoffe. Rote Beete und Karotten sind bekannte Beispiele für Pflanzen, die große Mengen Kohlenhydrate in ihren Wurzeln speichern.
- ✔ **Atemwurzeln** verbessern die Sauerstoffversorgung des Wurzelgewebes bei Pflanzen, die in Feuchtgebieten wachsen. Sie funktionieren praktisch wie ein Schnorchel, indem sie senkrecht aus dem wassergefüllten Boden herausragen. Die Mangroven an tropischen Küsten und auch Sumpfzypressen *(Taxodium distichum)* bilden zahlreiche Atemwurzeln beziehungsweise Wurzelknie aus.
- ✔ **Luftwurzeln** finden wir bei *Epiphyten*, das heißt bei Pflanzen, die auf anderen Pflanzen wachsen. Manchmal wachsen sie durch die Luft bis zum Boden und werden dann zur Stützwurzel. Manchmal helfen sie der Pflanze, zum Beispiel vielen Orchideen, sich auf dem Trägerbaum festzuhalten, sowie Wasser und Nährstoffe aus der Luft aufzunehmen. Bei manchen *Ficus*-Arten (Würgefeigen) umschlingen die Luftwurzeln den Trägerbaum und »erwürgen« ihn schließlich. Die sogenannten *Brettwurzeln* tropischer Bäume stellen eine besondere Form der Luftwurzeln dar, die den Riesen hilft, sich im flachgründigen Tropenboden zu halten.

Symbiosen mit Bodenpilzen

Viele Pflanzen lassen sich bei der Wasser- und Nährstoffversorgung helfen. Sie gehen Partnerschaften mit Pilzen ein und bilden die sogenannte *Mykorrhiza*.

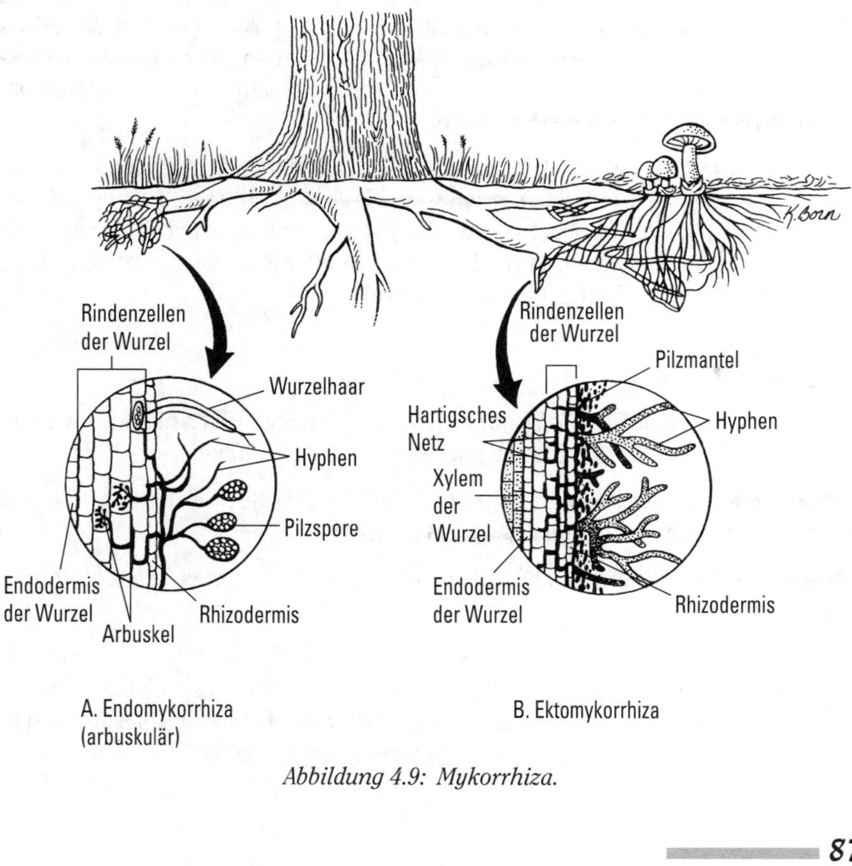

Abbildung 4.9: Mykorrhiza.

Von dieser Partnerschaft profitieren beide, die Pflanze und der Pilz; man nennt solche Verbindungen *Symbiose* (siehe auch Kapitel 18):

- **Die Pflanze überlässt dem Pilz einen Teil ihrer Photosyntheseprodukte (Zucker) als Nahrung.** Im Grunde lädt die Pflanze den Pilz zum Essen ein. Dieser nimmt gern an und umwächst das gesamte Wurzelsystem der Pflanze mit seinen Hyphen. Manchmal dringt er sogar in die Pflanzenzellen ein (siehe Abbildung 4.9):
    - Die *Ektomykorrhiza* bezeichnet den Teil der Pilze, die zwischen den Rindenparenchymzellen wachsen. Sie erleichtert den Wasser- und Nährstoffaustausch.
    - Die *Endomykorrhiza*, auch vesikulär-arbuskuläre Mykorrhiza genannt, dringt mit kleinen bäumchenartigen Strukturen in die Rindenparenchymzellen ein.
- **Der Pilz unterstützt die Pflanze mit seinem großen Wurzelgeflecht (den Pilzhyphen) bei der Wasser- und Nährsalzaufnahme.** Das Hyphengeflecht der Pilze stellt für die Pflanze praktisch ein zweites Wurzelsystem dar, ohne das zum Beispiel unsere Waldbäume nicht lebensfähig wären.

Mit Blättern der Sonne entgegen

Pflanzenblätter sind für zwei wichtige Aufgaben speziell ausgerüstet: Sie sollen möglichst viel Sonnenlicht zur Photosynthese nutzen und gleichzeitig den Wasserverlust der Pflanze minimieren. Dazu sind viele Blätter flach ausgebreitet und mit einer wachsartigen Kutikula versehen. Sie stehen an Ästen und Zweigen weit weg vom Hauptspross in möglichst optimalem Winkel, also senkrecht zur Sonnenstrahlung.

Weil die Sonne mittags höher steht als nachmittags, passen manche Pflanzen ihre Blattstellung an. So versuchen sie stets, so viel Licht wie möglich zu nutzen. Gut lässt sich das zum Beispiel bei Bohnenpflanzen beobachten, die ihre Blätter mittags mehr oder weniger waagerecht stellen und zum Nachmittag hin hängen lassen, damit sie wieder möglichst senkrecht zur jetzt flacher stehenden Sonne ausgerichtet sind.

Blattaufbau

Blätter entwickeln sich aus den *Blattprimordien*, den winzigen Blattanlagen, die in den Knospen verborgen sind. Die meisten Blätter gliedern sich in zwei Teile:

- Die **Blattspreite** ist der flach ausgebreitete Teil des Blattes. Sie ist von einem Netz aus Blattadern durchzogen, die Leitungsgewebe enthalten.
- Der **Blattstiel**, der bei manchen Pflanzen an seiner Basis von zwei *Nebenblättern* (*Stipeln*) flankiert wird.

Sicher kennen Sie Blätter als Nahrungsmittel. Kopfsalat zum Beispiel besteht aus der Blattspreite des Korbblütlers *Lactuca sativa* und als Zwiebel essen wir die angeschwollenen Speicherblätter von *Allium cepa*. Ein Beispiel für essbare Blattstiele stellt der Staudensellerie *(Apium graveolens)* dar.

In Blättern finden wir die gleichen Gewebe wie in Sprossen und Wurzeln. Abbildung 4.10 zeigt, wie diese Gewebe im Blatt angeordnet sind.

✔ **Die äußerste schützende Zellschicht sowohl auf der Blattoberseite als auch auf der Unterseite ist die Epidermis.** Weil Blätter einerseits Wasserverlust verhindern und andererseits den Gasaustausch mit der Atmosphäre (unter anderem Aufnahme von CO_2 und Abgabe von O_2) gewährleisten müssen, sind sie mit zwei speziellen Strukturen ausgestattet:

- Die äußere Oberfläche der Epidermiszellen ist mit einer wachsartigen, geschlossenen Haut überzogen, der *Kutikula*; sie verhindert Wasserverlust durch Verdunstung.
- Jeweils zwei bohnenförmige Schließzellen bilden eine *Spaltöffnung (Stoma)* in der Epidermis. Stomata sind Blattporen, durch die vor allem Wasserdampf und Sauerstoff an die Luft abgegeben werden und Kohlendioxid aufgenommen wird. Mithilfe der besonders gebauten Schließzellen kontrolliert die Pflanze also ihren Wasserhaushalt und sorgt für genügend CO_2 zur Photosynthese. Wenn sich die Schließzellen mit Wasser füllen und dadurch voneinander weg bewegen, öffnet sich der Spalt. Wenn sie Wasser verlieren, bewegen sie sich aufeinander zu und die Spaltöffnung schließt sich.

✔ **Den größten Teil des Blattgewebes machen Parenchymzellen aus.** Sie beinhalten viele Chloroplasten und übernehmen daher die Photosynthese in der Pflanze. Der gesamte Bereich zwischen oberer und unterer Epidermis wird *Mesophyll* genannt; er gliedert sich in den meisten Blättern in zwei Bereiche:

- Im oberen Teil liegen säulenförmige Zellen – das sogenannte *Palisadenparenchym*. Die Zellen liegen dicht gepackt unter der Epidermis und absorbieren mit ihren Chloroplasten so viel Licht wie möglich.
- Im unteren Teil des Blattes befindet sich ein *Schwammparenchym*. Es besteht aus lose aneinander liegenden Zellen und großen luftgefüllten Interzellularen, die mit den zahlreichen auf der Blattunterseite befindlichen Stomata in engem Kontakt stehen.

✔ **Das Leitungsgewebe ist in vielen Blättern schon makroskopisch als Blattadern (Blattnerven) sichtbar.** Darin werden Zuckermoleküle vom Blatt zum Spross und umgekehrt Wasser vom Spross ins Blatt transportiert. Jede Blattader enthält ein komplettes Leitbündel mit Phloem und Xylem, wobei jedes Leitbündel noch von einer stabilisierenden Parenchymscheide (*Leitbündelscheide*) umgeben ist; sie besteht aus besonders dickwandigen Zellen. Das mit bloßem Auge in Blättern erkennbare Adernetz hat bei Monokotyledonen und Dikotyledonen ein charakteristisches Erscheinungsbild:

- Die Blattadern laufen bei Monokotyledonen in der Regel vom Blattstiel ausgehend parallel, man sagt sie sind *parallelnervig*.
- In den Blättern der Dikotyledonen findet man meist *Netznervigkeit*, das heißt die Adern bilden ein Netz im Blatt, wobei von einer Hauptader viele Seitenadern abgehen.

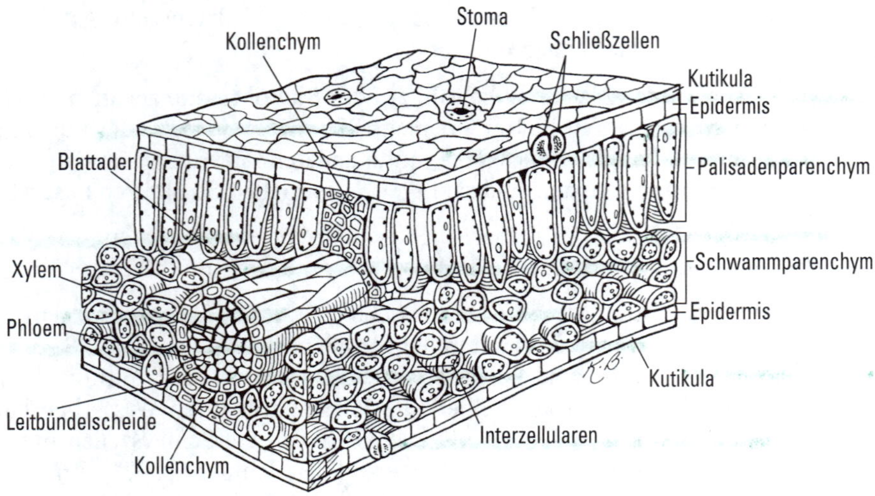

Abbildung 4.10: Anatomie eines typischen Blattes.

Blatttypen

Blätter können ganz unterschiedlich gestaltet sein, wie Abbildung 4.11 zeigt:

- *Einfache Blätter* haben eine einzige Spreite.
- Die Spreite von *zusammengesetzten Blättern* besteht aus mehreren Teilen (Blättchen oder Fiedern).

Man unterscheidet verschiedene Arten von zusammengesetzten Blättern:

- *Einfach gefiederte* Blätter besitzen mehrere kleine Fiedern, die an einer Achse, *Rhachis* genannt, stehen.
- Bei *handförmig geteilten* Blättern entspringen die Blättchen an einem Punkt; die Blättchen sehen dann aus wie die Finger einer Hand.
- *Doppelt gefiederte* Blätter besitzen Fiedern, die wiederum in Fiederchen geteilt sind.

Um zu entscheiden, ob ein Blatt einfach oder zusammengesetzt ist, schauen Sie sich am besten die Lage der Achselknospe an. Sie sitzt immer an der Basis des Blattstiels und gibt an, wo das Blatt am Spross sitzt. Einfache Blätter weisen also an der Basis ihres Stiels eine solche Knospe auf. Die Fiedern zusammengesetzter Blätter können zwar genau wie ein einfaches Blatt aussehen, sitzen aber an der Rhachis und nicht am Spross; daher besitzen sie keine Achselknospe an ihrer Basis. Die einzige Knospe sitzt beim zusammengesetzten Blatt ebenfalls an der Basis des Blattstiels am Spross.

Blattanordnung am Spross

Blätter können in unterschiedlicher Weise am Spross stehen; die drei häufigsten *Blattstellungen* sind in Abbildung 4.11 gezeigt:

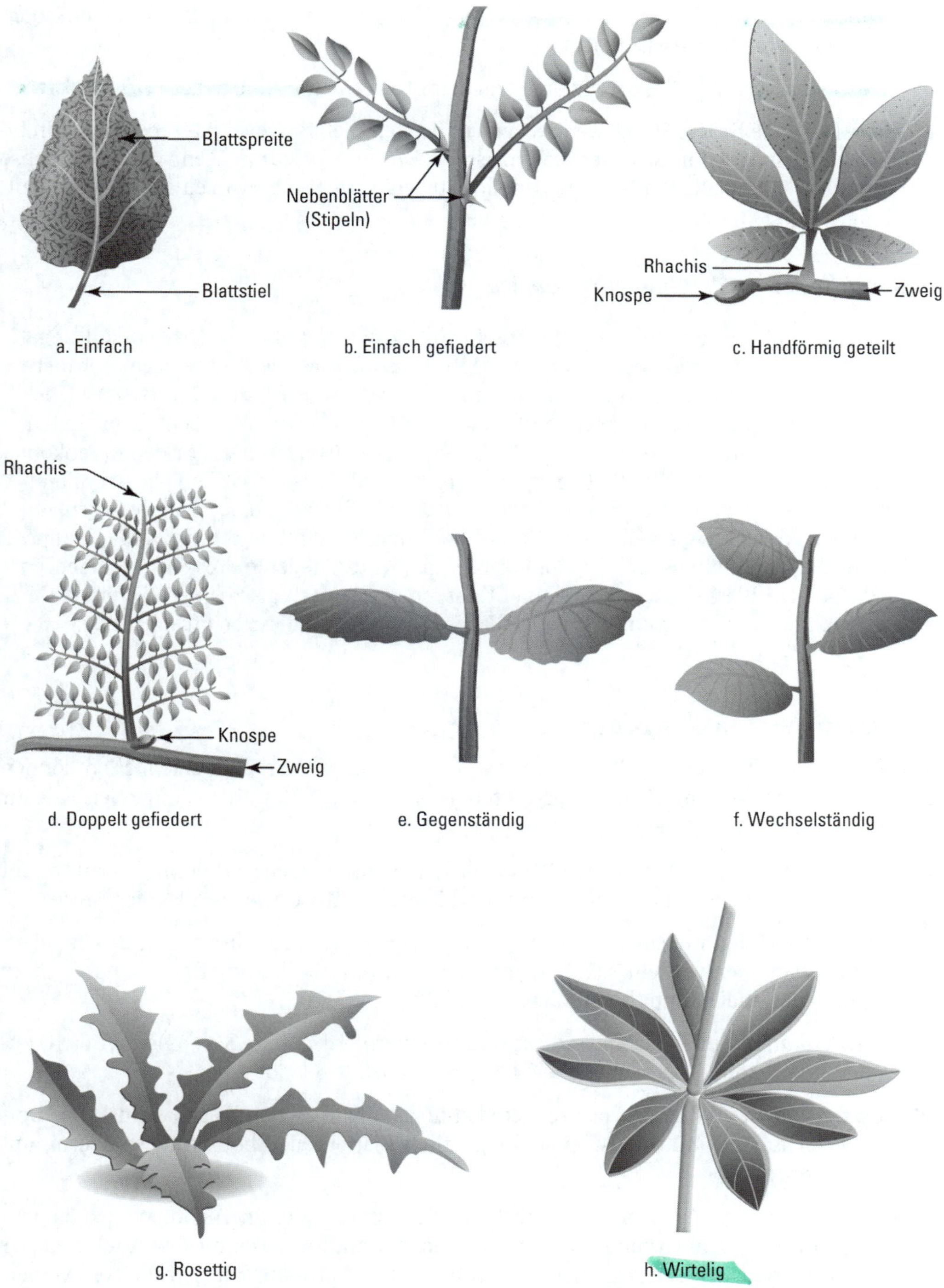

Abbildung 4.11: Blatttypen (a bis d) und Blattanordnungen (e bis f)

- *Wechselständig* sind Blätter, die stufenförmig angeordnet sind; das heißt an jedem Knoten des Sprosses steht nur ein Blatt.
- *Gegenständig* sind Blätter, wenn sich an einem Knoten zwei Blätter gegenüberstehen.
- *Wirtelig* ist die Blattstellung, wenn an einem Knoten mehr als zwei Blätter stehen. Ein typisches Beispiel dafür ist unser Waldmeister *(Galium odoratum)*. Wenn die Sprossachse gestaucht ist und alle Blätter in Bodennähe stehen, spricht man von einer *Rosette* (Abbildung 4.11).

Eine Pflanze – verschiedene Gemüse

Mögen Sie Brokkoli? Und Blumenkohl, Rosenkohl, Grünkohl, Rotkohl oder Weißkohl? Egal welches Gemüse sie bevorzugen, es handelt sich stets um dieselbe Pflanze. Gemüsebauern haben schon vor langer Zeit aus dem wilden Kohl *(Brassica oleracea)* diese verschiedenen Varietäten gezüchtet, indem sie ein bestimmtes Merkmal bei der Nachzucht favorisierten. Genauso machen es ja beispielsweise auch Hunde- und Rinderzüchter. Für den Rosenkohl hat man auf große Knospen Wert gelegt und immer wieder gezielt solche Pflanzen miteinander gekreuzt, die größere Knospen bildeten. Bis schließlich der uns bekannte Rosenkohl mit seinen Riesenknospen entstand. Blumenkohl und Brokkoli bestehen dagegen hauptsächlich aus dem Blütenstand der Kohlpflanze und bei den anderen drei Sorten verzehren wir die basalen Blattrosetten; Blüten und Knospen sind hier weggezüchtet. Wenn die Gemüse auch noch so unterschiedlich aussehen – es ist ein und dieselbe Pflanzenart.

Spezialisierungen des Blattes

Manche Pflanzen bilden ihre Blätter um, damit sie neue Lebensräume erschließen können oder auch um Wassermangel zu kompensieren. In Abbildung 4.12 werden einige Beispiele für besondere Blattformen gezeigt:

- Mit Ranken können Pflanzen an allen möglichen Strukturen emporklimmen. Man spricht von *Blattranken*, wenn die Ranke ein umgebildetes Blatt ist, wie etwa bei der Erbse.
- *Brutblätter* helfen manchen Pflanzen bei der vegetativen Vermehrung. An den Rändern solcher Blätter entwickeln sich winzige Keimpflanzen, die herunterfallen und dann zu einem neuen Individuum heranwachsen.
- *Speicherblätter* sind fleischig verdickt und speichern Nährstoffe. Sie stehen oft dicht zusammen und können essbar sein wie bei der Zwiebel.
- *Dornen* schützen Pflanzen vor Fressfeinden und reduzieren den Wasserverlust. Die Dornen vieler Kakteen zum Beispiel sind eigentlich Blätter. Die Photosynthese übernimmt hier der Spross.
- *Deckblätter (Brakteen)* schützen zum Beispiel die Blüten oder übernehmen auch manchmal selbst die Schauwirkung und locken Bestäuber an. Ein bekanntes Beispiel ist unser Weihnachtsstern, dessen rote Blätter wie Blütenblätter aussehen; in Wirklichkeit verbergen sich die kleinen Blüten aber im Zentrum dieser roten Brakteen.

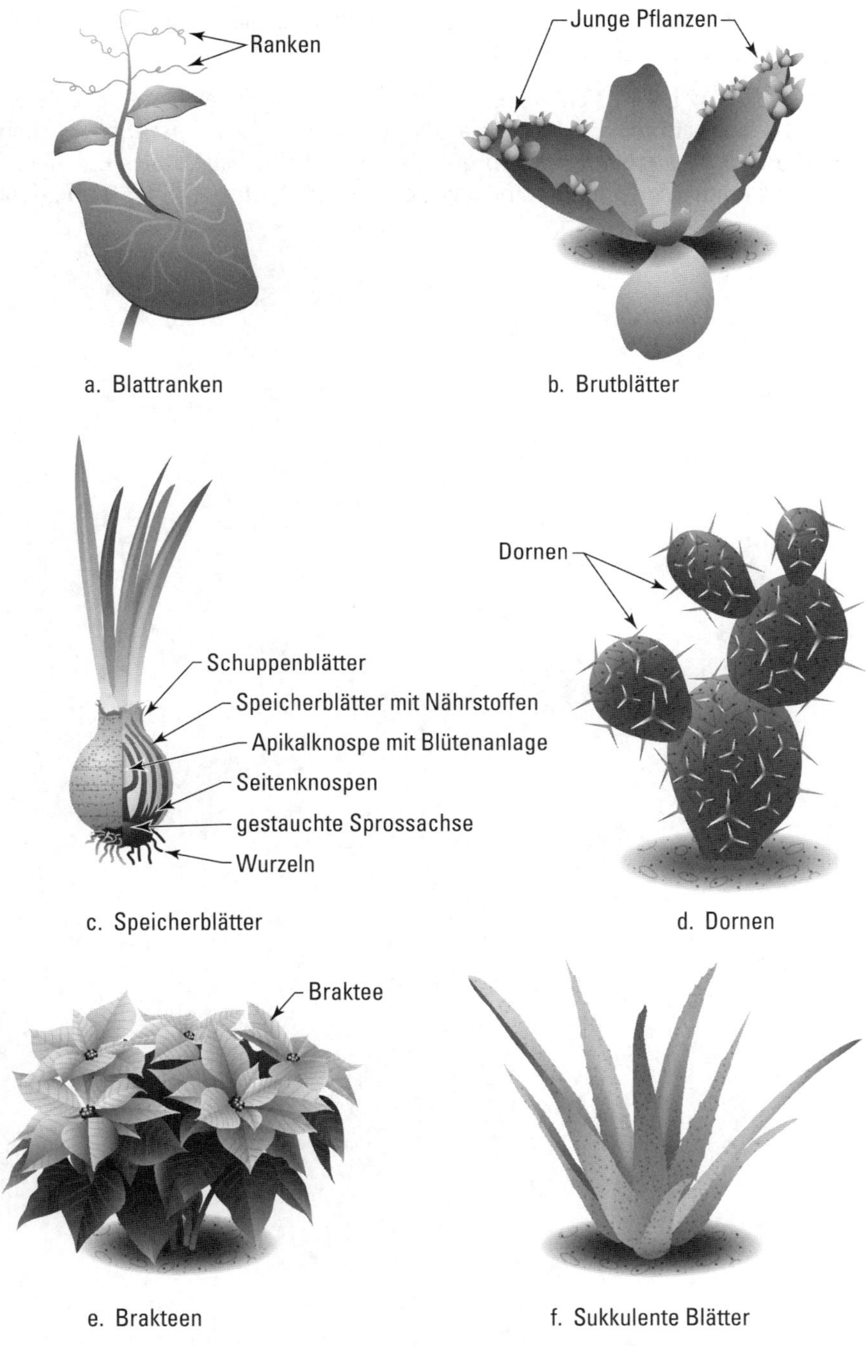

Abbildung 4.12: Beispiele für Spezialisierungen des Blattes.

- Viele *sukkulente Pflanzen* haben dickfleischige Blätter, die als Wasserspeicher dienen. *Aloe vera* ist ein typisches Beispiel dafür.
- *Zapfen* und *Blüten* haben sich ebenfalls aus Blättern entwickelt, um die generative Vermehrung zu übernehmen. Bei Blütenblättern (Petalen) und Zapfenschuppen erkennt man ihre Herkunft aus Laubblättern noch gut, da sie noch ihr blattartiges Erscheinungsbild haben. Staub- und Fruchtblätter sind dagegen viel stärker umgebildet (siehe Kapitel 5).

Generative Vermehrung mit Sporen oder Samen, in Zapfen oder in Früchten

5

In diesem Kapitel

- Sporentypen unterscheiden
- Die Vorteile von Samen schätzen
- Zapfen näher betrachten
- Den Aufbau von Blüten kennenlernen
- Unterschiedliche Früchte essen

Viele Pflanzen (zum Beispiel Moose und Farne) und auch andere Organismen, wie etwa Schimmelpilze, vermehren sich mithilfe von einfachen Sporen. Ein evolutionärer Fortschritt für die Reproduktion der Pflanzen war die Entstehung von Samen, sodass man die heutigen Pflanzen in Sporen- und Samenpflanzen unterteilen kann. Bei letzteren unterscheidet man Nacktsamer, die ihre Samen meist in Zapfen verpacken, und Bedecktsamer mit Samen in typischen Früchten. Samen entwickeln sich erst nach der Bestäubung beziehungsweise Befruchtung aus dem weiblichen Teil von Blüten, welche gerade bei den Bedecktsamern (Blütenpflanzen im engeren Sinne) in faszinierender Vielfalt und Schönheit vorkommen. Attraktive Blüten locken Bestäuber an und durch schmackhafte Früchte lassen sich Samen auch über weite Distanzen mithilfe von Tieren verbreiten. In diesem Kapitel werden die an der geschlechtlichen Vermehrung von Pflanzen beteiligten Organe und Strukturen vorgestellt.

Reproduktion mit Sporen

Wer lange genug Biologie studiert, wird den Begriff »Spore« oft hören. Die Definition für eine *Spore* lautet: Reproduktive Zelle, die ohne mit einer weiteren Zelle zu verschmelzen zu einem neuen Organismus heranwachsen kann. Weil nun die Definition so allgemein gefasst ist, bezeichnen Biologen ganz unterschiedliche Strukturen als Spore. Wahrscheinlich kennen Sie die schwarzen oder grünen Schimmelpilzsporen auf altem Brot oder Gemüse. Die meisten Pilze und viele andere eukaryotische Mikroorganismen vermehren sich über Sporen. Aber auch Pflanzen bilden Sporen im Laufe ihres Lebens. Sporen entstehen bei der sexuellen Reproduktion im sogenannten *Sporophyten* durch einen speziellen Zellteilungsprozess, die Meiose. Sporen wachsen dann zu *Gametophyten* heran; das können eigenständige grüne Pflanzen sein oder auch nur stark reduzierte Zellverbände. Details zur Meiose und zum Generationswechsel von Pflanzen finden Sie in Kapitel 11.

Samen schützen den Nachwuchs

Sporen sind gut, aber Samen sind besser. In Tabelle 5.1 werden beide Vermehrungsformen verglichen. Samen habe eine schützende Schale und ein Nährgewebe, das ihnen auch außerhalb der Mutterpflanze hilft zu überleben. Manche Samen können mehrere hundert Jahre oder noch länger überdauern und dann bei günstigen Bedingungen wieder auskeimen.

	Sporen	Samen
Zellen	Einzelne Zellen	Vielzellig; beinhalten einen Embryo, ein Nährgewebe und sind von einer Samenschale umhüllt.
Wie und wo werden sie gebildet?	In besonderen Strukturen, den Sporangien des Sporophyten werden sie durch Zellteilung (Meiose) gebildet.	Sie entwickeln sich aus den Samenanlagen, das heißt den weiblichen Teilen der Pflanzen (Blüten), deren Eizellen zuvor von Spermien befruchtet wurden.
Was wird aus ihnen?	Gametophyt	Sporophyt

Tabelle 5.1: Sporen und Samen im Vergleich.

Samen *keimen* aus, wenn die Umweltbedingungen zum Wachsen der neuen Pflanze günstig sind. Die Dauer der Samenruhe, also die Zeit von der Ausreifung des Samens bis zur Keimung, wird dabei sowohl von inneren als auch von äußeren Faktoren bestimmt: Neben Hormonen (siehe Kapitel 10) spielen Umweltfaktoren wie Temperatur, Licht und Wasserverfügbarkeit eine Rolle. So keimen manche Samen bereits einige Wochen nachdem sie ausgereift sind während andere für Monate oder Jahre ruhen. Mit der Zeit sterben Samen jedoch auch langsam ab. Wenn günstige Bedingungen also zu lange auf sich warten lassen, erlischt ihre Keimungsfähigkeit.

Die Samenpflanzen (Spermatophytina) werden in zwei Gruppen unterteilt:

- ✔ **Nacktsamer (Gymnospermen) bilden Samen, aber ihre Blüten sind stets eingeschlechtlich und einfach gebaut; Früchte kommen nicht vor.** Blüten und anschließend die Samen sind oft in Zapfen arrangiert, zum Beispiel bei unseren Nadelbäumen und bei Palmfarnen. Der Ginkgo dagegen bildet einzelne Blüten und fleischige Samen. Mehr zu dieser Pflanzengruppe lesen Sie in Kapitel 16.
- ✔ **Bedecktsamer (Angiospermen) bilden ebenfalls Samen, die aus oft zwittrigen und kompliziert gebauten Blüten hervorgehen und in Früchten eingeschlossen verbreitet werden.** Zu den Angiospermen gehören also die meisten uns von Haus und Garten bekannten Blütenpflanzen (Die Vielfalt dieser Gruppe ist in Kapitel 17 dargestellt). Man unterteilt die Bedecktsamer in *Monokotyledonen* und *Dikotyledonen*, die jeweils charakteristische Eigenschaften aufweisen. Einige Besonderheiten im vegetativen Aufbau habe ich in Kapitel 4 beschrieben, aber auch die generativen Strukturen sind teilweise unterschiedlich. Botaniker definieren die Gruppen nach der Zahl der *Keimblätter* (Kotyledonen):
  - Monokotyledonen bilden ein einziges Keimblatt.
  - Dikotyledonen besitzen zwei Keimblätter.

Aufbau des Samens

Ein Same wird von der *Samenschale* (Testa) umgeben und beinhaltet den Embryo, der zur neuen Pflanze heranwächst, sowie ein Nährgewebe, das diesen bei der Keimung unterstützt. Die Samen sind in den drei genannten Pflanzengruppen unterschiedlich aufgebaut:

- ✔ **Nacktsamer, wie etwa Kiefern, bilden Embryonen mit vielen Keimblättern.** Als Nährgewebe für den Embryo fungiert das sogenannte *primäre Endosperm*; es entwickelt sich schon vor der Befruchtung aus Gewebe des Embryosacks. Der Embryosack besitzt genau wie die darin befindliche Eizelle nur den einfachen Chromosomensatz, er ist *haploid*. Das primäre Endosperm ist damit ebenfalls haploid.
- ✔ **Dikotyledonen bilden Embryonen mit zwei Keimblättern**. Bei manchen Dikotyledonen dienen die Keimblätter als Nährgewebe (zum Beispiel bei der Bohne, Abbildung 5.1); sie sind Teil des Embryos, der ja aus der Verschmelzung von Eizelle und Spermium entstanden ist. Die Keimblätter besitzen somit den doppelten Chromosomensatz, sie sind *diploid*. Bei den meisten Dikotyledonen ist jedoch ein spezielles Nährgewebe ausgebildet, das *sekundäre Endosperm*. Es entwickelt sich aus einer diploiden Zelle des Embryosacks, die ebenfalls befruchtet wurde (*doppelte Befruchtung*) und besitzt somit den dreifachen Chromosomensatz; man sagt es ist *triploid*.
- ✔ **Monokotyledonen bilden Embryonen mit einem Keimblatt und besitzen als Nährgewebe ein triploides Endosperm.** Abbildung 5.2 zeigt einen Maissamen und seine Keimung.

Dikotyle Samen

Schauen wir uns jetzt einmal die Samen genauer an. Zunächst den einer dikotylen Pflanze wie zum Beispiel der Bohne oder Erdnuss (Abbildung 5.1):

- ✔ Nach außen wird der Same durch die Samenschale geschützt. Das ist zum Beispiel bei der Erdnuss die dunkelbraune, dünne Haut direkt an der einzelnen Nuss und nicht die von außen sichtbare Fruchtschale. Die Samenschale weist bei genauem Hinsehen eine kleine Narbe auf, das *Hilum*; es zeigt, wo die Samenanlage mit der Plazenta verbunden war. Außerdem erkennt man die *Mikropyle*, ein kleines Loch, durch das der Pollenschlauch während der Befruchtung eindringen konnte.
- ✔ Sicher haben Sie schon einmal geröstete Erdnüsse gegessen. Diese zerfallen normalerweise leicht in zwei gleiche Teile; es handelt sich dabei um die beiden Keimblätter, die als Nährstoffspeicher dienen.
- ✔ Der *Embryo* ist klein und zwischen den beiden Speicherkotyledonen versteckt. Schaut man ganz genau hin, entdeckt man die winzigen Anlagen für das Apikalmeristem des Sprosses (*Plumula*) sowie für das *Hypokotyl* (Teil des Sprosses unterhalb der Keimblätter) und die Keimwurzel (*Radikula*).

Die Samen von Erdnüssen, Bohnen und Erbsen sind in gewisser Weise ein Sonderfall, denn bei ihnen übernehmen die Keimblätter die Speicherung von Nährstoffen für den Embryo. Sie sind daher vergleichsweise groß und werden Speicherkotyledonen genannt. Die meisten anderen Dikotyledonen bilden ein sekundäres Endosperm als Nährstoffspeicher aus. Die Keimblätter sind dann viel kleiner und als winzige Blättchen an der Spitze des Embryos zu erkennen. Die Hauptmasse in solchen Samen macht das sekundäre Endosperm aus.

Die gesamte Erdnuss oder Bohne, wie sie am Strauch wächst, ist eine Frucht mit mehreren Samen. Ihre Fruchtschale öffnet sich bei Reife und entlässt die Samen. Sie wird *Hülse* genannt.

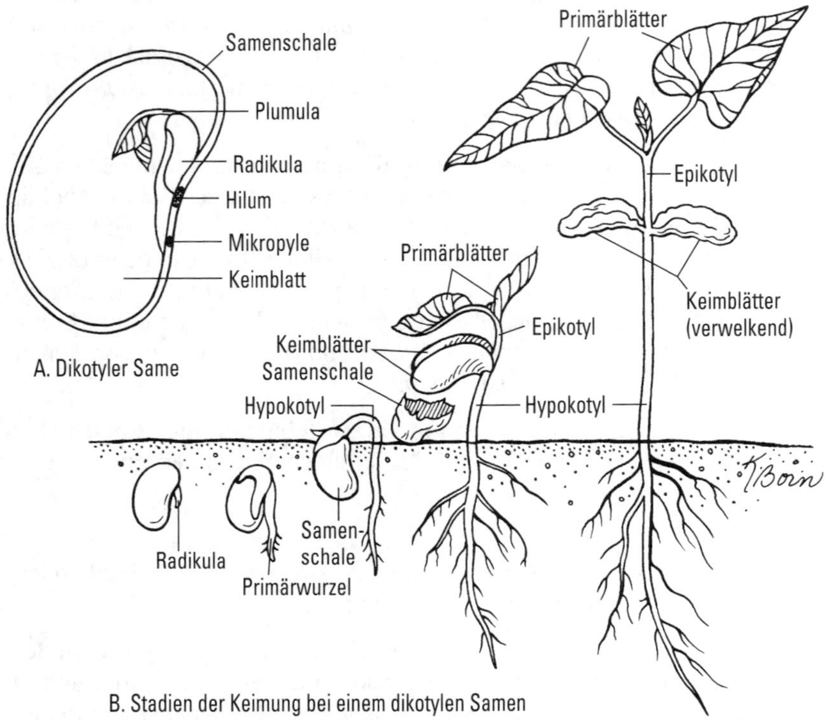

Abbildung 5.1: Aufbau und Keimungsprozess eines dikotylen Samens (Bohne).

Die Nährstoffe des sekundären Endosperms oder der Speicherkotyledonen versorgen den Embryo während der Keimung mit Energie und Baustoffen. Er ist darauf angewiesen bis die ersten grünen Blätter (die *Primärblätter*) entwickelt sind und Photosynthese betreiben können. Abbildung 5.1B zeigt die Keimung einer Bohne als Beispiel für eine dikotyle Pflanze:

1. **Die Radikula beginnt zu wachsen, durchdringt die Samenschale und formt die erste Wurzel, die *Primärwurzel*.**

2. **Das Hypokotyl verlängert sich, drückt sich aus der Samenschale und über die Erde.**

   Zuerst ist das Hypokotyl gebogen und die Keimblätter schützen den oberen Teil des Embryos. Dieser Teil oberhalb der Keimblätter wird *Epikotyl* genannt.

3. **An der Primärwurzel bilden sich erste Seitenwurzeln.**

4. **Sobald das Hypokotyl ans Licht gelangt, beginnt es sich zu strecken, sodass auch das Epikotyl mit den ersten Laubblättern (Primärblättern) und dem Apikalmeristem sichtbar wird.**

5. **Die Primärblätter entfalten sich und beginnen mit der Photosynthese.**

   Bei vielen Dikotyledonen, auch bei Bohnen, ergrünen die Keimblätter und werden ebenfalls photosynthetisch aktiv; nach einiger Zeit verwelken sie jedoch und fallen ab.

Monokotyle Samen

Betrachten wir nun die Samen einer monokotylen Pflanze im Detail; als Beispiel dient uns der Mais (Abbildung 5.2):

- ✔ Die äußerste Schicht eines Maiskorns ist die Fruchtschale, das *Perikarp*. Sie ist beim Mais mit der Samenschale verwachsen, sodass nach seiner Entfernung als nächstes das sekundäre Endosperm sichtbar wird.

- ✔ Genau wie bei Dikotyledonen weist auch der monokotyle Embryo eine Plumula und eine Radikula auf. Beide sind jedoch in schützende Scheiden eingehüllt, die sogenannte *Koleoptile* (Keimscheide der Plumula) und die *Koleorrhiza* (Scheide der Radikula). Das Keimblatt des monokotylen Embryos ist in der Regel dünn und blattartig gestaltet.

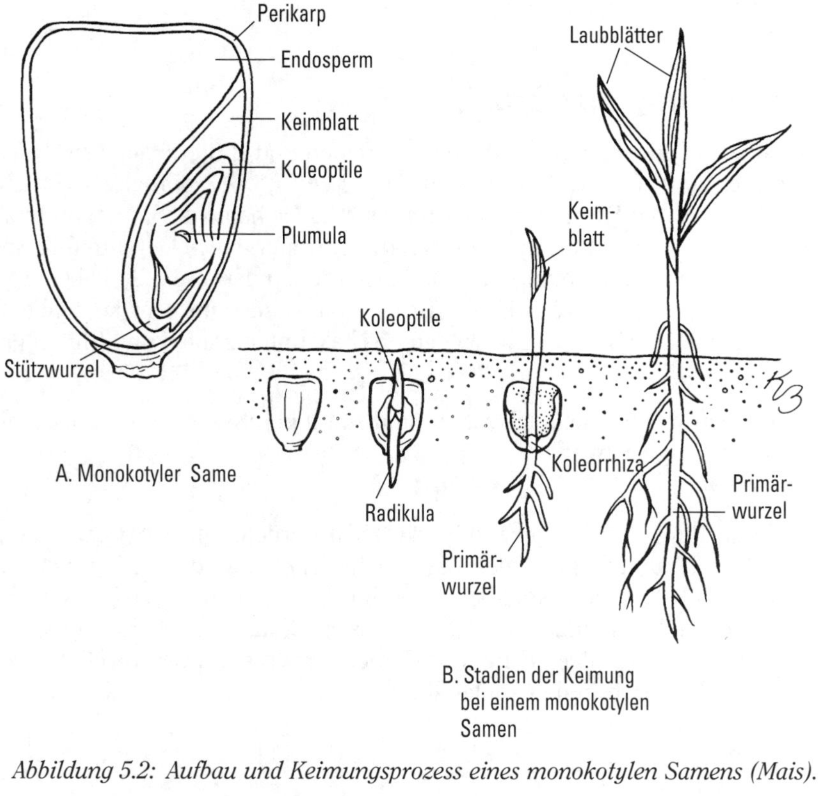

Abbildung 5.2: Aufbau und Keimungsprozess eines monokotylen Samens (Mais).

Ein Maiskorn repräsentiert nicht nur einen Samen sondern gleichzeitig auch die typische, einsamige Frucht von Gräsern, die sogenannte *Karyopse*. Dies ist eine trockene Schließfrucht, bei der die Fruchtwand (Perikarp) mit der Samenschale (Testa) verwachsen ist. Dieser Fruchttyp enthält im Gegensatz zu vielen anderen nur einen Samen.

Das sekundäre Endosperm versorgt den keimenden Embryo mit Energie und Baustoffen. Abbildung 5.2B zeigt die Keimung eines Maiskorns als Beispiel für eine monokotyle Pflanze:

1. **Die Radikula beginnt zu wachsen, durchdringt die Samenschale und bildet die *Primärwurzel*.**
2. **Das Primärblatt des Sprosses wächst nach oben aus dem Samen und gelangt dann über die Erde ans Licht.** Dabei ist es von der Koleoptile umschlossen und geschützt.
3. **Angeregt durch die Sonne drückt sich das Primärblatt aus der Koleoptile heraus und entfaltet sich.**
4. **An der Primärwurzel bilden sich erste Seitenwurzeln.**
5. **Bei Mais und anderen Monokotyledonen bilden sich im unteren Sprossabschnitt sogenannte Adventivwurzeln. Sie wachsen nach unten in den Boden und dienen als Stützwurzeln zur Stabilisierung des Sprosses.**

Die Vermehrung mit Zapfen

Die zur Reproduktion dienenden Strukturen wie Zapfen und Blüten haben sich aus spezialisierten Blättern entwickelt, den sogenannten *Sporophyllen*. Als Sporophyll bezeichnet man Blätter, die in sogenannten *Sporangien* auf ihrer Oberfläche haploide Sporen produzieren. Im Laufe der Evolution haben sich die Sporophylle immer weiter entwickelt, um ihre Sporangien besser zu schützen und die Sporenproduktion effizienter zu gestalten. So haben Sporophylle vielfach ihre Fähigkeit zur Photosynthese verloren und weisen eine sehr kompakte Bauweise auf. Mit der Zeit sind die Sporophylle so zu den uns bekannten Zapfen und Blüten geworden.

Die Sporophylle der Nacktsamer sind spiralig aufgebaut und werden als *Zapfen (Strobili)* bezeichnet.

Nacktsamer, die in Kapitel 16 eingehend beschrieben werden, bilden Sporen, die innerhalb des Zapfens auskeimen und zu haploiden Gametophyten heranwachsen. In manchen Zapfen, zum Beispiel bei den Palmfarnen, sind beide Geschlechter vorhanden, sodass sich männliche und weibliche Gametophyten bilden. Die Zapfen unserer Nadelbäume sind dagegen entweder männlich oder weiblich und bilden daher nur Gametophyten eines Geschlechts aus. Nach der Befruchtung entwickeln sich in den Zapfen die Samen.

Die Sprache der Blüten

Sie werden es vielleicht kaum glauben, aber auch Pflanzen haben Sex. Mit ihren attraktiven Blüten stellen sie sich zur Schau, um einen passenden Partner zu finden. Alle Pflanzen wollen sich vermehren und die fortschrittlichsten unter ihnen, die Bedecktsamer, sind uns in gewisser Weise ähnlich: Schick machen und andere beeindrucken. Sporenpflanzen (siehe Kapitel 15) und Nacktsamer (siehe Kapitel 16) sind dagegen etwas diskreter; sie setzen weniger auf Attraktivität als auf Masse.

Wie die Blüte aufgebaut ist

Alle Blüten werden von einem Stiel getragen und bestehen in der Regel aus vier verschiedenen Organen, die sich von Blättern ableiten (Kelch-, Blüten-, Staub- und Fruchtblätter). Diese sind in konzentrischen Kreisen umeinander angeordnet. Die Spitze des Blütenstiels, die *Blütenachse (Receptaculum)* schwillt mit der Entfaltung der Blütenknospen an und trägt die Blütenorgane; wenn die Blütenachse stark gestaucht ist, spricht man auch von einem Blütenboden. Abbildung 5.3 zeigt die typischen Teile einer Blüte:

Den äußersten Blattkreis einer Blüte bilden die *Kelchblätter (Sepalen)*; er wird in seiner Gesamtheit als *Kelch* oder *Calyx* bezeichnet. Die Sepalen sind oft grün gefärbt und übernehmen zum Zeitpunkt der noch geschlossenen Blüte (in der Knospe) eine Schutzfunktion. Manchmal sind die Kelchblätter aber auch lebhaft bunt gefärbt und sehen dann aus wie Kronblätter (Petalen). Wenn Sepalen und Petalen gleich aussehen nennen Botaniker sie allesamt *Perigonblätter (Tepalen)*.

- **Der zweite Blattkreis einer Blüte besteht aus den *Kronblättern (Petalen)* und wird als *Blütenkrone (Corolla)* bezeichnet.** Es ist der Teil, den wir alle am besten kennen, denn es handelt sich hier um die bunten Blütenblätter, die die Schauwirkung einer Blüte ausmachen. Wenn Sie also über die Vielfalt an schönen Blumen staunen, dann liegt das daran, dass die Pflanzen ihre Petalen ganz unterschiedlich gestalten, um damit unterschiedliche Bestäuber anzulocken (siehe dazu den Abschnitt »Bestäubung« in diesem Kapitel).

  Die Sepalen und Petalen werden zusammen als *Blütenhülle (Perianth)* bezeichnet.

- **Innerhalb der Blütenhülle liegen dann zunächst ein oder mehrere Kreise von *Staubblättern (Stamina)*; sie stellen den männlichen Teil der Blüte dar, das *Androeceum*.** Blüten besitzen mindestens ein oder zwei, oft aber auch viele Staubblätter; jedes Staubblatt besteht dabei aus zwei Teilen:

  - Die *Staubbeutel (Antheren)* an der Spitze des Staubblatts enthalten Sporangien. Sie bilden Sporen, die sich zu Pollenkörnern mit Spermazellen entwickeln.
  - Die dünnen Stiele der Staubblätter, an deren Spitze sich die Staubbeutel befinden, heißen *Staubfäden* oder *Filamente*.

- **Im Zentrum der Blüte sitzen schließlich die *Fruchtblätter (Karpelle)*, die weiblichen Teile der Blüte beziehungsweise das *Gynoeceum*.** Viele Blüten enthalten mehrere Fruchtblätter, die entweder frei oder verwachsen sind – man spricht dann von einem *apokarpen Gynoeceum* (freie Fruchtblätter) oder einem *coenokarpen Gynoeceum* (verwachsene Fruchtblätter).

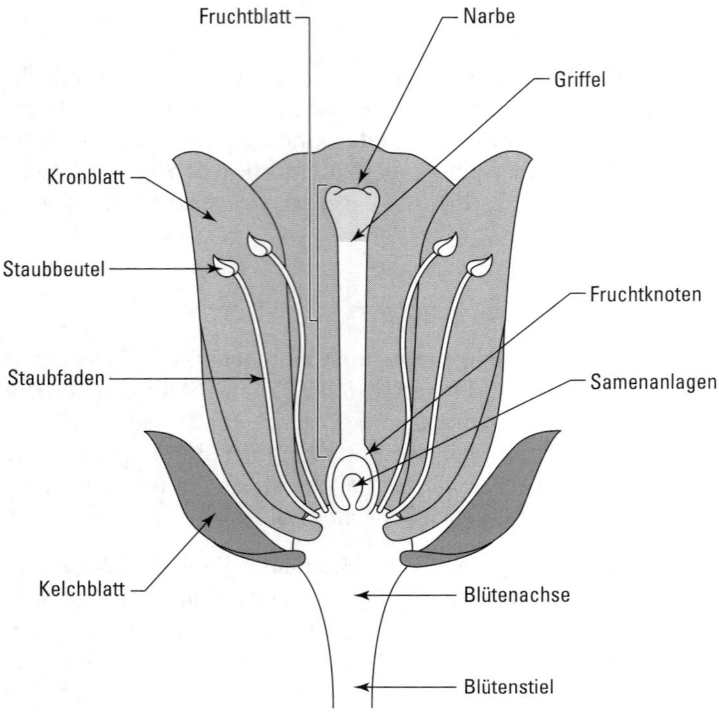

Abbildung 5.3: Aufbau einer typischen Blüte mit oberständigem Fruchtknoten.

Jedes Karpell besteht aus drei Teilen:

- Die Spitze des Fruchtblattes heißt *Narbe*. Wenn Pollen auf der Narbe landet, spricht man von Bestäubung.
- Der lange, röhrenförmige Abschnitt des Fruchtblattes, der die Narbe trägt, wird *Griffel* genannt. Die auf die Narbe gelangten Pollenkörner wachsen schlauchartig durch den Griffel hindurch nach unten zur Basis des Karpells.
- Die verdickte Basis des Fruchtblatts wird *Fruchtknoten* oder *Ovar* genannt. Er ist innen hohl und entweder einfächerig oder in mehrere Fächer (Kammern) unterteilt. In den Fächern befinden sich die Plazentas mit einem oder mehreren Samenanlagen. Diese werden von Spermien befruchtet, die durch den Pollenschlauch hindurch nach unten gelangt sind; sie entwickeln sich nach der Befruchtung zu Samen. Einzelheiten zur Befruchtung und Samenentwicklung bei Blütenpflanzen sind in Kapitel 17 dargestellt.

Fachleute unterscheiden Blüten und damit auch ganze Pflanzengruppen zum Beispiel nach der Position des Fruchtknotens in Bezug zu Kelch und Krone (Abbildung 5.4). Setzen die Sepalen und Petalen unterhalb des Fruchtknotens an der Blütenachse an, sprechen sie von einem oberständigen Fruchtknoten. Befinden sich Kelch- und Kronblätter dagegen oberhalb des Fruchtknotens, sprechen Botaniker von einem unterständigen Fruchtknoten. Die Zwischenstellung wird als mittelständiger Fruchtknoten bezeichnet.

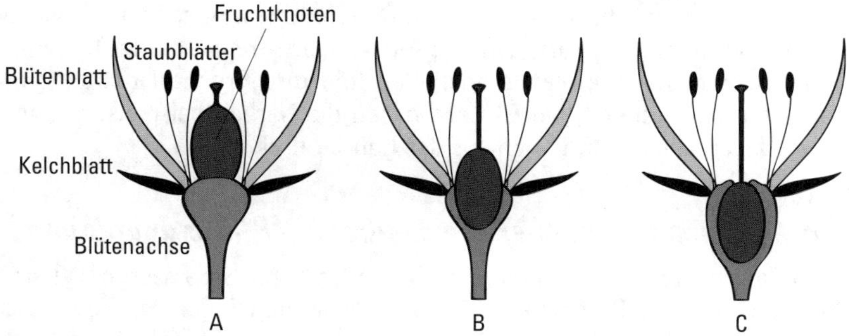

Abbildung 5.4: Die Position des Fruchtknotens ist ein wichtiges Bestimmungsmerkmal: A oberständig, B mittelständig, C unterständig.

Die beiden Gruppen der Angiospermen, die Monokotyledonen und die Dikotyledonen, unterscheiden sich in charakteristischer Weise im Blütenbau. So weisen Dikotyledonen meist vier- oder fünfzählige Blüten auf, das heißt zum Beispiel jeweils fünf Kelch-, Kron-, Staub- und Fruchtblätter (oder ein Vielfaches von vier beziehungsweise fünf). Bei Monokotyledonen ist die Zahl der Blütenorgane dagegen typischerweise durch drei teilbar, das heißt sie haben zum Beispiel sechs Tepalen, drei Staub- und drei Fruchtblätter.

Der Pollen muss raus (Bestäubung)

Die Vielfalt an Blütenfarben und -formen auf der Erde ist riesengroß. Dabei haben die für uns einfach nur schön und faszinierend aussehenden Blüten eine besondere Aufgabe: die Pflanze will sich vermehren und lockt dazu mit ihren attraktiven Blüten spezielle Bestäuber an. Die sorgen dafür, dass der Pollen verbreitet wird und auf die Narbe einer gleichartigen Pflanze gelangt (Bestäubung). Oft sind Blüten deshalb in Form und Farbe an einen bestimmten Bestäuber angepasst. Aber auch der Wind kann die Bestäubung übernehmen. Betrachtet man nun eine Blüte genau, kann man erahnen, welche Strategie sie bei der Bestäubung verfolgt:

- ✔ Wenn Blüten blau oder violett gefärbt sind, fungieren meist Bienen als Bestäuber. Denn diese Farben können Bienen besonders gut wahrnehmen. Manche Kronblätter sind auch mit besonderen Mustern versehen, die nur von Bienen erkannt werden.
- ✔ Blüten, die von Nachtfaltern und Motten bestäubt werden, sind oft weiß und verströmen einen intensiven Duft. So können die Insekten die Blüten auch in der Dunkelheit finden.
- ✔ In tropischen Regionen übernehmen auch Kolibris gern die Bestäubung. Solche Blüten sind oft rot – diese Farbe sehen Insekten nicht, Kolibris dagegen sehr gut – und bieten den Vögeln süßen Nektar als Belohnung. Manchmal sind die Kronblätter auch zu einer engen Röhre verwachsen. Der Schnabel eines Kolibris passt dann perfekt in diese Röhre und kann Pollen und Nektar erreichen.
- ✔ Manche Pflanzen werden auch von Aaskäfern und Schmeißfliegen bestäubt. Ihre Blüten sind oft rötlich-braun und stinken nach Verdorbenem, sodass die Insekten angelockt werden; wir stecken dagegen unsere Nase lieber nicht zu tief in solche Blüten.

- Windbestäubte Pflanzen bilden oft gar keine Blütenkrone aus, sondern präsentieren ihre männlichen und weiblichen Fortpflanzungsorgane ganz frei an der Luft. Sie produzieren meist eine besonders große Menge an Pollen und ihre Fruchtblätter beziehungsweise Griffel sind speziell gestaltet; bei Gräsern haben die Narben beispielsweise fedrige Auswüchse, die dabei helfen, den Pollen aus der Luft zu fischen.

Die Blüten – zusammen machen sie Eindruck (Blütenanordnung)

Bei manchen Pflanzen stehen die Blüten einzeln am Ende der Sprossachse. Oft sind die Blüten einer Pflanze jedoch zu Blütenständen, den sogenannten *Infloreszenzen*, zusammengefasst und in unterschiedlicher Weise an Haupt- und Seitensprossen angeordnet. Jede Blüte wird von einem Stiel getragen, der in der Achsel eines Tragblattes am Spross entspringt. Der Spross wird im Bereich der Blüten als Infloreszenzachse bezeichnet.

Die Blätter im Bereich der Infloreszenz, unter anderem die Tragblätter, unterscheiden sich meist in Größe und Form von den übrigen Laubblättern. Manchmal sind die Blütenstände auch mehr oder weniger laubblattlos.

Abbildung 5.5 zeigt verschiedene Blütenstandstypen:

- *Traubige* Infloreszenzen wachsen immer weiter und blühen von unten nach oben auf. Die ältesten der gestielten und einzeln stehenden Blüten befinden sich also unten an der Infloreszenzachse, die jüngsten oben. Viele Wildblumen wie Lupine und Fingerhut besitzen traubige Infloreszenzen. Von der Traube leiten sich mehrere andere Blütenstandstypen ab.
- *Rispen* sind ein- oder mehrfach verzweigte Trauben, das heißt es stehen nicht Einzelblüten an der Infloreszenzachse sondern wiederum verzweigte Blütenstandsachsen mit Einzelblüten. Flieder und Wiesenglockenblume bieten typische Beispiele für rispige Infloreszenzen.
- *Ähren* sind Trauben, deren Blüten nicht gestielt sind und dicht gedrängt an der Infloreszenzachse stehen. Lavendel und Wegerich sind hier typische Beispiele.
- *Kätzchen* sind Trauben mit eingeschlechtlichen Blüten und reduzierter Blütenkrone. Es sind die typischen Blütenstände von Weiden und anderen windbestäubten Bäumen (Eiche, Birke, Haselnuss und so weiter). Sie hängen zylinderförmig herab und besitzen meist gar keine Kronblätter.
- *Dolden* nennt man solche Infloreszenzen, bei denen alle Blütenstiele von einem Punkt ausgehen; es sind also ebenfalls Trauben, deren Infloreszenzachse nicht weiter gewachsen ist. Wenn sich dann an jedem Stiel nicht eine Einzelblüte sondern wiederum eine Dolde befindet, sprechen wir von einer *Doppeldolde* (siehe Abbildung 5.5). Typische Bespiele dafür sind Kerbel, Möhre und Petersilie.
- Ein *Körbchen* ist die typische Infloreszenz von Gänseblümchen, Kamille, Sonnenblume und Löwenzahn. Sie dachten vielleicht immer, es handele sich dabei um eine Blüte, aber das ist falsch: Das typische Gänseblümchen ist ein Blütenstand aus vielen winzigen Einzelblüten, die dicht gedrängt an einer gestauchten Infloreszenzachse stehen. Was Sie wahrscheinlich für die Blütenkronblätter gehalten haben, sind die größeren, randständigen Zungenblüten. Im Zentrum des Körbchens sitzen dann viele kleinere Röhrenblüten.

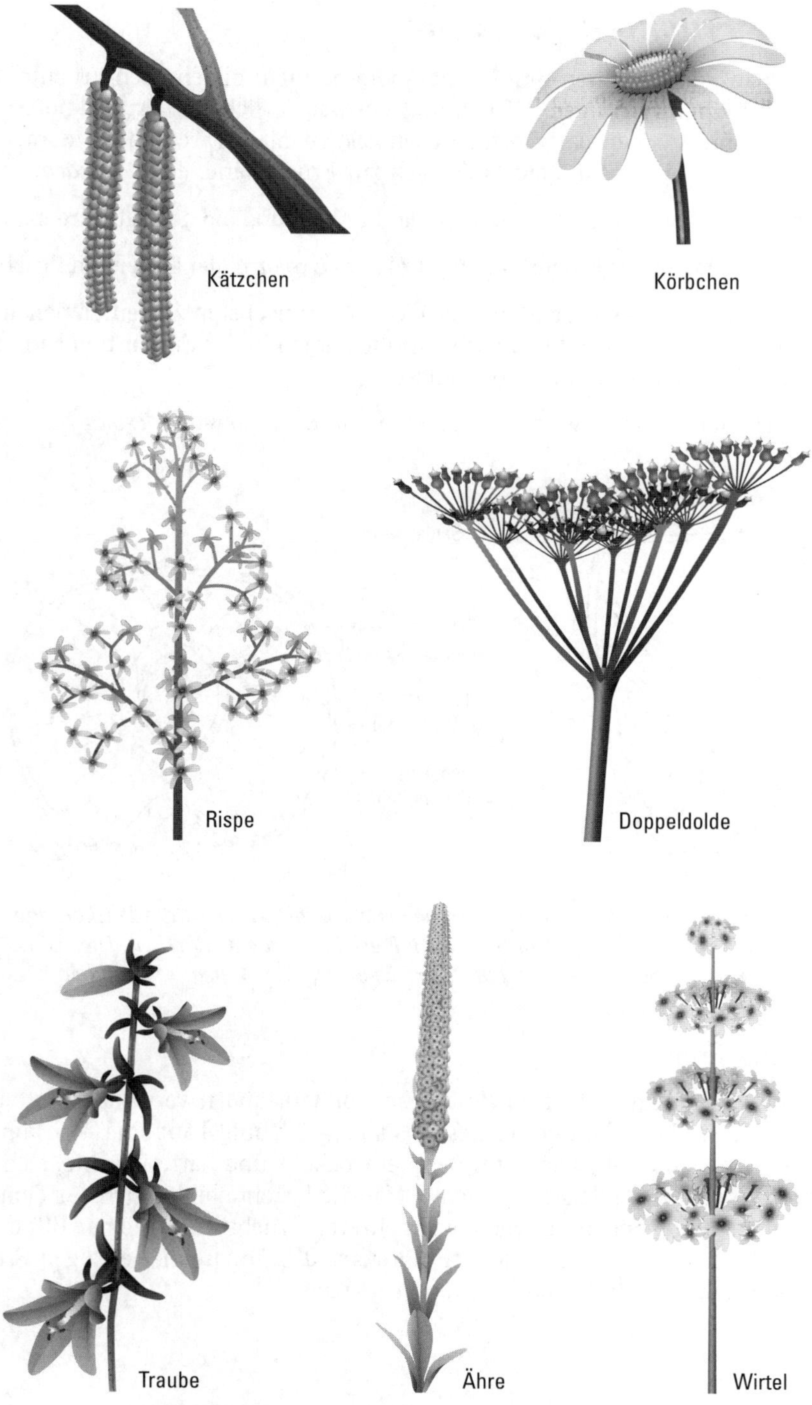

Abbildung 5.5: Verschiedene Arten von Infloreszenzen.

Samen in Früchten verpackt

Pflanzen mit echten Blüten (die Angiospermen) bilden auch Früchte. Nach der Bestäubung und der Befruchtung entwickelt sich der Fruchtknoten zu einer Frucht. Aus den darin befindlichen Samenanlagen werden die Samen und die Wand des Fruchtknotens bildet sich zur Fruchtwand, dem *Perikarp*.

Das Perikarp gliedert sich in drei Schichten, die in Abbildung 5.6 gezeigt werden:

- Die äußerste Schicht des Fruchtknotens wird zum *Exokarp*, der äußersten Fruchtschicht.
- Die innerste Schicht des Fruchtknotens, die sich am nächsten zu den Samenanlagen befindet, wird zum *Endokarp*. Sie umschließt die Samen in der Frucht und kann zum Beispiel beim Pfirsich sehr hart sein (verholzen).
- Der Bereich einer Frucht zwischen Endokarp und Exokarp wird *Mesokarp* genannt.

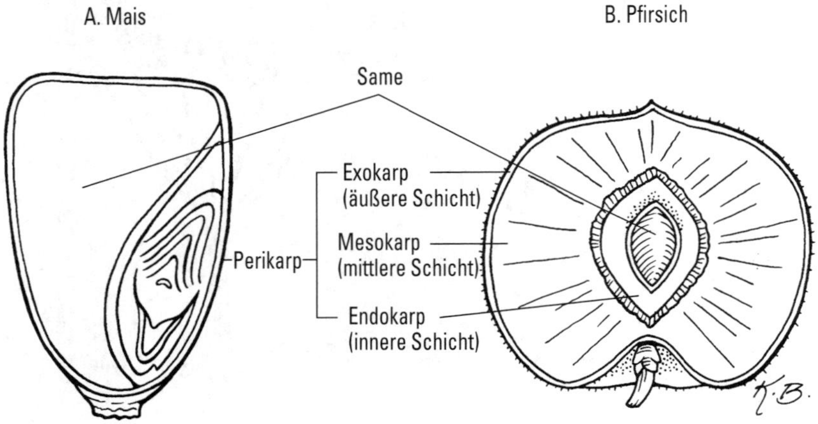

Abbildung 5.6: Aufbau von Früchten: A. Trockene Frucht (Mais). Hier ist das Perikarp dünn und die Frucht besteht fast vollständig aus dem Samen. B. Fleischige Frucht (Pfirsich). Hier ist das Perikarp dick und die einzelnen Schichten sind gut differenziert. Der Same liegt relativ klein in der Mitte.

Verschiedene Früchte

Entsprechend der großen Vielfalt an Blüten und Blütenständen verwundert es nicht, dass auch die Früchte der Bedecktsamer keineswegs alle gleich aufgebaut sind. Wir können ganz verschiedene Typen unterscheiden, zum Beispiel trockene und harte Früchte, sich öffnende oder geschlossen bleibende, fleischig Früchte. Manche Früchte bilden sich aus dem einzigen Fruchtblatt einer Blüte, andere dagegen aus mehreren Fruchtblättern einer Blüte, die auch zusammenwachsen können. Und sogar ein Blütenstand kann zu einer einzigen Frucht werden. Abbildung 5.7 zeigt einige Beispiele von Früchten.

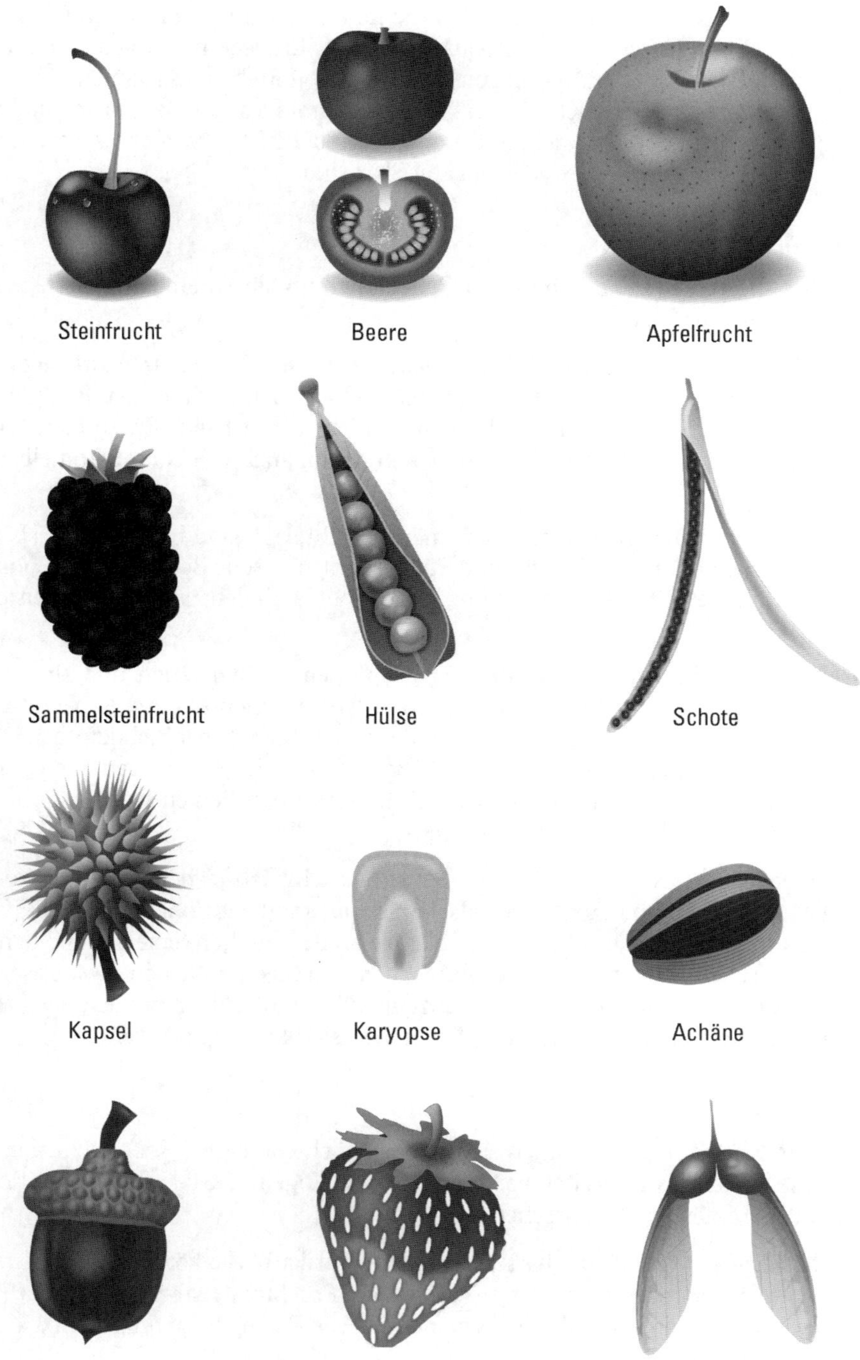

Abbildung 5.7: Fruchttypen

Für die meisten Menschen sind Früchte ein leckeres Dessert, ein Obst oder ein Snack für zwischendurch: Ananas, Bananen, Erdbeeren, Gurken, Tomaten, Bohnen, Erdnüsse oder Äpfel eben. Aber was ist mit Eicheln, Kastanien, Pusteblumen oder Grassamen? Auch das sind Früchte, zumindest für Botaniker. Die Experten bezeichnen alle ausgereiften Fruchtknoten der Bedecktsamer als Frucht, egal ob sie hart, weich, essbar oder ungenießbar sind.

Öffnungsfrüchte

Hierzu zählen alle Früchte, die sich bei der Reife öffnen und ihre Samen ins Freie entlassen. Wir unterscheiden vier Typen:

- **Balgfrüchte** entstehen aus einem Fruchtblatt eines *chorikarpen* (freiblättrigen) Gynoeceums. Sie sind bei Reife meist trocken und öffnen sich entlang der Bauchnaht. Bei Pfingstrosen zum Beispiel finden sich mehrere nicht verwachsene Fruchtblätter in einer Blüte, sodass mehrere Balgfrüchte entstehen und man auch von einer Sammelbalgfrucht spricht.
- **Hülsenfrüchte** entstehen ebenfalls aus einem Fruchtblatt, sind bei Reife meist trocken, öffnen sich aber entlang der Bauch- und Rückennaht. Typische Beispiele sind Bohnen und Erbsen; sie besitzen eine Hülse pro Blüte. Bei Magnolien finden wir dagegen mehrere Hülsen pro Blüte.
- **Kapseln** entwickeln sich aus *synkarpen* (verwachsenen) Gynoeceen und sind bei Reife meist trocken. Sie sind ein sehr häufig anzutreffender Fruchttyp und je nach Öffnungsmechanismus kann man verschiedene Typen unterscheiden. Die in Abbildung 5.8 gezeigte Mohnkapsel bildet an der Kapseloberseite Löcher, durch die die winzigen Samen ins Freie gelangen. Andere Kapseln, wie die der Schwertlilien, öffnen sich entlang der Scheidewände zwischen den Fächern des Fruchtknotens.
- **Schoten** gehören auch zu den Kapseln. Sie entwickeln sich jedoch aus zwei Fruchtblättern, die verwachsen und durch eine falsche Scheidewand getrennt sind. Bei Reife öffnen sie sich an beiden Seiten und die Samen bleiben an der falschen Scheidewand hängen. Es sind die typischen Früchte der Kreuzblütler (Brassicaceae), zu denen etwa unsere Kohlsorten und der Raps gehören. Diese Pflanzenfamilie unterteilt man nach der Länge der Früchte: Schoten sind lang und dünn, Schötchen sind kürzer und breiter.

Schließfrüchte

Wie Sie sicher schon vermuten, öffnen sich Schließfrüchte auch bei Reife nicht. Sie werden typischerweise als Ganzes verbreitet, beispielsweise von Vögeln, die den fleischigen Fruchtteil fressen und den Samen wieder ausscheiden.

- **Nüsse** besitzen ein vollständig hartes, verholztes Perikarp. Sie können aus einem einzelnen Fruchtblatt oder aus mehreren verwachsenen Fruchtblättern entstehen. Sie beinhalten einen Samen und sind an der Basis manchmal von Tragblättern umgeben, wie etwa bei der Haselnuss.

Je nachdem, ob und inwieweit der Same mit dem Perikarp verwachsen ist, und ob noch andere Blütenteile an der Fruchtbildung beteiligt sind, unterscheidet man verschiedene Nussfrüchte:

- *Achänen* sind die typischen Früchte der Asteraceae (Korbblütler), zu denen Löwenzahn und Sonnenblume gehören. Hier ist der Same nur an seiner Basis mit dem Perikarp verbunden, sodass er sich leicht lösen lässt. Sonnenblumenkerne lassen sich daher schnell schälen und genießen. Eine aus zwei Fruchtblättern gebildete Doppelachäne ist die Spaltfrucht der Doldenblütler (Apiaceae), zu denen Karotten, Dill, Koriander und Kümmel gehören.
- Bei *Karyopsen* ist der Same dagegen überall fest mit dem Perikarp verbunden. Er lässt sich nicht lösen. Die Karyopse ist die typische Frucht der Gräser (Familie Poaceae), zu denen ja auch unsere Getreide zählen. Reis, Hafer, Weizen, Mais und so weiter bilden also Karyopsen.
- Bei *geflügelten Nüssen* hat sich das Perikarp zu einem oder mehreren Flügeln erweitert. Hierher gehört zum Beispiel die Frucht unserer Esche und auch die Spaltfrucht des Ahorns.
- Als *Sammelnussfrucht* bezeichnet man die Erdbeere. Hier schwillt der Blütenboden stark an und umwächst die winzigen Nussfrüchte, die sich aus den einzelnen Fruchtknoten der Erdbeerblüte entwickeln. Der genießbare Teil einer Erdbeere besteht also nur aus dem Blütenboden.

Viele Früchte, die wir als Nüsse bezeichnen, sind im botanischen Sinne gar keine Nüsse. Erdnüsse zum Beispiel sind Hülsen, Mandeln und Cashewnüsse sind Steinfrüchte und Paranüsse entstammen einer Kapselfrucht.

✔ Bei **Steinfrüchten** wird der äußere Teil des Perikarps fleischig, das Endokarp verholzt und wird hart – es bildet einen Steinkern, in dem der Same sitzt. Immer, wenn Sie eine Kirsche, Pflaume oder einen Pfirsich genießen, essen Sie eine Steinfrucht. Eine besondere Steinfrucht ist die Kokosnuss; von ihr kennen wir meist nur das holzige Endokarp mit dem Samen; das Endosperm ist das leckere weiße Fruchtfleisch. Umgeben ist das Ganze jedoch von einem ledrigen Exokarp und einem faserigen Mesokarp, das wir bei uns nie im Supermarkt sehen.

Eine Besonderheit finden wir bei Himbeere und Brombeere. Hier sitzen die zahlreichen Steinfrüchte so eng aneinander, dass sie zusammen wie eine einzige Frucht, eine Beere, aussehen. Eine solche *Sammelsteinfrucht* entsteht aus einer Blüte, deren zahlreiche, nicht verwachsene Fruchtblätter zu den Steinfrüchtchen heranreifen.

✔ **Apfelfrüchte** entstehen aus einem unterständigen, synkarpen Gynoeceum. Im Laufe der Fruchtentwicklung bildet das Endokarp eine papierartige, ledrige Schicht um die Samen, Meso- und Exokarp werden dagegen fleischig und verwachsen mit dem sich stark nach oben vergrößernden Blütenboden. Das bekannteste Beispiel ist hier der namensgebende Apfel und die Birne. Das Kerngehäuse besteht aus dem Endokarp mit den Samen, das Fruchtfleisch ist überwiegend Gewebe der Blütenachse.

- **Beeren** sind durch ein komplett fleischiges Perikarp gekennzeichnet, sodass sich die drei einzelnen Schichten nicht mehr unterscheiden lassen. Sie beinhalten meist viele Samen. Wichtige Beispiele sind Tomaten, Weintrauben, Bananen und Paprika, aber auch Gurken und Kürbisse mit ihren härteren Schalen sind Beeren (manchmal als Panzerbeere bezeichnet). Die diversen Zitrusfrüchte sind auch Beeren, bei denen sich eine ölhaltige, ledrige Schale ausbildet.

Fruchtstände

Wenn sich mehrere Blüten einer Infloreszenz zu einer Frucht entwickeln, sprechen Fachleute von einem Fruchtstand. Maulbeeren, Feigen und Ananas sind hierfür bekannte Beispiele. An der Fruchtentwicklung können dabei das Perianth und/oder die Blütenachse beteiligt sein. Bei der Ananas kann man den Aufbau aus einzelnen Blüten noch erkennen: Jede rautenförmige Einheit, die man von außen auf der Fruchtschale sieht, war ehemals eine Einzelblüte. Die sich entwickelnden Einzelfrüchte verwachsen dann zusammen mit der Blütenachse zu der bei uns beliebten Ananasfrucht.

Die Verbreitung von Samen und Früchten

Sie werden es vielleicht nicht glauben, aber Pflanzen sind äußerst mobil. Obwohl sie an einem Platz verwurzelt sind, können sie sich fortbewegen, und zwar mithilfe ihrer Samen und Früchte. Sie haben dabei ganz unterschiedliche Strategien entwickelt. Der Wind, das Wasser oder andere Lebewesen werden genutzt, um Samen und Früchte zu verbreiten.

In Abbildung 5.8 sind die verschiedenen Möglichkeiten dargestellt, die Pflanzen zur Verbreitung ihrer Samen und Früchte nutzen:

- **Windverbreitung** nutzen zum Beispiel Ahorn- und Eschenbäume mit ihren geflügelten Samen oder auch der Löwenzahn und die Weide. Ihre Samen sind leicht und mit bestimmten Anhängen (Flügeln, Haaren und so weiter) versehen, die das Fliegen erleichtern.

- **Tierverbreitung** erfolgt zum Beispiel mit fleischigen Früchten, die von Tieren gefressen werden, ohne dass die Samen darunter leiden. Nach der Darmpassage werden sie von den Tieren wieder ausgeschieden und können keimen. Andere Früchte haben Dornen oder Widerhaken, wie etwa die heimischen Kletten (*Arctium sp.*) und das Kletten-Labkraut *(Galium aparine)*. Damit können sich die Früchte im Fell von Tieren (oder auch in unseren Kleidern) verhaken und verbreitet werden.

- **Mechanische Verbreitung** kommt zum Beispiel bei der Zaubernuss *(Hamamelis sp.)*, dem Färber-Ginster *(Genista tinctoria)* und Springkraut-Arten vor. Anstatt sich auf Wind, Wasser oder Tiere zu verlassen, haben diese Pflanzen ihre Früchte mit explosiven Mechanismen ausgestattet. Wenn etwa die Kapseln der Zaubernuss reif sind und trocknen, platzen sie plötzlich auf und schleudern dabei die Samen heraus. Ähnlich macht es der Ginster, dessen Hülsen bei Reife pechschwarz gefärbt sind. Sie erwärmen sich daher in der Sonne besonders stark und streuen dann ihre Samen mit vernehmbarem Knacken explosionsartig aus. Springkraut-Arten (zum Beispiel *Impatiens noli-tangere*) zeigen eine vergleichbare Explosion, wenn sie berührt werden. Versuchen Sie es einmal bei Ihrem nächsten Spaziergang im Wald; Ihre Kinder werden begeistert sein, wenn die grünen Kapseln zwischen ihren Fingern explodieren.

- ✔ **Wasserverbreitung** kommt im Pflanzenreich ebenfalls vor. Manche Früchte sind mit schwimmfähigen Wänden versehen, wie etwa das luftig-faserige Mesokarp der Kokosnuss. So können diese Früchte auch weite Strecken über das Meer zu neuen tropischen Inseln schwimmen.

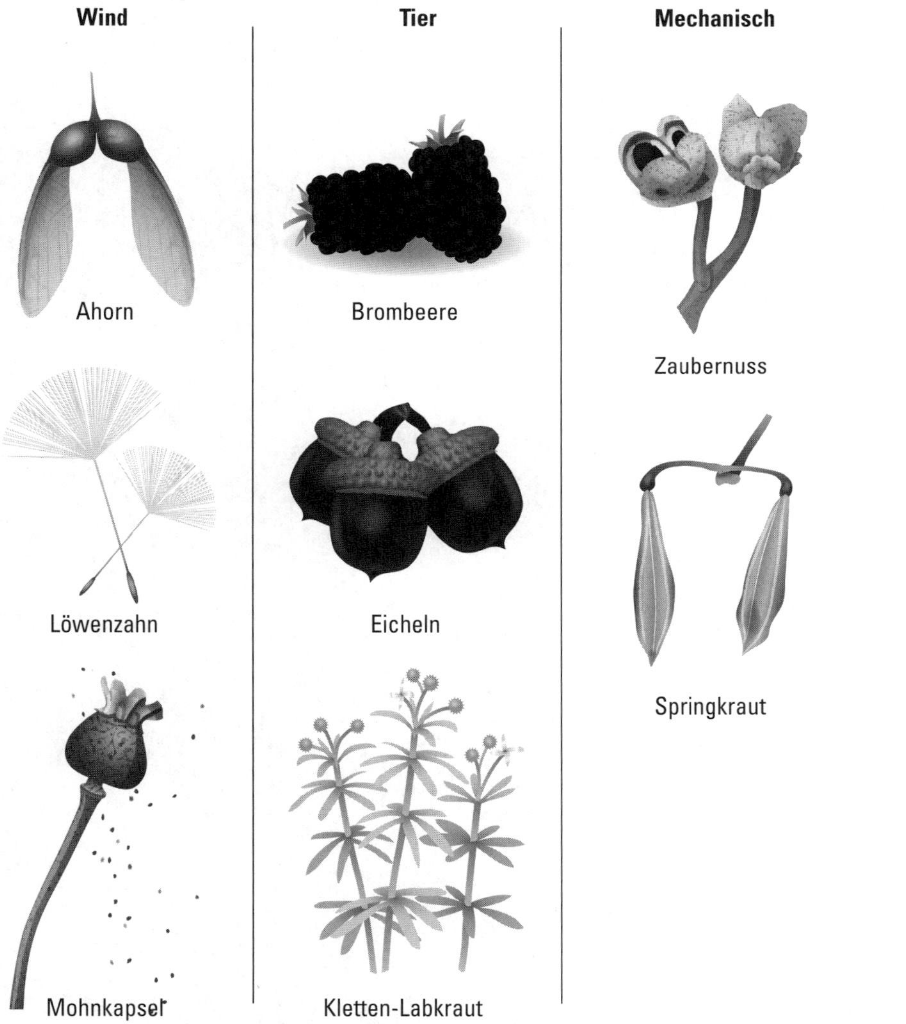

Abbildung 5.8: Ausbreitung von Samen und Früchten.

Teil II

Pflanzenphysiologie

»Scheint eine ganz normale Margerite zu sein. Aber Moment – was ist das?«

In diesem Teil ...

Pflanzen tun, was sie tun müssen: Sie nehmen Sonnenenergie, Baumaterialien und Wasser auf und wandeln sie in eigene Biomasse um. Jeder Teil der Pflanze ist an Wachstum und Entwicklung beteiligt und viele Stoffe müssen daher hin und her transportiert werden. Außerdem müssen Pflanzen während ihres Lebens auf sich verändernde Umweltbedingungen reagieren können.

In diesem Teil stelle ich daher die Grundlagen der Energiegewinnung, des Stofftransports und des Reaktionsvermögens von Pflanzen dar.

Der pflanzliche Stoffwechsel

6

In diesem Kapitel

- Die fundamentalen Stoffwechselvorgänge verstehen
- Das Wesen der Enzyme
- Energie und Elektronen übertragen

Genau wie alle anderen Lebewesen, so benötigen auch Pflanzen Energie und Baustoffe zum Leben. Als Energiequelle dient ihnen die Sonne und die Bausteine des Pflanzenkörpers sind hauptsächlich Kohlendioxid und Wasser. Als Stoffwechsel bezeichnet man dabei die Summe aller chemischen Reaktionen in den Zellen – das heißt also die Umwandlungsprozesse, die nötig sind, um Sonnenlicht, Wasser und Kohlendioxid für die Pflanze nutzbar zu machen. Bevor wir uns den beiden komplizierten Stoffwechselprozessen, der Photosynthese und der Atmung, in eigenen Kapiteln im Detail widmen, sollen in diesem Kapitel einige grundlegende Prinzipien des Stoffwechsels erklärt werden.

Grundlagen des Stoffwechsels

Sie denken vielleicht, Pflanzen seien eher ruhige Zeitgenossen. Das scheint zwar nach außen hin so, aber ihre Zellen sind ebenso beschäftigt wie unsere. In einer Pflanzenzelle laufen hunderte verschiedene chemische Reaktionen gleichzeitig ab; neben dem ständigen Aufbau des Pflanzenkörpers werden beispielsweise Hormone und Abwehrstoffe gebildet und Farbpigmente für Blüten synthetisiert.

Als *Stoffwechsel* wird die Summe aller chemischen Reaktionen einer Zelle bezeichnet. Wir unterteilen diese Prozesse in zwei Hauptkategorien:

- ✔ *Anabolismus* umfasst alle Vorgänge, mit denen ein lebender Organismus aus einfachen Bausteinen komplexe Moleküle bildet. Ein Beispiel dafür stellt die Photosynthese dar: Aus den einfachen Bausteinen Kohlendioxid (CO_2) und Wasser (H_2O) werden große Zuckermoleküle (Kohlenhydrate) gebildet.
- ✔ *Katabolismus* bezeichnet die umgekehrten Reaktionen eines lebenden Organismus, das heißt den Abbau komplexer organischer Verbindungen (zum Beispiel Kohlenhydrate) zur Freisetzung von Energie.

Pflanzen sind von fundamentaler Bedeutung für das Leben auf der Erde, denn sie produzieren durch die Photosynthese die primäre Nahrung für alle Lebewesen. Man nennt sie daher *Primärproduzenten*.

Alle Zellen, auch Pflanzenzellen, brauchen Nahrung in Form von organischen Verbindungen, die ihnen Energie und Baustoffe für Wachstum und Bewegung liefern.

Organismen, die organische Verbindungen, also Nahrung, aufbauen und diese somit auch nicht für ihr eigenes Überleben aufnehmen müssen, heißen *autotrophe Organismen*. Sie bauen aus anorganischen Verbindungen und Energie organische Substanz auf, wobei als Energiequelle meist die Sonne dient. Diese Lebewesen, dazu gehören alle Pflanzen und einige Bakterien, bezeichnet man als *photoautotroph* (siehe Abbildung 6.1). Manche autotrophen Bakterien gewinnen ihre Energie jedoch durch Oxidation anorganischer Verbindungen; sie heißen *chemoautotroph*. Die von den autotrophen Organismen gebildete organische Substanz (Nahrung) wird dann von den sogenannten *heterotrophen* Organismen genutzt. Das sind im Wesentlichen Tiere und auch wir Menschen, die aus der Nahrung Energie und Baustoffe gewinnen.

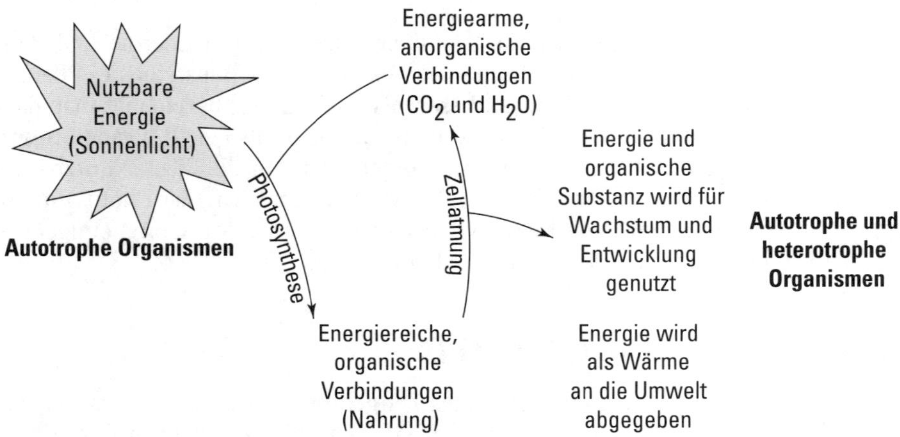

Abbildung 6.1: Der grundlegende Stoffwechsel im Überblick.

Entsprechend der in Abbildung 6.1 dargestellten Stoffwechselwege zirkuliert die Materie in Form von Molekülen ständig zwischen Autotrophen und Heterotrophen:

- ✔ CO_2 und H_2O werden von den Autotrophen aufgenommen und mithilfe von Sonnenenergie in organische Substanz (Nahrung) und Sauerstoff (O_2) verwandelt. Dieser Prozess heißt Photosynthese und wird in Kapitel 7 besprochen.
- ✔ Die Nahrungsmoleküle werden sowohl von Heterotrophen als auch von Autotrophen abgebaut, wodurch sie Energie gewinnen und CO_2 und H_2O frei werden. Dieser als Zellatmung bezeichnete Stoffwechselprozess wird in Kapitel 8 detailliert besprochen.

Der Weg der wechselnden Stoffe

Als einen *Stoffwechselweg* bezeichnet man die Gesamtheit aller chemischen Reaktionen, die nötig sind, um ein Molekül in ein anderes zu verwandeln. Die Verwandlung passiert dabei durch eine Veränderung der chemischen Bindungen zwischen den Atomen des Moleküls. Will eine Zelle zum Beispiel das Molekül F aus dem Molekül A herstellen, so macht sie das meist in kleinen Schritten. Das hat gegenüber einer großen Reaktion den Vorteil, dass der Energiewechsel genau kontrolliert werden kann und Zellschäden vermieden werden.

Es könnte sich etwa um die folgenden fünf Reaktionsschritte handeln:

$A \rightarrow B \rightarrow C \rightarrow D \rightarrow E \rightarrow F$

A repräsentiert dabei das Ausgangsmolekül oder *Substrat*. F steht für das *Endprodukt* der Reaktionskette. B, C, D und F sind allesamt *Zwischenprodukte*, Moleküle also, die entlang des Stoffwechselweges entstehen. Jeder Pfeil steht für eine *Reaktion*, bei der ein Molekül chemisch verändert wird.

Mehrere Stoffwechselwege können sich miteinander verzahnen, sodass ein komplexes Netz von Reaktionen entsteht:

- ✔ Bei manchen Stoffwechselwegen werden die Ausgangssubstrate immer wieder neu gebildet – man spricht dann von einem *Stoffwechselzyklus*. Die stetige Bildung des Substrats hat den Vorteil, dass die Zelle den Stoffwechselweg so oft wie nötig wiederholen kann. Bei dem in Abbildung 6.2 gezeigten Zyklus wird beispielsweise Molekül F stetig neu gebildet.
- ✔ Das Produkt des einen Stoffwechselweges kann auch das Substrat für einen anderen Stoffwechselweg sein. So stellt das Produkt F in Abbildung 6.2 zum Beispiel das Substrat für den anschließenden Zyklus dar.
- ✔ Ein Stoffwechselweg kann sich auch verzweigen, wenn Zwischenprodukte auch Substrate für andere Stoffwechselwege darstellen. So kann Molekül H in Abbildung 6.2 sowohl in Molekül L als auch in Molekül N verwandelt werden.

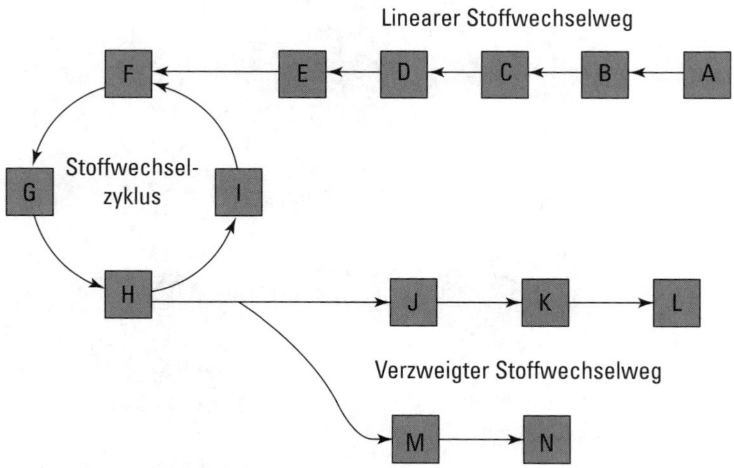

Abbildung 6.2: Typen von Stoffwechselwegen.

Beschleunigung mithilfe von Enzymen

Lebewesen wachsen, verändern sich und reagieren auf Umweltbedingungen in sehr schnellem Tempo. *Enzyme* werden gebraucht, um bei den dafür notwendigen chemischen Reaktionen eine hohe Geschwindigkeit zu gewährleisten. Denn von allein würde so manche Reaktion viel zu lange dauern und der Stoffwechsel käme durcheinander.

Enzyme heißen auch Biokatalysatoren, denn es sind Eiweißmoleküle (Proteine), die chemische Reaktionen katalysieren (beschleunigen). Sie können Enzyme leicht am Namen erkennen; er endet stets auf »-ase« (Lactase ist zum Beispiel ein Enzym, das für den Abbau von Milchzucker oder Lactose verantwortlich ist).

Wenn wir also einen Stoffwechselweg wie oben beschrieben betrachten, $A \rightarrow B \rightarrow C \rightarrow D \rightarrow E \rightarrow F$, dann repräsentiert ein Pfeil nicht nur eine chemische Reaktion, sondern er steht auch für die Aktivität eines Enzyms. Das Enzym hilft, dass die Reaktion zeitgerecht abläuft.

Enzyme besitzen drei besondere Eigenschaften:

- **Die Struktur eines Enzyms ist ausschlaggebend für seine korrekte Funktion.** Enzyme sind Proteinmoleküle, die in bestimmter Weise gefaltet sind und sich zeitweise mit anderen Molekülen verbinden. Moleküle, die eine Verbindung mit Enzymen eingehen und dadurch von ihnen beeinflusst werden, werden *Substrate* genannt. Die Region des Enzyms, die eine Bindung mit dem Substrat eingeht, nennt man *aktives Zentrum* (oder auch *katalytisches Zentrum*). Wenn ein Enzym seine Gestalt ändert, zum Beispiel aufgrund von Umwelteinflüssen, wird es nicht mehr korrekt funktionieren. Abbildung 6.3 zeigt ein Beispiel für eine enzymatische Reaktion.

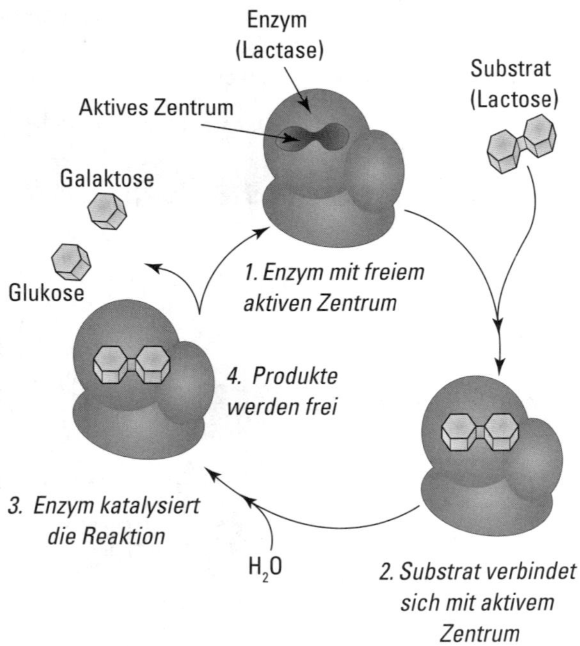

Abbildung 6.3: Katalyse durch Enzyme.

- **Enzyme sind substratspezifisch.** Ein Enzym verbindet sich immer nur mit einem bestimmten Molekül beziehungsweise einer Molekülgruppe. Wenn Sie also unser Beispiel $A \rightarrow B \rightarrow C \rightarrow D \rightarrow E \rightarrow F$ betrachten, wird klar, dass für jede der fünf Einzelreaktionen ein anderes Enzym nötig ist. Und wenn nur ein Enzym nicht ordnungsgemäß funktioniert, wird der gesamte Stoffwechselweg fehlerhaft sein beziehungsweise eingestellt werden.

✔ **Enzyme verbrauchen sich nicht.** Biokatalysatoren unterstützen chemische Reaktionen, ohne dabei selbst verändert oder verbraucht zu werden. Ein Enzym kann also ein und dieselbe Reaktion theoretisch immer wieder katalysieren.

Energietransfer mit ATP

Ein fundamentaler Bestandteil des Stoffwechsels und eine seiner wichtigsten Aufgaben ist die Energieversorgung der Zellen. Pflanzen wandeln ja bekanntlich Sonnenenergie in chemische Energie um; gespeichert wird die chemische Energie in Form von Nahrungsmolekülen, bevorzugt als Zucker (Kohlenhydrate), aber auch als Eiweiße (Proteine) und Fette (Lipide). Um die Energie nun für die Zellen leicht nutzbar zu machen, muss sie mobilisiert werden, das heißt die Nahrungsmoleküle müssen abgebaut werden.

Zellen nutzen ein bestimmtes Molekül, das *Adenosintriphosphat* (ATP), um die aus der Nahrung mobilisierte Energie für ihre Wachstums- und Transportprozesse verfügbar zu halten.

Der Name des ATP bezieht sich auf die drei Phosphatgruppen, die an das Molekül gebunden sind (siehe Abbildung 6.4). Diese drei Phosphatgruppen sind negativ geladen und stoßen sich daher ab; dadurch entsteht eine Art Spannung innerhalb des ATP-Moleküls, die als Energie genutzt wird. Wenn nun eine Phosphatgruppe durch eine enzymatische Reaktion entfernt wird, entsteht *Adenosindiphosphat* (ADP). Bei dieser Reaktion wird Energie frei und das resultierende ADP-Molekül beinhaltet entsprechend weniger Spannung.

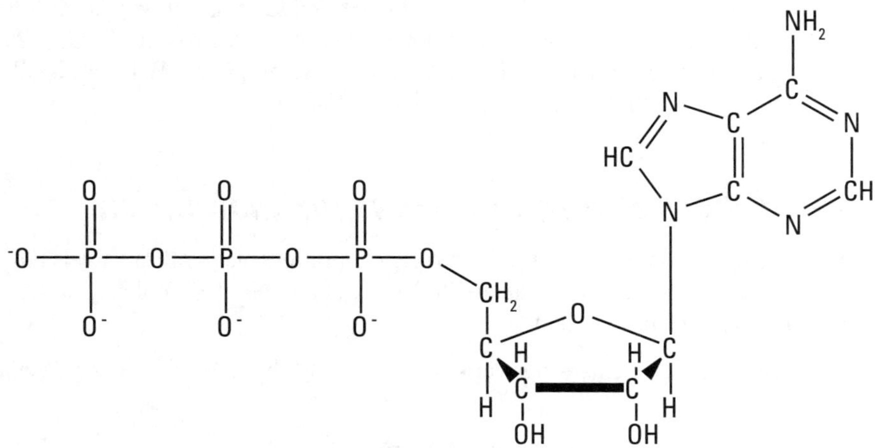

Abbildung 6.4: Der Energieträger Adenosintriphosphat (ATP).

In Pflanzenzellen laufen die Bildungs- und Abbauprozesse von ATP ständig parallel ab. Man kann daher von einem ATP-ADP-Kreislauf sprechen:

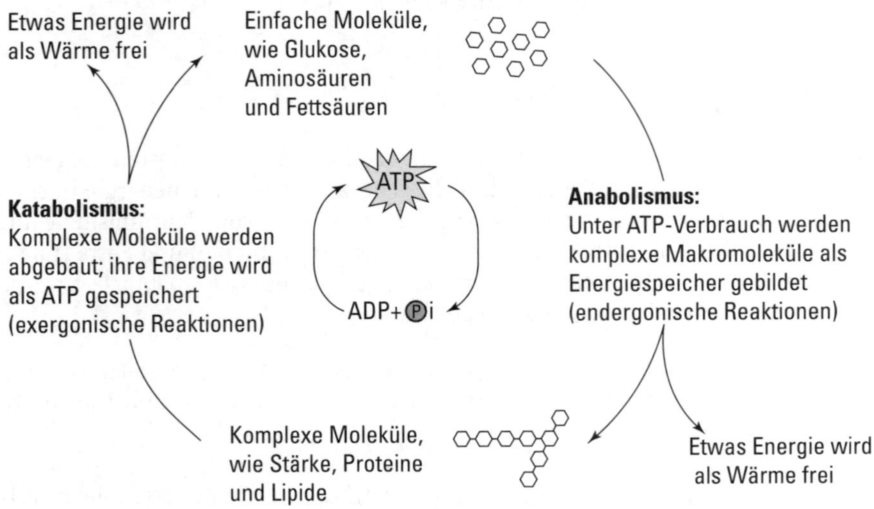

Abbildung 6.5: Der ATP-ADP-Kreislauf.

Der ATP-ADP-Zyklus ist gut mit einem wiederaufladbaren Akku vergleichbar. Dabei stellt ADP den leeren Akku dar. Der Prozess des Wiederaufladens entspricht dann der ATP-Bildung; die Energie dafür können Pflanzen entweder direkt aus der Sonne beziehen oder aber durch die in Abbildung 6.5 (links) dargestellten katabolischen (exergonischen) Reaktionen. Wenn dann Energie in den Zellen gebraucht wird, zum Beispiel für die Bildung von komplexen Makromolekülen (Abbildung 6.5, rechts), wird der ATP-Akku entladen.

Elektronenübertragung mit Transportmolekülen

Ein weiterer fundamentaler Prozess des Stoffwechsels und ebenfalls oft ein Kreislauf ist der Transport von Elektronen (negativ geladene Teilchen) zwischen zwei Molekülen. Die Zellen lassen sich dabei von Enzymen helfen.

Ein Molekül verändert sich beziehungsweise seine Ladung durch Verlust oder Gewinn von Elektronen.

- ✔ Den Verlust eines Elektrons nennt man *Oxidation*.
- ✔ Den Gewinn eines Elektrons nennt man *Reduktion*.

Im Rahmen des Stoffwechsels laufen Oxidationen und Reduktionen in der Regel parallel ab, sodass von *Redox-Reaktionen* gesprochen wird. Elektronen werden dabei mithilfe von Enzymen von einem Molekül auf ein anderes übertragen. In Abbildung 6.6 ist eine solche Redox-Reaktion dargestellt: Molekül A wird oxidiert (verliert ein Elektron) und Molekül B wird gleichzeitig reduziert (gewinnt ein Elektron).

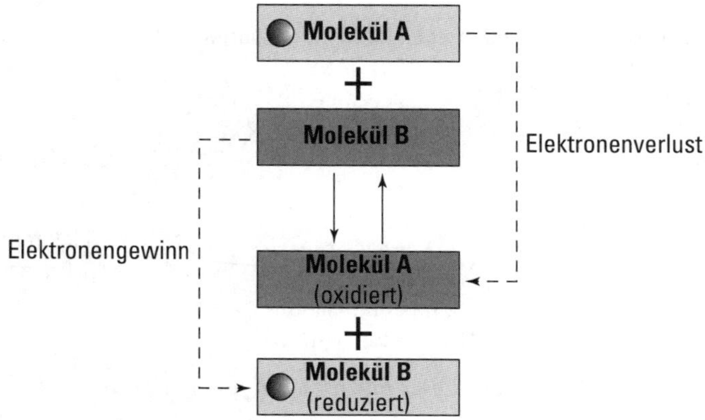

Abbildung 6.6: Redox-Reaktion.

Das Wesen einer Reduktion beziehungsweise Oxidation lässt sich leicht merken. Man muss nur wissen, dass **Elektronen negativ geladene Teilchen** sind. Dann ist klar, dass der Gewinn eines Elektrons eine Reduktion bedeutet (die Ladung des Moleküls wird um eins reduziert) und der Verlust eines Elektrons die Ladung entsprechend um eins erhöht (Oxidation).

Wie bereits erwähnt, nutzen die Zellen Enzyme, um Elektronen von einem Molekül auf ein anderes, den sogenannten *Elektronentransporter*, zu übertragen. Der Elektronentransporter hält die Elektronen, die bei einer Oxidation frei werden, fest und stellt sie dann für die nächste Reduktion bereit. Dabei werden die Elektronen stets als H^+-Ionen übertragen, also als Teile des Wasserstoff-Atoms.

Genau wie der Energietransporter ATP so verändern sich auch die Elektronentransporter in einem Kreislauf. Die reduzierte Form (zum Beispiel NADPH) wird durch die Abgabe eines Elektrons (eines H^+-Ions) zu $NADP^+$ und umgekehrt (siehe Abbildung 6.7):

- **Die oxidierte Form eines Elektronentransporters nimmt Elektronen auf.** Pflanzen übertragen zum Beispiel im Zuge der Photosynthese Elektronen vom Wasser-Molekül auf den Elektronentransporter Nicotinsäureamid-Adenindinukleotid-Phosphat ($NADP^+$). Bei katabolischen Reaktionen, beispielsweise bei der Zellatmung, übertragen Pflanzen Elektronen auf die Elektronentransporter Nicotinsäureamid-Adenindinucleotid (NAD^+) und Flavin-Adenindinucleotid-Phosphat (FAD). Wenn die Transporter Elektronen aufnehmen, werden sie selbst reduziert.

- **Die reduzierte Form eines Elektronentransporters gibt Elektronen ab.** Während der Photosynthese zum Beispiel gibt NADPH Elektronen ab, die zur Reduktion von CO_2 zu Kohlenhydraten verwendet werden. Durch die Abgabe von Elektronen geht der Elektronentransporter in seine oxidierte Form über.

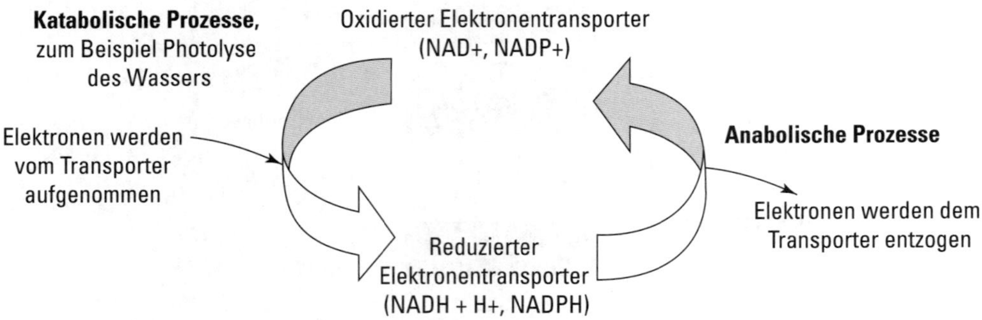

Abbildung 6.7: Der Elektronentransport-Zyklus.

An dem Namen können Sie ganz leicht erkennen, ob es sich um die reduzierte oder die oxidierte Form eines Elektronentransporters handelt. Denn Elektronen werden als H^+-Ionen übertragen und wenn der Name ein »H« aufweist, handelt es sich um die reduzierte Form (zum Beispiel NADPH). Wenn das »H« fehlt, wie etwa bei NAD^+, dann handelt es sich um die oxidierte Form.

Die Photosynthese – Grundlage des Lebens

7

In diesem Kapitel

- Die wahre Bedeutung des Bodens
- Wie Pflanzen Sonnenenergie gewinnen
- Vergleich von zyklischer und nicht-zyklischer Photophosphorylierung
- Details der Kohlenstoffspeicherung

Zellen betreiben schon seit Hunderten von Millionen Jahren Photosynthese und bilden damit die Nahrungsgrundlage für das Leben auf der Erde. Während der Photosynthese wird die Energie der Sonne genutzt, um aus einfachem Kohlendioxid komplexe Zuckermoleküle (Kohlenhydrate) herzustellen. Dieser gesamte Prozess kann in zwei Hauptteile gegliedert werden, in die Lichtreaktionen und die Dunkelreaktionen. In diesem Kapitel gehe ich auf die fundamentale Bedeutung der Photosynthese für das Leben auf der Erde ebenso ein wie auf die Details der einzelnen Reaktionen.

Die Bedeutung des Bodens für die Pflanze

Bevor Sie sich nun der Photosynthese widmen, denken Sie bitte einmal kurz nach: Was wissen Sie bereits über das Wesen des pflanzlichen Lebens? Wodurch wird es aufrechterhalten? Was brauchen Pflanzen zum Leben? Ich möchte damit sicher stellen, dass Sie nicht einem weit verbreiteten Irrglauben unterliegen.

Viele Menschen denken, dass Pflanzen ihre Nahrung für Wachstum und Entwicklung aus dem Boden aufnehmen. Das ist jedoch nur teilweise richtig – obwohl es so offensichtlich erscheint. Pflanzen wachsen ohne zu essen und ihre einzige Verbindung zu anderer Materie sind ihre Wurzeln im Boden. So schein es nur logisch, dass über die Wurzeln auch Baustoffe für das Wachstum aufgenommen werden.

Doch ein Grundprinzip von Wissenschaft ist, dass man stets genauer hinschaut und jede Annahme oder Idee, sei sie noch so offensichtlich, eingehend und mehrmals überprüft. Wenn Sie nun auf diese Art und Weise das Wesen des pflanzlichen Lebens betrachten, werden Sie schnell feststellen, dass der Boden nicht alles ist. Natürlich, Pflanzen nehmen Wasser und Mineralstoffe über ihre Wurzeln aus dem Boden auf – aber die Masse der Baustoffe hat eine andere Quelle. Der Kohlenstoff, und daraus besteht der Pflanzenkörper ja zu einem wesentlichen Teil, stammt aus dem Kohlendioxid, dass Pflanzen über ihre Spaltöffnungen in den Blättern aus der Luft aufnehmen.

Dieses Ernährungskonzept ist kaum zu glauben, denn Luft erscheint uns so wenig gehaltvoll. Wie kann man von Luft – und auch noch ohne Liebe – leben, denken Sie vielleicht? Zum Verständnis schauen wir wieder genauer hin und realisieren, dass Luft durchaus verschiedene, ernährungstechnisch bedeutsame Bestandteile aufweist. Luft ist ein Gemisch aus Gasen. Und ein Gas ist eigentlich nur ein Zustand, in dem sich Materie gerade befindet. Denken Sie beispielsweise an Wasserdampf. Wenn sich dieser abkühlt, wird er zu Wasser, das bei weiterer Abkühlung zu Eis gefriert. Genauso kann man auch Kohlendioxid abkühlen, das dann bei etwa minus 80 Grad Celsius zu sogenanntem Trockeneis erstarrt. Eine Pflanze kann gasförmiges CO_2 über die Spaltöffnungen in die Blätter aufnehmen und mithilfe der Photosynthese die Atome neu ordnen – so entstehen feste Kohlenhydrate.

Der Versuch von van Helmont

Einer der ersten Wissenschaftler, die nähere Untersuchungen zur Ernährungsweise der Pflanzen durchführten, war ein belgischer Arzt namens Johan Baptista van Helmont. Im Jahre 1642 führte er eines der berühmtesten Experimente durch, das je mit Pflanzen gemacht wurde. Nachfolgend lesen Sie die Fakten seines Versuchs:

1. Er trocknete eine große Menge Erde in einem Ofen, um alles darin befindliche Wasser zu entfernen. Dann füllte er 100 Kilogramm dieser staubtrockenen Erde in einen Topf.
2. Er pflanzte dann eine junge Weide, die genau 2,5 Kilogramm wog, in diesen Topf und wässerte den Baum mit Regenwasser.
3. Fünf Jahre lang pflegte er die Weide, indem er sie wenn nötig mit Regenwasser oder destilliertem Wasser goss.
4. Nach fünf Jahren war der Baum stark gewachsen. Er nahm ihn aus dem Topf, entfernte alle Bodenreste von seinen Wurzeln und wog ihn wieder. Die Weide wog nun 84,585 Kilogramm.
5. Die Erde aus dem Topf trocknete van Helmont und wog sie ebenfalls wieder. Nach fünf Jahren hatte die Erde gerade einmal 56 Gramm an Gewicht verloren, der Baum jedoch gut 85 Kilogramm dazugewonnen.

Dieses Experiment ist heute so berühmt, weil es eines sehr anschaulich macht: Pflanzen leben tatsächlich von Luft – auch ohne Liebe. Und auch wenn es kaum zu glauben ist: Pflanzen nehmen keine große Masse aus dem Boden auf.

Van Helmont dachte damals noch, dass die Masse des Pflanzenkörpers aus dem Wasser stammen müsse. Heute wissen wir jedoch, dass Pflanzen aus Kohlenhydraten, Proteinen, Nukleinsäuren und Lipiden bestehen – aus kohlenstoffhaltigen Molekülen also. Daraus folgt, dass Pflanzen nicht allein von Wasser leben können. Sie brauchen eine Kohlenstoffquelle, eben das CO_2 aus der Luft.

Die wahre Rolle des Bodens

Jetzt fragen Sie sich vielleicht, wozu Pflanzen dann überhaupt die Erde brauchen. Und in der Tat, sie brauchen sie nicht wirklich. Sicher kennen Sie die sogenannte *Hydrokultur*. Pflanzen wachsen in Töpfen mit Tonkügelchen und werden nur gegossen. Allerdings müssen dem Wasser für ein erfolgreiches Wachstum verschiedene *Mineralstoffe* zugesetzt werden. Damit haben wir die wahre Rolle des Bodens entdeckt: Die Erde versorgt die Pflanzen mit notwendigen Mineralien.

Für die Pflanzen hat der Boden zwei Funktionen: Er versorgt sie mit anorganischen Stoffen, den sogenannten Mineralien und er stellt für die Pflanze ein stabilisierendes Substrat für aufrechtes Wachstum dar. Insgesamt nehmen Pflanzen 13 verschiedene Mineralstoffe aus dem Boden auf. Man unterteilt diese nach ihrer quantitativen Wichtigkeit in zwei Kategorien:

✔ ***Makronährstoffe* werden in relativ großen Mengen benötigt:**

- Stickstoff (N), Phosphor (P) und Schwefel (S) werden für die Bildung von Makromolekülen (außer Kohlenhydraten) gebraucht. So beinhalten zum Beispiel Proteine große Mengen an Stickstoff und auch etwas Schwefel. Wenn eine Pflanzenzelle also ein Protein bilden möchte, nimmt sie einige der gespeicherten Kohlenhydrate (sie enthalten C, H und O), fügt N und S aus dem Boden hinzu und ordnet die Atome neu zu einem Protein. Auf ähnliche Weise können Pflanzen aus gespeicherten Kohlenhydraten auch Nukleinsäuren für die Erbsubstanz (DNA) bilden, die neben Stickstoff auch Phosphor enthalten.
- Kalium (K), Kalzium (Ca) und Magnesium (Mg) sind Makronährstoffe, da sie in großen Mengen als *Kofaktoren* (Helfer) für Enzyme gebraucht werden. Kofaktoren katalysieren bestimmte chemische Reaktionen zusammen mit Enzymen. Wenn Kofaktoren fehlen, funktionieren die Enzyme nicht richtig und ein Stoffwechselweg wird abgebrochen; dann kommt es oft zu abnormem Wachstum der Pflanze.

✔ ***Mikronährstoffe* werden in vergleichsweise kleinen Mengen benötigt und werden daher auch oft als *Spurenelemente* bezeichnet**. Zu ihnen gehören Bor (B), Kupfer (Cu), Eisen (Fe), Chlor (Cl), Mangan (Mn), Molybdän (Mo) und Zink (Zn). Letzteres spielt dabei auch als Kofaktor für Enzyme eine Rolle.

Der Boden ist wichtig für Pflanzen, weil er Elemente (Mineralstoffe) bereitstellt, die eine Pflanze außer Kohlenstoff, Wasserstoff und Sauerstoff zur Bildung von bestimmten Makromolekülen benötigt. Weil die Mineralien auch für eine optimale Enzymfunktion notwendig sind, wachsen Pflanzen am besten in einem mineralienreichen Boden. Wenn dieser nicht vorliegt, düngen wir mit chemischen Mitteln, die alle wichtigen Mineralien enthalten. Gängige Pflanzendünger enthalten daher meist große Mengen an Stickstoff und Phosphor. An diesen beiden Elementen mangelt es häufig zuerst im Boden.

Manchmal werden Pflanzendünger auch als Nahrung bezeichnet. Wie Sie jetzt wissen, ist das nicht zutreffend. Die einzige wirkliche Nahrung, die Pflanzen brauchen, sind Kohlenhydrate – und die stellen sie selbst aus dem Kohlenstoff in der Luft her.

Die Grundlagen der Photosynthese

Bei der *Photosynthese* wird Lichtenergie in chemische Energie umgewandelt, die von allen Lebewesen genutzt werden kann. Pflanzen speichern die Sonnenenergie in Kohlehydratverbindungen (zum Beispiel Glukose, $C_6H_{12}O_6$), die sie aus Kohlendioxid (CO_2) und Wasser (H_2O) aufbauen. Aus diesen Kohlehydraten und einigen Mineralstoffen können Pflanzen alle ansonsten lebenswichtigen Moleküle bilden: Proteine, Lipide und Nukleinsäuren. Während der Photosynthese entsteht als Abfallprodukt Sauerstoff (O_2).

Der Photosyntheseprozess lässt sich in der folgenden chemischen Reaktion zusammenfassen:

$$6\ CO_2 + 6\ H_2O + \text{Lichtenergie} \rightarrow C_6H_{12}O_6 + 6\ O_2$$

Diese Reaktion fasst alle Vorgänge und Umsetzungen der Photosynthese in einem Satz zusammen. Sie ist nützlich, um sich den Stoff- und Energietransfer der Photosynthese insgesamt zu veranschaulichen.

- ✔ Grüne Pflanzen wandeln Materie der Umgebung in Materie des pflanzlichen Organismus um. Pflanzen nehmen CO_2 aus der Luft und H_2O aus dem Boden auf. Dann verändern sie die Bindungen zwischen den Kohlenstoff-, Sauerstoff- und Wasserstoffatomen so, dass das Kohlenhydrat Glukose ($C_6H_{12}O_6$) und als Abfall Sauerstoff (O_2) entstehen. Glukose dient dann als Baumaterial für den pflanzlichen Organismus und als Energiespeicher. Der Sauerstoff wird von den Pflanzen an die Atmosphäre abgegeben.
- ✔ Die Lichtenergie der Sonne wird von den Pflanzen in chemische Energie umgewandelt und in den Bindungen der Zuckermoleküle gespeichert. Wenn die Pflanze Energie benötigt, werden die Zuckermoleküle in den Reaktionen der Atmungskette gespalten und die Energie auf ATP übertragen. Einzelheiten zu ATP finden Sie in Kapitel 6; die Zellatmung wird im folgenden Kapitel 8 genau dargestellt.

Die entscheidende Bedeutung der Photosynthese besteht darin, dass Materie und Energie zusammen in einem Molekül (als Kohlenhydrat) gespeichert werden.

Zum besseren Verständnis vergleichen Sie eine Pflanze einmal mit einem Bäcker. Der Bäcker backt einen Kuchen, indem er die Grundstoffe (die Materie) Eier, Mehl und Milch mischt und zu einem Teig formt. Entsprechend holt sich die Pflanze Wasser und Kohlendioxid aus Boden und Luft in ihre Zellen. Obwohl der Teig bereits fertig ausgerollt ist, sieht das Ganze aber noch nicht nach einem Kuchen aus. Genauso beinhalten Wasser und Kohlendioxid alle notwendigen Atome (C, H und O), um ein Kohlenhydrat zu bilden; sie müssen dazu aber anders miteinander verbunden werden. Dazu wird Energie benötigt. Ebenso beim Teig, den der Bäcker in den Ofen schiebt, damit aus ihm mithilfe der Wärmeenergie ein Kuchen entsteht. Die Pflanze holt sich die notwendige Energie von der Sonne. So können eine Reihe von chemischen Reaktionen ablaufen, die letztlich aus Kohlendioxid (CO_2) und Wasser (H_2O) Glukose ($C_6H_{12}O_6$) bilden. Genau wie die Energie des Ofens zu wichtigen Veränderungen im Teig führt, so hilft die Sonnenenergie, die Grundstoffe CO_2 und H_2O in Kohlenhydrate zu verwandeln.

Solarenergie – für Pflanzen nichts Neues

Um unseren Hunger nach Energie dauerhaft zu stillen, versuchen wir Menschen schon länger, Alternativen zu den endlichen fossilen Energieträgern Öl, Kohle und Gas zu finden. Die Sonne ist dabei eine große Hoffnung, eine Energiequelle, die Pflanzen schon seit rund 500 Millionen Jahren nutzen. Im Grunde stellt die Sonne einen riesigen Atomreaktor dar, der in sicherer Entfernung von der Erde immense Mengen an Energie produziert. Diese Energie erreicht die Erde in Form von *elektromagnetischer Strahlung*, die unter anderem Röntgenstrahlen, Mikrowellen, ultraviolette Strahlung, Infrarotstrahlung und das sichtbare Licht umfasst (siehe Abbildung 7.1). Pflanzen nutzen für die Photosynthese nur einen Teil des gesamten Spektrums im Bereich des sichtbaren Lichts.

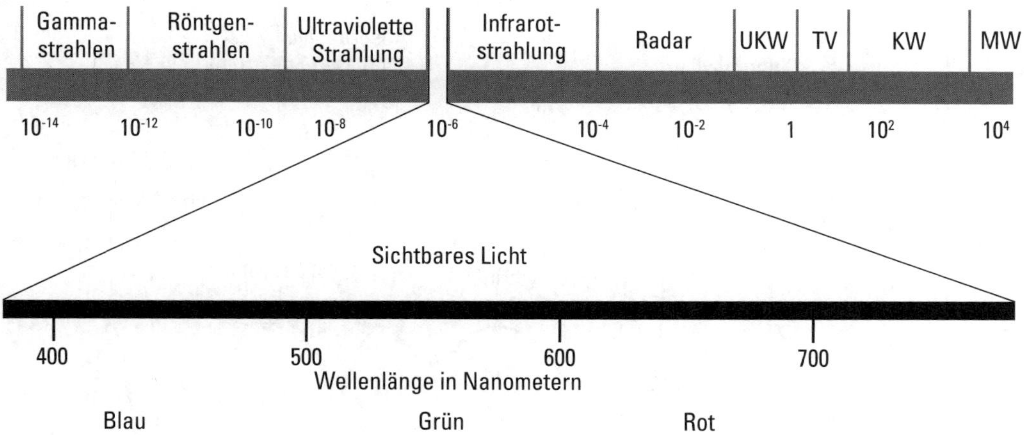

Abbildung 7.1: Das elektromagnetische Spektrum (UKW = Ultrakurzwelle, TV = Fernsehen, KW = Kurzwelle, MW = Mittelwelle).

Die elektromagnetischen Strahlen legen den Weg von der Sonne zur Erde in Wellen zurück. Jeder Bereich des Spektrums beziehungsweise der elektromagnetischen Energie ist durch eine bestimmte *Wellenlänge* charakterisiert. Sie ist definiert als Strecke zwischen zwei Energiespitzen. Generell gilt: je kürzer die Wellenlänge, desto größer der Energiegehalt der Welle. Gammastrahlen haben die kürzeste Wellenlänge und somit den höchsten Energiegehalt. Für Radiowellen gilt das Gegenteil (siehe Abbildung 7.1). Die Wellenlänge wird immer in Nanometern angegeben, wobei ein Nanometer einem Milliardstel Meter entspricht. Die Wellenlängen des Lichts sind also äußerst kurz! Pflanzen können Licht mit Wellenlängen zwischen 400 und 700 Nanometern nutzen. Dabei nehmen wir die Strahlung von etwa 400 Nanometern als blaues und die von etwa 700 Nanometern als rotes Licht wahr. Dazwischen liegen die für uns grün erscheinenden Bereiche des sichtbaren Lichts.

Pflanzen absorbieren hauptsächlich blaues und rotes Licht für die Photosynthese.

Pigmente absorbieren Sonnenstrahlen

Pflanzen besitzen sogenannte *Pigmente,* farbige Moleküle die Licht absorbieren können und die Pflanzen bunt aussehen lassen. Das bei Weitem häufigste Pigment ist das *Chlorophyll*; es verleiht Pflanzen ihre grüne Farbe. Es kommt hauptsächlich in den Blättern vor, aber auch in vielen Sprossachsen, und absorbiert Sonnenlicht als Energiequelle für die Photosynthese. Chlorophyll erscheint für uns grün, weil es das blaue und rote Licht des sichtbaren Spektrums absorbiert (siehe Abbildung 7.2). Das grüne Licht dagegen trifft auf die Blätter und wird reflektiert (nicht absorbiert); es erreicht dann unser Auge und unser Gehirn interpretiert die Farbe der Blätter als grün. Pflanzen erscheinen also wegen des Chlorophylls grün.

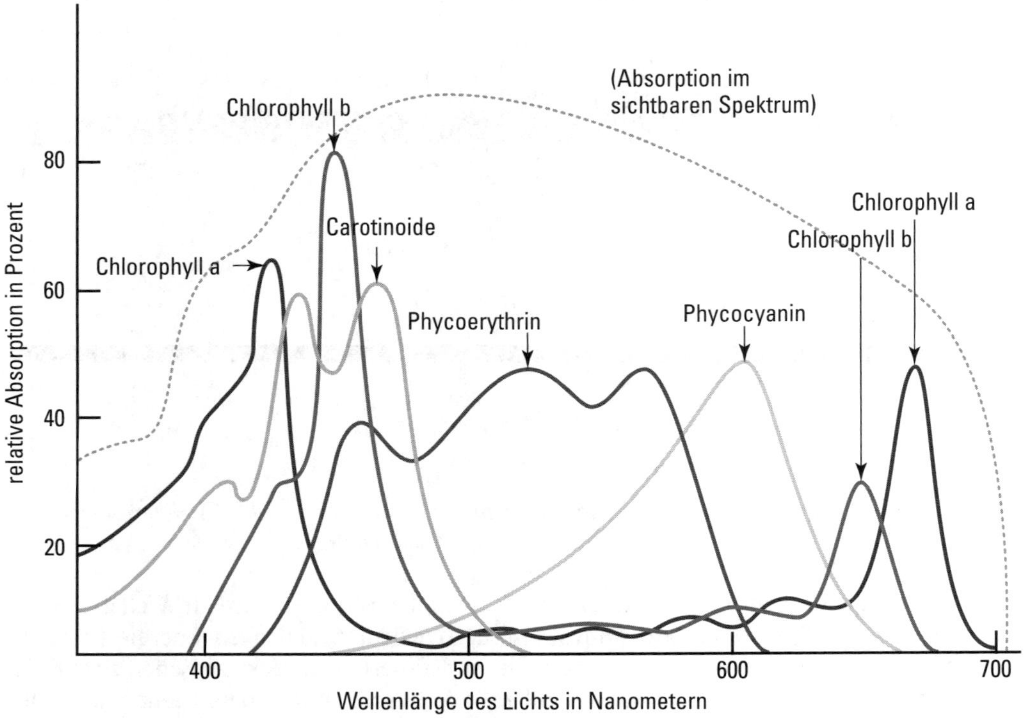

Abbildung 7.2: Absorptionsspektren der photosynthetischen Pigmente.

Photosynthetisch aktive Organismen, also Pflanzen, Algen und manche Bakterien, besitzen verschiedene Arten von Chlorophyll und auch andere Pigmente. Die verschiedenen Chlorophyll-Moleküle haben dabei einen sehr ähnlichen Aufbau; sie besitzen alle ein Magnesium-Atom (Mg) und einen langen Lipidschwanz, mit dem das Pigment in der Thylakoidmembran des Chloroplasten verankert ist.

Die Struktur eines Pigments ist ausschlaggebend dafür, welche Lichtwellenlängen absorbiert werden können.

- ✔ Pflanzen, Algen und Cyanobakterien (Blaualgen) besitzen *Chlorophyll a*; es absorbiert blaues und rotes Licht und sieht für uns blaugrün aus.

- ✔ Pflanzen und Grünalgen besitzen außerdem *Chlorophyll b*, das etwas andere Wellenlängen des blauen und roten Spektrums absorbiert; für unser Auge sieht es daher fast grasgrün aus.
- ✔ Braunalgen besitzen *Chlorophyll c*, das blaues und rotes Licht absorbiert und grün aussieht.
- ✔ Andere Bakterien (außer Cyanobakterien) besitzen *Bakteriochlorophyll*, das ebenfalls im Blau- und Rotbereich absorbiert und ganz ähnlich aussieht wie Chlorophyll a.
- ✔ Pflanzen, Algen und photosynthetisch aktive Bakterien besitzen außerdem noch orangerote Pigmente, die sogenannten *Carotinoide*. Sie engen den grünen Bereich des Spektrums weiter ein, in dem Pflanzen kein Licht absorbieren. Zu ihnen gehören verschiedene Pigmente, darunter *Carotine* (β-Carotin und Lycopin) und *Xanthophylle* (zum Beispiel Fucoxanthin und Lutein). Carotine absorbieren im blauen Bereich und sehen orange aus. Sicher haben Sie eine Vermutung, in welchem Gemüse viel Carotin enthalten ist. Klar, in der Karotte. Das Xanthophyll Fucoxanthin absorbiert dagegen noch mehr im grünen Bereich und sieht gelbbraun aus. Es kommt besonders bei Braunalgen vor.
- ✔ Schließlich gibt es noch die *Phycobiliproteine*, die den Cyanobakterien und Rotalgen ihre Farbe verleihen. Sie gliedern sich in Phycoerythrin und Phycocyanin. Phycoerythrin absorbiert im grünen Bereich und sieht rötlich aus; es ist typisch für Rotalgen. Phycocyanin absorbiert mehr im roten Bereich und verleiht den Cyanobakterien ihre blaugrüne Färbung.

Durch den Besitz von Chlorophyll a und diesen zusätzlichen, sogenannten akzessorischen Photosynthesepigmenten, vergrößern die photosynthetisch aktiven Organismen den Wellenlängenbereich, dessen Energie genutzt werden kann. Die gestrichelte Linie in Abbildung 7.2 beschreibt den gesamten Wellenlängenbereich, den ein Organismus ausnutzen könnte, wenn er alle genannten Pigmente besäße.

Zusammenhang von Licht- und Dunkelreaktionen

Pflanzen nutzen ihre Pigmente, um Sonnenenergie einzufangen. Die Energie dient dann letztlich dazu, Elektronen vom Wasser auf Kohlendioxid zu übertragen und Zucker herzustellen. Wasser (H_2O) stellt seine Elektronen in Form von Wasserstoffionen (H^+) bereit, sodass Sauerstoffionen (O^{2-}) übrig bleiben. Sie reagieren zu gasförmigem Sauerstoff (O_2), der in die Luft entweicht.

Im Zuge der Photosynthese wird Wasser oxidiert und Kohlendioxid reduziert (Abbildung 7.3).

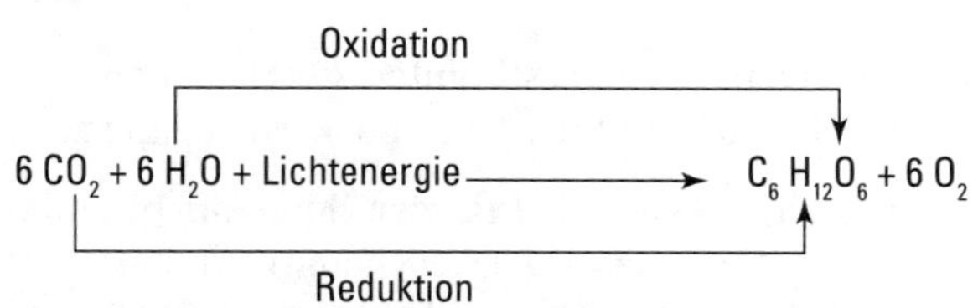

Abbildung 7.3: Oxidation und Reduktion während der Photosynthese.

Die in Abbildung 7.3 dargestellte Photosynthese-Reaktion haben wir schon kennengelernt. Sie verdeutlicht noch einmal den eigentlichen Zweck der Photosynthese:

- ✔ Grüne Pflanzen nehmen Materie in Form von CO_2 aus der Luft und H_2O aus dem Boden auf und absorbieren Sonnenenergie (Licht). Sie bilden dann Kohlenhydrate (Glukose) als Nahrung für sich und andere Lebewesen.
- ✔ Als Abfallprodukt der Photosynthese wird Sauerstoff von den Pflanzen an die Atmosphäre abgegeben.

Nachdem wir nun wissen, warum Photosynthese betrieben wird, können wir uns dem genauen Ablauf widmen. Dieser ist einigermaßen komplex und in viele einzelne Reaktionsschritte unterteilt. Dabei lassen sich zwei Gruppen von Reaktionen unterscheiden: die *Lichtreaktionen* und die *Dunkelreaktionen*, auch *Calvin-Zyklus* genannt. Sie laufen in unterschiedlichen Bereichen des Chloroplasten ab. Abbildung 7.4 zeigt eine Übersicht der räumlichen Anordnung im Chloroplasten und die Zusammenhänge zwischen beiden Reaktionsgruppen.

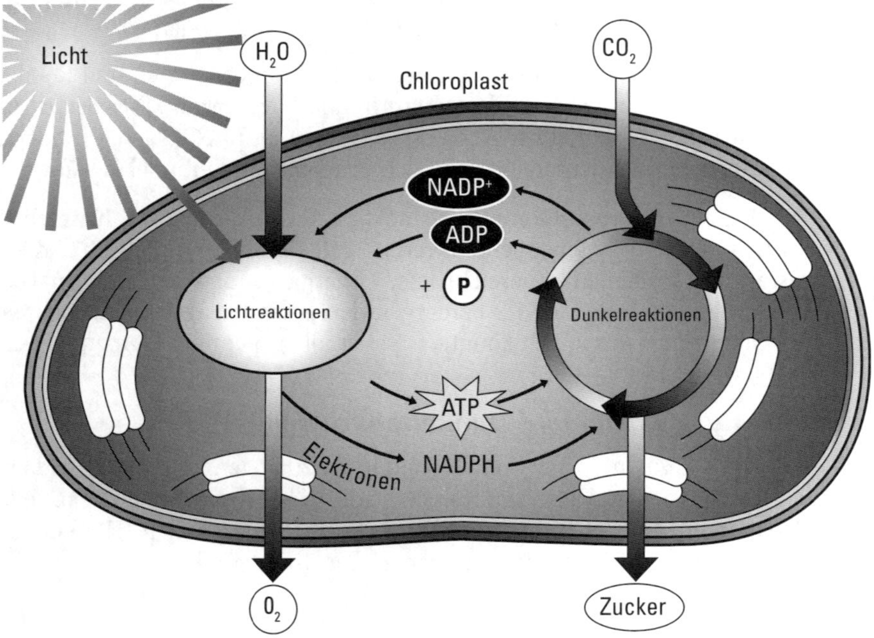

Abbildung 7.4: Die beiden Teile der Photosynthese, die Licht- und die Dunkelreaktionen, sind getrennt und gleichermaßen verbunden.

Jeder Teil der Photosynthese dient einem bestimmten Zweck, aber beide zusammen verfolgen letztlich nur das eine Ziel: Materie und Energie in Zuckermoleküle zu überführen:

- ✔ **Mit den Lichtreaktionen absorbieren die Pflanzen Sonnenlicht und verwandeln es in chemische Energie.** Die Sonnenenergie wird dabei chemisch in Form des Energieträgermoleküls ATP gespeichert. Außerdem werden während der Lichtreaktionen Elektronen des Wassers auf den Elektronentransporter NADPH übertragen.

✔ **Während der Dunkelreaktionen nehmen Pflanzen Kohlendioxid (CO_2) auf und wandeln es in Kohlenhydrate um.** Sie nutzen die Elektronen von NADPH und die Energie des ATPs, um das CO_2 zu reduzieren und in Glukose ($C_6H_{12}O_6$) zu verwandeln.

Pflanzen bilden ATP und NADPH während der Lichtreaktionen und nutzen die in diesen Molekülen gespeicherte Energie dann in den Dunkelreaktionen zur Synthese von Zucker aus Kohlendioxid.

Energie wird von lebenden Organismen ständig übertragen und umgewandelt. Bei der Übertragung wird die Energie von einem Platz zum nächsten bewegt. Wenn Sie beispielsweise Nudeln essen, übertragen Sie deren chemische Energie auf Ihre Körperzellen. Umwandlung von Energie bedeutet, dass sich die Energieform ändert. Das ist bei der Photosynthese der Fall, wenn Lichtenergie der Sonne in chemische Energie (Zucker) verwandelt wird. Genau genommen passiert während der Photosynthese sogar beides, Energieübertragung (von der Sonne zur Pflanzenzelle) und Energieumwandlung (Lichtenergie in chemische Energie).

Um die Rolle der Elektronen und des Transporters NADPH im Verlauf der Photosynthese zu verstehen, vergleichen Sie einmal die chemischen Formeln von Kohlendioxid (CO_2) und Glukose ($C_6H_{12}O_6$). Was fehlt Ihnen, wenn Sie CO_2 in $C_6H_{12}O_6$ umwandeln wollen? Natürlich, der Wasserstoff (H). Er wird von NADPH während der Dunkelreaktionen bereitgestellt. Letztlich stammt das H natürlich aus dem Wasser (H_2O), dem es im Zuge der Lichtreaktionen entzogen und auf $NADP^+$ übertragen wurde. Es resultiert NADPH, das dann den Wasserstoff zur Dunkelreaktion liefert und die $C_6H_{12}O_6$-Bildung ermöglicht.

Die Sonne mit Lichtreaktionen nutzen

Die Sonne ist ein unglaubliches Kraftwerk: Berechnungen zufolge erreicht in jeder Sekunde eine Energiemenge von 400 Quadrillionen Watt die Erdoberfläche. Und zwar jede Sekunde, jeden Tag und zur freien Verfügung. Wir müssen uns nur bedienen. Die Energiemenge von einer Sekunde würde dabei ausreichen, um unsere Zivilisation für 500.000 Jahre zu versorgen. Wenn wir die Sonne so nutzen könnten wie die Pflanzen, würden wir keine fossilen Energieträger mehr benötigen.

Die ersten Photosynthese treibenden Organismen waren Bakterien vor mehr als drei Milliarden Jahren. Sie nutzten eine zyklische Reaktionskette und produzierten keinen Sauerstoff. Erst vor etwa 2,5 Milliarden Jahren schlugen die Cyanobakterien einen anderen Photosyntheseweg ein: sie nutzten Wasser als Elektronenquelle und somit entstand erstmals Sauerstoff, der an die Atmosphäre abgegeben wurde. Damals war die Erdatmosphäre praktisch frei von Sauerstoff, sodass ihre heutige Zusammensetzung maßgeblich auf die Photosynthese zurückzuführen ist. Die ersten eukaryotischen Organismen, die Photosynthese betrieben, waren vor circa 1,5 Milliarden Jahren die Algen. Damit hängen alle lebenden Organismen seit mehr als einer Milliarde Jahren von der Photosynthese ab; sie sorgt für Nahrung und für die Luft zum Atmen.

Umwandlung der Energie mit der Elektronentransportkette

Pflanzen absorbieren Lichtenergie und wandeln sie in chemische Energie um, indem sie Elektronen von einem Proteinmolekül auf das nächste übertragen. Zahlreiche dieser großen Proteine befinden sich in den Thylakoidmembranen der Chloroplasten. Wie der Stab bei einem Staffelrennen von einem Läufer zum nächsten weitergegeben wird, so befördern Pflanzen die Elektronen entlang dieser Proteinreihe; man spricht daher von einer *Elektronentransportkette*. Wenn die Chlorophyllmoleküle in der Kette durch Lichtenergie angeregt werden, machen sich die Elektronen auf den Weg entlang der Kette, von Protein zu Protein. Mithilfe eines solchen Elektronentransports können Zellen Energie umwandeln. So wird im Falle der Lichtreaktionen Sonnenenergie in chemische Energie des ATP verwandelt. In Abbildung 7.5 ist die Elektronentransportkette der Lichtreaktionen bei der Photosynthese dargestellt.

Solare Bionik

Sie fragen sich vielleicht, warum es der Mensch noch nicht geschafft hat, die Photosynthese zu kopieren und damit das Energieproblem der Menschheit zu lösen? Schließlich funktioniert diese ja seit mehr als einer Milliarde Jahren und wir hatten Zeit genug, die Einzelheiten zu studieren. Die gute Nachricht ist, dass wir kurz davor sind, eine effektive pflanzliche Solarzelle herzustellen. Normale Solarzellen arbeiten meist auf Basis von Silizium und sind seit den 1950er Jahren in Form von Photovoltaikanlagen im Einsatz. Silizium absorbiert das Sonnenlicht und generiert daraufhin einen Photostrom. Bei der Photosynthese in Pflanzen absorbiert Chlorophyll das Sonnenlicht und gibt Elektronen an die Proteinkette ab. Solarzellen auf Siliziumbasis haben jedoch ein paar entscheidende Nachteile. So ist Silizium ein recht teurer Rohstoff und an bewölkten Tagen, das heißt bei diffusem Licht, sind herkömmliche Photovoltaikanagen nicht sehr effektiv.

Weltweit arbeiten verschiedene Forschergruppen daran, es den Pflanzen gleich zu tun und die Sonnenenergie mithilfe von Farbstoffen oder Chromophoren zu absorbieren. Wissenschaftler vom Max-Planck-Institut für Polymerforschung in Mainz experimentieren beispielsweise mit einer neuen Variante von Solarzellen. Anstelle des Siliziums verwendeten sie synthetische Farbstoffe oder lichtabsorbierende und leitfähige Kunststoffe, die sehr viel preisgünstiger zu produzieren sind als Silizium und die auch bei geringen Lichtmengen noch gut funktionieren. Mittlerweile erreichen diese »organischen Solarzellen« Effizienzen von mehr als 10 Prozent, was in etwa den Siliziumzellen entspricht. Forscher am amerikanischen Massachusetts Institute of Technology (MIT) versuchen dagegen, nicht den Farbstoff zu kopieren sondern die Lichtreaktionen als solche. Sie statten Viren mit lichtempfindlichen Pigmenten aus und kreieren ein System, in dem die Viren Lichtenergie absorbieren und dann mithilfe von Katalysatoren Wasser spalten. Die Hoffnung ist, dabei gasförmigen Wasserstoff als Energiequelle zu gewinnen.

Wenn Sie ATP mit einem wiederaufladbaren Akku gleichsetzen, dann stellen die Elektronentransportketten das Ladegerät dar. Im Verlauf der Lichtreaktionen wird dann das Ladegerät mit Energie versorgt, sodass es anschließend die ATP-Moleküle aufladen kann.

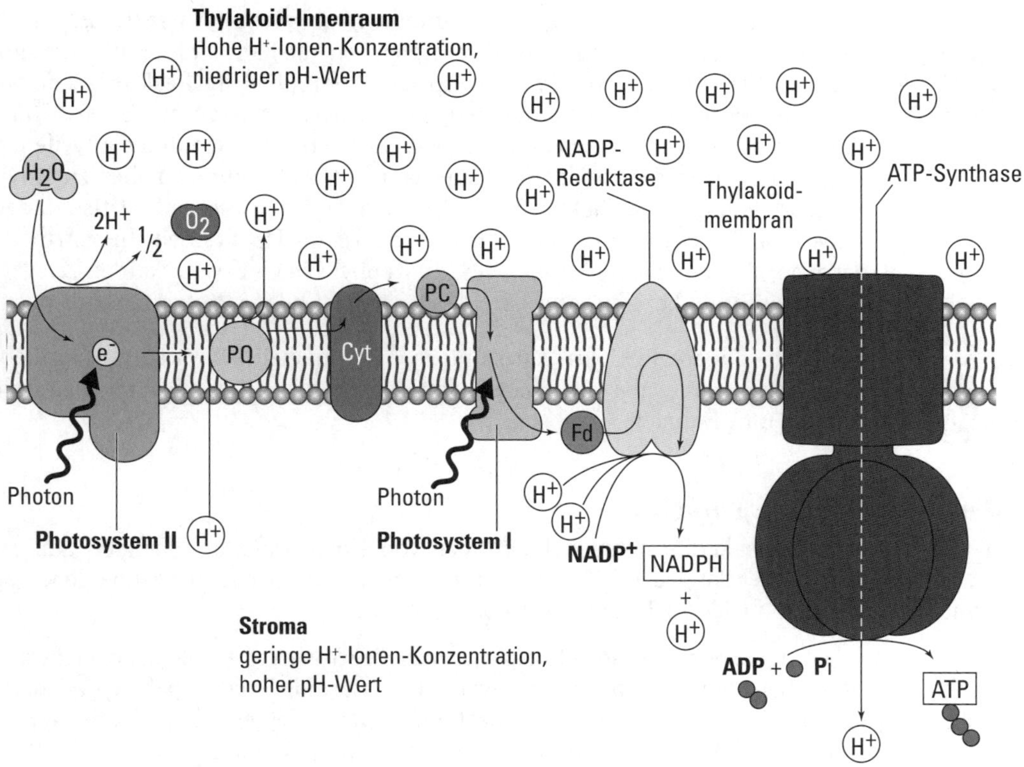

Abbildung 7.5: Die Lichtreaktionen der Photosynthese (nicht-zyklische Photophosphorylierung) in einer Thylakoidmembran.

Der Transfer von Lichtenergie

Pflanzen maximieren ihre Fähigkeit, Sonnenenergie zu absorbieren, durch die Verwendung von akzessorischen Pigmenten zusätzlich zum Chlorophyll. Sie kombinieren diese Pigmente mit weiteren Proteinen zu sogenannten *Photosystemen*. Diese sind Teil der Elektronentransportkette in den Thylakoidmembranen. Jedes Photosystem beinhaltet ein spezielles Chlorophyll a-Molekül, das als Reaktionszentrum fungiert. Hier wird Lichtenergie absorbiert und auf die Elektronentransportkette übertragen. Andere Chlorophyll a und b- sowie Carotinoid-Moleküle liegen um das zentrale Chlorophyll a-Molekül herum und bilden den sogenannten Antennenkomplex. Er absorbiert ebenfalls Lichtenergie und leitet sie dann an das Reaktionszentrum weiter.

Wenn das Chlorophyll a des Reaktionszentrums Licht absorbiert, werden seine Elektronen in einen höheren Energiestatus versetzt. Dadurch bewegen sie sich zuerst in weiter außen gelegene Elektronenschalen und »springen« dann auf das erste Protein der Elektronentransportkette über.

Die Weiterleitung der Energie vom Antennenkomplex zum Reaktionszentrum kann man prinzipiell mit der »Welle« vergleichen, die Fans oft im Fußballstadion machen. Stellen Sie sich vor, Sie seien das Chlorophyll im Reaktionszentrum. Lichtenergie wird von den Antennenpigmenten absorbiert und verleiht Ihnen Energie; so wie die Leute voller Energie die Arme hochreißen und die Welle machen, einer nach dem anderen. Wenn dann die Welle immer näher zu Ihrem Standort kommt und Sie schließlich erreicht, werden Sie »energetisch angesteckt« und reißen ebenfalls die Arme hoch. Dieses Hochreißen Ihrer Arme ist genauso, als wenn die Elektronen des Chlorophylls in eine weiter außen gelegene Schale wechseln beziehungsweise auf das nächstgelegene Protein überspringen.

Sobald das angeregte Elektron des Chlorophylls auf die Elektronentransportkette übertragen wurde, hat die Pflanze die Lichtenergie erfolgreich in chemische Energie umgewandelt.

Die Elektronentransportkette

Die Elektronentransportketten nehmen Elektronen von einem Donator (Spender) auf, reichen die Elektronen entlang der Kette von Protein zu Protein weiter und übergeben sie schließlich an einen finalen Elektronenakzeptor.

Immer wenn das Chlorophyll des Reaktionszentrums Elektronen an eine Elektronentransportkette in der Thylakoidmembran abgibt, werden Wassermoleküle gespalten und deren Elektronen ersetzen dann diejenigen, die im Reaktionszentrum fehlen. Somit ist Wasser der *Elektronendonator* für die Elektronentransportkette bei den Lichtreaktionen.

Die Elektronen bewegen sich somit vom Chlorophyll zum nächstgelegenen Proteinkomplex der Kette, dann von dort zum zweiten Komplex und so fort. Wenn die Proteinkomplexe der Kette Elektronen aufnehmen, werden sie vorübergehend reduziert und bei Abgabe der Elektronen zum nächsten Protein werden sie dann wieder oxidiert. Die Wanderung der Elektronen entlang der Kette geht also mit zahlreichen Redox-Reaktionen einher. Die treibende Kraft für die Elektronenbewegung ist dabei ein Unterschied in der Elektronegativität beziehungsweise Elektronenanziehungskraft zwischen benachbarten Proteinkomplexen. Ein bestimmtes Protein der Kette hat stets mehr Anziehungskraft für die Elektronen als das vorherige Protein. So bewegen sich die Elektronen fort, bis sie schließlich den finalen *Elektronenakzeptor* $NADP^+$ erreichen. $NADP^+$ wird dann zu NADPH reduziert und transportiert die Elektronen weiter.

$NADP^+$ ist der finale Elektronenakzeptor bei Lichtreaktionen.

Das chemiosmotische Modell

Der Elektronenfluss durch die Elektronentransportkette führt auch dazu, dass sich Protonen (H^+-Ionen) durch die Thylakoidmembran bewegen. Diese sogenannte Protonenpumpe wird also letztlich mithilfe der Lichtenergie angetrieben. Sie baut einen Protonengradienten zwischen dem Stroma und dem Thylakoidinnenraum auf, der zu unterschiedlichen pH-Werten auf beiden Seiten der Membran führt (siehe Abbildung 7.5). Die chemische Kraft, diesen pH-Unterschied auszugleichen, stellt eine neue Form von Energie dar. Das Enzym ATP-Synthase nutzt diese Energie zum Aufbau von ATP (siehe Photophosphorylierung).

Der Aufbau eines Protonengradienten über eine Membran wird Chemiosmose genannt. In diesem Gradienten ist Energie gespeichert.

Um das Prinzip der Chemiosmose besser zu verstehen, vergleichen Sie ein Thylakoid einmal mit einem Wasserkraftwerk. Das Wasser oberhalb des Dammes entspricht den zahlreichen H^+-Ionen im Thylakoidinnenraum. Wenn nun Wasser durch die Turbinen fließt, drehen sich diese und es wird elektrische Energie erzeugt. Wenn nun entsprechend die H^+-Ionen über das Enzym ATP-Synthase zurück ins Stroma fließen, dreht sich auch ADP und wird durch eine Phosphatgruppe ergänzt. Genau wie also der Wasserfluss Energie für Ihr Radio bereitstellt, so liefert der Fluss von H^+-Ionen die Energie zur ATP-Synthese.

Nicht-zyklische und zyklische Photophosphorylierung

Die Photophosphorylierung ist nur ein Weg, wie ATP synthetisiert werden kann (siehe Substratkettenphosphorylierung und oxidative Phosphorylierung in Kapitel 8). Das Wort setzt sich aus den Worten Photo (Licht) und Phosphorylierung (Addition von Phosphatresten) zusammen und Sie ahnen sicher schon die Bedeutung.

Wenn Pflanzenzellen mithilfe von Lichtenergie eine Elektronentransportkette betreiben und damit ATP herstellen, spricht man von *Photophosphorylierung*. Der Grundbaustein ADP wird um eine Phosphatgruppe ergänzt und zu ATP. Die Photophosphorylierung ist der Kern der photosynthetischen Lichtreaktionen.

Bei photosynthetisch aktiven Organismen unterscheiden wir zwei verschiedene Typen der Photophosphorylierung:

✔ **Bei der nicht-zyklischen Photophosphorylierung bewegen sich Elektronen vom Wasser (H_2O) über eine Elektronentransportkette zum Elektronentransporter NADPH.** Als Bahnfahrer würden die Elektronen bei der Online-Reservierung »nur Hinfahrt« anklicken, von Wasser zu NADPH. Die nicht-zyklische Photophosphorylierung kommt bei Pflanzen, Algen und Cyanobakterien vor. Man spricht auch von einem *Z-Schema*, weil der Energiegehalt der Moleküle im Verlauf der Kette z-förmig gezeichnet werden kann (siehe Abbildung 7.6). An der nicht-zyklischen Photophosphorylierung sind beide Photosysteme beteiligt. Dabei kommt Photosystem II im Z-Schema vor Photosystem I.

✔ **Bei der zyklischen Photophosphorylierung bewegen sich die Elektronen, angeregt durch Lichtenergie, vom Chlorophyll über eine Elektronentransportkette. Nachdem sie ihre Energie an ATP übertragen haben, kehren sie zum Chlorophyll zurück.** Als Bahnfahrer würden die Elektronen bei der Online-Reservierung also »Hin- und Rückfahrt« anklicken, wobei kein Zwischenhalt vorgesehen ist; denn NADPH wird nicht gebildet. Die zyklische Photophosphorylierung kommt bei Pflanzen, Algen und Cyanobakterien zusammen mit der nicht-zyklischen Photophosphorylierung vor. Andere Bakterien außer Cyanobakterien nutzen nur die zyklische Photophosphorylierung; sie erfolgt nur über das Photosystem I.

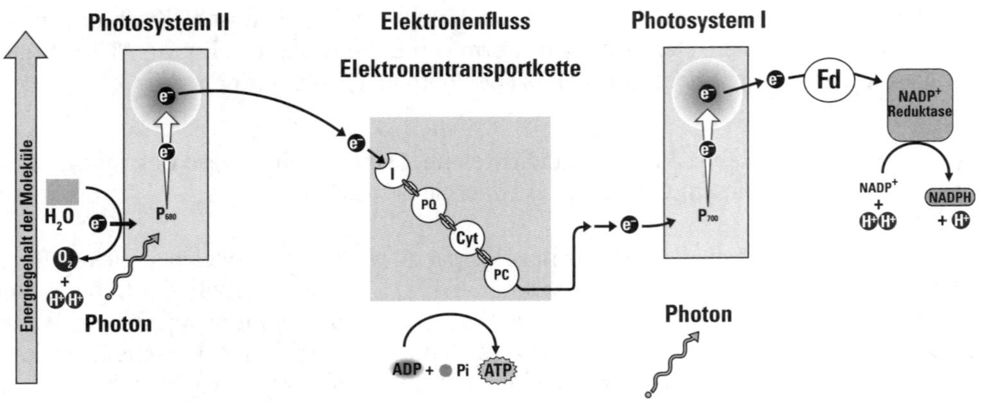

Abbildung 7.6: Das Z-Schema bei der nicht-zyklischen Photophosphorylierung.

Die Benennung der beiden Photosysteme erfolgte in der Reihenfolge ihrer Entdeckung und nicht in der Reihenfolge des Ablaufs innerhalb des Z-Schemas. Daher erscheint die Namensgebung etwas widersinnig.

Die Schritte der nicht-zyklischen Photophosphorylierung

Während der nicht-zyklischen Photophosphorylierung absorbieren beide Photosysteme Lichtenergie, die dann auf eine Elektronentransportkette übertragen wird. Diese wird benutzt, um ATP und NADPH zu synthetisieren. Beim Lesen der folgenden Schritte beachten Sie bitte auch Abbildung 7.6:

1. **Photosystem II absorbiert Lichtenergie.** Die akzessorischen Pigmente übertragen Lichtenergie an das Chlorophyll des Reaktionszentrums, dessen Elektronen dadurch angeregt werden.
2. **Die angeregten Elektronen verlassen das Chlorophyll des Reaktionszentrums und bewegen sich zur Elektronentransportkette.** Zuerst gelangen die Elektronen zu Phaeophytin, einem Chlorophyll-ähnlichen Molekül, und bewegen sich dann weiter zu Plastochinon (PQ). Plastochinon überträgt die Elektronen dann an eine Elektronentransportkette, die Cytochrome (Cyt) enthält. Das sind eisenhaltige Proteine, die auf Elektronentransport spezialisiert sind.
3. **Die vom Photosystem II absorbierte Lichtenergie dient auch zur Spaltung eines Wassermoleküls – man nennt diesen Prozess *Photolyse*.** Die Elektronen des Wassers ersetzen die Elektronen, die das Chlorophyll des Photosystems II verloren hat. Der Sauerstoff, der bei der Photolyse des Wassers entsteht, wird an die Atmosphäre abgegeben.
4. **Proteine der Elektronentransportkette pumpen aktiv Protonen durch die Thylakoidmembran ins Innere des Thylakoids.** Den Transport der Protonen (H^+-Ionen) durch die Membran übernimmt das Plastochinon.
5. **Die Protonen gelangen durch das Enzym ATP-Synthase zurück aus dem Thylakoid ins Stroma.** Das Enzym benutzt die Energie aus dem Protonenfluss zur Synthese von ATP aus ADP und Phosphat.

6. **Elektronen bewegen sich vom Cytochrom zum Reaktionszentrum des Photosystems I.** Dabei wandern die Elektronen vom Cytochrom zuerst zu Plastocyanin (PC) und dann zum Photosystem I.

7. **Photosystem I absorbiert Lichtenergie und überträgt sie an das Chlorophyll seines Reaktionszentrums.** Die Elektronen werden erneut durch Lichtenergie angeregt und verlassen das Reaktionszentrum.

8. **Das Enzym NADP-Reduktase überträgt die Elektronen auf den Elektronentransporter $NADP^+$, der dadurch zu NADPH + H^+ reduziert wird.** Der Weg der Elektronen führt dabei vom Reaktionszentrum über Ferredoxin (Fd) zur NADP-Reduktase. Mit der Ankunft am $NADP^+$-Molekül ist die nicht-zyklische Photophosphorylierung abgeschlossen.

Sauerstoff (O_2), der bei der Photosynthese als Abfallprodukt anfällt, stammt nicht vom Kohlendioxid (CO_2). Er entsteht bei der Photolyse des Wassers (H_2O), das ja die Elektronen (in Form von H^+-Ionen) für die Lichtreaktionen bereitstellt. O_2 resultiert also aus der Spaltung von zwei Wasser-Molekülen.

Die Schritte der zyklischen Photophosphorylierung

Photosystem I arbeitet zusammen mit Photosystem II (vgl. Z-Schema), aber es kann auch alleine ATP bilden. Man spricht in diesem Fall von *zyklischer Photophosphorylierung*. Abbildung 7.7 zeigt die nachfolgend beschriebenen Schritte der zyklischen Photophosphorylierung.

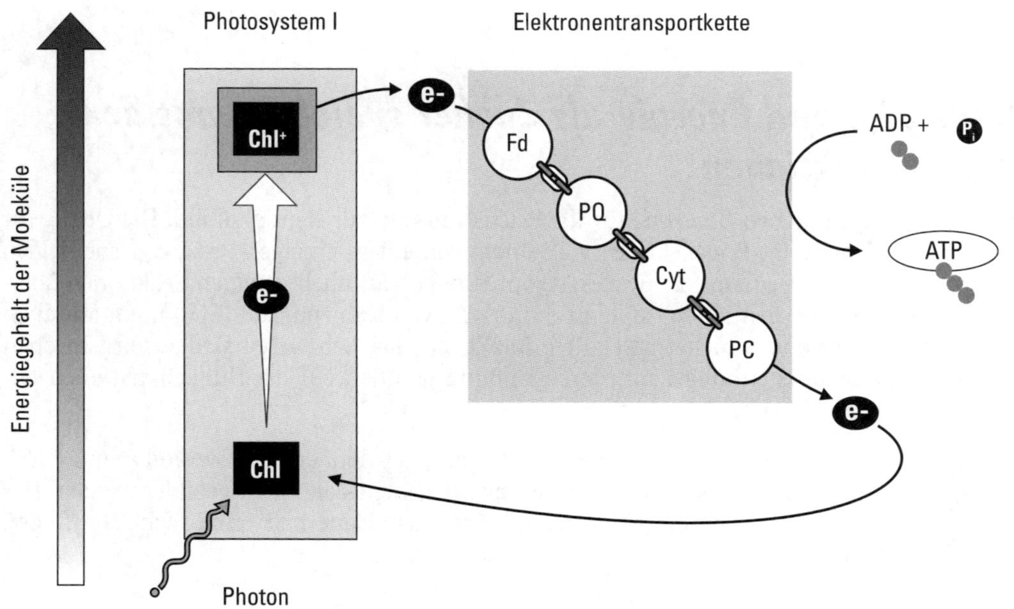

Abbildung 7.7: Die zyklische Photophosphorylierung.

1. **Photosystem I absorbiert Lichtenergie.** Die akzessorischen Pigmente übertragen Lichtenergie an das Chlorophyll des Reaktionszentrums, dessen Elektronen dadurch angeregt werden.

2. **Die angeregten Elektronen verlassen das Chlorophyll des Reaktionszentrums und bewegen sich zur Elektronentransportkette.** Zuerst gelangen die Elektronen zum Ferredoxin (Fd), genau wie bei der nicht-zyklischen Photophosphorylierung. Dann bewegen sie sich aber nicht zur NADP-Reduktase sondern zu Plastochinon (PQ). Von dort springen sie dann zur Cytochrom-Kette und schließlich zu Plastocyanin (PC).

3. **Proteine der Elektronentransportkette pumpen aktiv Protonen durch die Thylakoidmembran ins Innere der Thylakoide.** Den Transport der Protonen (H^+-Ionen) durch die Membran übernimmt das Plastochinon (PQ).

4. **Die Protonen gelangen durch das Enzym ATP-Synthase zurück aus den Thylakoiden ins Stroma.** Das Enzym benutzt die Energie aus dem Protonenfluss zur Synthese von ATP aus ADP und Phosphat.

5. **Die Elektronen kehren zum Reaktionszentrum des Photosystems I zurück.** Wenn die Elektronen wieder beim Chlorophyll gelandet sind, kann der Kreislauf von Neuem beginnen.

Die zyklische Photophosphorylierung bildet ATP, aber kein NADPH.

Baustoffe und Energie als Zucker speichern mit den Dunkelreaktionen

Alle Lebewesen brauchen Baustoffe für ihr Wachstum und zur Reproduktion. Die Quelle für diese Baustoffe wird im Endeffekt fast vollständig von einem einzigen Prozess gespeist, den *Dunkelreaktionen* der Pflanzen. Mit diesen vom Sonnenlicht unabhängigen Reaktionen überführt die Pflanze anorganischen Kohlenstoff in Form von Kohlendioxid (CO_2) in organischen Kohlenstoff in Form von Zuckermolekülen. Die Zellen aller Lebewesen sind aus organischen Kohlenstoffverbindungen aufgebaut, deren Bildung letztlich auf die Dunkelreaktionen zurückgeführt werden kann.

Die Dunkelreaktionen benötigen kein direktes Sonnenlicht; sie sind aber auf ATP und NADPH angewiesen, die während der Lichtreaktionen gebildet werden. Das heißt, dass auch die Dunkelreaktionen nicht dauerhaft ohne Licht stattfinden können.

Die einzelnen Schritte der Dunkelreaktionen

Die Dunkelreaktionen finden im Stroma der Chloroplasten innerhalb von Pflanzenzellen statt.

Die Dunkelreaktionen, also die Bildung von Kohlenhydraten aus Kohlendioxid, wird von Experten auch als *Calvin-Zyklus* bezeichnet (Abbildung 7.8). Dieser kann, wie die meisten anderen Stoffwechselwege auch, in verschiedene Abschnitte untergliedert werden.

Wir unterscheiden vier Hauptphasen:

1. **Die Kohlenstofffixierung oder carboxylierende Phase: Mithilfe des Enzyms Rubisco werden Kohlendioxid-Moleküle an einen Fünffach-Zucker (Ribulosebiphosphat, RuBP) gebunden.** Durch diesen ersten wichtigen Schritt wird gasförmiges CO_2 aus der Luft in einem festen Stoff fixiert. Es entsteht ein instabiles Molekül mit sechs Kohlenstoffatomen, das sofort in zwei Moleküle mit je drei C-Atomen zerfällt. Dabei handelt es sich um *3-Phosphoglycerat* (PGA).

Die Bezeichnung Rubisco für das beteiligte Enzym ist eigentlich eine Abkürzung für den Zungenbrecher Ribulose-1,5-bisphosphat-carboxylase/oxygenase.

2. **Die reduzierende Phase: Mithilfe der Energie aus dem ATP und den Elektronen des NADPH werden die ersten Kohlenhydrate gebildet.** Zuerst wird eine Phosphatgruppe von ATP zu PGA transferiert. Dann erhält dieses Molekül Elektronen von NADPH und wird dadurch reduziert; es entstehen Kohlenhydrate mit drei C-Atomen, sogenannte Triosen oder auch Triosephosphate, zum Beispiel *3-Phosphoglycerinaldehyd* (G3P).

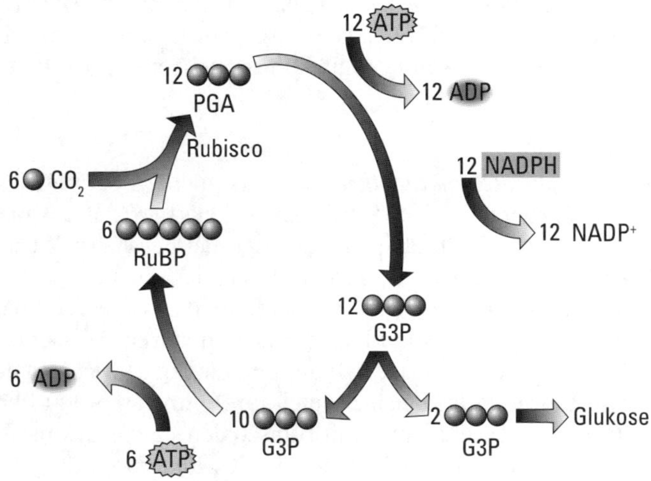

Abbildung 7.8: Der Calvin-Zyklus.

3. **Biosynthese: Aus den Triosephosphaten werden weitere Kohlenhydrate wie etwa Glukose, Saccharose und Stärke gebildet.** Pflanzen können zwei G3P-Moleküle zu einem Glukose-Molekül zusammenführen. Aus mehreren Glukose-Bausteinen werden dann größere Kohlenhydrate wie Stärke und Zellulose synthetisiert. Besonders Stärke eignet sich als Langzeitspeicher für Baustoffe und Energie.

4. **Die regenerierende Phase: Triosephosphate und ATP werden zur Regeneration des primären CO_2-Akzeptors RuBP verwendet.** Pflanzen verändern die Bindungen der Triosephosphate so, dass wieder RuBP ensteht. Damit kann der Zyklus von vorn beginnen.

Die Kohlenstofffixierung – ein schwieriges Geschäft

Kohlenstoff nimmt die Pflanze in Form von CO_2 aus der Luft durch ihre Spaltöffnungen auf. Den gleichen Weg nehmen aber auch Wassermoleküle, die die Pflanze verlassen. Vor allem an heißen Tagen stecken Pflanzen damit in einem Dilemma: Sie dürfen nicht austrocknen und sollten daher ihre Stomata besser schließen. Tun sie das, riskieren sie aber zu verhungern, denn sie können dann kein CO_2 aufnehmen und in Zucker (= Nahrung) umsetzen.

Und es wird noch schlimmer: Wenn eine Pflanze die Stomata schließt, nimmt die CO_2-Konzentration in den Blättern ab, denn CO_2 wird aufgebraucht. Das Enzym Rubisco macht dann »Fehler«: Es bedient sich beim Sauerstoff (O_2) anstelle des Kohlendioxids. Diese Fixierung von O_2 an RuBP wird *Photorespiration* oder Lichtatmung genannt. Dabei entsteht ein schädliches Molekül, das mit relativ hohem Energieaufwand neutralisiert werden muss.

Manche Pflanzen haben nun besondere Strategien entwickelt, um ohne übermäßigen Wasserverlust und (fast) ohne Photorespiration genügend CO_2 zu fixieren. Man unterscheidet bei diesen Spezialisten zwei Gruppen, die *CAM-Pflanzen* und die *C_4-Pflanzen*.

Sowohl CAM-Pflanzen als auch C_4-Pflanzen nutzen nicht Rubisco sondern das Enzym PEP-Carboxylase zur Fixierung von Kohlenstoff. Die PEP-Carboxylase hat eine stärkere Affinität zu CO_2 als Rubisco, sodass diese Pflanzen auch dann noch CO_2 fixieren können, wenn es mit Rubisco sehr ineffektiv wäre.

Die CAM-Photosynthese

CAM steht für *Crassulacean acid metabolism*, den Sukkulenten-Säurestoffwechsel. Diese Art der Photosynthese wurde zuerst bei der Familie der Dickblattgewächse (Crassulacea) entdeckt und ist nach diesen benannt. Wir finden sie zum Beispiel bei vielen Wüstenpflanzen beziehungsweise bei Pflanzen, die in einem trockenen Klima mit hohen Lichtintensitäten wachsen. Viele sukkulente Pflanzen und Kakteen gehören dazu, auch aus anderen Pflanzenfamilien. Sie öffnen ihre Stomata nachts, wenn es kühler ist und kein starker Wasserverlust droht. Dann nehmen sie mithilfe der PEP-Carboxylase CO_2 auf und binden es während der Nacht vorübergehend an organische Säuren (zum Beispiel Äpfelsäure). Am Tag, wenn Photosynthese möglich ist, wird das CO_2 dann frei und kann mit Rubisco den Calvin-Zyklus starten. Es handelt sich also um eine der Photosynthese vorgeschaltete CO_2-Fixierung.

Nachfolgend die Schritte der CAM-Photosynthese (siehe Abbildung 7.9):

1. **Die Spaltöffnungen öffnen sich nachts; CO_2 wird aufgenommen und verbindet sich mit Phosphoenolpyruvat (PEP) zu organischen Säuren mit vier Kohlenstoffatomen.** Das Enzym PEP-Carboxylase katalysiert die Reaktion zwischen PEP und CO_2. Es entstehen Äpfelsäure und Oxalacetat.
2. **Die Pflanzenzellen speichern die Säuren in ihren Vakuolen.** Dort bleiben die Säuren während der Nacht.
3. **Am Tag werden die Säuren dann abgebaut und CO_2 wird frei.** Dieses wird über den Calvin-Zyklus in Kohlenhydrate umgewandelt.

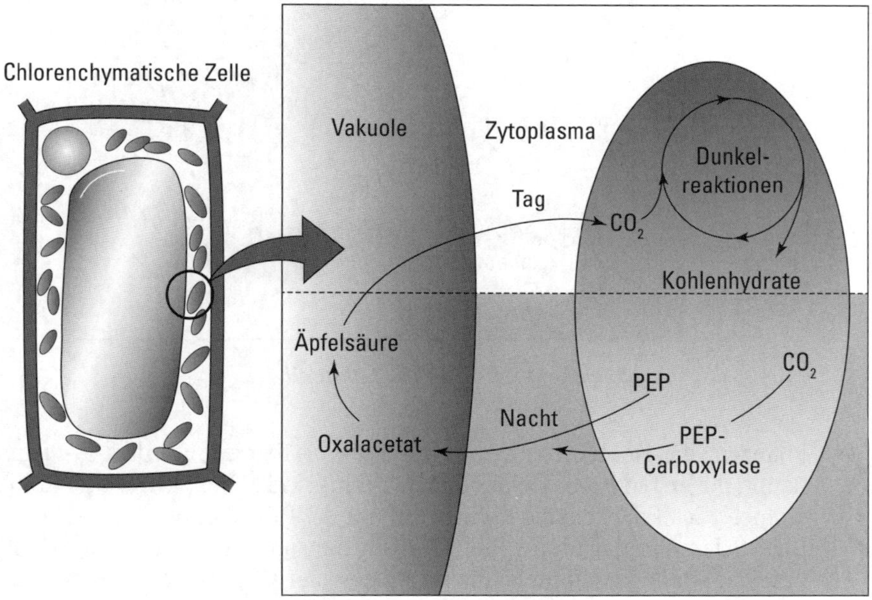

Abbildung 7.9: Die CAM-Photosynthese.

Die C_4-Photosynthese

Viele tropische Pflanzen nutzen ebenfalls eine vorgeschaltete CO_2-Fixierung mit C_4-Säuren, um an einem heißen Tag bei geschlossenen Stomata hohe CO_2-Konzentrationen in ihren Zellen zu gewährleisten. Sie werden C_4-Pflanzen genannt, weil die Fixierung über ein Molekül mit vier Kohlenstoffatomen läuft. Diese Pflanzen nehmen CO_2 in Zellen nahe der Blattoberfläche auf und transportieren es dann zu zentral im Blatt gelegenen Zellen. Dort in der Mitte des Blattes wird CO_2 für die Dunkelreaktionen konzentriert.

Nachfolgend die Schritte der C_4-Photosynthese (siehe Abbildung 7.10):

1. **Mesophyllzellen der Blattoberflächen nehmen CO_2 auf und binden es an PEP; eine organische Säure mit vier Kohlenstoffatomen (C_4) entsteht.** Das Enzym PEP-Carboxylase katalysiert die Reaktion zwischen PEP und CO_2. Es entsteht Oxalacetat, das bei manchen C_4-Pflanzen (zum Beispiel Mais) zu Malat weiterverarbeitet wird.

2. **Das Oxalacetat beziehungsweise Malat wandert über Plasmodesmen zu den Bündelscheidenzellen im Zentrum des Blattes.** Dort befinden sich alle wichtigen Enzyme für die Dunkelreaktionen.

3. **Die C_4-Säuren werden abgebaut, wodurch dann das CO_2 frei in den Bündelscheidenzellen vorliegt.** Durch die hohe CO_2-Konzentration in den Bündelscheidenzellen kann das Enzym Rubisco bei C_4-Pflanzen eine maximale Effizienz entfalten.

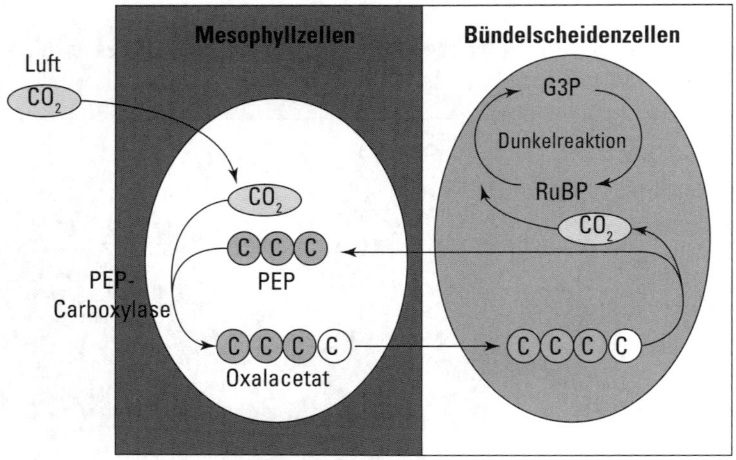

Abbildung 7.10: Die C_4-Photosynthese.

Pflanzen, die Kohlenstoff direkt mit Rubisco fixieren, werden C_3-Pflanzen genannt; die ersten Produkte des Calvin-Zyklus sind Moleküle mit drei Kohlenstoffatomen (C_3). Pflanzen, die Kohlenstoff mit der PEP-Carboxylase oberflächlich im Blatt fixieren und dann ins Blattzentrum transportieren, werden als C4-Pflanzen bezeichnet; die ersten Moleküle im Prozess der CO_2-Fixierung weisen bei ihnen vier Kohlenstoffatome (C_4) auf. Pflanzen, die CO_2 mithilfe der PEP-Carboxylase fixieren und in Form von Säuren über Nacht in ihren Vakuolen speichern, werden CAM-Pflanzen genannt.

Der selbst gebackene Kuchen wird auch selbst gegessen – die Zellatmung

8

In diesem Kapitel

- Auch Pflanzen atmen
- Den Zweck der Zellatmung verstehen
- Die drei Stufen der Zellatmung
- Die Details der Glykolyse, des Citratzyklus und der oxidativen Phosphorylierung

Pflanzen betreiben Photosynthese, das heißt sie nehmen Kohlendioxid und Wasser aus der Umgebung auf und stellen daraus mithilfe des Sonnenlichts Nährstoffmoleküle wie Kohlenhydrate her. Diese Verbindungen, vor allem Stärke, eignen sich hervorragend, um Energie und Baustoffe für eine spätere Verwendung zu speichern. Wenn Pflanzen dann Energie und Baustoffe benötigen, spalten sie die Speichermoleküle. Dieser Vorgang des Abbaus von Nährstoffmolekülen wird Zellatmung genannt. Er läuft bei Pflanzen genauso ab wie bei Tieren und Menschen. In diesem Kapitel gebe ich Ihnen einen Überblick über die Zellatmung und stelle auch die einzelnen Schritte dieses Prozesses detailliert dar.

Die Grundlagen der Zellatmung

Pflanzen sind berühmt für ihre Fähigkeit, Photosynthese zu betreiben (siehe Kapitel 7), aber viele Leute wissen nicht, dass bei ihnen zur Energieversorgung auch die *Zellatmung* eine Rolle spielt. Wenn Sie jetzt einmal kurz nachdenken, werden Sie aber sicher verstehen, warum für Pflanzen neben der Photosynthese auch die Zellatmung notwendig ist:

- ✔ Während der Photosynthese wird Materie in Form von Kohlendioxid (CO_2) und Wasser (H_2O) aus der Umwelt aufgenommen und mithilfe der Sonnenenergie in speicherbare, energiereiche Nährstoffmoleküle, wie etwa das Kohlenhydrat Glukose ($C_6H_{12}O_6$), umgewandelt.
- ✔ Mithilfe der Zellatmung verschaffen sich alle Lebewesen wieder Zugang zu der in den Nährstoffen gespeicherten Energie. Sie bauen die Kohlenhydrate ab und können mit der Energie und den Baustoffen wachsen, sich fortpflanzen, sich bewegen und so weiter. Wenn die Nährstoffe dann vollständig gespalten sind, werden ihre Atome in Form von CO_2 und H_2O wieder an die Umwelt abgegeben.

Zellatmung und Photosynthese bilden somit einen Kreislauf der Atome oder anders ausgedrückt: sie sind das Yin und das Yang für eine Pflanze. Das wird auch deutlich, wenn man sich die chemische Reaktion der Zellatmung anschaut. Sie werden feststellen, dass sie genau das Gegenteil zur Photosynthese darstellt (siehe Kapitel 7):

$C_6H_{12}O_6 + 6CO_2 \rightarrow 6CO_2 + 6H_2O$ + Energie

Sie können Photosynthese mit dem Vorbereiten einer Brotzeit vergleichen, zum Beispiel für eine Wanderung. Die Zellatmung entspricht dann dem Zeitpunkt der Wanderpause, wenn Sie Ihre Brote auspacken, verzehren und dadurch neue Energie tanken.

Haben Sie jemals einen Marshmallow über das Grillfeuer gehalten? Einen Moment zu lange und er verbrennt lodernd. Licht und Hitze der Flamme stellen dabei die frei werdende Energie dieser Süßigkeit dar. Zellatmung ist im Prinzip nichts anderes, nur geht sie viel langsamer vonstatten als die Verbrennung. Würden die Zellen die Nährstoffmoleküle so schnell abbauen, wie der Marshmallow brennt, würden sie durch die hohe Energiemenge (Hitze) beschädigt. Daher läuft der Abbau der Kohlenhydrate in den Zellen sehr kontrolliert und langsam ab, in vielen kleinen Schritten. So wird die Energie sukzessiv frei und kann von den Zellen gut genutzt werden. Abbildung 8.1 zeigt einen Vergleich der direkten Verbrennung von Zucker (wie beim Marshmallow) und der Energiefreisetzung während der Zellatmung.

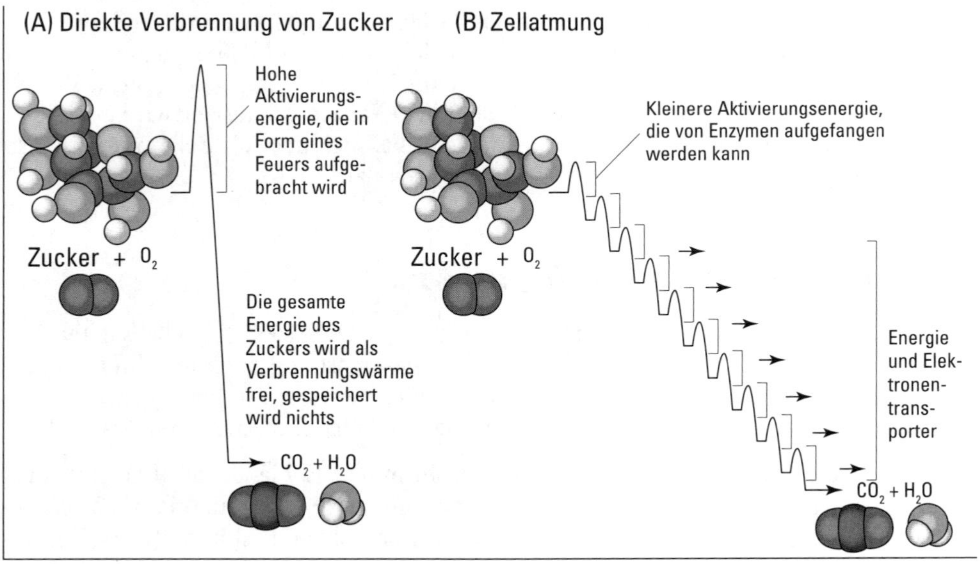

Abbildung 8.1: Vergleich der direkten Verbrennung von Zucker mit der Zellatmung, bei der ebenfalls Energie durch Zuckerabbau frei wird.

Die Zellatmung ist ein komplizierter Stoffwechselweg. Sie lässt sich jedoch leichter verstehen, wenn Sie sich noch einmal die Grundprinzipien des Stoffwechsels (siehe Kapitel 6) vergegenwärtigen. Genau wie andere Stoffwechselwege so beinhaltet auch die Zellatmung viele verschiedene chemische Reaktionen, darunter zum Beispiel Redox-Reaktionen, die Elektronen zwischen Molekülen übertragen.

Nachfolgend drei Kernpunkte der Zellatmung:

- ✔ Während der Zellatmung werden Elektronen von den Nährstoffmolekülen entfernt und zuerst auf den Elektronentransporter NADH und dann schließlich auf Sauerstoff (O_2) übertragen.
- ✔ Am Ende der Zellatmungsprozesse ist die Energie der Nährstoffe auf den Energieträger ATP übertragen worden.
- ✔ Durch viele chemische Reaktionen werden die Nährstoffmoleküle so umgebaut, dass am Ende nur die Abfallprodukte Kohlendioxid (CO_2) und Wasser (H_2O) übrig sind.

Während der Zellatmung werden Nährstoffmoleküle, zum Beispiel Glukose ($C_6H_{12}O_6$), oxidiert und Sauerstoff (O_2) reduziert (siehe Abbildung 8.2).

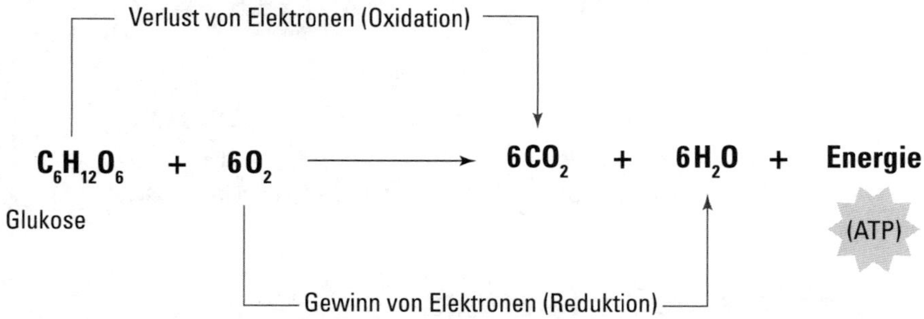

Abbildung 8.2: Oxidation und Reduktion während der Zellatmung.

Abbildung 8.2 stellt noch einmal die Umsetzungen der Zellatmung im Hinblick auf Oxidation und Reduktion zusammenfassend dar: Elektronen der Glukose werden letztlich auf den Sauerstoff übertragen. Dabei besteht der gesamte Stoffwechselweg natürlich aus vielen kleinen Schritten; er kann in drei Phasen unterteilt werden (Abbildung 8.3):

- ✔ **Die Glykolyse:** Die Zellatmung der eukaryotischen Zelle beginnt mit der Glykolyse, das heißt mit der Spaltung von Glukose (»-lyse« steht für Spaltung). Enzyme im Zytoplasma der Pflanzenzelle spalten das Glukose-Molekül, sodass zwei Pyruvat-Moleküle entstehen. Dabei wird bereits Energie von der Glukose auf ATP übertragen und auch Elektronen der Glukose gehen auf Elektronentransporter (NAD^+) über.
- ✔ **Der Citratzyklus:** Die bei der Glykolyse gebildeten Pyruvat-Moleküle werden in die Mitochondrien transportiert, wo sie zunächst durch verschiedene enzymatische Reaktionen in ein Molekül namens Acetyl-Koenzym A (Acetyl-CoA) verwandelt werden. Acetyl-CoA wird dann im Citratzyklus (auch Krebs-Zyklus genannt) zu CO_2 oxidiert, das als Abfallprodukt die Zelle verlässt. Während des Citratzyklus übertragen Enzyme wiederum Energie auf ATP und vor allem zahlreiche Elektronen auf die Elektronentransporter (NAD^+ und FAD).
- ✔ **Die oxidative Phosphorylierung:** Die reduzierten Elektronentransporter der Glykolyse und des Citratzyklus bewegen sich zur inneren Membran der Mitochondrien. Dort befinden sich zahlreiche Elektronentransportketten. Sie nehmen die Elektronen der Transporter auf, sodass Energie für die ATP-Synthese durch Chemiosmose bereit steht (siehe Kapitel 7).

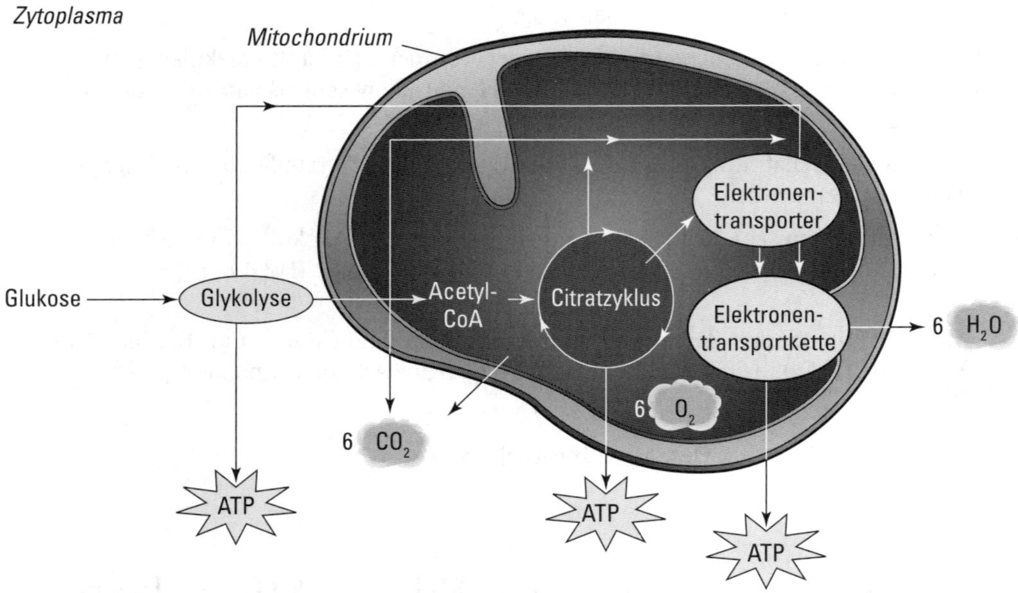

Abbildung 8.3: Die Zellatmung in der Übersicht.

Zuckerabbau durch Glykolyse

Die Glykolyse setzt sich aus einer Serie von zehn chemischen Reaktionen zusammen, durch die Glukose oxidiert, Energie auf ATP übertragen wird und Elektronen auf den Transporter NAD^+ übergehen.

Die wichtigsten Schritte der *Glykolyse* werden im Folgenden erläutert:

- **Enzyme lösen die Bindungen zwischen den Atomen des Glukose-Moleküls, formen bestimmte Zwischenprodukte und bilden dann zwei Moleküle Pyruvat.** Man könnte hier auch von einer Halbierung der Glukose sprechen, denn das Molekül besitzt sechs C-Atome; jedes Pyruvat-Molekül besitzt drei C-Atome.

- **Enzyme transferieren Energie von den Zwischenprodukten zu ATP.** In der ersten Phase der Glykolyse wird noch ATP verbraucht, indem seine Energie auf die Zwischenprodukte übertragen wird. Anschließend wird jedoch doppelt so viel Energie zurückgewonnen. Im Klartext: In der ersten Phase der Glykolyse werden zwei Moleküle ATP investiert. In der zweiten Phase werden dann jedoch vier Moleküle ATP synthetisiert, sodass ein Nettogewinn von zwei ATP für die Zelle resultiert.

- **Enzyme oxidieren Glukose und reduzieren NAD^+.** Enzyme transferieren Elektronen von der Glukose auf Zwischenprodukte und dann auf den Transporter NAD^+. Dieser wird dadurch zu $NADH + H^+$ reduziert (siehe Kapitel 6).

Aus dem Abbau eines Glukose-Moleküls bei der Glykolyse resultieren am Ende zwei Moleküle ATP, zwei Moleküle NADH und zwei Moleküle Pyruvat.

Die Glykolyse ist universell

Jede lebende Zelle braucht Energie und Baustoffe für ihre dauerhafte Existenz, egal ob Pflanze, Tier, Mensch oder Bakterium. Alle Zellen erlangen Energie und Baustoffe durch den Abbau von Nährstoffen – sie betreiben daher alle in irgendeiner Form Glykolyse. Manche Bakterien und Hefen betreiben sogar ausschließlich Glykolyse, um sich am Leben zu erhalten; man spricht hier von *Fermentation*. Auch Pflanzen müssen den Weg der Glykolyse beschreiten, obwohl sie ja als Primärproduzenten die Nährstoffe selbst aufbauen. Obwohl es bei manchen Prokaryoten Abweichungen von der Glykolyse gibt, erscheint sie als essentieller Baustein allen Lebens auf der Erde. Die Tatsache, dass die Glykolyse bei so vielen unterschiedlichen Zelltypen bestätigt wurde, spricht auch dafür, dass sie sehr früh in der Entwicklungsgeschichte des Lebens entstanden ist.

Die Bildung von ATP durch Substratkettenphosphorylierung

Wenn Zellen während der Glykolyse ATP bilden, nutzen sie einen Stoffwechselweg, der als *Substratkettenphosphorylierung* bezeichnet wird (siehe Abbildung 8.4).

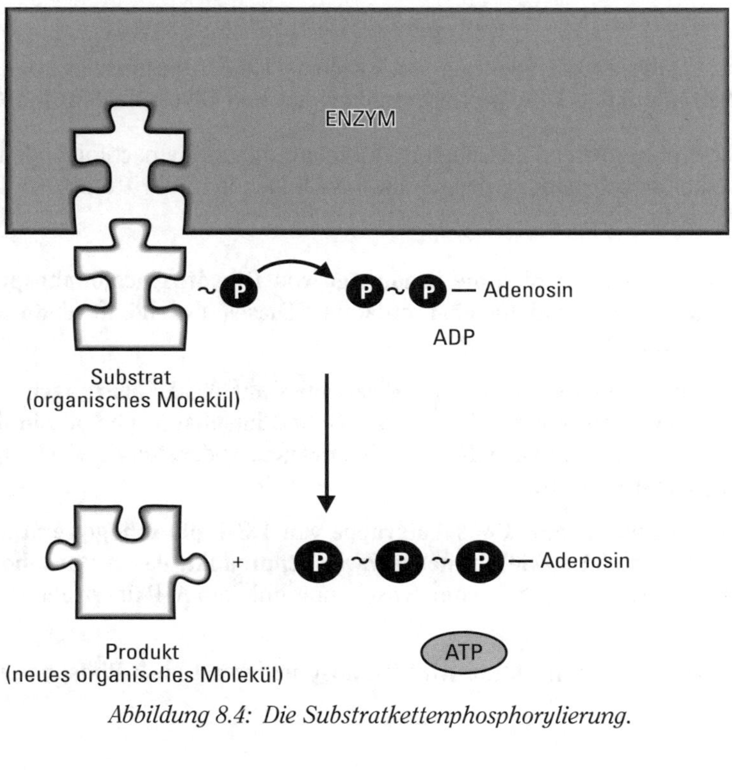

Abbildung 8.4: Die Substratkettenphosphorylierung.

Bei der Substratkettenphosphorylierung wird ATP gebildet, indem eine Phosphatgruppe von einem Zwischenprodukt auf ADP übertragen wird. Ein Enzym bindet das Zwischenprodukt und das ADP in seinem aktiven Zentrum und katalysiert dann die entsprechende Reaktion.

Damit Sie das Wesen der Substratkettenphosphorylierung nicht vergessen, folgen Sie dem Wortsinn: Ein »Substrat« ist stets ein Molekül, das von Enzymen in seinem aktiven Zentren gebunden wird und »Phosphorylierung« bedeutet stets, dass eine Phosphatgruppe irgendwo addiert wird. In diesem Fall wird eine Phosphatgruppe zu ADP addiert; es entsteht ATP.

Der Ablauf der Glykolyse

Abbildung 8.5 zeigt die zehn Reaktionsschritte der Glykolyse:

1. **Ein Enzym überträgt eine Phosphatgruppe von ATP auf Glukose – es entsteht das Zwischenprodukt Glukose-6-phosphat und als Abfallprodukt ADP.** Bei diesem Schritt wird also Energie in Form von ATP verbraucht beziehungsweise auf das Zwischenprodukt übertragen.

2. **Durch eine enzymatische Reaktion wird aus Glukose-6-phosphat das Zwischenprodukt Fructose-6-phosphat.**

3. **Ein Enzym transferiert ein Phosphat von ATP zu Fruktose-6-Phosphat, sodass als Zwischenprodukt Fruktose-1,6-bisphosphat und ADP als Abfall entstehen.** Wieder wird Energie investiert und von ATP auf das Zwischenprodukt übertragen.

4. **Ein Enzym katalysiert die Spaltung von Fructose-1,6-bisphosphat in zwei C3-Moleküle als Zwischenprodukte – Dihydroxyacetonphosphat und Glycerinaldehydphosphat.**

   Jedes dieser beiden Zwischenprodukte durchläuft die nachfolgenden Schritte der Glykolyse selbständig, sodass alle nachfolgenden Schritte pro Glukose-Molekül doppelt ablaufen.

5. **Mithilfe eines Enzyms werden die Bindungen von Dihydroxyacetonphosphat so verändert, dass Glycerinaldehydphosphat entsteht. Dieses durchläuft dann die weiteren Schritte der Glykolyse.**

6. **Von Glycerinaldehydphosphat werden Elektronen auf NAD^+ übertragen – es entsteht NADH + H^+. Gleichzeitig wird eine anorganische Phosphatgruppe, die in der Zelle verfügbar ist, auf Glycerinaldehydphosphat übertragen, sodass das Zwischenprodukt 1,3-Biphosphoglycerat entsteht.**

7. **Ein Enzym transferiert eine Phosphatgruppe von 1,3-Biphosphoglycerat auf ADP – es wird also ATP gebildet sowie ein neues Zwischenprodukt, das 3-Phosphoglycerat.** Bei diesem Schritt wird also Energie vom Zwischenprodukt auf ATP übertragen – ein Energiegewinn für die Zelle.

8. **Über eine enzymatische Reaktion wird 3-Phosphoglycerat zu 2-Phosphoglycerat umgebildet.**

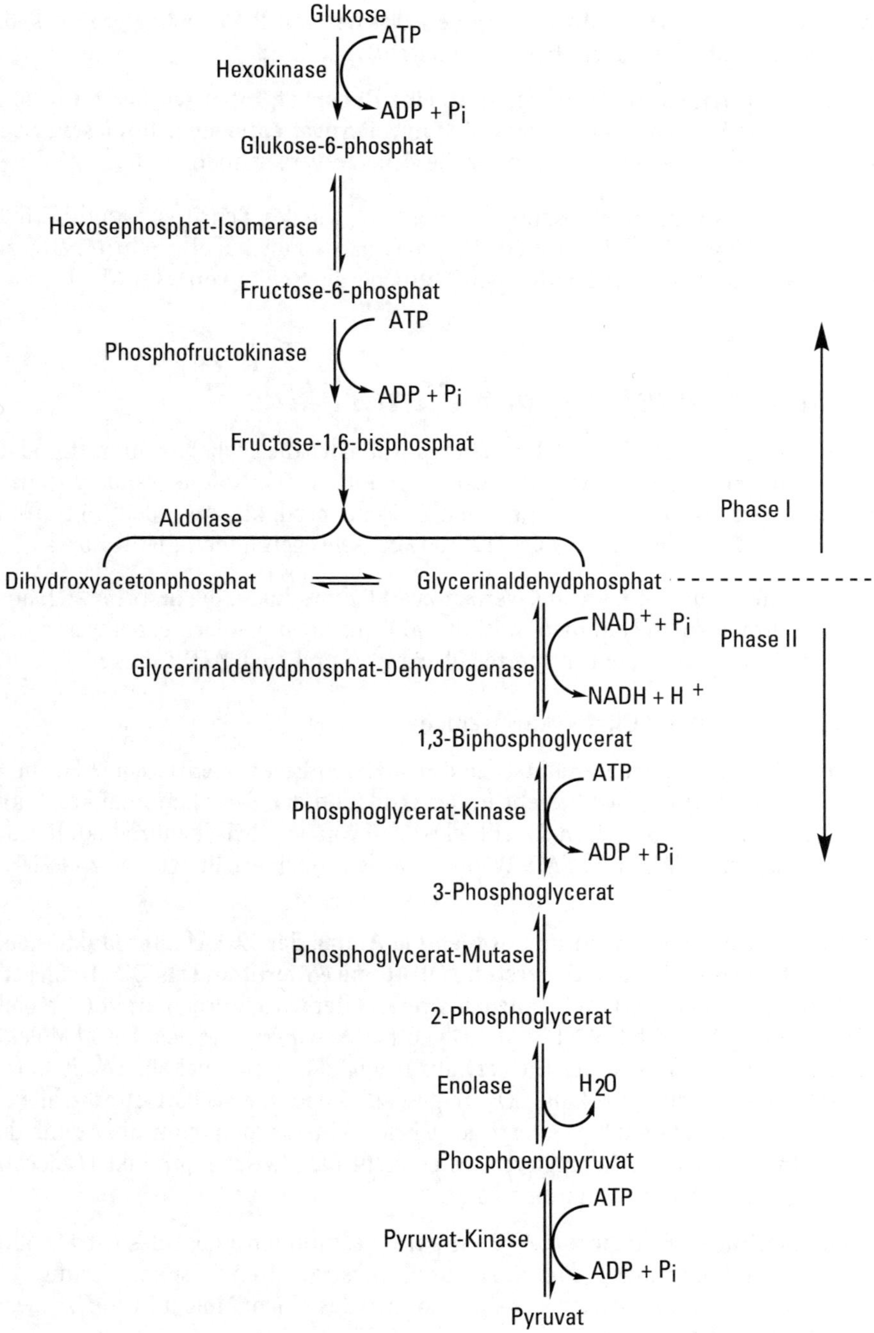

Abbildung 8.5: Die Reaktionsschritte der Glykolyse.

9. **Ein Enzym katalysiert die Abspaltung von Wasser vom 2-Phosphoglycerat, sodass als Zwischenprodukt Phosphoenolpyruvat entsteht.**

10. **Ein weiterer Energietransfer findet statt: eine Phosphatgruppe wird vom Phosphoenolpyruvat auf ADP übertragen, sodass ATP und Pyruvat entstehen.** In diesem Schritt ist also wieder ein Nettoenergiegewinn für die Zelle zu verzeichnen.

Die Substratkettenphosphorylierung erfolgt in den Schritten 7 und 10. In Schritt 1 und 3 wurde ATP investiert. Da pro Glukose-Molekül alle Schritte ab 5 zweimal ablaufen, resultiert letztlich ein Nettoenergiegewinn von zwei ATP für die Zelle.

Einen Schritt weiter – der Citratzyklus

Der Citratzyklus, oder auch Krebs-Zyklus fängt dort an, wo die Glykolyse aufhört und umfasst ganz ähnliche Reaktionstypen. Pyruvat, das Endprodukt der Glykolyse, wandert zu den Mitochondrien und wird dort durch Enzyme in ein Zwischenprodukt verwandelt, mit dem der Citratzyklus startet (Einzelheiten zu solchen Stoffwechselwegen finden Sie in Kapitel 6).

Während des Citratzyklus werden Zwischenprodukte, die ursprünglich aus Nährstoffmolekülen stammen, mithilfe von Enzymen oxidiert; dabei werden Elektronen auf Elektronentransporter übertragen und auch ATP gebildet.

Die wichtigsten Phasen des Citratzyklus werden im Folgenden erklärt:

- **Enzyme oxidieren Zwischenprodukte und reduzieren Elektronentransporter**. Die eigentliche Arbeit des Citratzyklus besteht in der Oxidation der Zwischenprodukte. Zahlreiche Redox-Reaktionen transferieren dabei Elektronen von den Zwischenprodukten des Zyklus auf die Transporter NAD^+ und FAD. Wenn FAD Elektronen erhält, wird es zu $FADH_2$ reduziert.

- **Enzyme lösen die Bindungen und ordnen die Atome der Zwischenprodukte neu; dabei werden Kohlenstoff (C)- und Sauerstoff (O)-Atome entfernt und als CO_2 freigesetzt.** Für jedes Pyruvat-Molekül, das im Citratzyklus verarbeitet wird, werden drei CO_2-Moleküle in die Atmosphäre freigesetzt. Weil bei der Glykolyse pro Glukose-Molekül zwei Moleküle Pyruvat entstehen, läuft auch der Citratzyklus pro Glukose zweimal ab. Somit werden pro Glukose-Molekül sechs Moleküle CO_2 freigesetzt, wobei die sechs C-Atome alle aus der Glukose stammen. Im letzten Schritt des Citratzyklus werden dann die Atome des Zwischenprodukts Malat neu arrangiert – es entsteht das Zwischenprodukt Oxalacetat, mit dem der Zyklus von vorne beginnen kann.

- **Enzyme übertragen Energie auf ATP.** In einer bestimmten Phase des Citratzyklus wird Energie auf ATP übertragen, und zwar durch Substratkettenphosphorylierung. Weil der Citratzyklus pro Glukose zweimal abläuft, können aus einem Molekül Glukose zwei Moleküle ATP gewonnen werden.

Je mehr desto besser

Die Nährstoffmoleküle werden durch die Glykolyse nur teilweise abgebaut. So beinhaltet ihr Endprodukt, das Pyruvat, noch viel Energie, die genutzt werden kann. Dazu wird Pyruvat in die Mitochondrien transportiert und dort mithilfe von mehreren enzymatisch katalysierten Reaktionen in ein Molekül namens Acetyl-Koenzym A (Acetyl-CoA) verwandelt. Bei dieser Umwandlung wird Pyruvat oxidiert, sodass der Prozess als *Pyruvat-Oxidation* bezeichnet wird:

- ✔ **Ein Enzym oxidiert Pyruvat und überträgt Elektronen auf NAD^+.** Dieses wird dadurch zu $NADH + H^+$ reduziert.
- ✔ **Ein Enzym entfernt Kohlenstoff vom Pyruvat, der dann als CO_2 frei gesetzt wird.** Weil Pyruvat drei C-Atome besitzt, führt diese als *Decarboxylierung* bezeichnete Reaktion zu einem C_2- und einem CO_2-Molekül. Decarboxylierung bedeutet also die Entfernung eines C-Atoms von einem Molekül.
- ✔ **Ein Enzym führt das Koenzym A mit dem Zwischenprodukt zusammen und dabei entsteht Acetyl-CoA.** Koenzyme helfen den Enzymen bei der Arbeit. Koenzym A verbindet sich mit dem C_2-Atom und hilft dabei, das Acetyl-CoA in den Citratzyklus einzuschleusen. Sobald sich Acetyl-CoA im Citratzyklus befindet, wird Koenzym A über eine enzymatische Reaktion wieder von dem Molekül abgelöst und in das Mitochondrium entlassen.

Acetyl-CoA beinhaltet immer noch viel Energie, die genutzt werden kann. Dazu wird das Acetyl-CoA-Molekül im Citratzyklus weiter abgebaut, wobei sowohl ATP entsteht als auch Elektronen auf Transporter übertragen werden.

Die wohl wichtigste Funktion der Zellatmung ist die Überführung der in den Nährstoffmolekülen gespeicherten Energie in eine Energieform, die für die Zellen direkt nutzbar ist. Dazu werden die Nährstoffmoleküle oxidiert. Als hungrige Zelle erscheint es damit vorteilhaft, so viel wie möglich zu oxidieren. Richtig? In Anbetracht dieser Tatsache vergleichen Sie jetzt einmal die Glykolyse mit dem Citratzyklus (Abbildung 8.5 und 8.6). Bei der Glykolyse erkennen wir einen Oxidationsprozess, wenn $NADH + H^+$ gebildet wird. Die Pyruvat-Oxidation (einmal) und der Citratzyklus (viermal) haben zusammen insgesamt fünf Oxidationen, die man wieder an der Bildung der Elektronentransporter $NADH + H^+$ und $FADH_2$ erkennt. Wenn Sie jetzt noch berücksichtigen, dass der Citratzyklus zweimal pro Glukose-Molekül abläuft, verdoppelt sich die Zahl der Oxidationen auf zehn! Damit wird ganz klar deutlich, dass der Citratzyklus weitaus effektiver zur Energiegewinnung eingesetzt werden kann als die Glykolyse. Alle Zellen, die die Enzyme für den Citratzyklus besitzen, können also die Energie der Nährstoffe sehr viel besser ausnutzen als Zellen, die nur Glykolyse betreiben können.

Der Ablauf des Citratzyklus

Offiziell beginnt der Citratzyklus mit der Verbindung von Acetyl-CoA und einem C_4-Molekül, dem Oxalacetat. Abbildung 8.6 zeigt die einzelnen Reaktionsschritte des Citratzyklus:

1. **Enzyme katalysieren die Verbindung von Acetyl-CoA mit Oxalacetat, wodurch ein C_6-Molekül entsteht, das Citrat.** Während dieses Prozesses wird durch ein Enzym ein Wassermolekül in das Zwischenprodukt eingebaut und Koenzym A wird wieder frei.

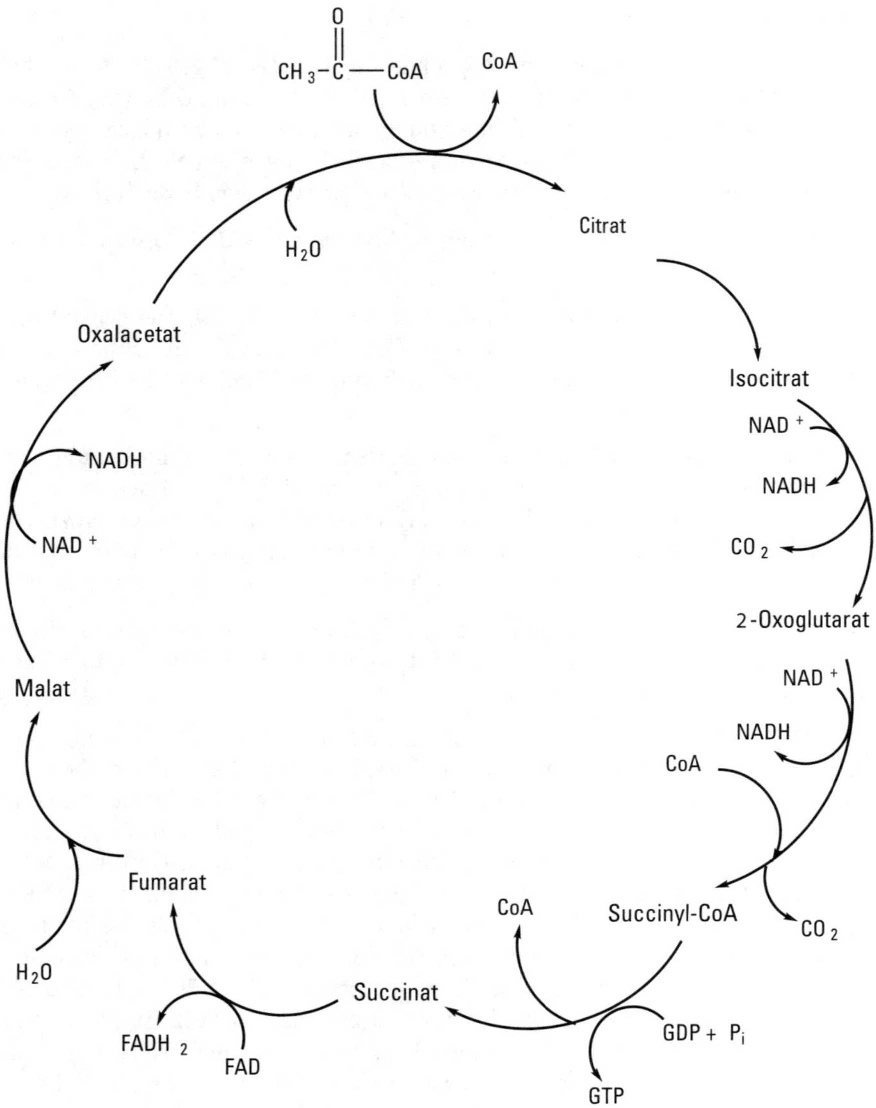

Abbildung 8.6: Der Citratzyklus.

2. **Mithilfe eines Enzyms werden die Bindungen von Citrat verändert, sodass ein Molekül namens Isocitrat entsteht.** Die Anzahl der C-Atome bleibt dabei gleich.
3. **Durch enzymatische Reaktionen wird Isocitrat oxidiert und decarboxyliert – es resultiert ein C_5-Molekül, das 2-Oxoglutarat.** Bei der Oxidation des Isocitrats werden Elektronen vom Isocitrat auf den Elektronentransporter NAD^+ übertragen; dieser wird dadurch zu $NADH + H^+$ reduziert. Enzyme setzen außerdem den Kohlenstoff als CO_2 frei.

4. **Durch enzymatische Reaktionen wird 2-Oxoglutarat oxidiert und decarboxyliert – es resultiert das C_4-Molekül Succinyl-CoA.** Bei der Oxidation des 2-Oxoglutarats werden Elektronen vom 2-Oxoglutarat auf den Elektronentransporter NAD^+ übertragen; dieser wird dadurch zu NADH + H^+ reduziert. Enzyme setzen außerdem den Kohlenstoff als CO_2 frei. Für diese Reaktionen wird die Hilfe von Koenzym A benötigt, das vorübergehend an das Zwischenprodukt gebunden wird.

5. **Enzyme entfernen das Koenzym A wieder vom Succinyl-CoA und es entsteht Succinat.** Bei dieser Reaktion wird Energie frei, sodass ADP per Substratkettenphosphorylierung zu ATP werden kann.

Bei der Substratkettenphosphorylierung während des Citratzyklus kann entweder ATP gebildet werden oder auch ein sehr ähnlicher Energieträger, das Guanosintriphosphat (GTP). Es gibt zwei verschiedene Enzyme, die die Substratkettenphosphorylierung während des Citratzyklus katalysieren und jedes hat seine Vorliebe: das eine bindet ADP, das andere GDP in seinem aktiven Zentrum.

6. **Succinat wird oxidiert und dadurch in Fumarat verwandelt.** Ein Enzym transferiert die Elektronen des Succinats auf den Elektronentransporter FAD, der so zu $FADH_2$ reduziert wird.

7. **Ein Enzym katalysiert den Einbau eines H_2O-Moleküls in das Fumarat, das dadurch zu Malat wird.**

8. **Malat wird oxidiert und in Oxalacetat verwandelt.** Ein Enzym überträgt Elektronen von Malat auf NAD^+, das so zu NADH + H^+ reduziert wird. Durch die Oxidation von Malat wird schließlich wieder Oxalacetat gebildet, mit dem der Citratzyklus erneut beginnen kann. Solange also in der Zelle Nährstoffe abgebaut werden und durch Pyruvat-Oxidation Acetyl-CoA entsteht, kann der Citratzyklus kontinuierlich ablaufen.

Pflanzen bauen gespeicherte Nährstoffe durch Pyruvat-Oxidation und den Calvinzyklus ab – sie produzieren also CO_2 und geben es an die Atmosphäre ab. Die meisten Leute denken dagegen, dass Pflanzen CO_2 aufnehmen und O_2 abgeben und nur die heterotrophen Organismen, wie Tiere inklusive des Menschen, Sauerstoff einatmen und Kohlendioxid abgeben. Nun, das stimmt zwar, aber richtig ist auch, dass die Pflanzen atmen. Genau wie wir nehmen sie O_2 auf und geben CO_2 ab, wenn sie Energie aus gespeicherten Nährstoffen nutzen. Der entscheidende Punkt ist hier die Quantität: In der Summe betreiben Pflanzen viel mehr Photosynthese als Zellatmung; sie nehmen also viel mehr CO_2 auf als sie abgeben und geben viel mehr O_2 ab als sie aufnehmen. Feststellen lassen sich diese Stoffwechselprozesse, wenn man die Zusammensetzung der Luft in der Nähe einer Pflanze im Hellen und im Dunkeln genau analysiert. Im Licht befindet sich viel Sauerstoff in der Luft, als Resultat der Photosynthese; Nachts zeigt sich dann das Gegenteil: die Pflanzen können keine Photosynthese betreiben und atmen, genau wie wir Menschen.

Nutzbare Energie durch Chemiosmose und oxidative Phosphorylierung

Pflanzen betreiben Zellatmung, um die in Nährstoffen gespeicherte Energie für sich nutzbar zu machen. Dabei werden aus jedem Glukose-Molekül (sechs Kohlenstoff-Atome) durch Glykolyse und Citratzyklus insgesamt folgende Moleküle gebildet:

- sechs Moleküle CO_2
- vier Moleküle ATP
- zehn Moleküle NADH + H^+
- zwei Moleküle $FADH_2$

Die meiste Energie liegt also am Ende in Form der reduzierten Elektronentransporter NADH und $FADH_2$ vor. Um nun diese Energie auf ATP zu übertragen und damit den Prozess der Zellatmung zu komplettieren, wird von den Zellen die sogenannte *oxidative Phosphorylierung* genutzt. Damit wird ein Prozess bezeichnet, der ähnlich wie die an der Thylakoidmembran der Chloroplasten ablaufende Photophosphorylierung funktioniert. Mithilfe einer Elektronentransportkette, die hier an der inneren Membran der Mitochondrien abläuft, wird die Energie von den reduzierten Transportern auf ATP übertragen. Genau wie im Chloroplasten spielt auch hier *Chemiosmose* eine entscheidende Rolle.

Die Werbungskosten

Pflanzen sind meist im Boden verwurzelt und eigentlich nie mobil. Um einen geeigneten Partner zur Reproduktion zu finden, brauchen sie also Bestäuber, die angelockt werden müssen. Dazu bilden Pflanzen attraktive Blüten, produzieren Nektar und – erzeugen Duftstoffe. Wie aber können sie den Duft möglichst weit verbreiten?

Ein geeignetes Mittel, um Duftstoffe effektiver zu verbreiten, ist Wärme. Letztlich stellt der Duft ja Moleküle dar, die durch Wärme angeregt und mit einer höheren kinetischen Energie versorgt werden. So können sich die Moleküle schneller und weiter verbreiten. Sicher kennen Sie das Phänomen von Duftkerzen und auch von Duftölen, die man erwärmt, damit sie besonders intensiv riechen. Daraus folgt, dass etwas Wärme auch den Pflanzen bei der Verbreitung von Blütenduft hilft.

Wie aber erzeugen die Pflanzen Wärme? Durch Zellatmung! Experimente haben nämlich gezeigt, dass nur etwa 40 Prozent der in den Nährstoffen gespeicherten Energie von Zellen auf ATP übertragen werden kann. Die restlichen 60 Prozent werden an die Umwelt abgegeben – und zwar als Wärmeenergie. Somit erzeugen Pflanzen also durch ihre Zellatmung auch Wärme, die durch die Gewebe nach außen diffundiert und dabei auch den Duftmolekülen eine effektivere Verbreitung ermöglicht.

Abschließend noch ein Vergleich: Wenn Sie Sport treiben, beschleunigt sich Ihre Atmung; Nährstoffe werden abgebaut, ATP für Ihre Muskeln wird gebildet und Ihre Körpertemperatur steigt an – Sie schwitzen. Den intensiven Duft, den Sie dann verbreiten, kann man mögen, muss man aber nicht.

Mit Chemiosmose wird der Prozess beschrieben, mit dem Pflanzen die Energie der reduzierten Elektronentransporter (NADH + H^+) auf ATP übertragen. Durch die Elektronentransportkette wird ein Protonengradient über einer Membran (hier über der inneren Mitochondrienmembran) aufgebaut, der bei seinem Abbau die Energie auf ATP überträgt (siehe auch Kapitel 7).

Elektronentransfer

NADH und $FADH_2$ liefern bei der oxidativen Phosphorylierung Elektronen an die Elektronentransportkette.

Die Elektronen wandern entlang der Kette von Komplex zu Komplex, bis sie schließlich am Ende von Sauerstoff (O_2) aufgenommen werden. Wenn O_2 reduziert wird, nimmt er auch H^+-Ionen auf, sodass Wasser gebildet wird.

Molekularer Sauerstoff (O2) ist der finale Elektronenakzeptor bei der oxidativen Phosphorylierung von Pflanzen. Weil Sauerstoff stark elektronegativ ist, stellt es einen hervorragenden Elektronenakzeptor dar.

NADH und $FADH_2$ werden durch die Abgabe der Elektronen an den Beginn der Kette oxidiert, das heißt sie werden wieder zu NAD^+ und FAD und stehen damit wieder als Elektronenakzeptoren bei der Glykolyse und dem Citratzyklus zur Verfügung.

Energietransfer

Während Elektronen die Elektronentransportkette bei der oxidativen Phosphorylierung durchlaufen, wird durch Chemiosmose Energie auf ATP übertragen.

Die wesentlichen Schritte der Chemiosmose sind hier dieselben, die auch bei der Photophosphorylierung ablaufen:

1. **Energie wird in Form von Elektronen an eine Elektronentransportkette abgegeben.** Bei der Zellatmung stammen die Elektronen und somit die Energie ursprünglich aus den Nährstoffen; sie werden von NADH + H^+ und $FADH_2$ auf die Kette übertragen.
2. **Während die Elektronen entlang der Kette weitergegeben werden, erhalten die Proteinkomplexe etwas Energie, mit der sie Protonen (H^+) durch eine Membran pumpen.** Die dann auf der einen Seite der Membran konzentrierten H^+-Ionen stellen einen Energiequelle dar, die protonenmotorische Kraft genannt wird.

Während der oxidativen Phosphorylierung werden die Protonen durch die innere Mitochondrienmembran gepumpt und landen damit in dem zwischen den beiden Mitochondrienmembranen gelegenen Intermembranraum.

3. **Das Enzym ATP-Synthase schleust die Protonen zurück durch die Membran.** Durch ihre Bewegung verursachen die Protonen eine Drehung innerhalb des ATP-Synthase-Moleküls, welche die Energie im Molekül erhöht. Das Enzym nutzt dann diese Energie, um ADP mit

einer freien Phosphatgruppe zu verbinden. Es entsteht ATP, das damit letztlich die Energie aus den Nährstoffen in sich trägt.

Pflanzenzellen können ATP jetzt als Energiequelle für all ihre Aufgaben nutzen, das heißt zum Beispiel für Wachstum, Reparaturmechanismen oder den Transport von Molekülen.

Das Enzym ATP-Synthase liegt eingebettet in die innere Mitochondrienmembran in direkter Nachbarschaft zur Elektronentransportkette (siehe Abbildung 8.7). Auf der einen Seite der Membran befindet sich der Intermembranraum, auf der anderen Seite die Matrix des Mitochondriums. Bei der oxidativen Phosphorylierung treten die Protonen (Wasserstoff-Ionen) vom Intermembranraum aus in einen schmalen Kanal des Enzyms ein. Sie verbinden sich mit der ATP-Synthase und verlassen das Protein auf der Matrixseite der Membran. Wenn die Protonen am Protein andocken, rotiert der Kopf des Moleküls. Die Proteinbasis besitzt Bindungsstellen für ADP und anorganisches Phosphat (P). Insgesamt liefert die Passage von jeweils drei Protonen die notwendige Energie, um ein Molekül ATP aus ADP und Phosphat zu synthetisieren.

Chemiosmotische ATP-Bildung findet sowohl bei der Zellatmung als auch bei der Photosynthese statt.

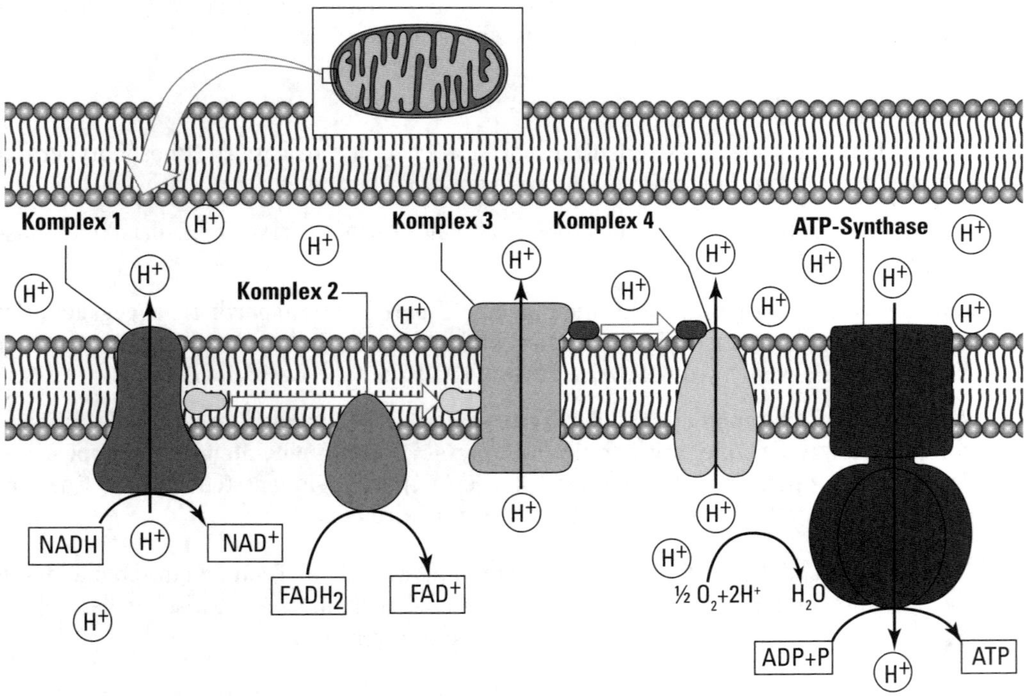

Abbildung 8.7: Die Elektronentransportkette an der inneren Membran der Mitochondrien.

Stofftransport in der Pflanze

9

In diesem Kapitel

- Der Transport von Molekülen durch Plasmamembranen
- Den Wassertransport verstehen mit der Kohäsionstheorie
- Die Druckstromtheorie erklärt den Transport von Kohlenhydraten

Pflanzen bilden Kohlenhydrate durch Photosynthese in den Blättern und müssen dann diesen Zucker im gesamten Organismus verteilen. Nur so stehen für alle Zellen Energie und Baustoffe bereit. Umgekehrt werden Wasser und Mineralien mit den Wurzeln aus dem Boden aufgenommen. Sie müssen ebenfalls zu allen Zellen des pflanzlichen Organismus transportiert werden. Wenn die Stoffe bei den Zellen angekommen sind, müssen sie noch ins Zellinnere gelangen, also die Plasmamembran überwinden. In diesem Kapitel werden die Transportsysteme für Wasser und Zucker erklärt und es wird auch dargestellt, wie die einzelnen Zellen die für sie lebenswichtigen Stoffe erhalten.

Wie Stoffpakete innerhalb der Pflanze verschickt und empfangen werden

Genau wie wir eine arbeitsteilige Wirtschaft haben, so sind auch in der Pflanze gewisse Bereiche auf die verschiedenen lebenswichtigen Aufgaben spezialisiert. In den Blättern wird durch Photosynthese Nahrung hergestellt und die Wurzeln sind für die Aufnahme von Wasser und Mineralien zuständig. Weil aber jede Pflanzenzelle alle diese Stoffe benötigt, müssen sie transportiert werden; und zwar mit möglichst geringem Energieaufwand. Abbildung 9.1 gibt einen Überblick über das gesamte Transportsystem.

Die Membranpassage

Die Plasmamembran kontrolliert alles, was in die Zelle hinein oder aus ihr heraus gelangen will. Dabei bestimmen drei Faktoren, ob ein Molekül überhaupt, und wenn ja, auf welchem Weg es die Plasmamembran passiert (zur grundsätzlichen Funktion von Plasmamembranen siehe Kapitel 2):

- ✔ **Die chemische Struktur des Moleküls, das heißt hauptsächlich seine Größe und seine Eigenschaften in Bezug auf Wasser (hydrophil oder hydrophob).** Kleine, hydrophobe Moleküle können die Lipide in der Plasmamembran beispielsweise völlig selbständig passieren. Größere Moleküle oder solche mit hydrophilen Eigenschaften brauchen zur Passage dagegen die Hilfe von Transportproteinen.

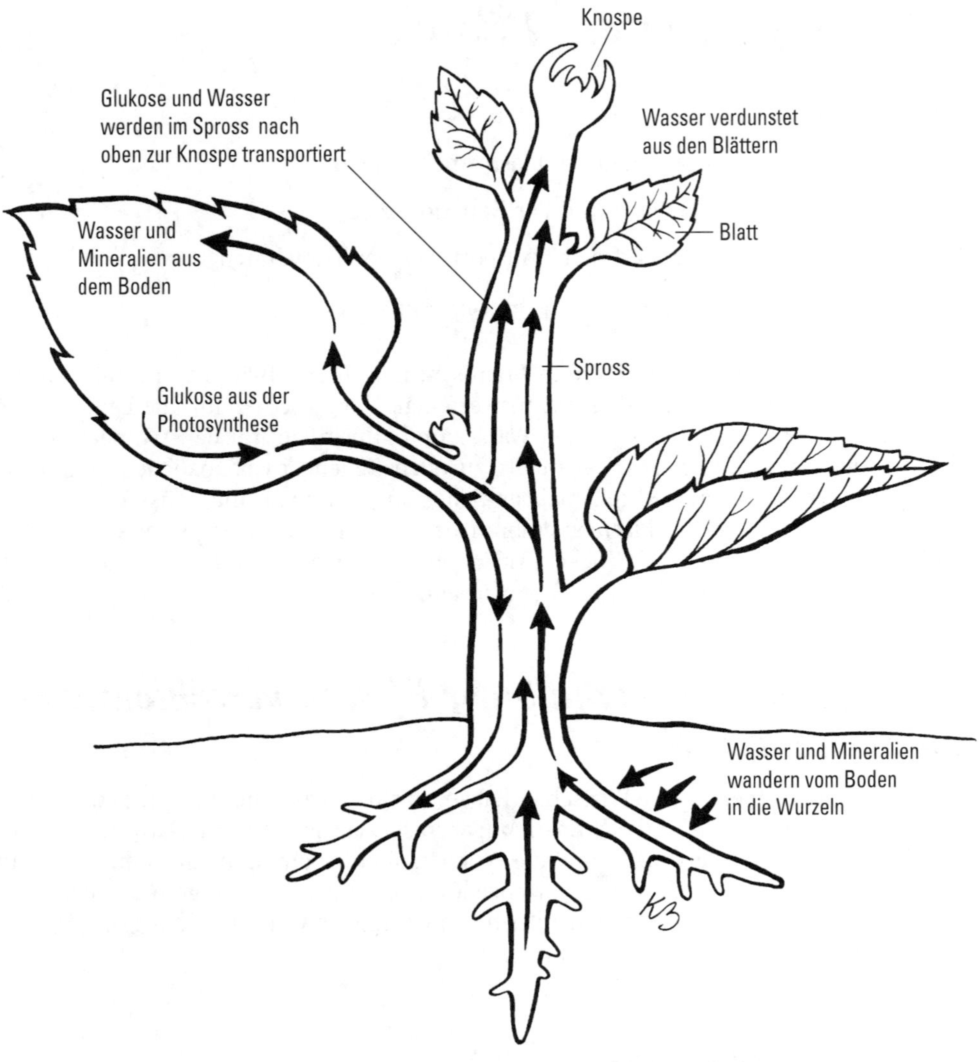

Abbildung 9.1: Der Molekültransport in der Pflanze in der Übersicht.

- **Die Konzentration (Menge) des Moleküls auf beiden Seiten der Membran.** Wenn sich Moleküle frei bewegen können, werden sie immer vom Ort der höheren Konzentration zum Ort der geringeren Konzentration wandern. Sie suchen den Ausgleich, das heißt sie streben ein chemisches Gleichgewicht der Konzentrationen an. Diese Art der Molekülbewegung wird *Diffusion* genannt und ist im folgenden Abschnitt genauer beschrieben.
- **Die Anwesenheit von Transportproteinen in der Membran.** Abgesehen von den kleinen hydrophoben Molekülen (siehe oben) brauchen die meisten anderen Moleküle die Hilfe von bestimmten Transportproteinen, um die Membran zu durchqueren. Wenn also die Plasmamembran nicht das spezifische Transportprotein für ein Molekül aufweist, wird dieses Molekül die Zelle nicht verlassen beziehungsweise nicht in sie hinein gelangen können.

Diffusion, der passive Transport

Diffusion ist eine Molekülbewegung von einem Ort hoher Konzentration hin zu einem Ort niedriger Konzentration. Die Antriebskraft der Diffusion ist das Streben nach einem Konzentrationsausgleich für das bestimmte Molekül. Sie ist daher ein passiver Prozess, der keinerlei Energie von der Zelle benötigt.

Diffusion wird von der sogenannten *kinetischen Energie* angetrieben, der Bewegungsenergie der Moleküle selbst. Durch ihre kinetische Energie sind alle Moleküle ständig in Bewegung; sie wackeln und hüpfen herum und werden sich daher in einem bestimmten Raum stets zufällig verteilen.

Die *Brown'sche Molekularbewegung* ist die zufällige Bewegung von Molekülen aufgrund ihrer kinetischen Energie.

Abbildung 9.2 zeigt, wie die Diffusion durch Membranen funktioniert:

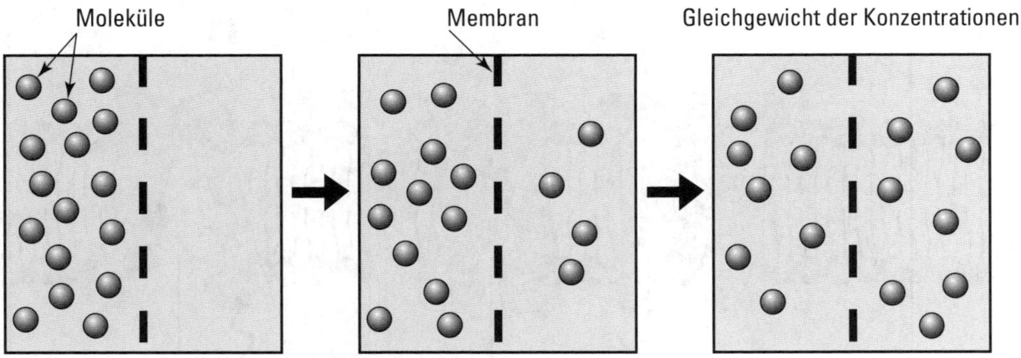

Abbildung 9.2: Diffusion von Molekülen.

1. Eine chemische Substanz ist anfangs nur auf einer Seite der Membran vorhanden und ihre Moleküle können die Membran selbständig passieren.
2. Aufgrund ihrer kinetischen Energie bewegen sich die Moleküle und beginnen, im gesamten Raum eine Gleichverteilung zu schaffen. Sie wandern daher durch die Membran.
3. Schließlich sind die Moleküle im gesamten Raum beziehungsweise auf beiden Seiten der Membran in gleicher Konzentration vorhanden. Wenn die Bewegungsrichtung gemessen wird, stellt man fest, dass die Bewegung von der höheren Konzentration in Richtung der niedrigeren Konzentration erfolgte.

Die Bewegung von Molekülen von einem Ort hoher Konzentration hin zu einem Ort niedriger Konzentration wird in Expertenkreisen als »Bewegung entlang eines Konzentrationsgradienten« bezeichnet. So wird auch ein Diffusionsprozess in den meisten Fällen durch einen *Konzentrationsgradienten* angetrieben.

Wir unterscheiden zwei Arten der Diffusion (Abbildung 9.3, links), die freie Diffusion und die proteinvermittelte Diffusion:

- ✔ **Freie Diffusion** liegt vor, wenn die Moleküle selbständig durch die Membran diffundieren können.

- **Proteinvermittelte Diffusion** liegt vor, wenn spezifische Membranproteine die Passage der Moleküle ermöglichen (Details zu Transportproteinen finden Sie in Kapitel 2).

Obwohl die proteinvermittelte Diffusion die Hilfe eines Proteins voraussetzt, ist die Richtung doch vorgegeben: Die Diffusion erfolgt auch hier von der höheren zur niedrigeren Konzentration. Und die Zelle muss keine Energie für diesen Prozess bereit stellen – es bleibt ein passiver Transport.

Abbildung 9.3 zeigt die beiden grundsätzlichen Möglichkeiten, wie Moleküle die Plasmamembran von Pflanzenzellen passieren können:

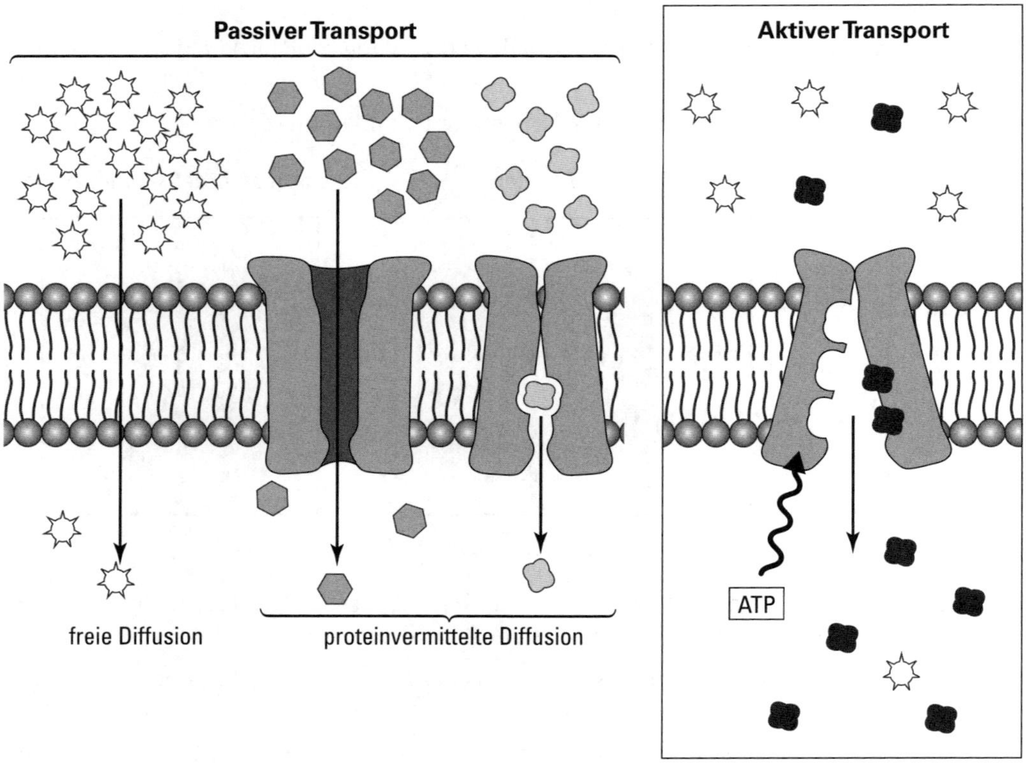

Abbildung 9.3: Der Transport von Molekülen durch eine Membran.

Der aktive Transport

In vielen Fällen ist es für Zellen notwendig, Moleküle entgegen eines Konzentrationsgradienten zu transportieren. Diese Molekülbewegung von Orten niedriger Konzentration hin zu Orten höherer Konzentration wird *aktiver Transport* genannt.

Ein aktiver Transport erfordert den Einsatz von Energie, denn die Moleküle müssen sozusagen den Berg hinauf transportiert werden, dem Konzentrationsgefälle entgegen. Abbildung 9.3 veranschaulicht, wie ein Transportprotein ein Molekül entgegen des Konzentrationsgradienten durch die Membran schleusen kann – unter Verbrauch von Energie in Form von ATP. Solche Proteine werden als *aktive Transportproteine* bezeichnet.

Als Beispiel für den aktiven Transport kann die Speicherung von Kohlenhydraten in den Zellen dienen: Obwohl sich aufgrund hoher Photosyntheseleistung bereits viele Glukose-Moleküle in einer Zelle befinden, soll vielleicht weitere Glukose ins Zellinnere befördert werden. Die Zelle kann dazu den aktiven Transportmechanismus nutzen und Glukose-Moleküle entgegen dem Konzentrationsgradienten einschleusen.

Osmose

Wasser passiert eine Membran durch Diffusion. Die Diffusion von Wassermolekülen durch eine halbdurchlässige Membran wird *Osmose* genannt. Bei der Osmose wandern Wassermoleküle von der Seite mit mehr Wasser zu der Seite, wo Wasser geringer konzentriert ist.

Dabei sollten Sie sich die Konzentration von Wasser als seinen Reinheitsgrad vorstellen. Wasser, in dem keinerlei Stoffe (Moleküle beziehungsweise Ionen) gelöst sind, ist völlig rein und somit maximal konzentriert. Je mehr Teilchen (Moleküle oder Ionen) nun im Wasser gelöst sind – entscheidend ist die Zahl der Teilchen, nicht ihre Größe oder ihr Gewicht – desto »unreiner« ist das Wasser und desto geringer ist seine Konzentration.

Die Intensität der Wanderungsbewegung der Wassermoleküle in Richtung der »unreinen« Seite wird also vom Reinheitsgrad des Wassers bestimmt. Oder anders ausgedrückt, von der Konzentration der Lösung. Lösungen sind umso höher konzentriert, je mehr Teilchen im Wasser gelöst sind. Die Konzentration einer Lösung bestimmt auch ihr osmotisches Potenzial (siehe folgender Abschnitt).

Die Lösungen auf beiden Seiten einer Membran werden in Bezug auf ihre Konzentration an gelösten Teilchen folgendermaßen benannt:

- ✔ *Hypertonische* Lösungen weisen höhere Konzentrationen von Teilchen und ein stärker negatives osmotisches Potenzial auf (*hyper* bedeutet mehr).
- ✔ *Hypotonische* Lösungen weisen niedrigere Konzentrationen von Teilchen und ein weniger negatives osmotisches Potenzial auf (*hypo* bedeutet weniger).
- ✔ *Isotonische* Lösungen weisen keine Unterschiede in Bezug auf ihre Konzentrationen und ihr osmotisches Potenzial auf (*iso* bedeutet gleich).

Zur Verdeutlichung schauen Sie sich bitte Abbildung 9.2 noch einmal an. Wir nehmen an, dass die Membran sowohl für die gelösten Teilchen als auch für Wasser durchlässig (permeabel) ist. Weil links die höhere Konzentration vorliegt, werden die Teilchen per Diffusion nach rechts wandern, bis sie auf beiden Seiten gleich verteilt (konzentriert) sind. Gleichzeitig wandern aber auch die Wassermoleküle, die sich rund um die Teilchen befinden. Was meine Sie wohl, in welche Richtung?

1. Anfangs ist die Lösung links hypertonisch, weil in ihr mehr Teilchen gelöst sind als rechts der Membran.
2. Weil die Membran in unserem Beispiel auch für Wasser permeabel ist, wandern die Wassermoleküle getrieben durch die Osmose in Richtung der hypertonischen Lösung, also von rechts nach links.

3. Gelöste Teilchen und Wassermoleküle wandern also in entgegengesetzten Richtungen durch die Membran, bis sie auf beiden Seiten der Membran zufällig und gleich verteilt (konzentriert) sind.

Membranen von lebenden Zellen fungieren als Zollstationen. Sie sind selektiv permeabel, das heißt nicht jedes Teilchen kann die Membran frei passieren (siehe auch Kapitel 2). Manche Stoffe benötigen Transportproteine zum Durchtritt durch eine Membran. Häufig kommt es daher vor, dass Wasser durch Osmose einen Konzentrationsausgleich über die Membran schafft, wohingegen ein bestimmtes Molekül weiterhin ungleich konzentriert auf beiden Seiten der Membran ist. Um sagen zu können, ob ein bestimmter Stoff die Membran einer Zelle passieren kann, muss man wissen, ob dieser Stoff ein Transportprotein benötigt und ob die beobachtete Zelle dieses Protein besitzt.

Egal ob Sie die Sache als Ausgleich der Wasserkonzentration sehen oder als Wasserbewegung hin zur höher konzentrierten Lösung, das Ergebnis bleibt gleich: Durch Osmose wird eine Gleichverteilung der Wassermoleküle auf beiden Seiten einer halbdurchlässigen Membran erreicht.

Unter Druck

Die Wasserbewegung in Pflanzenzellen wird verkompliziert, da meist auch die Zellen selbst unter Druck stehen. Denn wenn sich die Zentralvakuolen von Pflanzenzellen mit Wasser füllen, drücken die Plasmamembranen gegen die Zellwände – und diese sind nur wenig elastisch. Als Resultat der Wasseraufnahme in die Vakuolen baut sich somit ein Druck auf – er wird *Turgordruck* oder hydrostatischer Druck genannt.

Mit zunehmendem Wassereinstrom in die Vakuole wird die Zelle fester, Experten sagen *turgeszent*. Der steigende Turgor wirkt dem Wassereinstrom entgegen und verlangsamt diesen, auch wenn noch kein Gleichgewicht (Isotonie) erreicht wurde. Der Wassereinstrom ist osmotisch bedingt. Somit müssen osmotisches Potenzial und Turgordruck zusammen betrachtet werden (siehe unten).

Um den Zusammenhang von Osmose und Turgordruck besser zu verstehen, stellen Sie sich die Pflanzenzelle als wassergefüllten Ballon in einem Schuhkarton vor. Die Ballonhaut stellt die Plasmamembran dar und der Karton die Zellwand. Gefüllt ist der Ballon mit salzhaltigem Wasser, das das Zytoplasma der Zelle repräsentiert. Wenn nun über einen Schlauch ein Behälter mit reinem Wasser an den Ballon angeschlossen würde, würde Wasser in den Ballon einströmen. Es würde durch Osmose hin zum Ort der höheren Konzentration (also in den Ballon) fließen. Durch den Einstrom des Wassers erhöht sich der Druck des Ballons auf den Schuhkarton (Turgordruck), bis irgendwann der Gegendruck des Kartons einen weiteren Zustrom von Wasser verhindert. Möglicherweise sind dann die Konzentrationen von Ballon und Wasserbehälter noch nicht ausgeglichen.

Ob Wasser in eine Zelle hinein oder aus ihr hinaus strömt, hängt damit sowohl vom Turgordruck als auch von der Konzentration des Zellsaftes in der Vakuole ab. Die Kombination beider Faktoren wird von Botanikern als das *Wasserpotenzial* (ψ) einer Zelle bezeichnet. Man misst es in Megapascal (MPa), einer Druckeinheit, die mit der üblichen Einheit für Luftdruck (Bar) folgendermaßen zusammenhängt: Ein Megapascal entspricht zehn Bar.

Das Wasserpotenzial können Sie sich auch als den Drang des Wassers vorstellen, einen bestimmten Raum zugunsten eines anderen (hypertonischeren) Raumes zu verlassen. Um das Wasserpotenzial einer Zelle oder einer Lösung auszurechnen, addiert man einfach den Turgordruck und das osmotische Potenzial:

- ✔ Botaniker bezeichnen das *osmotische Potenzial* manchmal auch als osmotischen Druck und kürzen es mit ψ_O oder π ab. Das osmotische Potenzial von reinem Wasser ist gleich Null. Werden nun Teilchen im Wasser gelöst, sinkt das osmotische Potenzial. Pflanzenzellen weisen daher immer ein negatives osmotisches Potenzial auf.
- ✔ Botaniker benutzen die Ausdrücke Turgordruck und hydrostatischer Druck synonym und kürzen sie mit ψ_P ab. Der normale Atmosphärendruck auf Meereshöhe entspricht einem hydrostatischen Druck von Null. Wassergefüllte (turgeszente) Zellen weisen daher immer einen höheren Druck auf als er gerade in der umgebenden Atmosphäre herrscht.

Das Wasserpotenzial einer Zelle wird mit der folgenden Gleichung ausgedrückt:

$\Psi = \Psi_P + (-\Psi_O)$, das heißt also $\Psi = \Psi_P - \Psi_O$

Wasser bewegt sich stets vom Raum mit höherem Wasserpotenzial zum niedrigeren Wasserpotenzial.

In Tabelle 9.1 ist die Wasserpotenzialgleichung zu den theoretischen Konzepten der Wasserbewegung in Beziehung gesetzt:

Konzept	Gleichung
Wasser bewegt sich durch Osmose hin zu einem hypertonischen Raum (höhere Konzentration).	Mit steigender Konzentration der Lösung nimmt Ψ_O ab, sodass auch das Wasserpotenzial Ψ sinkt. Je niedriger Ψ wird, desto größer werden die Chancen, dass Wasser in die Lösung einströmt.
Steigender Turgordruck verlangsamt den Einstrom von Wasser in die Pflanzenzelle.	Mit steigendem Turgordruck steigt auch der Wert von Ψ_P an – das Wasserpotenzial Ψ der Zelle steigt. Je größer Ψ wird, desto kleiner wird die Chance, das Wasser in die Zelle einströmt.

Tabelle 9.1: Beziehung zwischen der Wasserbewegung in der Pflanze und der Wasserpotenzialgleichung.

Druckverlust

Natürlich kann Wasser nicht nur in die Zelle, sondern auch aus ihr hinaus strömen. Wenn Sie zum Beispiel frische Karotten oder Staudensellerie in Salzwasser legen, werden sie sehr schnell schlaff und weich – ihr Turgordruck sinkt. Durch das gelöste Salz hat das Wasser ein geringeres Wasserpotenzial als die Pflanzenzellen. Wasser strömt aus den Vakuolen und der Druck auf die Zellwand geht verloren. Wenn Gemüse welk und schlaff wird, sinkt also der Turgordruck.

Wenn man die Pflanzenzellen von welkem Gemüse unter dem Mikroskop anschaut, sieht man wahrscheinlich ein Bild wie in Abbildung 9.4 rechts – die Plasmolyse von Zellen. Durch den

Ausstrom von Wasser aus den Vakuolen kollabiert das Zytoplasma und die Plasmamembran löst sich von der Zellwand ab. Dieser Vorgang, der im Extremfall zum Absterben der Zelle führen kann, wird *Plasmolyse* genannt.

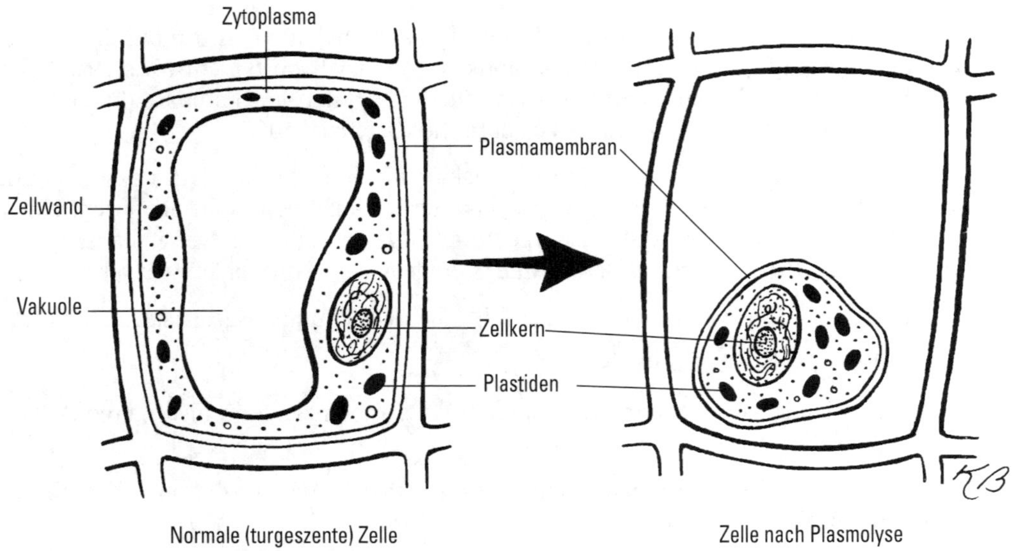

Abbildung 9.4: Plasmolyse.

Der Wassertransport

Die Pflanze transportiert Wasser in speziellen Leitungssystemen, dem *Xylem*. Wir haben es schon in Kapitel 3 kennengelernt. Es besteht hauptsächlich aus toten Zellen, die mit ihren stabilen, verholzten Sekundärwänden lange Röhrensysteme bilden. Sie können das Xylem mit den Wasserleitungen in Ihrer Wohnung vergleichen. Da seine Zellen abgestorben sind, erfolgt der Wassertransport nicht aktiv.

Das Wasser bewegt sich in den Leitungsbahnen des Xylems, den Tracheen und Tracheiden, aufgrund der folgenden beiden Faktoren:

- ✔ Adhäsion und Kohäsion der Wassermoleküle.
- ✔ Transpirationssog, der durch Verdunstung an den Blättern entsteht.

Botaniker erklären den Wassertransport in der Pflanze mit der sogenannten *Kohäsionstheorie*. Sie umfasst neben der Kohäsion auch die Adhäsion und natürlich die treibende Kraft, den Transpirationssog.

Zusammen sind wir stark – die Kohäsion des Wassers

Wassermoleküle sind polar und ziehen sich daher gegenseitig an. Zwischen den Molekülen bilden sich Wasserstoffbrückenbindungen. Auch wenn jede einzelne Wasserstoffbrückenbindung nur eine relativ schwache elektrostatische Anziehung darstellt, so sind diese Bindungen in der Gemeinschaft doch sehr stark. Sie sind so stabil, dass ein Wasserläufer – sicher kennen Sie diese Insekten vom Gartenteich – nicht versinkt und sogar wir Menschen uns mit Wasserskiern auf der Wasseroberfläche halten können, wenn wir schnell genug sind. Ausschlaggebend dafür ist die bekannte *Oberflächenspannung* des Wassers, die eben bedingt durch die Wasserstoffbrückenbindungen zwischen den Wassermolekülen besteht.

Unter *Kohäsion* versteht man allgemein die Anziehung zwischen Molekülen derselben Art. Die polaren Wassermoleküle zeigen Kohäsion.

Unter *Adhäsion* versteht man allgemein die Anziehung zwischen verschiedenen Arten von Molekülen. In der Pflanze spielt das eine Rolle, wenn sich Wassermoleküle und Zellulosemoleküle der Zellwände anziehen.

Eine Möglichkeit, die Phänomene von Kohäsion und Adhäsion zu veranschaulichen, ist die Betrachtung von Kapillargefäßen. Das sind enge Röhren, in denen eine Flüssigkeit entgegen der Gravitation von selbst aufsteigt, getrieben von den Kapillarkräften. Abbildung 9.5 zeigt die Auswirkungen von *Kapillarkräften* in Kapillaren mit unterschiedlichem Durchmesser:

✔ **Wenn eine Kapillare mit einem Ende in Wasser getaucht wird, steigt Wasser in ihr auf. Grund dafür sind Adhäsionskräfte, die zwischen den Wassermolekülen und den Molekülen bestehen, die die innere Wand der Kapillare bilden**. Die Wassermoleküle werden von den Molekülen in einer festen Kapillarwand angezogen, die zum Beispiel aus Glas bestehen kann. Die äußeren Wassermoleküle heften sich dann an die Moleküle des Glases an (Adhäsion) und außerdem verbinden sich alle Wassermoleküle miteinander (Kohäsion). So steigt das Wasser wie von Zauberhand allmählich nach oben.

✔ **Je enger die Kapillare ist, desto höher wird das Wasser steigen**. Die Erdanziehungskraft (Gravitation) wirkt natürlich auch und zieht das Wasser nach unten. Wie hoch das Wasser in der Kapillare steigt hängt also von beiden Kräften ab, der Gravitation und der Aufstiegskraft der Wassermoleküle. Weil in einer engen Kapillare relativ mehr Kontakte von Was-

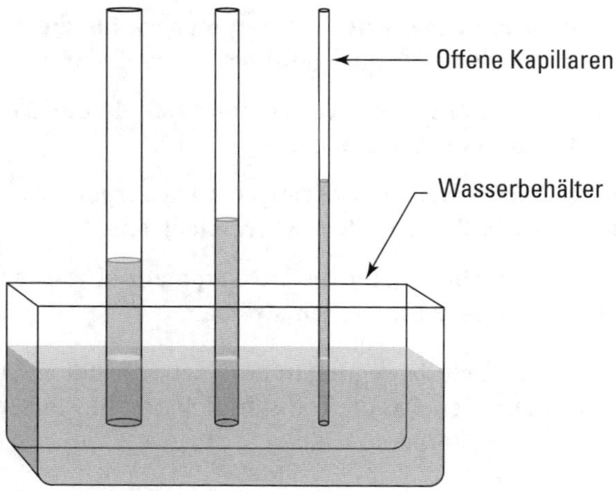

Abbildung 9.5: Kapillarkräfte in unterschiedlich dicken Kapillaren.

sermolekülen mit der Kapillarwand bestehen, ist die Aufstiegskraft des Wassers stärker als in einer dickeren Kapillare.

Bei Pflanzen wirken Kapillarkräfte in den engen Leitungsbahnen des Xylems.

- ✔ Kohäsionskräfte zwischen den Wassermolekülen wirken wie Klebstoff, der die Wassersäule zusammenhält.
- ✔ Adhäsionskräfte zwischen den Wassermolekülen und den Zellulosefibrillen der Zellwände von Tracheen und Tracheiden ziehen die Wassersäule nach oben. Das erfolgt so weit, bis sich die Adhäsionskraft und die Gravitation ausgleichen. Weil die Leitungsbahnen des Xylems eng sind, funktioniert dieses System sehr gut.

Gezogen wird von oben – der Transpirationssog

Mit den Kapillarkräften (siehe vorheriger Abschnitt) lässt sich allerdings nur ein Teil des Wassertransports in der Pflanze erklären. Da Wasser zum Beispiel auch in 20 Meter hohen Bäumen von den Wurzeln bis in die höchsten Blätter gelangt, muss es noch einen anderen Grund geben. Die entscheidende Kraft, die Wasser in den Xylemgefäßen aufsteigen lässt, ist der Transpirationssog. Er entsteht, weil Wasser aus den Blättern verdunstet (Transpiration) und durch Wasser aus der kontinuierlichen Wassersäule des Xylems ersetzt wird. Die Transpiration an den Blättern erzeugt also einen Sog nach oben.

Wasser steigt in der Pflanze auf und wird an die Atmosphäre abgegeben, weil die Transpiration für einen Wasserpotenzial-Gradienten sorgt (Erklärungen zum Wasserpotenzial finden Sie im Abschnitt »Unter Druck« weiter oben in diesem Kapitel). Abbildung 9.6 zeigt, wie das Wasser von den Wurzeln durch die Pflanze bis in die Blätter strömt, wo es schließlich verdunstet.

1. **Die Atmosphäre hat ein sehr negatives Wasserpotenzial; es ist negativer als das Wasserpotenzial der Luft in den Blättern.** Somit bewegen sich die Wassermoleküle aus dem Blatt heraus in die Atmosphäre.
2. **Die Luft im Blatt weist ein negativeres Wasserpotenzial als die Blattzellen auf. Daher strömt Wasser aus den Zellen in die luftgefüllten Interzellularen.**
3. **Die Blattzellen haben ein negativeres Wasserpotenzial als die Wassersäule im Xylem. Wasser fließt vom Xylem in die Blattzellen.**
4. **Die Wassersäule des Xylems weist ein negativeres Wasserpotenzial als die Wurzelzellen auf, sodass Wasser von den Wurzelzellen ins Xylem strömt.**
5. **Die Wurzelzellen besitzen ein negativeres Wasserpotenzial als der Boden; somit kann Wasser aus dem Boden in die Wurzelzellen strömen.**

Das Ausmaß der Wasserbewegung in der Pflanze hängt von der Stärke des Transpirationssoges ab. Alles, was die Transpiration erhöht, steigert auch die Wasserbewegung im Pflanzenkörper.

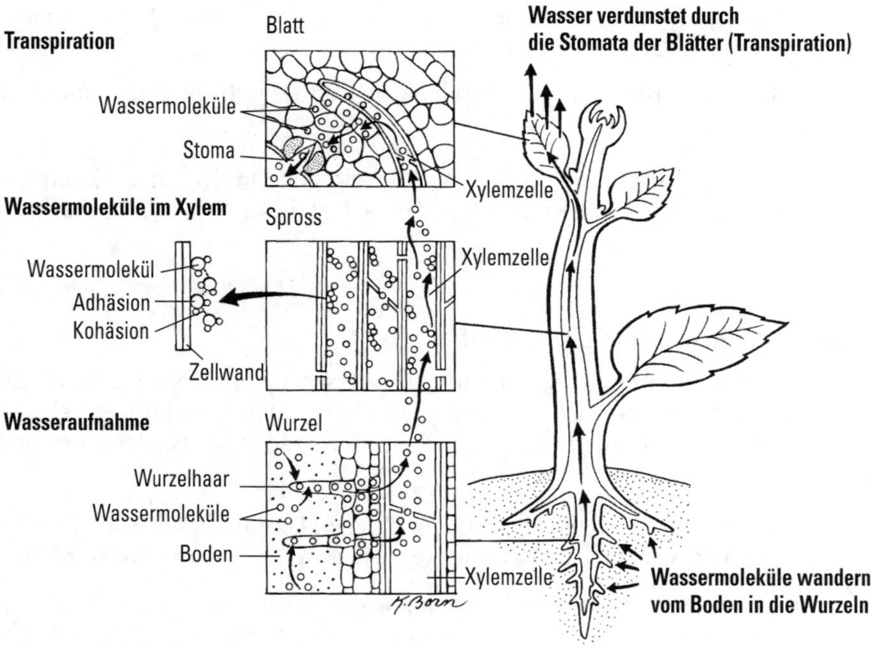

Abbildung 9.6: Die Wasserbewegung im Pflanzenkörper.

Es gibt verschiedene Umweltfaktoren zur Beeinflussung der Transpirationsrate:

✔ Wenn die Luft in der Umgebung der Pflanze trocken ist, verringert sich ihr Wasserpotenzial; dadurch erhöht sich die Transpiration.

✔ Wenn es windig ist, wird der Wasserdampf weggeweht, der sich in der Luft rund um die Blätter befindet; das Wasserpotenzial der Luft sinkt und die Transpiration erhöht sich.

✔ Steigende Temperaturen erhöhen den Dampfdruck des Wassers, was wiederum die Transpiration erhöht.

✔ Alle Faktoren, die zu einer Öffnung der Stomata führen, können auch die Transpirationsrate erhöhen.

Die Öffnung der Stomata wird über verschiedene Signale gesteuert:

1. Die Schließzellen der Spaltöffnungen haben Rezeptoren, die auf bestimmte Umweltreize wie zum Beispiel Licht und CO_2 reagieren.

2. Wenn die Schließzellen merken, dass es hell ist oder dass die CO_2-Konzentration niedrig ist, schleusen sie Wasserstoffionen (H^+) aktiv aus der Zelle hinaus; dadurch erhalten die Schließzellen eine negative Ladung.

3. Durch die negative Ladung werden positiv geladene Kalium-Ionen (K^+) angeregt, in die Zelle zu wandern. Dadurch sinkt das Wasserpotenzial der Schließzellen (weil das osmotische Potenzial sinkt)

4. Wenn das Wasserpotenzial der Schließzellen sinkt, strömt Wasser durch Osmose in die Zellen; diese werden dann stärker turgeszent.
5. Bei steigendem Turgordruck in den Schließzellen öffnet sich die Spaltöffnung und die Transpiration steigt.

Treibende Kraft für die vertikale Wasserbewegung im Xylem der Pflanzen ist die Transpiration. Es handelt sich um das Gegenteil von Druck, den Transpirationssog.

Luft in der Leitung – die Gasembolie

Damit Wasser im Xylem aufsteigen kann, muss die Wassersäule in einer Trachee intakt sein, das heißt, die Wassermoleküle müssen über Kohäsion miteinander verbunden sein. Wird die Säule unterbrochen, zum Beispiel durch eine Luftblase, reißt der Wasserstrom in diesem Gefäß ab.

Das plötzliche Auftreten von Gasblasen in den Leitungsbahnen von Pflanzen wird *Gasembolie* genannt. Es kann auf verschiedene Weise ausgelöst werden:

- ✔ An heißen, trockenen Tagen kann die Zugspannung (der Sog) durch die Transpiration so groß sein, dass sie die Kohäsions- und Adhäsionskräfte übersteigt, die die Wassersäule zusammenhalten. Die Wassermoleküle werden dann auseinander gerissen und durch eine Luftblase getrennt.
- ✔ Im Wasser gelöste Gase können unter bestimmten Bedingungen (Druck, Temperatur) aus dem Wasser entweichen und eine Gasblase bilden.
- ✔ Durch Frost und Tauprozesse werden die Bindungen zwischen den Wassermolekülen verändert, was zur Bildung von Gasblasen führen kann.

Weil Pflanzen für ihren Wassertransport auf die Kapillarkräfte vertrauen, stellen Gasembolien eine nicht zu unterschätzende Gefahr dar. Aber, wie üblich in der Natur, gibt es auch für dieses Problem eine Lösung:

- ✔ **Pflanzen, die aufgrund ihres Standortes besonders durch Gasembolien gefährdet sein können, bewerkstelligen ihren Wassertransport vorwiegend über Tracheiden.** Diese besitzen zugespitzte Enden und sind englumiger als Tracheen. Außerdem weisen sie zahlreiche Tüpfel für den lateralen und vertikalen Wassertransport auf. Tritt nun eine Embolie durch eine Luftblase auf, kann die Blase in einer Tracheide auf eine einzelne Tracheidenzelle beschränkt bleiben; das Wasser fließt dann durch die Tüpfel um die luftgefüllte Zelle herum. In einer Trachee dagegen, die ja eine dicke, durchgehende Röhre ohne Tüpfel darstellt, wird durch eine Luftblase die gesamte Leitungsbahn außer Kraft gesetzt. Ein Beispiel für eine Pflanzengruppe, die ihr Wasser vor allem durch Tracheiden leitet, sind die in arktischen Regionen verbreiteten Nadelbäume (viele Gymnospermen). Sie eignen sich damit gut für solche kalten Gegenden, wo Frost- und Tauprozesse das Risiko für eine Gasembolie erhöhen.

- **Manche Holzpflanzen bilden jedes Jahr neues Xylem.** Gasembolien in weitlumigen Tracheen sind im Laufe des Jahres meist unvermeidbar und irreversibel, das heißt, die Leitungsbahn ist für immer unbrauchbar. Manche Bäume, wie etwa unsere Eiche, nehmen das gelassen und bilden einfach jedes Jahr neue Tracheen. Das ist zum Beispiel bei der Eiche der Grund dafür, dass sie so spät im Jahr austreibt.

- **In der Nacht nutzen die Pflanzen den *Wurzeldruck*, um Wasser nach oben zu pumpen und unterbrochene Wassersäulen zu reparieren.** Nachts werden Ionen von den Wurzelzellen ins Xylem geschleust, was dort zu einer Reduzierung des osmotischen Potenzials und damit auch zu einem geringeren Wasserpotenzial führt. Folglich strömt Wasser ins Xylem ein. Wenn nun der dadurch entstehende Druck groß genug ist, um den unteren Teil einer durch Luft geteilten Wassersäule nach oben zu schieben, sodass sie den oberen Teil wieder erreicht, verbinden sich die Wassermoleküle erneut (Kohäsion) und die Säule ist repariert. Dieser Wurzeldruck ist vor allem bei kleineren Pflanzen ein effektiver Reparaturmechanismus, da Wasser allein durch Wurzeldruck nur bis etwa zehn Meter in die Höhe gedrückt werden kann.

Immer auf der Suche – die Wurzeln

Wurzeln sind die Eintrittspforte für das Wasser in die Pflanze. Wassermoleküle, die als Regen auf die Erde fallen, werden von den Bodenteilchen angezogen. Sie bilden dann mehrschichtige Hüllen um die Bodenpartikel. Dabei weist die innerste Schicht, die direkt mit der Erde in Kontakt steht, das niedrigste Wasserpotenzial auf. Um nun Wasser aus dem Boden aufzunehmen, muss die Pflanze mit den Wasserhüllen in Kontakt kommen und die Wurzelzellen müssen ein niedrigeres Wasserpotenzial als die Hüllen aufweisen, denn Wassermoleküle bewegen sich immer in Richtung des geringeren Wasserpotenzials. Normalerweise können Pflanzen daher nie das gesamte Wasser aus dem von ihnen durchwurzelten Boden aufnehmen. Die inneren Hüllen sind zu fest an die Bodenpartikel gebunden.

Um ausreichend Wasser zu gewinnen, intensivieren die Pflanzen ihren Kontakt mit den Bodenteilchen auf verschiedene Weise. Einzelheiten zu Wurzelaufbau und Wurzelhaaren sowie zur Bedeutung der Mykorrhiza lesen Sie in Kapitel 4.

- Durch **Seitenwurzeln** wird die Wurzelmasse insgesamt erhöht und ein größerer Bodenbereich durchwurzelt.

- **Wurzelhaare** erhöhen die Wurzeloberfläche deutlich und sorgen so für mehr Kontakt von Wurzelzellen und Bodenteilchen.

- **Pfahlwurzeln** reichen bis tief in die Erde hinein, um an das dort befindliche Wasser zu gelangen.

- **Mykorrhiza-Pilze**, die in Symbiose mit den Wurzeln leben, erhöhen ebenfalls die Wasseraufnahmefähigkeit des Wurzelsystems.

Zusammen mit dem Wasser nehmen die Wurzeln auch *mineralische Nährstoffe* für das Pflanzenwachstum aus dem Boden auf. Insgesamt sind dies 13 wichtige Mineralien (siehe auch Kapitel 7). Sie stammen aus den Felsen und Steinen im Boden, die im Zuge ihrer kontinuierlichen Verwitterung Ionen an das Bodenwasser abgeben. Folglich nimmt die Pflanze diese Ionen zusammen mit dem Wasser auf. Allerdings kann diese Ionenaufnahme für die Pflanze unter Umständen schwierig werden, zum Beispiel im Falle von positiv geladenen Ionen (*Kationen*, wie zum Beispiel K^+, Ca^{2+} und Mg^{2+}). Diese sind besonders fest an die negativ geladenen Tonpartikel im Boden gebunden. Aber auch hier haben die Pflanzen eine Lösung parat: Sie tauschen die dringend benötigten Kationen gegen H^+-Ionen aus, die sie aktiv an den Boden abgeben. Die H^+-Ionen verbinden sich dann mit den Tonpartikeln, die Kationen werden frei und stehen für die Pflanze zur Absorption bereit. Dabei haben die Pflanzen durch den in Kapitel 4 beschriebenen *Casparischen Streifen* die volle Kontrolle über die Ionen, die sie aufnehmen. Aufgrund dieses Wachsstreifens muss alles Wasser, das durch die Wurzeln fließt, mitsamt den darin gelösten Ionen irgendwann eine Wurzelzelle passieren. Zur Aufnahme in die Zelle muss die Plasmamembran überwunden werden, was Ionen generell nur mit der Hilfe von Transportproteinen gelingt. So kann die Pflanze genau kontrollieren, welche Ionen aufgenommen werden.

Eine klebrige Sache – der Zuckertransport

Kohlenhydrate, also Zucker, transportiert die Pflanzen in ihrem Phloem. Ähnlich wie das Xylem besteht das Phloem aus röhrenartigen Zellen, die an ihren Enden verbunden sind. Im Gegensatz zum Xylem handelt es sich bei den Siebröhren und ihren Geleitzellen jedoch um lebende Zellen. Sie transportieren Ionen und Zucker durch ihre Membranen hindurch und setzen so den Assimilattransport in Gang.

Pflanzen transportieren ihre Assimilate (die Photosyntheseprodukte) im Phloem, indem sie den Fluss des Wassers manipulieren, und zwar durch aktiven Ionentransport. In Regionen, wo viel Zucker vorhanden ist (zum Beispiel in den Blättern während der Photosynthese), wird der Turgordruck im Phloem erhöht, wodurch auch das Wasserpotenzial steigt. In den Pflanzenteilen, wo Zucker gebraucht wird, erniedrigt die Pflanze dagegen den Turgordruck im Phloem.

Spender und Empfänger

Generell können wir beim Transport der Assimilate Spender (Quellen) und Empfänger (Verbraucher) unterscheiden. Die grünen Teile der Pflanze, wie vor allem die Blätter, produzieren Zucker durch Photosynthese und stellen damit die eigentliche Zuckeruelle dar. Kohlenhydrate werden aber auch gespeichert, zum Beispiel in den Wurzeln. Im Frühjahr, wenn gespeicherter Zucker für das Wachstum mobilisiert werden muss, stellen die Wurzeln somit einen Spenderort dar.

Verbraucht werden Kohlenhydrate von allen Pflanzenteilen, besonders aber von schnell wachsenden Geweben wie Sprossspitzen oder sich entwickelnden Früchten. Neben diesen klassischen Empfängerorten werden im Sommer aber auch Speichergewebe wie zum Beispiel Wurzeln zu Empfängern, indem sie Zucker anfordern. Und im Frühjahr stellen die aufbrechenden Knospen signifikante Empfängerorte dar.

Die Druckstromtheorie

Botaniker haben ihre Beobachtungen und Experimente zum Assimilattransport im Phloem in der sogenannten Druckstromtheorie zusammengefasst. Gemäß dieser Hypothese, die in Abbildung 9.7 veranschaulicht ist, werden die Kohlenhydrate im Phloem durch Wasser transportiert. Der Fluss dieses zuckerhaltigen Wassers wird dabei durch Veränderungen des Wasserpotenzials in bestimmten Regionen des Phloems bestimmt, wobei die Pflanze den Turgordruck beziehungsweise das osmotische Potenzial aktiv beeinflusst.

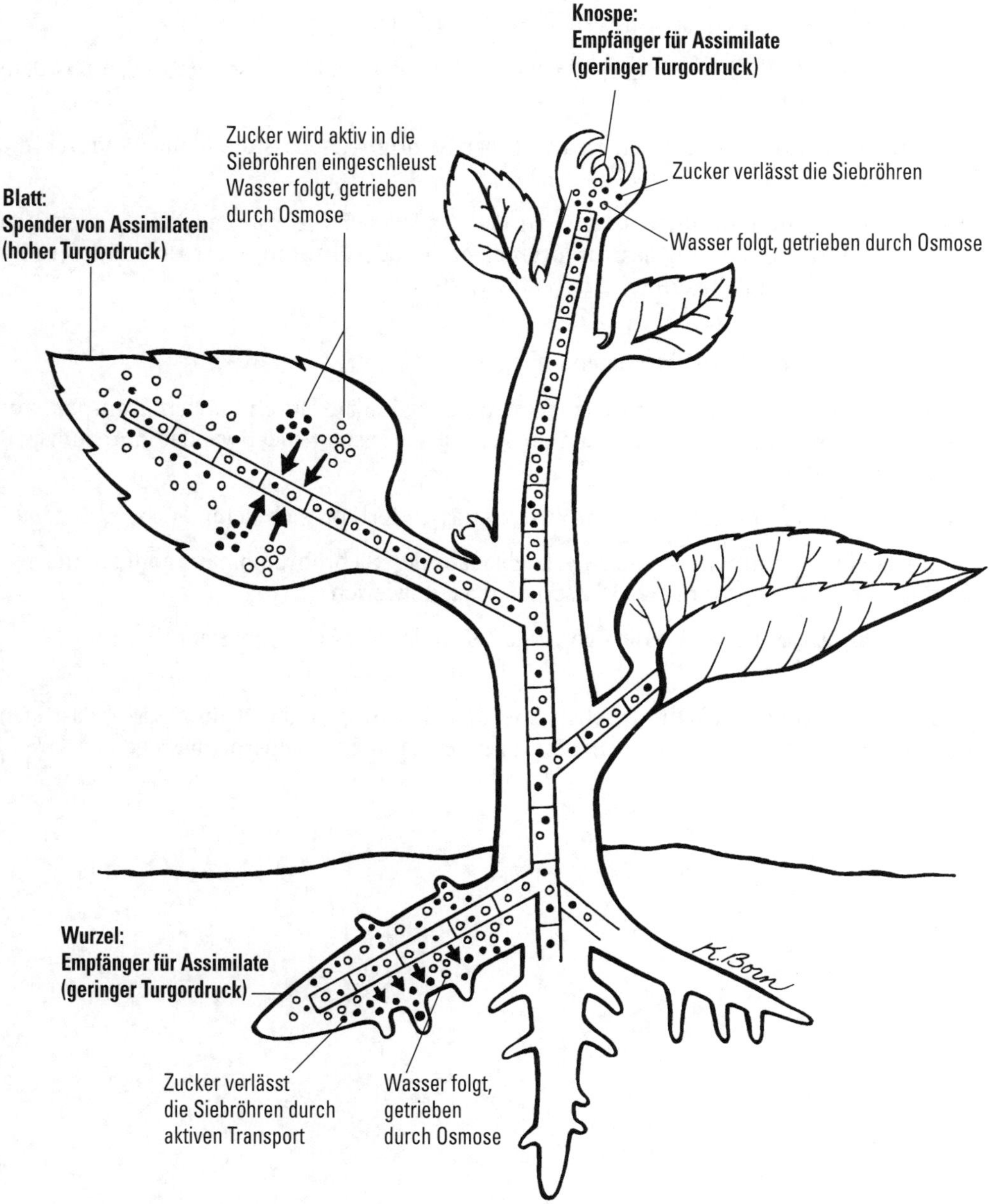

Abbildung 9.7: Die Druckstromtheorie erklärt den Assimilattransport in der Pflanze.

An den Spenderorten geschieht Folgendes:

1. Phloemzellen am Spenderort transportieren Zuckermoleküle aktiv in die Siebröhren.

2. Durch den Eintritt von Zucker in die Siebröhren verringert sich deren osmotisches Potenzial, wodurch sich auch das Wasserpotenzial verringert.

3. Aufgrund des geringeren Wasserpotenzials strömt Wasser osmotisch getrieben aus dem Xylem in die Siebröhren ein.

4. Der Wassereinstrom erhöht den Druck in der Siebröhre, sodass die Moleküle durch die Röhre gedrückt werden.

   Die porösen Zellwände (Siebplatten) an den Enden der Siebröhrenzellen begünstigen dabei die Aufrechterhaltung des Turgorgradienten in der Siebröhre; der Übertritt der Moleküle von Zelle zu Zelle erfolgt durch *Massenstrom*.

An den Empfängerorten passiert Folgendes:

1. Pflanzenzellen am Empfängerort entfernen die Assimilate durch aktiven Transport aus den Siebröhren. Sie nutzen dann den Zucker entweder sofort oder wandeln ihn zur Speicherung in Stärke um.

2. Wenn die Zuckermoleküle die Siebröhren verlassen, erhöht sich deren Wasserpotenzial.

3. Wasser strömt daraufhin osmotisch getrieben aus den Siebröhren hinaus in die umliegenden Gewebe, die ein geringeres Wasserpotenzial aufweisen.

4. Durch den Ausstrom des Wassers verringert sich der Druck in den Siebröhren.

Der Turgorgradient zwischen Spender- und Empfängerort führt dazu, dass sich Kohlenhydrate im Phloem vom Spender- zum Empfängerort bewegen.

Die Regulation von Wachstum und Entwicklung

10

In diesem Kapitel

- Verschiedene Arten des Pflanzenwachstums im Vergleich
- Wie Signale weitergeleitet werden
- Den Einfluss pflanzlicher Hormone verstehen
- Entdecken Sie, wie Pflanzen die Helligkeit messen

Pflanzen wachsen durch Zellteilung und -verlängerung; die Zellen differenzieren und spezialisieren sich und bilden unterschiedliche Gewebe und Organe. Geregelt werden Wachstum und Entwicklung dabei durch Hormone. Pflanzen planen ihr Wachstum und ihre Vermehrung je nach den herrschenden Umweltbedingungen; sie nutzen dazu Rezeptoren, die Umweltfaktoren wie zum Beispiel Licht erfassen. In diesem Kapitel erkläre ich Ihnen, wie die Pflanze ihr Dasein mit eigenen Hormonen (Phytohormonen) und Photorezeptoren steuert.

Überblick über Wachstum und Entwicklung von Pflanzen

Pflanzliches Wachstum bedeutet eine Zunahme an Höhe und Gewicht – die Pflanze wird größer. Differenzierung führt dagegen zu neuen oder stärker spezialisierten Funktionen beziehungsweise Strukturen.

Auf zellulärer Ebene unterscheiden wir zwei verschiedene Prozesse des pflanzlichen Wachstums:

- ✔ **Teilungswachstum**: Zellteilungsprozesse in den meristematischen Geweben führen zu Wachstum durch neue Zellen.
- ✔ **Streckungswachstum**: Einzelne Zellen vergrößern sich, entweder in alle (isodiametrisch) oder in bestimmte Richtungen (prosenchymatisch), und die Pflanze wächst.

Wachstum, mit dem Sprosse und Wurzeln an Länge gewinnen, erfolgt in den Spitzen dieser Organe. Apikalmeristeme produzieren dort neue Zellen und bilden organisierte Gewebe. Direkt anschließend an die Apikalmeristeme von Spross und Wurzel befindet sich die Streckungszone (siehe Abbildung 4.7), wo der überwiegende Teil des Streckungswachstums erfolgt.

Wenn sich Zellen durch Volumenzunahme vergrößern (strecken), ist das gleichzeitig auch ein Prozess der *Differenzierung*. Sie reifen heran, ändern ihre Struktur und spezialisieren sich dadurch für bestimmte Aufgaben.

Wenn Zellen ausdifferenziert und reif sind, stellen sie meistens ihr Wachstum ein.

Dieses Verhalten von Zellen, egal ob sie sich teilen, wachsen oder sich differenzieren, wird von Hormonen gesteuert. Die Freisetzung der Hormone ist dabei als Antwort auf die sich ständig ändernden Umweltbedingungen zu verstehen.

Hormone sind chemische Substanzen, die in winzigen Mengen an bestimmten Orten des Organismus produziert werden und dann an ihren Bestimmungsort transportiert werden. In der Zielzelle lösen sie dann eine Funktionsänderung aus.

Signale empfangen

Damit eine Zelle auf ein Phytohormon reagieren kann, muss sie einen Rezeptor für dieses Hormon haben. Rezeptoren sind Proteine, die in Membranen liegen und sich sehr spezifisch mit einem bestimmten Molekül verbinden. Wenn ein Hormon, also ein Signalmolekül, an einem Rezeptor andockt, leitet dieser das Signal in das Zellinnere weiter. Man bezeichnet diesen Prozess als *Signaltransduktion* oder Signalweiterleitung.

Die Signaltransduktion läuft in Pflanzenzellen in drei aufeinanderfolgenden Schritten ab (die sogenannte Signaltransduktionskette):

1. **Rezeption:** Ein Hormon dockt an seinem Rezeptor in der Plasmamembran der Zelle an.
2. **Signalweiterleitung:** Der Teil des Rezeptormoleküls, der ins Zellinnere hinein ragt, ändert seine Struktur und aktiviert dadurch bestimmte Moleküle in der Zelle, die sogenannten *sekundären Botenstoffe*.
3. **Reaktion:** Die sekundären Botenstoffe rufen über chemische Reaktionen eine Funktionsänderung der Zelle hervor.

Auf Signale reagieren

Zellen reagieren auf Signale von Hormonen, indem sie ihre Funktion beziehungsweise ihr Verhalten ändern. Sie produzieren unter Umständen neue Strukturen, verändern Stoffwechselwege oder beginnen sich zu teilen. Dabei ist die Zelle für jede Änderung auf die Mithilfe von ganz bestimmten Proteinen angewiesen. Daher muss eine Zelle, die durch ein Hormon zu einer Funktionsänderung veranlasst wurde, erst einmal die notwendigen Proteine synthetisieren. Die Anleitung zu dieser Proteinbiosynthese befindet sich im genetischen Code der DNA; sie ist jeweils in kleinen Abschnitten der Chromosomen gespeichert, den sogenannten *Genen*.

Wenn Zellen ein neues Protein bilden möchten, kopieren sie die für dieses Protein erforderlichen Instruktionen aus dem zugehörigen Gen und synthetisieren dann das Protein in ihren Ribosomen. Zellen können also auf Signale reagieren, indem sie mit den Informationen aus bestimmten Genen neue Proteine bilden.

Zellen sind in der Lage, bei Bedarf nur ganz bestimmte Gene als Informationsquelle zu nutzen. Wissenschaftler bezeichnen das als *Genregulation* oder sprechen davon, dass Gene an- und abgeschaltet werden. Letztlich führen die Signale von Hormonen also über eine veränderte Genregulation zu Verhaltensänderungen von Zellen. Nachdem das Hormon am Rezeptor gebunden ist, verursachen die sekundären Botenstoffe ein An- oder Abschalten von bestimmten Genen in der Zelle. Hormone steuern somit das Wachstum und die Differenzierung von Pflanzenzellen. Dieser Prozess von Wachstum und Differenzierung von Zellen zu Geweben, von Geweben zu Organen und dann schließlich zu einem gesamten Organismus wird *Entwicklung* genannt.

Signale senden mit Phytohormonen

Botaniker unterscheiden sechs Hauptgruppen von *Phytohormonen*, also Hormonen die die pflanzliche Entwicklung steuern. Tabelle 10.1 fasst den Ursprung und die wichtigsten Prozesse zusammen, auf die verschiedene Hormongruppen Einfluss nehmen. In den nachfolgenden Abschnitten werden dann Einzelheiten dargestellt, wie Hormone spezielle Pflanzenreaktionen hervorrufen.

Hormongruppe	Bildungsort in der Pflanze	Steuerung von
Auxine	Apikalmeristeme, Knospen, junge Blätter.	Phototropismus, Gravitropismus, Apikaldominanz, Hemmung des Blattfalls, Blütenbildung, Geschlechtsbestimmung, Fruchtentwicklung.
Cytokinine	Hauptsächlich in Wurzeln und von dort nach oben transportiert.	Zellteilung, Zelldifferenzierung, Seitenknospenentwicklung, Stimulation des Keimblattwachstums, Öffnung der Stomata, Verzögerung von Alterungsprozessen.
Gibberelline	Apikalmeristeme, junge Blätter, Embryonen.	Zellstreckung, schnelle Sprossverlängerung, Unterbrechung der Dormanz, Anregung zur Blütenbildung.
Abscisinsäure	Plastiden, daher in grünen Geweben vorhanden, und auch in fleischigen Früchten.	Wachstumshemmung, Schließen der Stomata, Verzögerung der Samenkeimung.
Ethylen	Früchte, Blüten, Samen, Blätter, Wurzeln.	Fruchtreife, Blattfall, Alterung, Auslösen von Streckungsprozessen und Knospenentwicklung.
Brassinolide	Reproduktionsorgane und wachsende Gewebe, wie junge Triebe und unreife Samen.	Zellstreckung, Zellteilung, Differenzierung des Xylems, Wachstum des Pollenschlauchs, Samenkeimung, Blattalterung, Hemmung des Seitenknospenwachstums.

Tabelle 10.1: Die sechs Hauptgruppen von Phytohormonen.

Auxine

Auxine waren die ersten Phytohormone, die entdeckt wurden. Sie beeinflussen zahlreiche Prozesse der pflanzlichen Entwicklung. Sie zogen die Aufmerksamkeit von Wissenschaftlern auf sich, als diese die Fähigkeit von Haferkeimlingen untersuchten, sich stets dem Licht zuzuwenden.

Der niederländische Botaniker Frits Went konzipierte 1926 eine Versuchsreihe, um herauszufinden, was genau die Keimlinge veranlasste, immer in Richtung des Lichts zu wachsen. Die Ergebnisse seiner Forschungen sind in Abbildung 10.1 dargestellt.

1. **Went schnitt den Haferkeimlingen die Spitzen ab und platzierte diese dann auf Agarplatten (Agar ist eine Gelatine-ähnliche Substanz).**

   Wenn die Apikalmeristeme in den Keimlingsspitzen einen Stoff produzierten, der das Wachstum beeinflusste, dann würde dieser Stoff jetzt von dem Agar aufgesaugt.

2. **Nach ein paar Stunden Kontakt zwischen den Spitzen und dem Agar entsorgte er die Spitzen und schnitt den Agar in kleine Quader. Er testete dann, wie die Keimlinge auf die Agar-Blöckchen reagierten.**

   Wenn der Agar wirklich einen chemischen Stoff von den Spitzen aufgesaugt hatte, dann müsste dieser bei Kontakt mit den geköpften Keimlingen auch wirken.

3. **Er platzierte die Agar-Quader zuerst in der Mitte der Schnittstelle an der Keimlingsspitze. Der Keimling wuchs weiter senkrecht nach oben.**

   Die Keimlinge verhielten sich also wie normale Keimlinge. Went schloss daraus, dass die Agarblöckchen die Funktion der abgeschnittenen Spitzen übernehmen konnten. Er nutzte dann diese Keimlinge als Kontrollgruppe für seine weiteren Experimente.

4. **Went platzierte die Agar-Blöckchen bei einer anderen Keimlingsgruppe nur an einer Seite der Schnittstelle. Daraufhin wuchs der Keimling im Bogen vom Agar weg.**

   Durch das seitliche Auflegen der Quadrate applizierte Went den chemischen Stoff nur bei einem Teil der Zellen in der Keimlingsspitze. Diese Zellen reagierten mit einem beschleunigten Wachstum auf den Stoff, sodass der Keimling bogenförmig weg von dem Agar-Blöckchen wuchs.

Wents Versuche zeigten deutlich, dass die Keimlingsspitzen einen Stoff produzierten, der in den Agar diffundieren und die Wachstumsrichtung der Keimlinge beeinflussen konnte. Er nannte diesen Stoff Auxin, nach dem griechischen Wort »auxano« für »ich wachse«. Bei Pflanzen kommt Auxin meist als Indol-3-Essigsäure vor, die sich chemisch von der Aminosäure Tryptophan ableitet. Die anderen Auxine sind viel seltener.

Die Apikaldominanz

Haben Sie jemals die Spitze einer Pflanze abgeschnitten mit der Absicht, das Wachstum der Seitenzweige zu fördern? Dann wissen Sie zumindest schon, dass es eine *Apikaldominanz* gibt. Mit Apikaldominanz wird die Tatsache bezeichnet, dass die meisten Pflanzen lieber nach oben wachsen als zur Seite. Sie resultiert aus der Fähigkeit der Apikalmeristeme, das Wachstum der Seitenknospen zu hemmen.

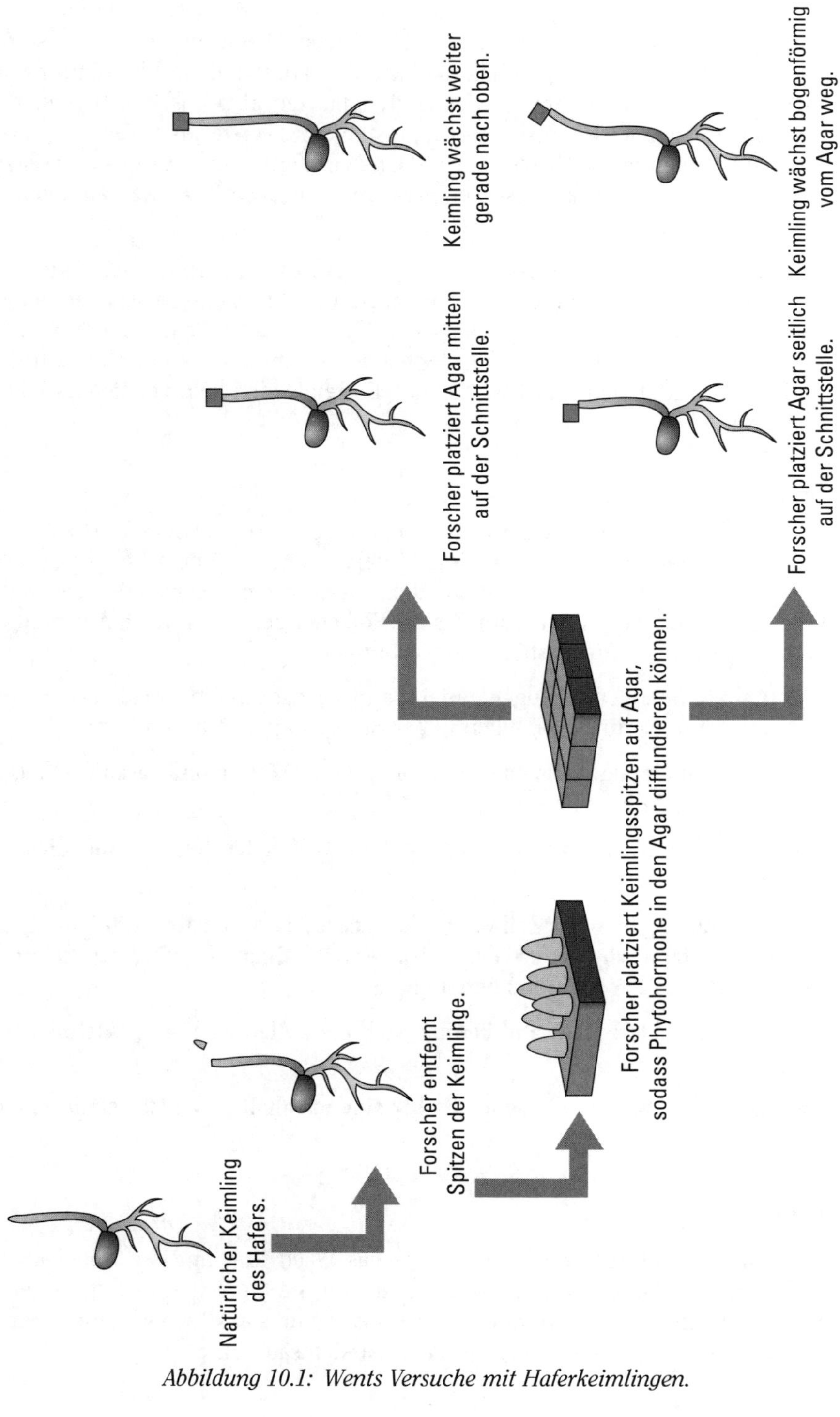

Abbildung 10.1: Wents Versuche mit Haferkeimlingen.

Solange sich ein aktives Apikalmeristem in der Nähe von Seitenknospen befindet, wird das Wachstum dieser Seitenknospen durch Auxin unterdrückt. Wenn man die Sprossspitze und damit das Apikalmeristem entfernt, entfällt die Unterdrückung und die Seitenknospen beginnen zu wachsen. Wenn Ihre Zimmer- oder Gartenpflanzen also buschiger werden sollen, schneiden Sie die Spitzen der Hauptsprosse zugunsten eines verstärkten Wachstums der Seitenzweige ab. Mit zunehmender Größe einer Pflanze entfernt sich das Apikalmeristem von den unteren Seitenknospen, sodass diese weniger vom Auxin beeinflusst werden und zu wachsen beginnen.

Botaniker haben den hemmenden Effekt des Auxins auf das Wachstum der Seitenknospen durch ein simples Experiment bewiesen. Zuerst entfernten sie die Sprossspitzen bei einigen Pflanzen, was ein verstärktes Wachstum der Seitenknospen zur Folge hatte. Dann entfernten sie erneut bei einigen Pflanzen die Spitzen, stellten deren Einfluss aber durch Auxin-getränkte Watte auf den Schnittstellen sofort wieder her. Es zeigte sich kein verstärktes Wachstum der Seitenknospen.

Zellstreckung

Auxin wirkt auf Zellen in der Streckungszone von Sprossen – das Hormon führt zu einer Zellvergrößerung. Botaniker demonstrierten diesen Effekt des Auxins, indem sie die Streckungszone bei Sprossen entfernten. Sie versorgten die Sprossstücke mit Zucker, Wasser und Mineralien, aber es zeigte sich kein Wachstum. Als die Forscher zusätzlich noch Auxin zur Verfügung stellten, begannen die Sprossstücke zu wachsen.

Viele Botaniker sind Anhänger der sogenannten Säurewachstums-Theorie; sie kann erklären, warum Auxin die Vergrößerung von Zellen in der Streckungszone beeinflusst:

1. **Auxin aktiviert ein Membrantransportprotein namens ATPase und veranlasst das Protein, H^+-Ionen in die Zellwand zu pumpen.**
2. **Mit steigender H^+-Ionen-Konzentration sinkt der pH-Wert der Zellwand und die Zellwand wird saurer.**
3. **Die sauren Bedingungen in der Zellwand führen dazu, dass sich Molekülbindungen lösen und die Wand instabil wird; so werden beispielsweise Enzyme gefördert, die am Abbau von Hemizellulose in der Zellwand beteiligt sind.**
4. **Durch die jetzt flexiblere Zellwand können sich die Zellen leichter ausdehnen (vergrößern).**
5. **Auxin aktiviert auch Wachstumsgene, die für eine nachhaltige Zellstreckung notwendig sind.**

Cytokinine

Genau wie Auxine beeinflussen auch Cytokinine das Wachstum und die Entwicklung von Pflanzen auf vielfältige Weise. Sie wurden entdeckt, weil sie die Zellteilung stimulieren und zum Beispiel bei Holzpflanzen die Bildung des Korkkambiums auslösen. Chemisch sind es in der Regel modifizierte Formen des Adenins, einer Nukleinsäurebase.

Einer der interessantesten Aspekte der Cytokinine ist ihr Zusammenspiel mit den Auxinen. Denn viele Wachstumsprozesse von Pflanzen hängen nicht allein von der An- oder Abwesenheit eines dieser beiden Phytohormone ab, sondern vom Auxin-Cytokinin-Mengenverhältnis.

In Laborversuchen haben Botaniker die Wirkungen der Hormone getestet. Sie legten *Gewebekulturen* an, indem sie Stücke von ausgereiftem Blatt-, Spross- und Wurzelgewebe auf Nähr-Agar platzierten und dann verschiedene Auxin-Cytokinin-Verhältnisse anwendeten:

- ✔ Bei einer Rate von 1, also bei gleicher Menge Auxin und Cytokinin, entwickelte sich ein unorganisierter Gewebekomplex, der Kallus genannt wird.
- ✔ Wenn die Forscher mehr Auxin als Cytokinin applizierten, entwickelten sich Wurzeln aus dem Versuchsgewebe.
- ✔ Wenn die Forscher mehr Cytokinin als Auxin applizierten, entwickelten sich Sprosse aus dem Versuchsgewebe.

Gewebekulturen stellen eine weit verbreitete Methode von Pflanzenzüchtern und Gärtnereien dar, um langsam wachsende Arten wie etwa Orchideen zu vermehren. Außerdem werden Gewebekulturen auch genutzt, um Klone herzustellen; das sind genetisch identische Individuen, die von einer Mutterpflanze abstammen. Wenn man zum Beispiel durch Genmanipulation erfolgreich eine transgene Kulturpflanze erzeugt hat, wird diese geklont – man erhält viele genetisch identische Individuen dieser transgenen Mutterpflanze. Mithilfe von Gewebekulturen konnte gezeigt werden, dass das korrekte Verhältnis von Auxin zu Cytokinin für Pflanzen von grundlegender Bedeutung ist, um alle Organe am richtigen Ort zu entwickeln. Vielleicht haben Sie selbst bereits einmal ein Experiment in dieser Hinsicht gemacht, wenn Sie einen Pflanzenspross abgeschnitten und zum Bewurzeln in eine Vase mit Wasser gesteckt haben.

Auxine werden überwiegend in den Apikalmeristemen des Sprosses gebildet, Cytokinine dagegen hauptsächlich in den Apikalmeristemen der Wurzeln.

Wenn Sie einen Pflanzenspross abschneiden, also von seinen Wurzeln trennen, hat dieses Sprossstück ein hohes Auxin-Cytokinin-Verhältnis. Dieses Ungleichgewicht der beiden Phytohormone (viel Auxin, wenig Cytokinin) signalisiert dem Spross, dass Wurzeln fehlen – er reagiert daraufhin mit der Bildung von Wurzeln in der Vase.

Gibberelline

Der wohl bekannteste Effekt von Gibberellinen ist ihre Fähigkeit, die Zellteilung in den Internodien von Pflanzen zu stimulieren. Als Gartenbesitzer mit Salatbeet ist Ihnen diese Wirkung der Gibberelline vielleicht bereits vertraut, wenn auch bislang nur unbewusst. Im Frühling bilden die jungen Salatpflanzen viele, dicht stehende Blätter, die typischen Rosetten, die je nach Sorte einen Salatkopf erzeugen. Diese Wuchsform entsteht durch extrem verkürzte (gestauchte) Internodien zwischen den Blättern. Mit zunehmender Tageslänge und wärmeren Temperaturen zum Sommer hin, beginnt der Salat jedoch zu schießen und wenn Sie vergessen zu ernten, entsteht schnell ein hoher Blütenstiel mit langen Internodien. Ursache dafür sind die Gibberelline, deren Produktion durch längere Tage und höhere Temperaturen ausgelöst wird.

Einige Kulturpflanzen, wie Erbsen und Bohnen, bilden auch Zwergformen, weil sie die Fähigkeit zur Produktion von Gibberellinen komplett verloren haben. Wenn man solche Pflanzen der Wirkung von Gibberellinen aussetzt, wachsen ihre Internodien extrem schnell und sie sind kaum noch von ihren normal großen Verwandten zu unterscheiden. So können Sie mithilfe dieser Phytohormone zum Beispiel Buschbohnen in Stangenbohnen verwandeln.

Verrückter Reis

In den 1920er Jahren untersuchte der japanische Wissenschaftler Ewiti Kurosawa eine Krankheit von Reispflanzen. Der Reis wuchs viel zu schnell und wurde viel größer als normal; seine Sprossachsen waren sehr schwach, sodass er bald umknickte und einging. Die japanischen Bauern bezeichneten den Reis als »bakanae«, was verrückt bedeutet. Tatsächlich war der Reis aber nicht verrückt, sondern er hatte nur Pech, dass er von einem Pilz namens *Gibberella fujikuroi* infiziert wurde. Kurosawa isolierte eine chemische Substanz aus diesem Pilz und applizierte sie gesunden Reispflanzen. Diese zeigten daraufhin dasselbe schnelle Wachstum mit baldigem Absterben. Er nannte diese Substanz Gibberellin, eben nach dem Pilz, aus dem sie stammte. Einige Jahre später entschlüsselten dann andere Forscher die chemische Struktur des Gibberellins; mittlerweile sind mehr als 100 verschiedene Gibberelline bekannt, von denen aber nur wenige physiologisch aktiv sind.

Abscisinsäure

Abscisinsäure hemmt das Pflanzenwachstum und löst die Dormanz (Entwicklungsverzögerung) von Ruheknospen aus (Samenruhe). Das machen sich Pflanzenzüchter zunutze, indem sie ihre Ware vor dem Versenden mit Abscisinsäure einnebeln. Dadurch bleiben die Knospen im Ruhezustand, platzen nicht auf und werden beim Transport weniger beschädigt.

Wenn Blätter unter Wassermangel leiden, produzieren sie vermehrt Abscisinsäure. Das Phytohormon interagiert mit dem Transport von Kalium-Ionen in den Schließzellen der Stomata; es löst einen Turgorverlust der Schließzellen aus und führt damit zum Schließen der Spaltöffnungen. So hilft die Abscisinsäure der Pflanze, nicht noch mehr Wasser zu verlieren.

Ethylen

Ethylen ist ein Gas, das vor allem durch seine Wirkung auf den Reifeprozess von Früchten bekannt ist. Schon die alten Ägypter vermuteten seine Existenz: sie begasten Feigen, um sie schneller reifen zu lassen. Und im alten China wurden reifende Birnen in besonderen Räumen eingeräuchert. Heutzutage wird Ethylen von Landwirten und Händlern verwendet. Sie ernten Früchte wie etwa Bananen, Mangos und Melonen in grünem, unreifem Zustand, damit sie beim Transport keinen Schaden nehmen. Kurz vor dem Verkauf werden sie dann mit Ethylen begast.

Außerdem spielt Ethylen eine wichtige Rolle bei anderen physiologischen Prozessen, wie beispielsweise beim Blattfall. Das Ablösen der Blätter vom Spross im Herbst wird durch Ethylen eingeleitet.

Brassinolide

Diese Phytohormone, teilweise auch als Brassinosteroide bezeichnet, wurden zuerst bei der Gattung *Brassica* nachgewiesen. Es handelt sich um Steroidhormone, die viele Aspekte der pflanzlichen Entwicklung steuern. Mittlerweile sind sie bei zahlreichen Pflanzengruppen bestätigt worden, darunter Gymnospermen, Monokotyledonen, Dikotyledonen und Grünalgen. Obwohl sie erst vor relativ kurzer Zeit entdeckt wurden, haben intensive Forschungen ihre Wirkung weitgehend entschlüsselt. Sie können beispielsweise die Photosyntheserate erhöhen und die Widerstandsfähigkeit von Pflanzen gegenüber Stress und Krankheiten verbessern. Somit sind Brassinolide für die Landwirtschaft von großer Bedeutung; sie erhöhen sowohl die Qualität als auch die Quantität der Ernte.

Der Effekt der Brassinolide ist enorm; sie können zum Beispiel auch die Konzentrationen anderen Phytohormone beeinflussen. Sie können die Zellstreckung entweder anregen oder hemmen, je nach Entwicklungsstadium der Pflanze und über den Einfluss auf das Auxin-Cytokinin-Verhältnis. Außerdem sind sie in der Lage, manche Effekte der Abscisinsäure abzuschwächen, indem sie die Blütenbildung, die Samenkeimung und die Öffnung der Stomata stimulieren.

Bewegung ist gesund – auch für Pflanzen

Sie haben richtig gelesen: Pflanzen bewegen sich auch. Sie können zwar ihren Standort nicht verlassen, bewegen aber ihre Organe so, wie es für sie günstig ist. Sie ändern zum Beispiel die Blattstellung, damit der Winkel der Sonneneinstrahlung optimal ist und wachsen auch mit ihren Sprossen stets zum Licht hin. Ihre Wurzeln wachsen aufgrund der Gravitationskraft nach unten und manche Pflanzen zeigen sogar sichtbar schnelle Bewegungen. Sie kennen sicher die Venus-Fliegenfalle, die zur besseren Versorgung mit Stickstoff auf tierische Nahrung in Form von Insekten zurückgreift.

Wachstumsbewegungen – Tropismen

Tropismus bezeichnet die gerichtete Bewegung von Pflanzenorganen durch verstärktes Wachstum in diese Richtung. Diese Bewegungen kommen durch die Streckung spezieller Zellen zustande. Man unterscheidet verschiedene Arten von Tropismus, je nachdem, durch welche Art von Signalen er ausgelöst wird: Licht, Gravitation, chemische Substanzen oder Temperatur. Nachfolgend lesen Sie Einzelheiten zu den drei am besten erforschten Tropismen.

- ✔ **Phototropismus:** Wenn eine Pflanze nur von einer Seite Licht bekommt, reagiert ihre Sprossachse darauf mit positivem Phototropismus: Sie biegt sich in Richtung des Lichts. Wenn Sie Zimmerpflanzen besitzen, haben Sie sicher schon Bekanntschaft mit dieser Art von Tropismus gemacht. Bestimmte Moleküle in den Triebspitzen der Pflanze, sogenannte Photorezeptoren, absorbieren blaues Licht. Die anschließende Signalweiterleitung führt zu einer erhöhten Auxinproduktion auf der dunklen Seite des Sprosses. Dort wird dann die Zellstreckung angeregt und der Spross biegt sich in Richtung des Lichts.

- **Geotropismus:** Pflanzenwurzeln wachsen positiv geotrop, also in Richtung der Erdanziehungskraft nach unten. Sprosse machen genau das Gegenteil; sie wachsen negativ geotrop nach oben, entgegen der Schwerkraft. Diesen Tropismus können Sie ganz leicht selbst testen: Legen einfach einen Ihrer Blumentöpfe auf die Seite. Nach einer Weile wird der Spross einen Knick machen und nach oben wachsen. Die Wurzeln tun das Gegenteil, auch wenn Sie es im Topf nicht sehen. Wissenschaftler erklären das Phänomen mit der Verlagerung von Stärkekörnern, den sogenannten Amyloplasten. Man nimmt an, dass Pflanzen den Druck der Schwerkraft auf Amyloplasten in den Zellen von Wurzelhaube und Leitbündeln des Sprosses wahrnehmen. Die Stärkekörner sammeln sich aufgrund der Schwerkraft auf den unteren Seiten der Zellen. Der dadurch entstehende Druck induziert die Produktion von Auxin, das dann auf die untere Seite von Spross beziehungsweise Wurzel transportiert wird. Im Spross wird dadurch die Zellstreckung angeregt und der Spross krümmt sich nach oben. In den Wurzeln hat Auxin jedoch die gegenteilige Wirkung: Hohe Konzentrationen des Phytohormons hemmen die Zellstreckung, sodass die untere Seite der Wurzeln langsamer wächst und sich die Wurzeln nach unten krümmen.
- **Thigmotropismus:** Damit wird die gerichtete Bewegungsreaktion von Pflanzen auf einen Berührungsreiz bezeichnet. Eines der bekanntesten Beispiele sind Kletterpflanzen, wie etwa Stangenbohnen, die ihre Ranken nach Kontakt mit einer festen Struktur um diese herum winden. Sie zeigen damit positiven Thigmotropismus. Wurzeln verhalten sich dagegen genau umgekehrt: sie wenden sich von festen Strukturen, wie etwa Steinen im Boden, ab und wachsen lieber in der weicheren Erde. Sie zeigen also negativen Thigmotropismus. Die genauen Mechanismen dieses Tropismus sind noch unklar. Man weiß jedoch, dass manche schnellen Bewegungen durch Veränderungen des Turgordrucks in den Zellen zustande kommen (siehe auch weiter unten). Epidermiszellen nehmen die Berührung mit der festen Struktur wahr; die folgende Signalweiterleitung führt dann zu den unterschiedlichen Wachstumsrichtungen der Pflanzenorgane. Anders als bei den zuvor genannten Tropismen ist Auxin am Thigmotropismus scheinbar nicht beteiligt.

Bewegungen durch Turgordruck

Generell von den Tropismen zu unterscheiden sind die Nastien, die ebenfalls durch Reize ausgelöste Bewegungen von Organen darstellen. Sie sind jedoch vom Bauplan der Pflanze her vorgegeben und meist reversibel, das heißt sie können immer wieder ablaufen. Charakteristisch ist weiterhin, dass es sich um »Alles-oder Nichts«-Reaktionen handelt, also dass die Reaktion nach Überschreiten der Reizschwelle in voller Stärke einsetzt. Die Reizstärke ist dabei nicht proportional zur Stärke des Reizes. Bekannt ist hier etwa die sogenannte Seismonastie, wie sie bei den Staubblättern der Berberitze oder den Laubblättern der Mimose zu beobachten ist. Die Bewegung kann hier auch durch Erschütterungsreize ausgelöst werden und wird durch einen sich schnell verändernden Turgordruck erreicht. Die Reaktionszeit (Reizbeginn bis Bewegungsbeginn) liegt bei *Berberis sp.* bei 0,02 Sekunden, bei *Mimosa pudica* bei 0,08 Sekunden.

Wenn Pflanzen auf Reize schnell reagieren wollen, geht das am besten über eine Änderung des Turgordrucks in bestimmten Zellen. Die zuvor besprochenen Bewegungen durch Wachstum haben natürlich eine längere Reaktionszeit, da die Pflanze ja wachsen muss. Schnelle Bewegungen durch veränderten Turgordruck können den Wachstumsbewegungen auch vorausgehen, zum Beispiel bei einigen Ranken. Da windet sich die Ranke schnell um die Stütze (Turgorbewegung) und danach folgen kontinuierliche Wachstumsbewegungen in Richtung der Stütze.

Bei Turgorbewegungen verlieren bestimmte Zellen sehr schnell ihren Turgordruck, sodass das betroffene Organ (Staubblatt, Laubblatt, Ranke und so weiter) an dieser Stelle einknickt. Der Vorgang läuft vermutlich in allen diesen Motorgeweben grundsätzlich ähnlich ab. Im Einzelnen stellen Wissenschaftler sich das folgendermaßen vor:

1. Berührungsempfindliche Rezeptoren erkennen einen erhöhten Druck durch ein Insekt (Berberitze) oder durch eine Kletterstütze (Ranke).
2. Es erfolgt eine Weiterleitung des Signals und anschließend kommt es zu einer Erniedrigung des osmotischen Potenzials in den Zellen nahe der gereizten Stelle. Dazu werden Chlorid-Ionen (Cl^-) und dann Kalium-Ionen (K^+) aus den Zellen geschleust – die Umgebung wird also hypertonisch.
3. Wasser strömt osmotisch getrieben aus den Zellen, sodass die Zellen kollabieren und das Organ an dieser Stelle einknickt.

Auf diese Art und Weise klappt die Mimose ihre Fiederblätter zusammen, wenn man sie berührt. Vielleicht haben Sie das schon einmal probiert. Viele Botanische Gärten haben diese wärmeliebende »Sinnpflanze« in ihren Beständen. Die Staubblattbewegungen der Berberitze können Sie womöglich direkt vor Ihrer Haustüre testen, denn die dornigen Blütensträucher sind in Deutschland weit verbreitet. Versuchen Sie einmal, zum Beispiel mit einem Streichholz, die Staubfäden der gelben Blüten innen zu berühren und sofort werden die sechs Staubblätter nach innen klappen. Durch diese Staubblattbewegung optimiert die Pflanze ihre Bestäubung, denn der Pollen wird dadurch sehr effektiv an ein auf der Blüte landendes Insekt gedrückt.

Wie spät ist es? – Pflanzen registrieren die Jahreszeiten

Pflanzen wissen genau, wann es Zeit ist zu blühen, in den Ruhezustand zu wechseln oder auszukeimen. Für die Wahrnehmung der verschiedenen Jahreszeiten durch die Pflanze spielen sowohl Temperatur als auch Sonneneinstrahlung eine Rolle. Viele Reaktionen im Laufe des Jahres gehen dabei auf die Aktivität eines Photorezeptors zurück – dieser heißt *Phytochrom*.

Phytochrom ist ein Photorezeptor, der die Präsenz von Licht zweier Wellenlängen wahrnehmen kann: Er registriert hellrotes Licht (660 nm) und dunkelrotes Licht (730 nm). Helles Rotlicht steht den Pflanzen nur während des Tages zur Verfügung, wenn die Sonne scheint; dunkelrote Strahlung ist dagegen Tag und Nacht vorhanden. Einzelheiten zur Einordnung dieser beiden Wellenlängen in das elektromagnetische Spektrum lesen Sie in Kapitel 7.

Wenn Phytochrom (P) Licht absorbiert, verändert es seine Molekülstruktur. Es wechselt ständig zwischen zwei Formen, die P_{HR} und P_{DR} genannt werden; HR steht dabei für hellrot, DR für dunkelrot. In Abbildung 10.2 ist dieser Wandlungsprozess veranschaulicht.

- Liegt das Molekül beispielsweise als P_{HR} vor und wird mit hellrotem Licht bestrahlt, geht es in seine aktive Form P_{DR} über.
- Liegt das Molekül dagegen als P_{DR} vor und wird mit dunkelrotem Licht bestrahlt, geht es in seine inaktive Form P_{HR} über.
- Im Dunkeln wird P_{DR} langsam wieder in P_{HR} umgebaut.

Nur P_{DR} ist physiologisch aktiv. Oder mit anderen Worten, nur wenn dieses Molekül in einer Zelle vorhanden ist, erfolgt eine Reaktion (zum Beispiel Keimung). P_{HR} ist inaktiv.

Phytochrom reguliert zahlreiche pflanzliche Prozesse, darunter Blühbeginn, Samenkeimung, *Vergeilung* (wenn Pflanzen im Schatten besonders lang werden) sowie die Bildung von Pigmenten und Plastiden.

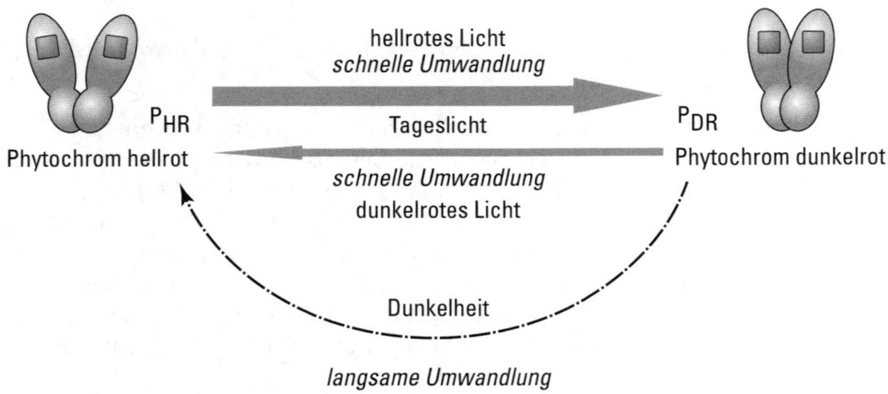

Abbildung 10.2: Der Wechsel von Phytochrom zwischen seinen beiden Molekülformen P_{HR} und P_{DR}.

Blütezeit

Viele Blütenpflanzen nutzen Phytochrom, um herauszufinden, wann sie blühen müssen. Sie messen mit seiner Hilfe die Tageslänge, die sogenannte Licht- oder *Photoperiode*.

Wenn die Sonne scheint, absorbiert das Phytochrom Sonnenlicht. Dadurch wird das meiste Phytochrom in den Zellen in seine aktive Form (P_{DR}) umgewandelt. Während der Nacht wird dann das P_{DR} langsam wieder zurück in P_{HR} konvertiert. Das heißt, je länger die Nacht ist, desto mehr P_{HR} liegt bei Sonnenaufgang in den Zellen vor. Über das Mengenverhältnis von P_{DR} zu P_{HR} können Pflanzen also bestimmen, wie lang die Nächte relativ zu den Tagen sind.

Pflanzen können die sich im Jahreslauf verändernde Länge der *Dunkelperiode* über das P_{DR}:P_{HR}-Verhältnis messen und so die Jahreszeit bestimmen.

Botaniker unterteilen Pflanzen je nach ihrer Vorliebe zu blühen in drei Gruppen:

✔ **Kurztagpflanzen** blühen, wenn die Nächte eine kritische Länge überschreiten, das heißt also im Frühling oder im Herbst (zum Beispiel Tabak und Veilchen).

✔ **Langtagpflanzen** blühen, wenn die Nächte eine kritische Länge unterschreiten, das heißt also im Sommer (zum Beispiel Klee und Weizen).

✔ **Tagneutrale Pflanzen** blühen, wenn sie ausgereift sind und nicht in Abhängigkeit von der Tageslänge (zum Beispiel Mais und Stechpalme).

Mit gezielten Versuchen haben Botaniker herausgefunden, ob es die Länge der Licht- oder der Dunkelperiode ist, die bei Pflanzen den Blühzeitpunkt bestimmt. Sie führten ihre Experimente mit der Sojabohne durch, einer Kurztagpflanze:

✔ Sojabohnen, die 16 Stunden lang beleuchtet wurden und 8 Stunden lang dunkel standen, blühten überhaupt nicht.

✔ Sojabohnen, die 8 Stunden lang beleuchtet wurden und 16 Stunden lang dunkel standen, produzierten Blüten.

✔ Sojabohnen, die im Wechsel 8 Stunden lang beleuchtet wurden und 8 Stunden lang dunkel standen, blühten überhaupt nicht.

✔ Sojabohnen, die 16 Stunden lang beleuchtet wurden und 16 Stunden lang dunkel standen, produzierten Blüten.

✔ Sojabohnen, die 8 Stunden lang beleuchtet wurden, dann 8 Stunden lang dunkel standen, dann 5 Minuten Licht erhielten und schließlich wieder 8 Stunden im Dunkeln standen, blühten überhaupt nicht.

Durch diese Versuche wurde bestätigt, dass die Länge der Dunkelperiode entscheidend ist. Dabei ist eine bestimmte kritische Länge der Dunkelperiode für eine Pflanzenart spezifisch. Wenn diese Länge unter- oder überschritten wird, blüht die Pflanze.

Die beschriebenen Versuche führten dann auch zu einer generellen Erklärung, wie dieser als *Photoperiodismus* bezeichnete Prozess abläuft:

1. Pflanzen registrieren die Länge der Dunkelphase mit dem Phytochrom in ihren Blättern.
2. Das sich ändernde Mengenverhältnis von P_{DR} zu P_{HR} signalisiert der Pflanze, ob die Nächte gerade länger oder kürzer werden; damit kann sie die Jahreszeit bestimmen.
3. Wenn die Pflanze die günstige Jahreszeit registriert, senden die Blätter ein Signal an die entsprechenden Meristeme, wo dann zum Beispiel Blütenknospen anstelle von Blattknospen gebildet werden.

Die Blütezeit kann außerdem auch vom allgemeinen Reifezustand einer Pflanze und von der Umgebungstemperatur beeinflusst werden. So müssen einige Pflanzenarten erst eine Zeit lang nur vegetativ wachsen, bevor sie blühen können (vgl. tagneutrale Pflanzen). Andere Arten müssen eine gewisse Kälteperiode erleben, bevor sie auf ihre spezielle Dunkelperiode korrekt reagieren.

Noch immer sind nicht alle Mechanismen genau bekannt, die den Blütezeitpunkt von Pflanzen bestimmen. Jüngste Forschungen deuten beispielsweise darauf hin, dass bei manchen Pflanzen auch der sogenannte circadiane Rhythmus eine Rolle spielt (siehe folgender Abschnitt). Schon im 19. Jahrhundert begannen Botaniker mit der Suche nach dem mysteriösen Signalmolekül, das von den Blättern zu den Knospen wandert und die Blütenbildung induziert. Vor einigen Jahren wurde es nun entdeckt und *Florigen* genannt. Insgesamt konnten drei Gene identifiziert werden, die an der Bildung von Florigen beteiligt sind; sie werden mit CONSTANS (CO), FLOWERING LOCUS T (FT) und FLOWERING LOCUS D (FD) bezeichnet. Dabei scheint das Gen FT die Bauanleitung für Florigen, übrigens ein Protein, zu enthalten. Das Gen CO beinhaltet die Informationen für ein anderes Protein, den sogenannten Transkriptionsfaktor, der die Bildung von Florigen anstößt. Im Gen FD schließlich ist die Anleitung zur Bildung eines Proteins codiert, das zusammen mit Florigen in den Apikalmeristemen von Pflanzen wirkt. Nachdem es gebildet wurde, wird Florigen von den Blättern durch das Phloem zu den Knospen transportiert, wo es dann den Wandel von vegetativem zu generativem Wachstum auslöst.

Circadianer Rhythmus

Alle Lebewesen weisen einen endogenen Rhythmus auf, eine innere Uhr sozusagen, die auch unter konstanten Umweltbedingungen funktioniert. Wenn Pflanzen zum Beispiel in völliger Dunkelheit gehalten werden, zeigen sie dennoch einen etwa 24-stündigen Rhythmus. Unter normalen Tag-Nacht-Bedingungen ist dieser circadiane Rhythmus sehr regelmäßig.

Der *circadiane Rhythmus* ist ein Zyklus, der bestimmte Prozesse von Lebewesen im 24-Stunden-Takt beeinflusst. Beispiele dafür sind der schwankende Melatonin-Gehalt im menschlichen Körper, Aktivitätsspitzen von Tieren (Küchenschaben sind nachtaktiv) und Blattbewegungen von Pflanzen (Bohnenblätter stehen tagsüber horizontal, nachts vertikal). Auch der bei vielen Menschen nach langen Flugreisen auftretende Jetlag ist auf einen gestörten circadianen Rhythmus zurückzuführen: Unser eigener endogener Rhythmus stimmt nicht mehr mit dem Tag-und-Nacht-Rhythmus des Reiselandes überein. Es dauert dann einige Tage, bis sich die Rhythmen wieder synchronisiert haben. Festgelegt werden circadiane Rhythmen nicht von äußeren Faktoren sondern rein endogen; maßgebend sind spezielle Proteine, deren Konzentrationen in den Zellen in regelmäßigen Zyklen schwanken.

Neuere Forschungen deuten darauf hin, dass circadiane Rhythmen auch eine Rolle für die Blütenbildung spielen. Die Acker-Schmalwand *(Arabidopsis thaliana)* ist eine Langtagpflanze die im Sommer blüht. Die Spezies nutz neben Phytochrom auch *Cryptochrom*, einen zweiten Photorezeptor, der auf Blaulicht reagiert, um die Photoperiode zu messen und den Blühzeitpunkt festzulegen. Botaniker haben nun herausgefunden, dass diese Photorezeptoren mit dem circadianen Rhythmus eines Proteins interagieren, das die Blütenbildung induziert.

Samenkeimung

Samen verharren in einem Zustand der Samenruhe und warten ab, bis die Umweltbedingungen für eine Keimung günstig sind.

Bereits während der Samenbildung in der Mutterpflanze wird die Samenruhe durch folgende Prozesse aktiviert:

- ✔ Die Anreicherung von Abscisinsäure, die Wachstumsprozesse hemmt.
- ✔ Die Unterbrechung von Leitungsbahnen des Xylems und Phloems zwischen Mutterpflanze und Samen; der Same trocknet dadurch aus.
- ✔ Die Ausbildung einer harten, widerstandsfähigen Samenschale.
- ✔ Erhöhung des Säuregehalts in manchen Früchten wie Pampelmuse und Tomate.

Um dann die Samenkeimung auszulösen, müssen die genannten Prozesse der Samenruhe rückgängig gemacht werden:

- ✔ Eine Phase mit kaltem, nassem Wetter führt zu einem Abbau von Abscisinsäure und lässt den Gehalt an Gibberellinen steigen; auf diese Weise wird die Keimung angeregt.
- ✔ Verletzungen der Samenschale, zum Beispiel chemisch durch Verdauungsenzyme von Tieren oder mechanisch durch Frost, erleichtern es dem Embryo, aus dem Samen auszuwachsen.

Viele Botaniker verweisen auf Getreidesamen, wie etwa Gerste, wenn sie ein Beispiel für die ersten Ereignisse beim Keimungsprozess geben wollen:

1. Sobald der Same seine Samenruhe beendet hat, setzt der Embryo Gibberelline frei.
2. Die Gibberelline wandern dann in die sogenannte *Aleuronschicht*, eine Schicht aus lebenden Zellen, die das Endosperm des Samens umgibt. Der Aufbau eines monokotylen Samens ist in Kapitel 5 dargestellt.
3. Angeregt durch die Gibberelline bilden die Zellen der Aleuronschicht bestimmte Enzyme, darunter die α-Amylase.
4. Die α-Amylase baut dann die gespeicherten Stärkemoleküle im Endosperm ab und wandelt sie in Zucker um, den der Embryo für sein Wachstum als Nahrungsquelle nutzen kann.

Es gibt auch Samen, die zur Keimung bestimmte Lichtreize benötigen; die Samen einiger Salatsorten besitzen beispielsweise Phytochrom, das die Wellenlänge des vorhandenen Sonnenlichts registriert:

- ✔ Wenn die Samen zu tief in der Erde und damit dunkel liegen, wird sich das gesamte Phytochrom mit der Zeit von P_{DR} in P_{HR} umwandeln. Die Samen werden dann nicht keimen.
- ✔ Möglicherweise keimen die Samen auch dann nicht, wenn sie zwar oberflächlich, aber im Schatten liegen. Die Blätter der Pflanzen über ihnen absorbieren in diesem Fall das gesamte hellrote Licht für ihre Photosynthese, sodass nur noch dunkelrotes Licht zum Boden gelangt. Das Phytochrom der Samen absorbiert dieses dunkelrote Licht, was zu einer raschen Umwandlung von P_{DR} zu P_{HR} führt.

- Nur wenn die Samen direktes Sonnenlicht erhalten, wird der überwiegende Teil ihres Phytochroms von P_{HR} in P_{DR} verwandelt. Dann werden die Samen keimen.

Botaniker haben die Reaktion von Salatsamen auf Licht mit folgendem Experiment getestet: Sie beleuchteten die Samen abwechselnd jeweils kurz mit hellrotem und dunkelrotem Licht und registrierten anschließend die Keimungsraten. Das Resultat war, dass die Zahl der Lichtblitze keinerlei Einfluss auf die Keimung hatte. Ob die Samen auskeimten oder nicht, hing nur von der Wellenlänge des letzten Lichtblitzes ab. Bestand dieser aus hellrotem Licht, keimten die Samen, denn P_{HR} wird dadurch rasch in P_{DR} umgewandelt; war der letzte Blitz jedoch ein dunkelroter, keimten die Samen nicht (schnelle Umwandlung von P_{DR} in P_{HR}).

Teil III

Reproduktion und Genetik

»Und, Herr Schulze – wie läuft es mit ihren genetischen Experimenten an den Wildtulpen?«

In diesem Teil ...

Sie möchten über Sex reden – schön, dann sind Sie hier richtig. Allerdings sind Pflanzen auch in der Lage, sich asexuell zu vermehren. Dabei entstehen aus einem Teil der Pflanze, zum Beispiel einem Zweig oder einem Wurzelstück, genetisch identische Nachkommen; das ist ungefähr so, als wenn Sie einen Finger opfern und daraus würde ein neuer Mensch heranwachsen. Bei der sexuellen Vermehrung bilden Pflanzen genau wie wir auch Spermien und Eizellen. Die genetische Information beider Elternteile wird dabei neu kombiniert und an die Nachkommen weitergegeben. Mithilfe der Mendelschen Regeln lassen sich die Abläufe bei der Vererbung teilweise vorhersagen.

Lesen Sie diesen Teil und erfahren Sie mehr über die Grundlagen der Genetik und der pflanzlichen Reproduktion.

Der grüne Planet – Pflanzen vermehren sich

11

In diesem Kapitel

- Vegetative und generative Vermehrung im Vergleich
- Reproduktion diploider Zellen durch Mitose
- Meiose erzeugt haploide Zellen
- Verschiedene Generationswechsel von Pflanzen verstehen

Was die Vermehrung betrifft, sind Pflanzen deutlich flexibler als wir Menschen. Sie können sich genau wie wir sexuell fortpflanzen, aber sie können es auch ohne einen Geschlechtspartner rein vegetativ. Vielleicht kennen Sie diese Vermehrung: Wenn Sie zum Beispiel einer Weide einen Ast abschneiden und diesen in feuchten Boden stecken, wächst daraus ein neuer Baum heran. Wir können uns dagegen nicht einfach einen Finger abschneiden und somit einen Nachkommen erzeugen. Diese asexuelle Vermehrung, die genetisch identische diploide Nachkommen hervorbringt, erfolgt durch mitotische Teilungen der Zellen, durch *Mitose* also. Bei der sexuellen, oder generativen, Reproduktion werden in einem als Meiose bezeichneten Prozess haploide Zellen generiert, die dann Gameten bilden. Der Generationswechsel von Pflanzen ist einigermaßen komplex, weil stets zwei Generationen miteinander abwechseln – eine haploide und eine diploide. Manchmal ist eine der beiden Generationen so stark reduziert, dass sie optisch gar nicht mehr in Erscheinung tritt. In diesem Kapitel beleuchte ich die Vor- und Nachteile der verschiedenen Reproduktionsarten und gehe dann detailliert auf die bei Pflanzen vorkommenden Formen ein.

Vermehrung – bei Pflanzen nicht nur auf eine Art

Pflanzen sind auch deshalb so erfolgreich, weil sie sich auf ganz unterschiedliche Art und Weise vermehren können. Während wir Menschen immer einen geeigneten Partner zur Reproduktion brauchen, können Pflanzen zum Beispiel durch Wurzelausläufer oder Brutknospen neue Individuen erzeugen.

Vegetative Vermehrung

Das Beispiel der Weide habe ich oben bereits erwähnt, aber sicher haben Sie auch schon einmal Wurzeln an den Stängeln in Ihrer Blumenvase entdeckt. Aus einem abgeschnittenen Pflanzenspross kann ein neues, selbständiges Individuum entstehen – ganz ohne Hilfe einer anderen Pflanze. Wenn neue Pflanzenindividuen aus einem Stück Spross, Blatt oder Wurzel einer bestimmten Pflanze wachsen, spricht man von einem *Klon* – die Mitglieder eines Klons sind alle genetisch identisch.

Viele Pflanzen beschreiten den Weg der *vegetativen Vermehrung* und erzeugen Individuen, die mit ihnen selbst genetisch identisch sind (siehe Abbildung 11.1). Der Prozess der Zellteilungen während der vegetativen Vermehrung wird *Mitose* genannt.

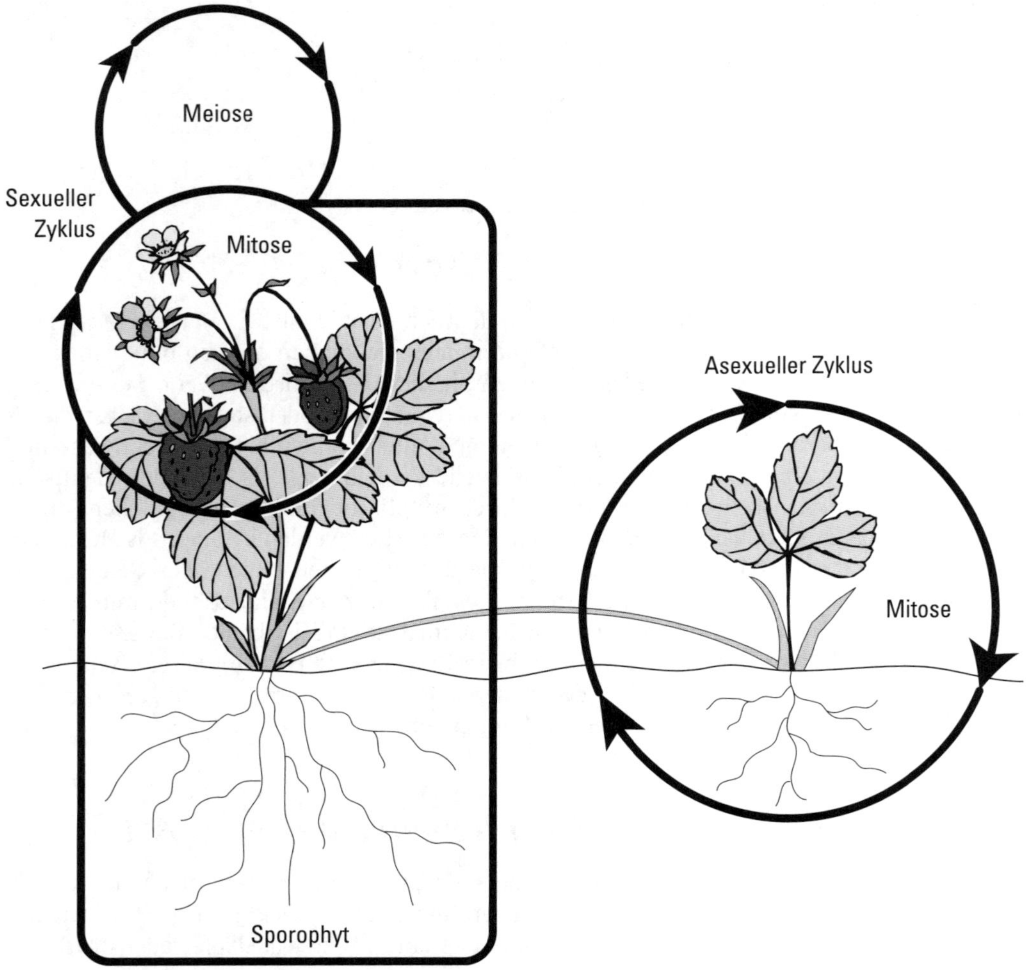

Abbildung 11.1: Vegetative und generative Vermehrung bei der Erdbeere.

Was sich bewährt hat

Mais ist weltweit eine enorm wichtige Nahrungspflanze. Gehen Sie nur einmal in den Supermarkt und schauen sich um. Nicht nur frischen Zuckermais gibt es da, sondern in vielen Fertigprodukten sind ebenfalls Maisbestandteile enthalten, zum Beispiel Maisstärke oder Maissirup. Darüber hinaus werden auch Nutztiere oft mit maishaltigem Futter gezüchtet. Agrarwissenschaftler und Landwirte versuchen daher seit Jahren, hochproduktive, widerstandsfähige und schmackhafte Maissorten zu züchten. Mit Erfolg einerseits, aber andererseits macht die sexuelle Vermehrung der Pflanzen den Erfolg dann wieder zunichte. Denn dabei werden die Gene neu kombiniert und der Nachwuchs zeigt später nicht mehr alle nützlichen Merkmale der Eltern. Einen Ausweg könnte hier in Zukunft die sogenannte *Agamospermie* darstellen.

Unter Agamospermie versteht man die Bildung von keimfähigen Samen ohne die Beteiligung sexueller Prozesse. Sie kommt bei mehr als 30 Pflanzenfamilien vor, besonders häufig bei den Asteraceae, Rosaceae und Poaceae. Zu letzterer Familie gehört auch der Mais. Einige Pflanzenzüchter haben das enorme Potenzial der Agamospermie erkannt und versuchen, es für die Nahrungspflanzenproduktion zu nutzen. Maispflanzen, die ihre Samen durch Agamospermie bilden, wären äußerst wertvoll, denn ihre Nachkommen wären genetisch identisch mit der Mutterpflanze.

Die Züchter begannen, indem sie Mais mit einem verwandten Gras kreuzten, das Samen über Agamospermie bildet. Heraus kam ein Hybrid, der zwar die Samen ohne sexuelle Vorgänge bildete, aber leider nicht die gewünschten Eigenschaften von Mais hatte. Daher kreuzten sie diesen Hybrid mit Mais und die daraus entstehenden Nachkommen wieder mit Mais. Insgesamt machten sie diese Rückkreuzungen 5.000 Mal und waren zumindest teilweise erfolgreich. Sie hatten eine Maispflanze erzeugt, die ihre Samen durch Agamospermie bildete und auch sonst gute Eigenschaften aufwies; aber sie war leider nicht produktiv genug, denn die Erntemengen waren zu gering. Dennoch zeigen diese Zuchtversuche, was zukünftig vielleicht möglich ist. Manche Wissenschaftler hoffen auch, die Gene zu finden, die für Agamospermie nötig sind und zu isolieren. Wenn dann diese Gene direkt in profitable Nutzpflanzen eingebracht würden, könnte man sich aufwendige Kreuzungsversuche sparen und direkt die gewünschten Agamospermie-fähigen Sorten erhalten.

An der vegetativen Vermehrung können verschiedene Organe der Pflanze beteiligt sein und sie kann dementsprechend auch ganz unterschiedlich ablaufen:

- ✔ **Sprossachsen:** Seitensprosse wachsen möglicherweise von der Mutterpflanze weg und bilden in gewissen Abständen neue Pflänzchen. Ein Beispiel ist die Erdbeerpflanze (siehe Abbildung 11.1), die sich vegetativ über Stolonen vermehrt. Kartoffeln erzeugen Nachwuchs über unterirdische Sprossknollen; dabei stellen die Augen der Kartoffel Knospen dar, aus denen neue Sprosse und damit Individuen entstehen. Bei Krokussen verdickt sich nur die Basis des Hauptsprosses und aus einer Seitenknospe treibt dann im Frühjahr eine neue Krokuspflanze aus. Solche Spezialisierungen der Sprossachse sind in Kapitel 4 beschrieben.

- **Wurzeln:** Manche Pflanzen wie etwa Pappeln (*Populus sp.*) oder bestimmte Rosen *(Rosa sp.)*, bilden sogenannte Wurzelausläufer. Aus ihren horizontal knapp unter der Erde wachsenden Wurzeln entspringen immer wieder neue vertikale Triebe, sodass oft ausgedehnte Bestände von genetisch identischen Rosen beziehungsweise Pappeln entstehen. Andere Pflanzen, zum Beispiel der Löwenzahn *(Taraxacum officinale)*, haben eine lange Pfahlwurzel, aus der ein neues Individuum entspringt, wenn die ursprüngliche Pflanze beschädigt wurde.
- **Blätter:** Bei der beliebten Zimmerpflanze *Kalanchoë* bilden sich entlang des Blattrandes neue Pflänzchen. Man spricht auch von Brutblättern, da die Pflänzchen, wenn sie auf den Boden fallen, Wurzeln bilden und zu neuen Individuen heranwachsen. Lebermoose, eine recht ursprüngliche Pflanzengruppe, bilden auf der Oberfläche ihrer Thalli (so wird der blattartige Pflanzenkörper genannt) kleine Brutbecher mit Brutkörperchen. Wenn Regentropfen in die Brutbecher fallen, spritzen die Brutkörperchen heraus und dort, wo sie landen, entsteht aus jedem ein neuer Lebermoos-Thallus.
- **Blüten:** Blütenbildung bedeutet normalerweise auch eine sexuelle Vermehrung. Aber es gibt Ausnahmen, zum Beispiel bei Zitruspflanzen. Sie können Samen mit einem Embryo nur aus dem Gewebe der Mutterpflanze bilden, sodass keine Rekombination der Gene stattfindet. Die aus den Samen wachsenden Pflanzen sind damit genetisch identisch mit der Mutterpflanze. Man nennt diesen Prozess der Samenbildung Agamospermie (siehe auch Kasten weiter oben in diesem Kapitel).

Pflanzen können sich mit allen ihren Organen, das heißt mit Sprossen, Wurzeln und Blättern, vegetativ vermehren. Es entstehen genetisch identische Nachkommen (Klone), die an den jeweiligen Standort ebenso gut angepasst sind wie die Mutterpflanze.

Generative Vermehrung

Obwohl die vegetative Vermehrung bei Pflanzen weit verbreitet ist, beschreiten die meisten Gewächse auch noch einen zweiten Weg: Sie pflanzen sich sexuell fort. Dabei wird die genetische Information einer Pflanze mit der einer anderen kombiniert und es entstehen Nachkommen, die eine neue, einzigartige Genkombination aufweisen.

Die meisten Pflanzen vermehren sich sowohl asexuell als auch sexuell. Der letztere Prozess wird auch *generative Vermehrung* genannt, da dabei verschiedene Generationen miteinander abwechseln (siehe den Abschnitt zum Generationswechsel weiter unten in diesem Kapitel). Die generative Vermehrung beinhaltet stets die Befruchtung einer Eizelle durch ein Spermium einer anderen Pflanze; es entstehen Nachkommen mit neuen Merkmalen und Eigenschaften. Erdbeeren zum Beispiel vermehren sich vegetativ durch Stolonen und generativ mit ihren Blüten und Früchten.

Sehr offensichtlich ist die generative Vermehrung natürlich bei den Blütenpflanzen, die mit ihren attraktiven Blüten zum Beispiel Bestäuber anlocken und so eine erfolgreiche Befruchtung mit einer anderen Pflanze ermöglichen. Aber bei vielen Pflanzen läuft der Sex viel subtiler ab. Nadelbäume mit ihren Zapfen sind ein Beispiel für »Sex im Verborgenen« oder auch

Ahorn, Eichen und Weiden, die alle eher unscheinbare Blüten ausbilden. Und selbst die sporenbildenden Moose und Farne machen Sex.

Vegetative und generative Vermehrung im Vergleich

Beide Arten der Vermehrung haben ihre Vor- und Nachteile:

✔ **Durch vegetative Vermehrung kann eine Pflanze mühelos viele Kopien von sich selbst erzeugen.**

- **Vorteil:** Wenn eine Pflanze mit ihrer genetischen Ausstattung an einem Standort erfolgreich, also konkurrenzfähig ist, dann werden es auch ihre genetisch gleichen Nachkommen sein. Und den Umstand der Partnersuche kann sie sich sparen.
- **Nachteil:** Wenn sich die Standortbedingungen verändern, sodass die genetische Ausstattung einer Pflanze nicht mehr optimal ist, betrifft das natürlich auch sofort den gesamten Klon. Darüber hinaus treten bei jeder Art der Fortpflanzung kleine genetische Veränderungen auf, sogenannte *Mutationen*; diese haben meist negative Effekte für die Individuen. Mutationen werden auch an den Klon weitergegeben und wenn sich eine Population nur vegetativ fortpflanzt, werden sich die Mutationen mit ihren negativen Einflüssen anreichern.

✔ **Durch generative Vermehrung werden Nachkommen mit jeweils einzigartigen Merkmalskombinationen erzeugt, sodass zumindest einige mit hoher Wahrscheinlichkeit überleben.**

- Vorteil: Die Standortverhältnisse ändern sich ständig und auch Fressfeinde (Prädatoren) und Parasiten treten mal häufiger und mal seltener auf. Je größer nun die genetische Diversität der Nachkommen ist, desto größer ist die Chance, dass einige Individuen mit den neuen Verhältnissen zurechtkommen. Bei den Mutterpflanzen auftretende Mutationen werden nicht an alle Nachkommen weitergegeben oder sind bei der nächsten Generation sogar überhaupt nicht mehr vorhanden.
- Nachteil: Nachkommen aus generativer Vermehrung sind oft empfindlicher als vegetativ erzeugte Individuen. Vergleichen Sie nur einmal den winzigen Keimling einer Pflanze mit dem neuen Spross, der aus einem Wurzelausläufer heranwächst. Außerdem braucht man für den Sex einen Partner – und das bedeutet auch für Pflanzen einige Anstrengung.

Zellteilungen durch Mitose

Eukaryotische Zellen teilen sich mitotisch und erzeugen dadurch genetisch identische Kopien ihrer selbst. Pflanzen betreiben Mitose, um zu wachsen, beschädigtes Gewebe zu ersetzen und um sich vegetativ zu vermehren.

Mitose tritt in verschiedenen Geweben und mit unterschiedlicher Intensität auf. Die Zellen in den Meristemen teilen sich zum Beispiel regelmäßig, wohingegen sich ausgereifte Zellen der Leitungsgewebe überhaupt nicht mehr teilen; manche Xylemzellen sterben bei ihrer Reife sogar ab. Andere Zellen teilen sich wiederum nur, wenn beschädigtes Gewebe repariert werden muss. Das heißt, dass Zellen sich manchmal teilen manchmal aber auch nicht.

Der Teilungsprozess des eukaryotischen Zellkerns wird als *Mitose* bezeichnet. Die Zeit zwischen zwei mitotischen Teilungen heißt *Interphase*. Sie umfasst mehr als drei Viertel der Lebenszeit einer Zelle. Die gesamte Abfolge von Interphase und Mitose wird *Zellzyklus* genannt (Abbildung 11.2).

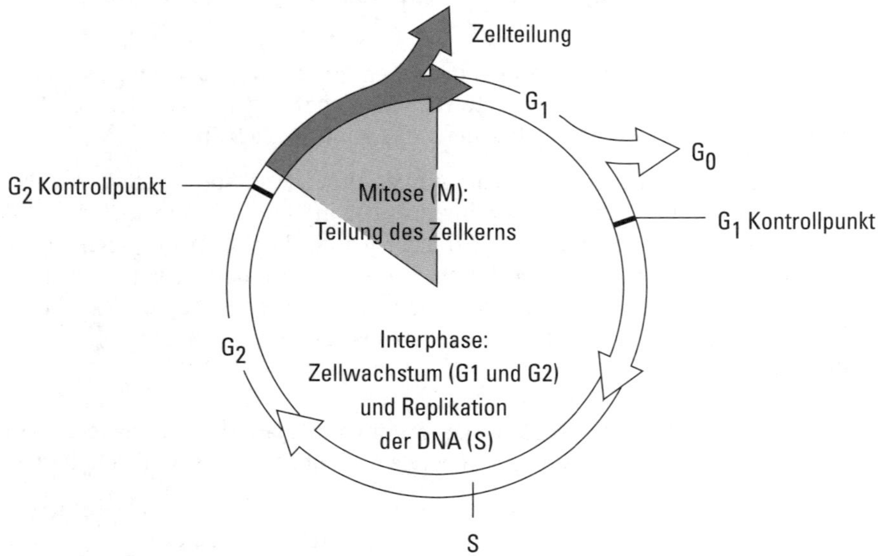

Abbildung 11.2: Der Zellzyklus.

Die Interphase

Die Interphase wird in drei Subphasen unterteilt:

- **G_1-Phase:** Lebende Pflanzenzellen, die sich gerade nicht teilen, befinden sich die meiste Zeit in dieser Phase; »G« steht für »gap« (*engl.* Lücke). Eine Mesophyllzelle beispielsweise, die Photosynthese betreibt, befindet sich in der G_1-Phase. Wenn die Zelle dann ein Signal zur Teilung empfängt, beginnt sie zu wachsen.

  Bevor die Zelle aber in den nächsten Abschnitt der Interphase eintreten kann, muss sie einen Kontrollpunkt passieren. Dort wird kontrolliert, ob auch alles nach Plan läuft. Wenn eine Unstimmigkeit festgestellt wird, versucht die Zelle, diese zu reparieren. Falls das nicht gelingt, erhält die Zelle unter Umständen das Signal zum Selbstmord; Experten bezeichnen dies als programmierten Zelltod oder *Apoptose*. Eine Zelle muss groß genug sein, viele Nährstoffe enthalten und eine einwandfreie DNA aufweisen, um den G_1-Kontrollpunkt zu passieren.

- **S-Phase:** »S« steht für Synthese, denn in dieser Phase wird die Erbinformation im Zellkern verdoppelt, es wird also neue DNA synthetisiert. So stehen zum Abschluss der S-Phase zwei identische Chromosomensätze im Zellkern zur Verfügung. Die Zelle verbindet die Chromosomenpaare mit Proteinen an einer bestimmten Stelle des Chromosoms, dem *Zentromer*.

Man spricht jetzt von replizierten Chromosomen, da ein Chromosom aus zwei identischen DNA-Molekülen besteht. Die replizierten Chromosomen sind in Abbildung 11.3 als »X« dargestellt, wobei jeder der beiden Striche des »X« als *Schwesterchromatid* bezeichnet wird. Die beiden Schwesterchromatiden eines replizierten Chromosoms sind am Zentromer miteinander verbunden. Folglich enthält der Zellkern nach der Mitose bis zur S-Phase normale Chromosomen, die aus einem DNA-Molekül bestehen; zwischen S-Phase und Mitose enthält der Kern jedoch replizierte Chromosomen, die aus jeweils zwei DNA-Molekülen bestehen.

- **G_2-Phase:** In dieser Phase überprüft die Zelle, ob die S-Phase korrekt abgelaufen ist. Um mit der Mitose, also der eigentlichen Teilung des Zellkerns und anschließend auch der Zellteilung fortzufahren, muss eine Zelle den G_2-Kontrollpunkt passieren. Hier wird überprüft, ob alle Chromosomen korrekt kopiert wurden. Falls nicht, verbleibt die Zelle in der G_2-Phase und versucht, die Fehler zu beheben. Wenn das nicht gelingt, folgt möglicherweise der Zelltod via Apoptose.

Die Mitose im Überblick

Wie alle eukaryotischen Organismen so besitzen auch Pflanzenzellen Chromosomen, die die individuelle Erbinformation in Form von DNA-Molekülen enthalten. Je nach Pflanzenart kann ihre Anzahl sehr unterschiedlich sein: Die Erbse *(Pisum sativum)* hat beispielsweise 14, der Weizen *(Triticum aestivum)* dagegen 42 Chromosomen in jeder Zelle. Wenn sich eine Zelle teilt, muss sichergestellt werden, dass jede der beiden neuen Zellen auch den kompletten Chromosomensatz erhält. Das ist die Kernaufgabe der Mitose. Voraus gehen Zellwachstum, mehrere Kontrollen und in der S-Phase die Replikation des Chromosomensatzes im Zellkern (es wird eine Kopie von jedem Chromosom erstellt). Während der Mitose erfolgt dann die Kernteilung, wobei mit größter Sorgfalt darauf geachtet werden muss, dass die Chromosomen richtig verteilt werden. Dies wird durch die *Kernteilungsspindel* erreicht, auch *Spindelapparat* oder *Mitosespindel* genannt (siehe unten). Wenn die Teilung des Zellkerns erfolgreich abgeschlossen ist, kommt es in der Regel zur Zellteilung *(Zytokinese)*, das heißt, die Zelle teilt auch ihr Zytoplasma; so entstehen zwei eigenständige Zellen mit gleicher genetischer Information im Zellkern.

Der Spindelapparat organisiert die Aufteilung der Chromosomen während der Mitose. Er bildet sich im Zytoplasma und ist im Lichtmikroskop als *Spindelfasern* zu erkennen; diese erweisen sich bei stärkerer Vergrößerung im Elektronenmikroskop als Mikrotubuli (siehe auch Kapitel 2). Die Spindelfasern verbinden sich mit den Chromosomen und bewegen diese durch Ziehen und Schieben in die richtigen Positionen.

Der mitotische Kernteilungsprozess wird in mindestens vier (manchmal fünf) Phasen unterteilt, die durch charakteristische Ereignisse gekennzeichnet sind (siehe Abbildung 11.3):

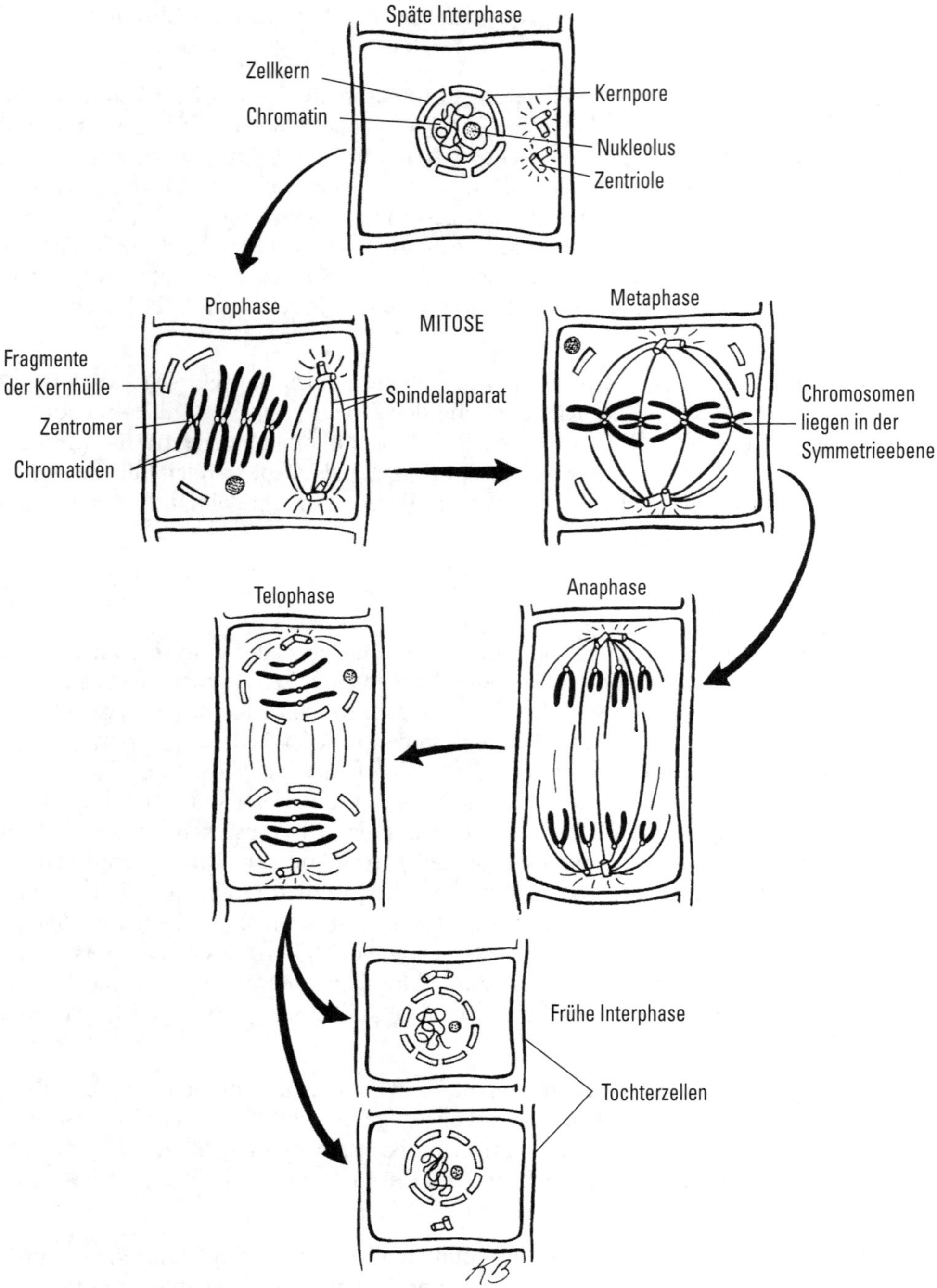

Abbildung 11.3: Die Prozesse von Interphase und Mitose.

- **Prophase**: Während der Interphase liegt die DNA frei und locker als Chromatin im Zellkern vor und ist daher auch unter dem Lichtmikroskop nicht als Struktur sichtbar. Nur in dieser lockeren Form kann das Erbgut physiologisch aktiv werden. In der Prophase wird die DNA dann aufgewickelt, das heißt, die Chromosomen verkürzen und verdicken sich und sind im Lichtmikroskop jeweils als zwei Schwesterchromatiden erkennbar. Man sagt, die Chromosomen *kondensieren* – sie werden damit für die anstehenden Transportbewegungen vorbereitet.

  In der Prophase wird die Kernhülle abgebaut, damit sich die Spindelfasern mit den kondensierten Chromosomen verbinden können. Nach dem Abbau der Kernhülle beginnt die sogenannte ***Prometaphase***, die von manchen Wissenschaftlern und so auch hier, in die Prophase integriert wird. Die *Nukleoli* des Zellkerns, die in unterschiedlicher Zahl vorhanden sind und Material zur Ribosomen-Synthese enthalten, werden im Zytoplasma aufgelöst. Die Chromosomen beginnen, sich in die Symmetrieebene zwischen den Spindelpolen zu bewegen.

- **Metaphase:** Wenn die Zentromere der Chromosomen in der Mitte der Zelle angekommen sind, ist die Metaphase erreicht. Sie dauert relativ lange. Die Chromosomen bewegen sich nur noch leicht pendelnd hin und her und ordnen sich im Spindelapparat für die bevorstehende Teilung. Am Ende der Metaphase hängen die Schwesterchromatiden oft nur noch am Zentromer zusammen.

- **Anaphase:** Diese kurze Phase beginnt mit dem Abbau bestimmter Proteinkomplexe des Zentromers, sodass sich die Schwesterchromatiden voneinander lösen können. Die eigenständigen Chromtatiden werden anschließend von den Spindelfasern zu den Spindelpolen hin bewegt und dann wieder als Chromosomen (oder Tochterchromosomen) bezeichnet. Zum Ende der Anaphase sind die Tochterchromosomensätze in der noch ungeteilten Mutterzelle maximal voneinander entfernt.

- **Telophase:** In dieser abschließenden Phase laufen die Prozesse der Prophase in umgekehrter Richtung ab: Der Spindelapparat löst sich auf, um die an den Spindelpolen dicht gedrängten Chromosomen bilden sich Kernhüllen, die Nukleoli werden erneut aufgebaut und die Chromosomen lockern sich wieder auf.

Die Zellteilung

Nachdem eine Pflanzenzelle ihr Genom geteilt hat und jeweils eine Kopie (die Tochterchromosomen) in einem Zellkern vorliegt, teilt sie auch ihr Zytoplasma. Dazu bildet sie eine neue Zellwand in der Mitte zwischen beiden Kernen. In Abbildung 11.4 ist die Zellteilung (Zytokinese) schematisch dargestellt:

- Mithilfe des Zytoskeletts wandern Golgi-Vesikel mit Zellwandmaterialien (Pektin und Hemicellulosen) in die Zellmitte.

- Die Vesikel verschmelzen miteinander bilden so die erste Trennwand zwischen den zukünftigen Tochterzellen. Sie wird *Zellplatte* genannt. Aus den Membranen der Vesikel gehen die neuen Plasmamembranen der Tochterzellen hervor. Sobald die Zellplatte die Zellwand der Mutterzelle erreicht hat und die Trennung damit abgeschlossen ist, beginnen die Tochterzellen mit dem Aufbau der primären Zellwand. Sie scheiden dazu auf beiden Seiten der Zellplatte Cellulose und andere notwendige Baustoffe ab. Die Zellplatte wird damit zur Mittellamelle (Einzelheiten zum Aufbau der Zellwand finden Sie in Kapitel 2).

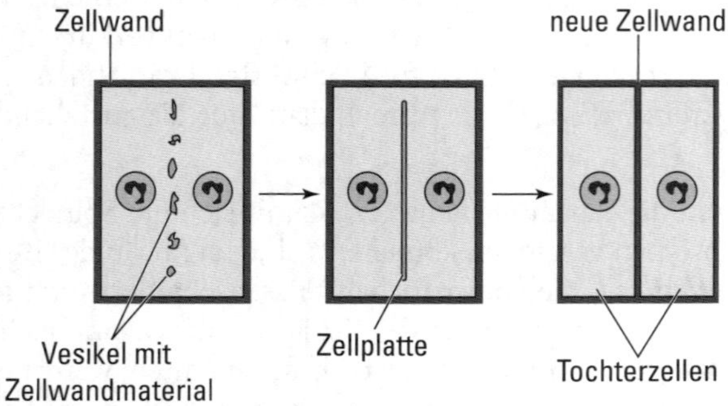

Abbildung 11.4: Zytokinese einer Pflanzenzelle.

Generative Vermehrung durch Meiose

Wie alle anderen sexuell aktiven Organismen teilen sich auch Pflanzenzellen durch Meiose und produzieren so die zur Vermehrung notwendigen haploiden Zellen (Gameten: Spermien und Eizellen). Diese enthalten nur den einfachen Chromosomensatz, also nur die Hälfte der Erbinformation des jeweiligen Elternteils.

Chromosomen zählen

Das Erbgut eines jeden Lebewesens ist einzigartig. Es liegt normalerweise in doppelter Ausführung vor, man sagt als doppelter Chromosomensatz. Erbsenpflanzen besitzen zum Beispiel 14 Chromosomen in jeder Zelle; tatsächlich sind es aber nur sieben verschiedene Chromosomen, denn jedes liegt doppelt vor ($2 \times 7 = 14$). Ein kompletter Chromosomensatz der Erbse umfasst daher jeweils eins der sieben Chromosomen.

Wissenschaftler bezeichnen den kompletten Chromosomensatz als *haploid*; er wird mit dem Buchstaben »n« bezeichnet. Die haploide Anzahl von Chromosomen bei Erbsen lautet damit $n = 7$. Jedes der sieben Chromosomen enthält unterschiedliche genetische Informationen und ist damit unverzichtbar für die normale Entwicklung einer Erbsenpflanze. Die Gameten von Erbsen sind haploid, weil sie sieben verschiedene Chromosomen in jeder Zelle besitzen. Nach einer Befruchtung besitzt die Zygote jedes Chromosom doppelt, denn sie hat von jedem der beiden Sexualpartner (Eltern) eines erhalten. Jedes Chromosomenpaar enthält die gleichen Gene, allerdings mit etwas unterschiedlichen Informationen.

Chromosomenpaare, die ein Organismus von seinen beiden Eltern erhalten hat und die somit die gleichen Gene beinhalten, werden als *homologe Chromosomen* bezeichnet.

Wenn zwei haploide Gameten einer Erbsenpflanze Sex haben, also sich befruchten, entsteht eine Zygote mit 14 Chromosomen (2n). Sie besitzt dann sieben verschiedene Chromosomen, die jeweils doppelt vorliegen – oder anders ausgedrückt: sieben Paare homologer Chromosomen.

Zellen, die zwei komplette Chromosomensätze aufweisen, werden *diploid* genannt. Ihre Anzahl wird mit 2n angegeben.

Während der Meiose teilen sich diploide Zellen, um zwei haploide Zellen zu bilden. Dazu können die diploiden Zellen aber nicht einfach all ihr Erbgut auf einen Haufen legen und dann teilen. Es muss sichergestellt werden, dass jede haploide Tochterzelle auch den kompletten Chromosomensatz erhält; sonst wäre sie nicht normal lebensfähig. Dies stellt den Kernpunkt der Meiose dar: Es wird also dafür gesorgt, dass der doppelte Chromosomensatz gleichmäßig auf die Tochterzellen verteilt wird.

Wissenschaftler bezeichnen die Zahl der Chromosomensätze, die in Zellen vorhanden sind, als *Ploidie* der Zelle/des Organismus. Zellen in bestimmten pflanzlichen Geweben können auch den dreifachen oder vierfachen Chromosomensatz haben; sie werden dann als triploid beziehungsweise tetraploid bezeichnet. Manche Pflanzen sind darüber hinaus *polyploid*, das heißt sie enthalten viele Chromosomensätze. Dies ist zum Beispiel bei der Farngattung *Ophioglossum* der Fall; manche Arten der Gattung weisen außerdem extrem hohe Chromosomenzahlen von mehr als 1.000 Stück pro Zelle auf. Hohe Chromosomenzahlen gehen oft mit Polyploidie einher (siehe Kapitel 13).

Die Produkte der Meiose werden bei Tieren als Gameten bezeichnet. Bei Pflanzen entsteht aus den Produkten der Meiose, den Sporen, zuerst ein vielzelliger haploider Gametophyt. Dieser bildet dann durch Mitose haploide Gameten. Wenn die Gameten, also Spermium und Eizelle, verschmelzen, entsteht die diploide Zygote. Aus ihr wächst dann der neue Sporophyt – die eigentliche Pflanze, mit dem für die jeweilige Pflanzenart charakteristischen diploiden Chromosomensatz.

Immer nach Plan

Genau wie die Mitose so ist auch die Meiose ein Teil des Zellzyklus (siehe Abbildung 11.2). Die beiden Prozesse sind einander sogar recht ähnlich:

- ✔ Wenn Zellen eine Meiose durchführen, erhalten sie zunächst ein Signal, das sie veranlasst das G_1-Stadium der Interphase zu verlassen und in die S-Phase einzutreten.
- ✔ Während der S-Phase kopieren die Zellen ihre Chromosomen; es entstehen replizierte Chromosomen mit zwei Schwesterchromatiden, die am Zentromer miteinander verbunden sind.
- ✔ Anschließend durchlaufen die Zellen die G_2-Phase und beginnen dann mit der Meiose.

- ✔ Während der Meiose bewegt der Spindelapparat die Chromosomen in ähnlicher Weise wie bei der Mitose. Daher werden auch die gleichen Begriffe für die verschiedenen meiotischen Phasen verwendet: Prophase, Metaphase, Anaphase und Telophase.

Erst verdoppeln und dann zweimal halbieren

Warum einfach, wenn es auch kompliziert geht – das könnte man meinen. Eigentlich möchte die diploide Zelle mit der Meiose haploide Sporen erzeugen, das heißt, sie muss ihr Erbgut halbieren. Vor dem Eintritt in die Meiose verdoppeln Zellen aber zuerst ihre Chromosomen in der S-Phase. Daher sind anschließend zwei meiotische Teilungen erforderlich, um einen haploiden Chromosomensatz zu erzeugen. Abbildung 11.5b zeigt das Prinzip dieser beiden Teilungen bei der normalen Meiose; sie werden als Meiose I und Meiose II bezeichnet.

Die Einzelheiten der Meiose sind leichter zu verstehen, wenn man sich den eigentlichen Sinn der beiden Teilungen klar macht:

- ✔ Durch die Meiose I werden die Paare homologer Chromosomen getrennt.
- ✔ Bei der Meiose II werden die Schwesterchromatiden getrennt.

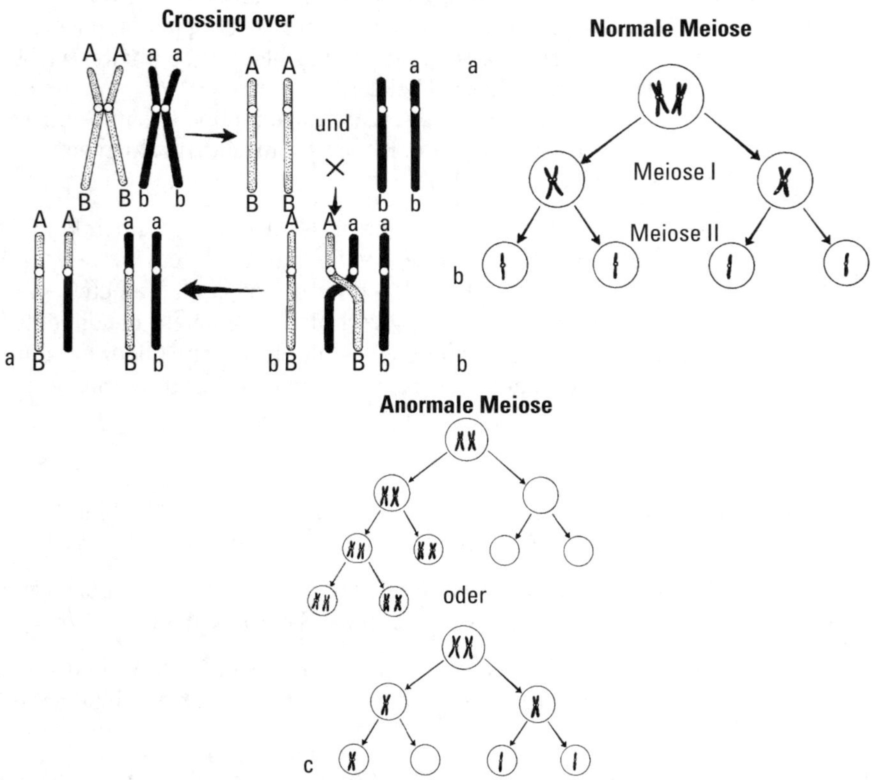

Abbildung 11.5: Crossing over, normale Meiose und anormale Meiose.

Die Meiose I im Überblick

Die Ereignisse der Meiose I haben viele Ähnlichkeiten mit der Mitose. Sie sind im oberen Teil der Abbildung 11.6 dargestellt und werden nachfolgend näher erläutert:

- ✔ **Prophase I:** Die Ereignisse der Prophase I sind im Grunde dieselben wie diejenigen der mitotischen Prophase. Nur liegen bei der Meiose homologe Chromosomen vor; bei der Mitose ordnen sich die Chromosomen dagegen unabhängig von den anderen Chromosomen an. In der Prophase I kondensieren die Chromosomen, die Kernhülle wird abgebaut und die Nukleoli lösen sich auf. Die homologen Chromosomen legen sich parallel und paarweise zusammen. Dadurch erscheinen sie vierarmig, denn jedes der beiden replizierten Chromosomen besitzt zwei Schwesterchromatiden (= vier Arme). Man bezeichnet diese Paarung als *Synapsis* und nennt die entstehende vierarmige Struktur *Tetrade*.

  Wenn sich die homologen Chromosomen in der Tetrade formieren, kann es zu Überkreuzungen von Chromatiden kommen, zum sogenannten *Crossing over*. Dadurch werden kleine DNA-Stücke zwischen den Chromosomen ausgetauscht (siehe Abbildung 11.5a). Die Erbinformation wird also neu kombiniert, was bei den Nachkommen zu einer größeren genetischen Vielfalt (Diversität) führt. Die Meiose wird daher auch als Rekombinationsteilung bezeichnet. Sie erhöht die Unterschiedlichkeit der nächsten Generation – einer der entscheidenden Vorteile der generativen Vermehrung.

- ✔ **Metaphase I:** Der Spindelapparat befördert die homologen Chromosomenpaare in die Äquatorialebene der Zelle. Im Gegensatz zur Mitose, wo sich die Chromosomen einzeln in der Zellmitte anordnen, liegen sie bei der Meiose stets paarweise vor.

- ✔ **Anaphase I:** Die Spindelfasern verkürzen sich, sodass die Paare homologer Chromosomen getrennt werden. Die beiden Chromosomen eines Paares wandern also zu entgegengesetzten Seiten der Zelle.

- ✔ **Telophase I:** Die Kernhüllen werden wieder aufgebaut, sodass zwei Zellkerne entstehen, und der Spindelapparat wird aufgelöst. Am dem Ende der Telophase I liegen damit zwei haploide Zellkerne vor; denn jeder Zellkern besitzt jeden Chromosomentyp nur einmal. Die Zelle teilt nun noch ihr Zytoplasma und bildet eine Zellwand aus.

Das Produkt der Meiose I sind damit zwei haploide Zellen, die dann sofort zur Meiose II übergehen – ohne die Interphase zu durchlaufen.

Die Meiose II im Überblick

Während der Meiose II werden die beiden Schwesterchromatiden eines jeden replizierten Chromosoms getrennt und an die gegenüberliegenden Seiten der Zelle bewegt. Es folgen erneut vier Phasen, die denen der Mitose und Meiose I ähneln (siehe Abbildung 11.6):

- ✔ **Prophase II:** Der Spindelapparat wird aufgebaut und verbindet sich mit den Chromosomen. Die während der Telophase I gebildeten Kernhüllen werden wieder abgebaut.

- ✔ **Metaphase II:** Mithilfe des Spindelapparats werden die Chromosomen in der Zellmitte in einer Reihe angeordnet. Der Hauptunterschied zur mitotischen Metaphase ist die Anzahl der Chromosomen: Bei der Mitose sind es genau doppelt so viele Chromosomen.

- **Anaphase II:** Die Spindelfasern verkürzen sich, sodass die Schwesterchromatiden getrennt werden und zu den gegenüberliegenden Seiten der Zelle wandern.
- **Telophase II:** Die Kernhüllen werden erneut hergestellt, Nukleoli werden synthetisiert und die Chromosomen lockern sich wieder auf. Mit der nun folgenden Zytokinese in beiden Zellen wird die Meiose beendet und es liegen die fertigen Produkte vor: vier haploide Zellen.

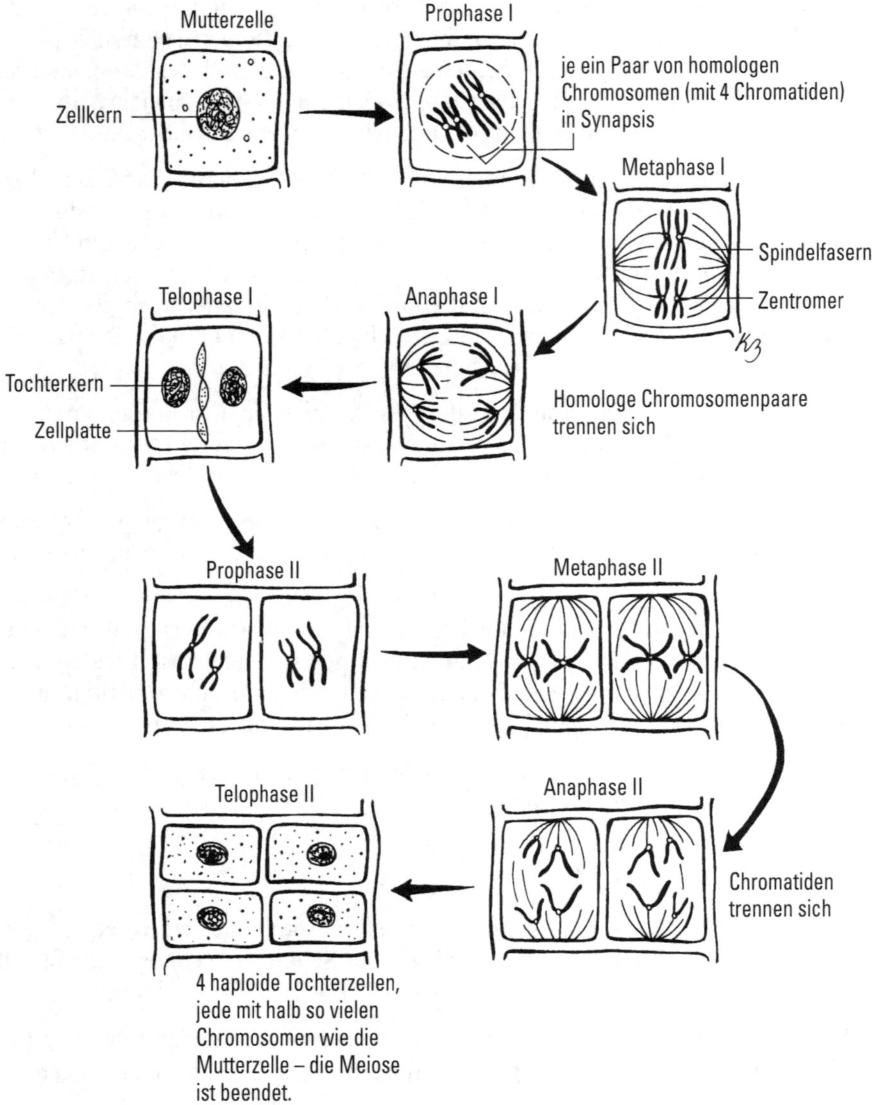

Abbildung 11.6: Die Phasen der Meiose.

Gedanken zum Generationswechsel

Die unterschiedlichen Generationswechsel von Pflanzen sind in ihren Abläufen mit verschiedenen Stadien deutlich komplizierter als der einheitliche Generationswechsel von Tieren. Die Meiose produziert bei Tieren haploide Zellen, Gameten genannt, die nicht sehr lange leben. Sie verschmelzen mit einem anderen Gameten, sodass wieder ein diploider Organismus entsteht.

Für viele Menschen ist es schwierig, die pflanzlichen Generationswechsel zu verstehen. Denn anders als bei uns Menschen und allen Tiere, die innerhalb eines einzigen Lebenszyklus nur eine Generation erzeugen, kommen bei Pflanzen zwei Generationen pro Lebenszyklus vor.

Zum besseren Verständnis schauen Sie sich die folgende Gegenüberstellung von Pflanze und Mensch an:

- ✔ **Menschen:** Ein menschliches Individuum besitzt den doppelten Chromosomensatz in jeder Zelle; wir sind also diploid, genau wie ein pflanzlicher Sporophyt. Wenn wir Nachkommen erzeugen, produziert unser Körper in bestimmten Organen durch Meiose haploide Zellen (Gameten), die Spermien und Eizellen. Wenn dann die Eizelle durch ein Spermium befruchtet wird, entsteht ein neuer diploider Mensch. Wenn man diese Prozesse mit der botanischen Terminologie beschreibt, klingt das so: Die Sporophyten (Eltern) produzieren Gameten, aus denen wieder ein Sporophyt (Kind) entsteht.
- ✔ **Pflanzen:** Pflanzliche Sporophyten produzieren ebenfalls reproduktive Zellen durch Meiose, aber sie machen einen Umweg. Anstatt wie wir direkt Ei- und Samenzellen zu produzieren, wachsen die haploiden Meioseprodukte (die Sporen) erst eine Weile durch Mitose und bauen den sogenannten Gametophyten auf, einen mehr oder weniger ausdifferenzierten Organismus, der nur bei Pflanzen vorkommt. Dieser haploide Gametophyt bildet dann nach einer gewissen Zeit ebenfalls Eizellen und Spermien, die bei der Befruchtung verschmelzen und einen neuen diploiden Sporophyten entstehen lassen. Wenn man diese Abfolge auf den Menschen übertragen würde, bedeutet das Folgendes: Die Eltern produzieren haploide Geschlechtszellen, die eine Zeit lang leben – möglicherweise sogar als eigenständige Individuen – und dann Eizellen und Spermien bilden. Nach deren Verschmelzung entsteht ein Kind (Sporophyt).

In Abbildung 11.7 sind die beiden selbstständigen Generationen innerhalb eines pflanzlichen Lebenszyklus dargestellt.

- ✔ **Gametophyten-Generation**: Die Produkte der Meiose sind haploide Zellen, die sogenannten Sporen oder *Meiosporen*. Die Spore stellt die erste Zelle der Gametophyten-Generation dar. Die Sporen teilen sich und bilden eine vielzellige haploide Struktur, den Gametophyten (Gametophyt bedeutet so viel wie »Gameten-bildende Pflanze«). Die Zellen der Gametophyten-Generation sind haploid. Gameten werden dann durch Mitose gebildet. Die Gametophyten-Generation endet, wenn die Gameten bei der Befruchtung verschmelzen – dann beginnt die Sporophyten-Generation.

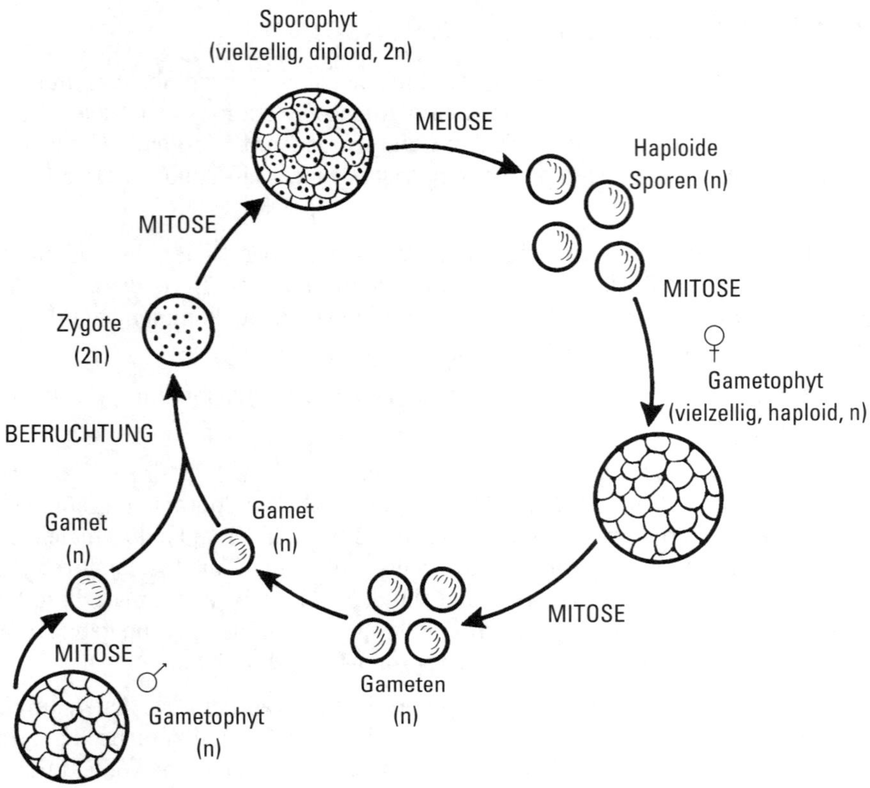

Abbildung 11.7: Übersicht zum Generationswechsel bei Pflanzen.

- **Sporophyten-Generation**: Durch die Verschmelzung der Gameten entsteht eine diploide Zygote. Sie ist die erste Zelle der Sporophyten-Generation. Die Zygote teilt sich anschließend durch Mitose, sodass eine vielzellige, diploide Struktur entsteht, der Sporophyt (Sporophyt bedeutet so viel wie »Sporen-bildende Pflanze«). Die Zellen der Sporophyten-Generation sind diploid. Durch Meiose bildet der Sporophyt dann Sporen – der Lebenszyklus ist abgeschlossen und ein neuer beginnt mit der nächsten Gametophyten-Generation. Die Zelle der Sporophyten-Generation, die in die Meiose eintritt wird *Sporenmutterzelle* genannt.

Weil der pflanzliche Lebenszyklus zwei Generationen umfasst, den Gametophyt und den Sporophyt, spricht man von einem *Generationswechsel*. Die Meiose verursacht den Wechsel vom Sporophyten zum Gametophyten; die Befruchtung verursacht den Wechsel vom Gametophyten zum Sporophyten.

Die Lebensdauer und Ausgestaltung der beiden Generationen sind bei den verschiedenen Pflanzengruppen (zum Beispiel Moose, Farne, Samenpflanzen) unterschiedlich. Es gibt jedoch einen eindeutigen evolutionären Trend: In der fortschreitenden pflanzlichen Entwicklungsgeschichte wird der Gametophyt immer weiter reduziert und immer besser durch den Sporophyten geschützt. So stellt etwa das grüne Moospflänzchen die Gametophyten-Generation dar, wohingegen diese bei Samenpflanzen gar nicht mehr in Erscheinung tritt; die grüne Samenpflanze ist der Sporophyt.

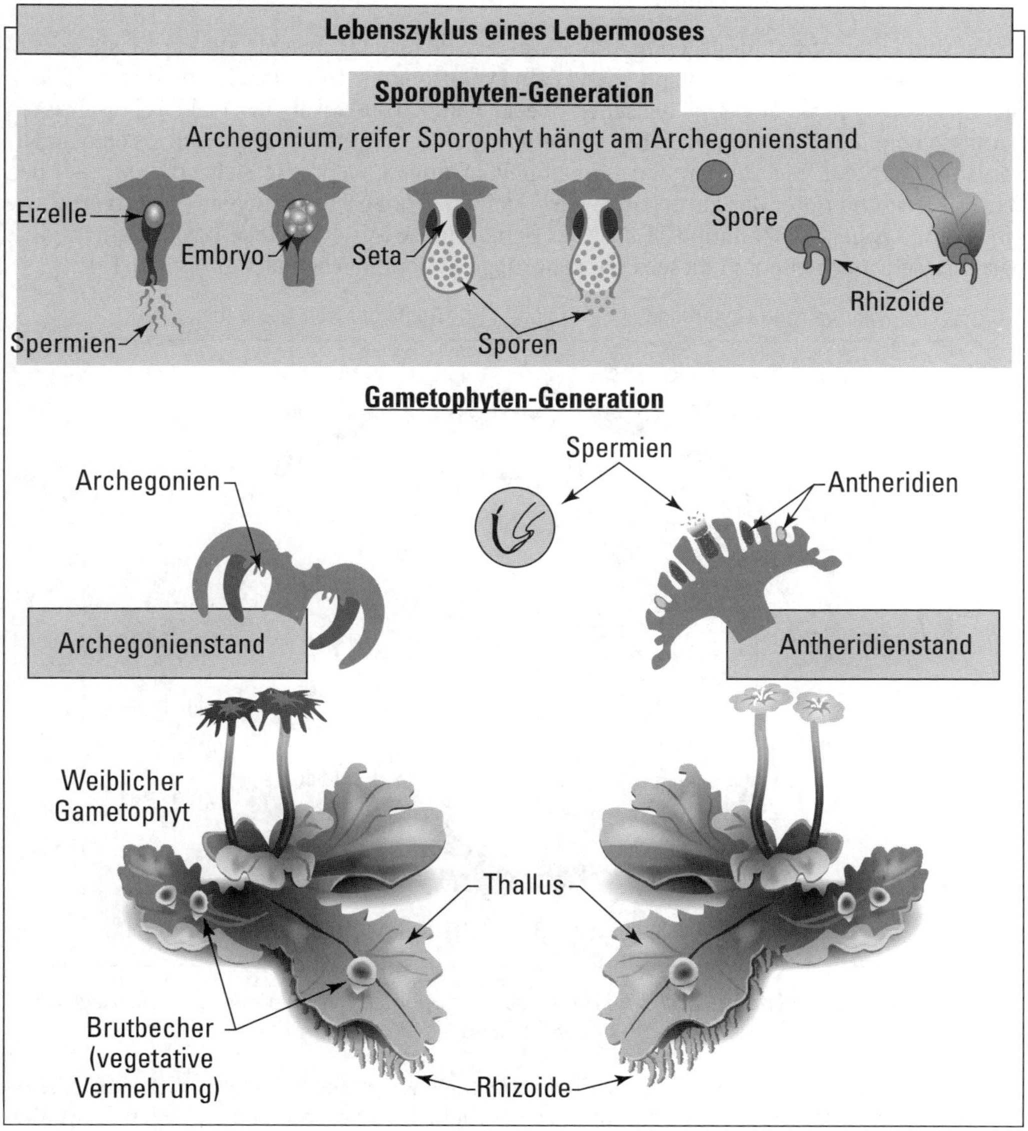

Abbildung 11.8: Generationswechsel mit dominantem Gametophyt am Beispiel eines Lebermooses (Marchantia polymorpha).

In Abbildung 11.8 ist der Lebenszyklus von *Marchantia polymorpha* dargestellt; diese Pflanze gehört zur Gruppe der thallösen Lebermoose, die schon sehr früh in der pflanzlichen Entwicklungsgeschichte entstanden sind (Einzelheiten zu dieser Pflanzengruppe lesen Sie in Kapitel 15). Bei Lebermoosen dominiert der Gametophyt den Lebenszyklus. Wenn Sie also an einem schattigen Bachlauf ein Lebermoos auf den Steinen sehen, dann betrachten Sie den haploiden Gametophyten. Die Sporophyten-Generation ist unscheinbar klein; Sporophyten werden bei Lebermoosen nur in speziellen Gewebetaschen des Gametophyten gebildet und leben nie als eigenständige Organismen.

Farne sind eine entwicklungsgeschichtlich jüngere Pflanzengruppe als Moose; sie stellen bereits Gefäßpflanzen dar und entsprechend dem evolutionären Trend (siehe oben) ist bei ihnen der Sporophyt dominant. Die typischen Wedel von Farnpflanzen im Wald repräsentieren damit den diploiden Sporophyten. Die Gametophyten-Generation ist aber noch als eigener Organismus sichtbar. Sie können den Gametophyten finden, wenn Sie sich praktisch auf den Bauch legen und unter der Farnpflanze nach kleinen grünen Thalli suchen, etwa so groß wie ein Daumennagel. In Abbildung 11.9 ist der Generationswechsel im Lebenszyklus eines Farns dargestellt (Einzelheiten zu dieser Pflanzengruppe finden Sie ebenfalls in Kapitel 15).

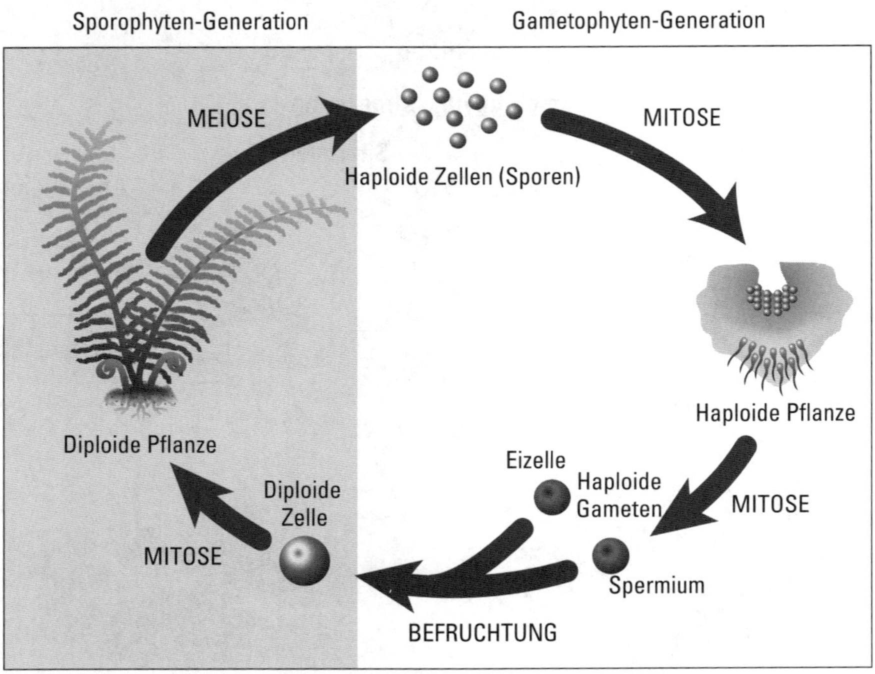

Abbildung 11.9: Generationswechsel mit dominantem Sporophyt am Beispiel des Lebenszyklus eines Farns.

Die entwicklungsgeschichtlich jüngste Pflanzengruppe bilden die Blütenpflanzen. Ihr Lebenszyklus ist dem unseren am ähnlichsten: Die eigentliche Pflanze stellt den diploiden Sporophyten dar und der Gametophyt bleibt auf wenige Zellen beschränkt, die Gameten bilden. In Kapitel 17 wird diese Pflanzengruppe eingehend beschrieben.

Um nachzuvollziehen, warum die Gametophyten bei Gefäßpflanzen so winzig sind, ist es hilfreich, sich den Ursprung der Pflanzen zu vergegenwärtigen. Das pflanzliche Leben begann einst im Meer, das heißt, die ersten Pflanzen waren von Wasser umgeben. Als dann die ersten »mutigen« Pflanzen – es waren Moose – ihre Wuchsorte Schritt für Schritt aufs Festland verlagerten, mussten sie sich gehörig umstellen. Es galt zum Beispiel Strukturen für die Wasseraufnahme an Land zu entwickeln (Kapitel 13 stellt beeindruckende Beispiele pflanzlicher Anpassungen vor). Mit dem Landleben sahen sich die Pflanzen aber noch mit einer weiteren Schwierigkeit konfrontiert: Sie mussten ihre winzigen, empfindlichen Sporophyten vor Austrocknung schützen. Das taten sie, indem sie diese Generation bevorteilten und zum Beispiel. eine Kutikula sowie Leitungsgewebe zum Wassertransport entwickelten. Der ebenfalls durch Wassermangel gefährdete Gametophyt wurde dagegen nicht durch besondere Strukturen geschützt, sondern immer weiter reduziert (und letztlich dadurch geschützt). Bei den ursprünglichsten Gefäßpflanzen, etwa bei Farnen, sind die Gametophyten zwar schon klein und sehr kurzlebig, aber noch auf eine feuchte Umgebung angewiesen. Der nächste große Schritt in der evolutionären Entwicklung war dann die Entstehung der ersten Samenpflanzen (Gymnospermen, siehe Kapitel 16), bei denen der Gametophyt erstmals komplett von schützendem Sporophyten-Gewebe umgeben war. So konnte er auch Trockenzeiten überstehen und die Eroberung des Festlandes durch die Pflanzen erfuhr weiteren Auftrieb.

Wie Merkmale an die nächste Generation weitergegeben werden

12

In diesem Kapitel

- Die Mendelschen Regeln der Vererbung
- Monohybrid- und Dihybridkreuzungen
- Kleiner Sprachkurs »Genetik«

Durch die Fortschritte in der Wissenschaftsdisziplin Genetik können zum Beispiel Mediziner die Behandlung von Erbkrankheiten verbessern und Landwirte sind in der Lage, besonders ertragreiche Sorten zu züchten. Darüber hinaus verstehen wir selbst jetzt endlich, warum sich Großvater und Enkel ähneln können. Den Grundstein für diese heute so wichtige Wissenschaft legte der österreichische Geistliche Gregor Johann Mendel bereits im 19. Jahrhundert. Er experimentierte unter anderem mit Erbsen und erkannte bestimmte Regeln der Erbfolge. Diesen Grundlagen der Genetik und auch einigen Besonderheiten bei Pflanzen ist dieses Kapitel gewidmet.

Wie ein einzelnes Gen vererbt wird

Genetik ist die Wissenschaft der Vererbung und handelt von den Ähnlichkeiten und Unterschieden zwischen den Organismen einer Art. Genetiker versuchen herauszufinden, wie bestimmte Merkmale (zum Beispiel die Blütenfarbe) von einer Generation zur nächsten weitergegeben werden. Pflanzenzellen enthalten im Zellkern *Chromosomen*, also DNA-Moleküle, die Ausprägungen der charakteristischen Merkmale eines Organismus bestimmen. Ein *Gen* ist ein spezieller Abschnitt auf einem Chromosom, der den Code für die Synthese eines ausführenden Moleküls enthält, zum Beispiel für ein Protein oder ein RNA-Molekül. Einzelheiten zu DNA, RNA und Proteinen lesen Sie in Kapitel 2.

Jedes Chromosom im Zellkern kann mehrere hundert einzelne Gene enthalten. In den Genen sind die Baupläne für alle lebenswichtigen Moleküle der Zelle gespeichert. Die nach den Anleitungen der Gene synthetisierten Moleküle bestimmen die Struktur und Funktion der Zelle und somit letztlich auch das Aussehen (die Merkmale) des gesamten Organismus. So kann ein Gen einer Blütenpflanze zum Beispiel die Informationen zur Bildung eines speziellen Enzyms beinhalten, das eine Reaktion katalysiert, bei der wiederum ein bestimmtes Farbpigment in den Blüten synthetisiert wird. Je nach Codierung ihrer Gene kann eine Pflanze daher zum Beispiel weiße oder blaue Blüten haben.

Sicher kennen Sie die Hängeregistraturen in Büros, in denen wichtige Informationen zu Betriebsabläufen sortiert werden. Solch eine Registratur ist durchaus vergleichbar mit dem Chromosomensatz einer Zelle. Die einzelnen Hängemappen repräsentieren die Chromosomen und die in jeder Mappe befindlichen Anleitungen stellen einzelne Gene dar. Wenn also eine Zelle ein bestimmtes Molekül benötigt, wird die entsprechende Hängemappe (Chromosom) und daraus dann die erforderliche Bauanleitung (Gen) herausgesucht. Entsprechend der Bauanleitung kann die Zelle dann das Molekül herstellen.

Die meisten Pflanzenzellen sind diploid, das heißt, sie besitzen den doppelten Chromosomensatz; oder mit anderen Worten: Jedes Gen ist zweimal vorhanden. Gemäß unserem Vergleich besitzt also jede Zelle zwei gleichartige Hängeregistraturen, die eine von der Mutter und die andere vom Vater. Die einzelnen Hängemappen (Chromosomen) entsprechen einander, das heißt sowohl in der mütterlichen als auch in der väterlichen Registratur befindet sich beispielsweise eine Hängemappe, die Anleitungen (Gene) zur Synthese von Farbpigmenten in Blüten umfasst. Die Informationen in den zueinander passenden Hängemappen sind also gleichartig (vgl. homologe Chromosomen), aber eben nicht dieselben.

Die Chromosomensätze, also die genetische Ausstattung, die ein Organismus von seinen beiden Eltern erhält, interagieren miteinander und bestimmen damit die charakteristischen Eigenschaften des Nachwuchses. Wenn zum Beispiel eine Pflanze Gene für die Blütenfarbe von den Eltern erhält und sowohl die väterlichen als auch die mütterlichen Gene für violett codieren, dann wird die Pflanze violette Blüten bekommen. Das hört sich sehr logisch und gut nachvollziehbar an. Welche Blütenfarbe wird die Pflanze jedoch entwickeln, wenn die Gene des Vaters für violette, die der Mutter für aber weiße Blüten codieren? Dieser Frage ist schon vor mehr als 150 Jahren Gregor Johann Mendel nachgegangen. Er experimentierte mit violett und weiß blühenden Erbsenpflanzen. Lesen Sie im nächsten Abschnitt, was er herausgefunden hat.

Die Experimente von Gregor Johann Mendel

Mitte des 19. Jahrhunderts, zu Zeiten Gregor J. Mendels, wusste noch niemand etwas von Chromosomen, DNA, Genen und Meiose. Die Zusammenhänge und Abläufe der Vererbung waren noch völlig unbekannt. Dennoch schaffte Mendel es, die grundsätzlichen Regeln der Vererbung zu erkennen, und zwar mit zahlreichen Experimenten, die er sieben Jahre lang mit Erbsenpflanzen durchführte. Er kreuzte Erbsen mit verschiedener Blütenfarbe immer wieder miteinander und wertete die Resultate systematisch aus. Dabei machte er einen entscheidenden Fortschritt gegenüber allen anderen, die vor ihm bereits Kreuzungsversuche mit Nahrungspflanzen und Nutztieren gemacht hatten: Er wendete mathematische Analysemethoden an. Dadurch erkannte er bestimmte mathematische Muster bei den beobachteten Merkmalen der Tochtergenerationen. Er formulierte schließlich seine Erkenntnisse 1865 in den bis heute gültigen *Mendelschen Regeln* und begründete damit die moderne Genetik als Wissenschaftsdisziplin. Denn er hatte vor allem auch eines bewiesen: Dass sich Vererbung experimentell untersuchen lässt.

Als katholischer Priester führte Mendel seine Versuche im Klostergarten durch. Er studierte an den Erbsen verschiedene Merkmalsausprägungen, darunter Blütenfarbe, Erbsenform, Erbsenfarbe, Hülsenform und Pflanzenhöhe. Die Erbsen eigneten sich deshalb so gut für seine Experimente, weil sie *selbstbestäubend* sind. Erbsenblüten sind zwittrig, das heißt, sie enthalten sowohl männliche als auch weibliche Geschlechtsorgane und können sich daher selbst befruchten und so Nachwuchs erzeugen. Für seine Versuche war das jedoch nicht immer gut, sodass er gelegentlich die männlichen Organe (die Staubblätter) aus den Blüten entfernte.

Somit war Mendel in der Lage, Tochtergenerationen von Erbsen sowohl aus Selbstbestäubung einer Pflanze als auch aus *Fremdbestäubung* (zwei verschiedene Erbsenpflanzen paaren sich) zu züchten.

✔ Um Erbsen aus Selbstbestäubung zu erhalten, verteilte er den Pollen einer Blüte mit einem kleinen Pinsel auf der Narbe derselben Blüte.

✔ Um Erbsen aus Fremdbestäubung zu erhalten, entfernte er die Staubblätter einer Blüte und übertrug den Pollen von einer Blüte einer anderen Erbsenpflanze auf ihre Narbe.

Nachdem er die Bestäubung vollzogen hatte, wartete er ab, bis die Pflanzen Früchte bildeten. Als die Hülsenfrüchte mit den darin befindlichen Samen (den Erbsen) ausgereift waren, sammelte er diese und pflanzte sie wieder ein. Schließlich dokumentierte er die Merkmale der heranwachsenden Jungpflanzen.

Bevor er mit seinen eigentlichen Experimenten begann, nutzte er die Fähigkeit zur Selbstbestäubung der Erbsen aus und züchtete *reinerbige* Pflanzen. So werden Pflanzen genannt, die stets dieselbe Ausprägung einer Eigenschaft an ihren Nachwuchs weitergeben.

Beispielsweise züchtete Mendel Erbsen, die reinerbig für die Blütenfarbe waren: Weiß blühende Pflanzen, die nach Selbstbestäubung stets weiß blühende Nachkommen hervorbrachten und violett blühende Pflanzen, die nach Selbstbestäubung stets violett blühende Nachkommen erzeugten. Er erreichte die Reinerbigkeit durch wiederholte Selbstbestäubung und stetige Entfernung allen Nachwuchses, der nicht die gewünschte Blütenfarbe hatte. Schließlich hatte er Erbsen, die beständig immer nur weiß oder violett blühenden Nachwuchs erzeugten. Durch die Verwendung von reinerbigen Individuen für seine Zuchtversuche konnte Mendel sicher stellen, dass die Pflanzen stets ein bestimmtes Merkmal (zum Beispiel weiße Blüten) an den Nachwuchs weitergaben.

Am Anfang eines Versuchs wählte Mendel Elternpflanzen aus, die in Bezug auf ein zu beobachtendes Merkmal (zum Beispiel Blütenfarbe) reinerbig waren, dieses Merkmal aber in unterschiedlicher Weise vererbten (zum Beispiel weiße und violette Blüten). Er kreuzte die beiden reinerbigen Eltern, also eine weiß blühende und eine violett blühende Erbsenpflanze, und beobachtete das Merkmal »Blütenfarbe« über mehrere Generationen. Um bei den verschiedenen Generationen den Überblick nicht zu verlieren, werden diese allgemein mit Buchstaben gekennzeichnet (siehe Abbildung 12.1):

✔ Die Elterngeneration heißt *P-Generation*. P-Pflanzen sind stets reinerbig für das jeweils beobachtete Merkmal, in dem beschriebenen Versuch Mendels also für die Blütenfarbe weiß oder violett.

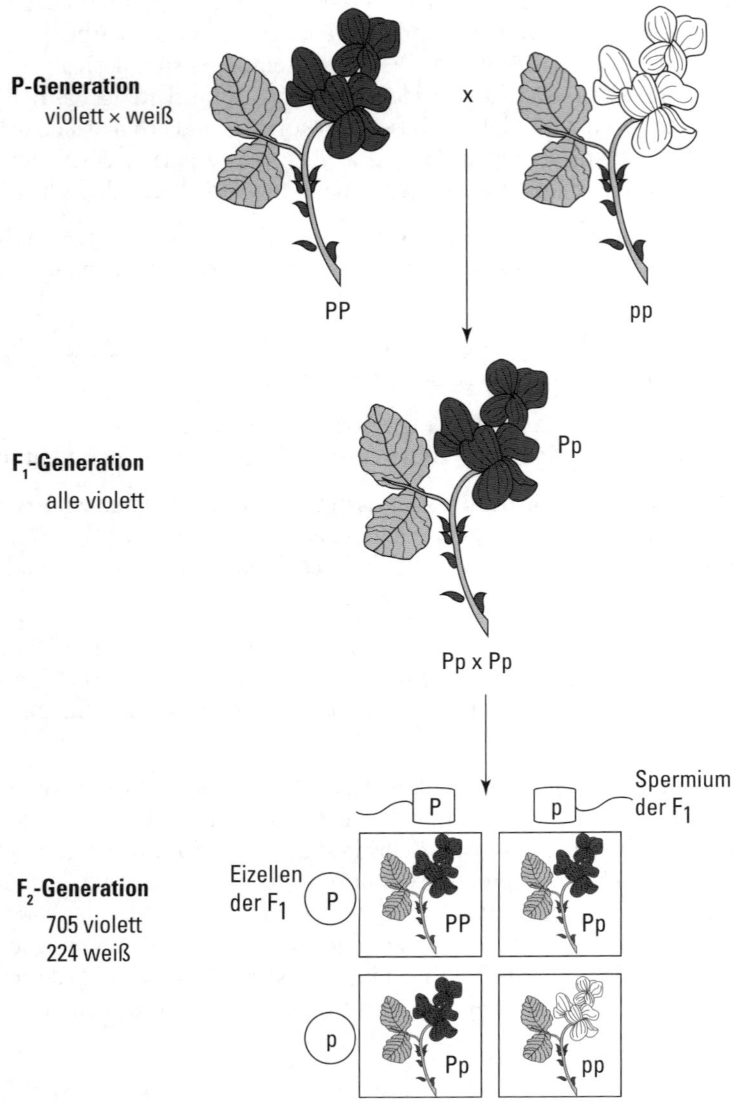

Abbildung 12.1: Die Kreuzungsversuche von Mendel mit weiß und violett blühenden Erbsen.

- Aus der Kreuzung der P-Pflanzen gehen die ersten Nachkommen der Eltern hervor, die erste *Tochtergeneration* also, die als F_1-Generation bezeichnet wird (von *lat.* filia = Tochter). Mendel sammelte die Erbsen, die aus der Kreuzung der beiden P-Pflanzen, eine weiß und eine violett blühend, entstanden waren und säte sie wieder aus. Die heranwachsende F_1-Generation bestand dann nur aus violett blühenden Erbsen.
- Die Kreuzung aus zwei Erbsen der F_1-Generation erzeugt dann die zweite *Tochtergeneration*, die als F_2-Generation bezeichnet wird. Mendel kreuzte verschiedene Individuen der

F_1-Generation miteinander, sammelte die Erbsen, pflanzte sie wieder ein und wertete die F_2-Generation in Bezug auf die Blütenfarbe aus. Es waren 705 violett blühende und 224 weiß blühende Erbsenpflanzen entstanden.

Die ersten Regeln der Vererbung

Mendel erkannte einige wichtige Regelmäßigkeiten in seinen Kreuzungsversuchen und formulierte diese neuen Ideen in drei bis heute gültigen Regeln. Nachfolgend wollen wir uns mit den ersten beiden dieser bahnbrechenden Erkenntnisse beschäftigen, die 3. Mendelsche Regel wird später im Abschnitt »Wie zwei unabhängige Gene vererbt werden« erläutert:

✔ **Die 1. Mendelsche Regel, die Uniformitätsregel**: Sie besagt, dass jedes Gen bei einer Pflanze in mehreren Varianten vorhanden ist; diese Varianten eines Gens werden *Allele* genannt. Bei diploiden Zellen sind es zwei Allele pro Gen. Allele codieren die Ausprägungen des jeweiligen Merkmals, zum Beispiel der Blütenfarbe. Das Gen, das die Blütenfarbe bestimmt, ist in einer Erbsenpflanze daher in Form zweier Allele vorhanden. Diese codieren entweder beide für violett, beide für weiß oder eines für violett und eines für weiß. **Unter der Voraussetzung, dass die Eltern für das Merkmal reinerbig (homozygot, siehe unten) sind, wird das Merkmal in der F_1-Generation gleich ausgeprägt; die F_1-Individuen sind in Bezug auf das Merkmal uniform.**

- **Was Mendel beobachtete**: Eine bestimmte Ausprägung des Merkmals Blütenfarbe, zum Beispiel weiß, kann in der F_1-Generation verschwinden, in der F_2-Generation aber wieder auftreten.
- **Mendels Schlussfolgerung**: Jede Pflanzen muss zwei Ausprägungen eines Merkmals in sich tragen (sie werden heute Allele genannt). Obwohl in der F_1-Generation alle Pflanzen in Bezug auf das eine Merkmal gleich aussahen (violette Blüten), erschien die zweite Ausprägung des Merkmals (weiße Blüten) wieder in der F_2-Generation. Das Allel für weiße Blüten musste also auch in der F_1-Generation vorhanden sein.

✔ Mendel überlegte weiter: Wenn in der F_1-Generation beide Allele vorhanden sind, aber nur eines davon in Erscheinung tritt, dann übertrumpft das eine Allel das andere. Wir bezeichnen das stärkere Allel als *dominant* (im Beispiel die violette Blütenfarbe) und das unterdrückte Allel als *rezessiv* (hier weiße Blüten).

- **Was Mendel beobachtete**: Die Individuen der F_1-Generation (siehe Abbildung 12.1) mussten von jedem Elternteil eine Information zur Blütenfarbe erhalten haben, und zwar von einem Elternteil den Code für weiße Blüten und von dem anderen den für violette Blüten. Dennoch hatten alle F_1-Individuen violette Blüten.
- **Mendels Schlussfolgerung**: Bei jedem Allel-Paar, das eine bestimmte Merkmalsausprägung codiert, gibt es ein Allel, das die Ausprägung des anderen unterdrückt.

  Heute weiß man, dass es neben der Dominanz und Rezessivität der Allele noch eine dritte Möglichkeit gibt; man nennt sie *intermediär* oder *unvollständig dominant*. In diesem Fall entspricht die Ausprägung eines Merkmals in der F_1-Generation nicht einem Elternteil (hier weiß oder violett), sondern sie liegt dazwischen; die Erbsen der F_1-Generation würden bei intermediärer Vererbung mit der Blütenfarbe Rosa blühen (siehe Abschnitt »Intermediäre Vererbung« in diesem Kapitel).

- **Die 2. Mendelsche Regel, die Spaltungs- oder Segregationsregel**: Sie besagt, dass jedes Allel-Paar bei der Meiose getrennt wird, sodass jeder haploide Gamet ein Allel des Gens erhält. Man sagt, die Erbfaktoren (Allele) liegen als partikuläre Einheiten vor, sie werden in der F_1-Generation zwar kombiniert, aber nicht gemischt (»ausverdünnt«). Letzteres hatte noch Darwin postuliert – es gilt als die größte Schwäche seiner Evolutionstheorie (siehe Kapitel 13).
  - **Was Mendel beobachtete:** Das Mengenverhältnis der F_2-Individuen mit dominanter und rezessiver Merkmalsausprägung betrug ungefähr 3:1. Die in Abbildung 12.1 dargestellte Kreuzung zweier F1-Individuen produzierte in der F_2-Generation 705 violett blühende und 224 weiß blühende Pflanzen. Das entspricht einem Verhältnis von 3,15:1, also nahezu 3:1. Diese 3:1-Rate ist zu erwarten, wenn die F_1-Individuen jeweils ein Allel an ihren Nachwuchs weitergeben (siehe die vier Quadrate in Abbildung 12.1 unten).
  - **Mendels Schlussfolgerung:** Die Erbfaktoren (Allele), die die Ausprägung von Merkmalen bestimmen, liegen bei den Eltern doppelt vor, werden aber immer einzeln an den Nachwuchs weitergegeben.

Die Segregation der Allele erfolgt während der Meiose I, wenn sich die homologen Chromosomen voneinander trennen (siehe auch Kapitel 11).

Viele Leute gehen davon aus, dass dominante Allele in einer Population häufiger vorhanden sind als rezessive Allele. Das ist jedoch nicht richtig, obwohl es natürlich so aussieht, denn die dominante Ausprägung des Merkmals ist öfter sichtbar. Die rezessiven Allele sind aber auch vorhanden, wenn sie nicht zutage treten. Die einzige Möglichkeit herauszufinden, ob ein bestimmtes Merkmal dominant oder rezessiv vererbt wird, ist die Beobachtung eines Individuums mit zwei verschiedenen Allelen für das Merkmal. Das hat Mendel mit der F_1-Generation getan: Das Allel für die weiße Blütenfarbe ist rezessiv.

Lernen Sie »Genetisch«

Seit Mendels Versuchen haben Genetiker enorm viele neue Erkenntnisse gewonnen. Um ihr Wissen eindeutig zu formulieren, haben die Forscher eine eigene Sprache mit speziellen Abkürzungen und Symbolen entwickelt. Einige grundsätzliche genetische Ausdrücke werden nachfolgend erklärt. Sie sind notwendig, um die weiteren Ausführungen in diesem Kapitel zu verstehen.

- **Chromosom, Gen, Allel und Lokus**: Die ersten drei Begriffe habe ich schon definiert, aber hier noch einmal zur Wiederholung: Chromosomen setzen sich aus DNA-Sequenzen (Abschnitten) zusammen, die einen genetischen Code enthalten – das sind die Gene. Varianten des Codes in einem Gen werden Allele des Gens genannt. Der Ort, an dem sich ein bestimmtes Gen auf dem Chromosom befindet, wird als *Lokus* (Plural Loki) bezeichnet.

  Pflanzengenetiker bezeichnen Allele mit Buchstaben. Dabei stehen Großbuchstaben für dominante Allele, Kleinbuchstaben für rezessive Allele. Im Falle von Mendels Erbsen werden die Allele für die Blütenfarbe mit »P« und »p« bezeichnet, wobei »P« für das dominante Violett und »p« für das rezessive Weiß steht (siehe Abbildung 12.1).

- **Wildtyp und Mutant**: Als Wildtyp wird die normale, die typische Ausprägung eines Merkmals bezeichnet, diejenige, die bei den meisten Individuen dieser Spezies natürlicherweise vorkommt. Mutanten sind alle anderen Ausprägungen des Merkmals.
- **Genotyp und Phänotyp**: Beide Allele eines Gens zusammen werden als *Genotyp* des Organismus bezeichnet. Die Ausprägung der Merkmale, also Aussehen und Funktion eines Organismus, werden als *Phänotyp* bezeichnet. Der Genotyp stellt damit die komplette genetische Ausstattung des Organismus dar – der Phänotyp ist also das, was daraus letztlich sichtbar entsteht. In Abbildung 12.1 ist der Genotyp für Blütenfarbe der F_1-Generation als »Pp« dargestellt. Der Phänotyp dieser F_1-Generation ist das Erscheinungsbild der Individuen, hier also »violette Blüten«.
- **Homozygot und heterozygot**: Organismen, die für ein Gen *homozygot* sind, haben zwei identische Allele. Organismen, die für ein Gen *heterozygot* sind, haben zwei verschiedene Allele. In Abbildung 12.1 ist die P-Generation homozygot für die Blütenfarbe (PP oder pp), die F1-Generation jedoch heterozygot (Pp). Manchmal wird heterozygot auch als *hybrid* bezeichnet, sodass Organismen, die heterozygot für ein Gen sind, *monohybrid* genannt werden.

Die Kreuzung zwischen zwei Individuen der F_1-Generation wird als monohybride Kreuzung bezeichnet, weil die gekreuzten Individuen heterozygot für ein Merkmal sind. »Homo« bedeutet »gleich«, homozygot bezeichnet also zwei gleiche Allele. »Hetero« bedeutet »verschieden», heterozygot bezeichnet daher zwei verschiedene Allele eines Gens.

Vorhersagen treffen

Die Quadrate in Abbildung 12.1 unten stellen ein sogenanntes *Punnett-Schema* dar. Mit diesem nützlichen Werkzeug können Genetiker die Ergebnisse eines Kreuzungsversuchs im Voraus berechnen. An zwei Seiten des Schemas schreibt man die Buchstaben für die Allele, die die vier Gameten der Kreuzung tragen. Zum Ausfüllen des Schemas bildet man dann einfach alle möglichen Zweierkombinationen, die in der nächsten Generation auftauchen können.

Das Punnett-Schema in Abbildung 12.1 zeigt das kalkulierte Ergebnis einer monohybriden Kreuzung. Jedes an der Kreuzung beteiligte F_1-Individuum ist heterozygot für die Blütenfarbe, besitzt also zwei Allele (Pp) des »Blütenfarben-Gens«. Bei der Meiose, wenn männliche und weibliche Gameten entstehen, werden die vier Allele (P, P, p, p) als partikuläre Einheiten auf die vier Gameten aufgeteilt.

Beim Ausfüllen des Punnett-Schemas gehen Sie dann folgendermaßen vor:

1. **Aus dem Genotyp der Eltern ergibt sich der Genotyp ihrer Gameten. Jeder Gamet erhält ein Allel aus den Allel-Paaren der diploiden Elternteile. Haben die Eltern den Genotyp Pp, so werden ihre Gameten entweder den Genotyp P oder den Genotyp p haben.**

   Bei Pflanzen bildet der diploide Sporophyt bei der Meiose nicht gleich Gameten. Wie in Kapitel 11 erläutert wird, entstehen zuerst haploide Sporen, die zum Gametophyten heranwachsen. Dieser bildet dann durch Mitose die Gameten. Weil Gametophyt und Gameten jedoch denselben Genotyp haben, können Sie diesen »Umweg« hier vernachlässigen; letztlich sind die Gameten die Produkte der Meiose.

2. **Schreiben Sie die Genotypen der vier Gameten an zwei Seiten des Schemas. Eizellen (P oder p) werden dabei auf einer Seite, die Spermien (P oder p) auf einer der angrenzenden Seiten notiert.**

3. **Schreiben Sie die vier möglichen Kombinationen, die sich aus der Paarung der vier Allele ergeben, in die Quadrate; so erhalten Sie die voraussichtlichen Genotypen der F_2-Generation.**

   Wenn eine Eizelle (P) durch ein Spermium (P) befruchtet wird, besitzt der Nachwuchs den Genotyp PP. Wenn dieselbe Eizelle durch ein Spermium (p) befruchtet wird, entsteht ein Nachwuchs mit dem Genotyp Pp. Derselbe Genotyp entsteht, wenn eine Eizelle (p) mit einem Spermium (P) befruchtet wird. Die letzte Möglichkeit ist dann Nachwuchs vom Genotyp pp, der aus der Paarung von Eizelle (p) und Spermium (p) entsteht.

   Damit ergibt sich folgendes *Verhältnis der Genotypen* in der F_2-Generation: 1:2:1 (PP:Pp:pp).

4. **Versuchen Sie jetzt, die Phänotypen der F_2-Individuen zu bestimmen. Welches Allel ist dominant, welches rezessiv? Erinnern Sie sich?**

   Bei Erbsen ist das Allel für violette Blütenfarbe dominant. Das wissen Sie, weil die F_1-Generation nur violett blühende Individuen hervorbrachte. Somit werden die F_2-Individuen mit PP und mit Pp violett blühen, die mit Genotyp pp jedoch weiß.

Das voraussichtliche *Verhältnis der Phänotypen* in der F_2-Generation ist damit 3:1 – dreimal so viele violett blühende Pflanzen wie weiß blühende. Wenn Sie also ein Verhältnis der Phänotypen von 3:1 beobachten, liegt dem aller Wahrscheinlichkeit nach eine monohybride Kreuzung mit *einfacher Dominanz* eines Allels zugrunde.

Mit dem Punnett-Schema lassen sich die Resultate von Kreuzungen im Voraus berechnen. Allerdings können die dann tatsächlich beobachteten Ergebnisse von der Berechnung abweichen. Das Punnett-Schema aus Abbildung 12.1 sagt beispielsweise ein Phänotyp-Verhältnis von 3:1 für violett:weiß blühend vorher. Mendels tatsächliche Beobachtung war jedoch etwas anders: Bei 705 violetten und 224 weißen Erbsen ergab sich ein Verhältnis von 3,15:1. Diese Abweichung kommt zustande, weil die Vorausberechnung von einer völlig gleichmäßigen Mischung der Gameten ausgeht. In der Realität ist das jedoch kaum der Fall. Jede Befruchtung erfolgt nach dem Zufallsprinzip, sodass Abweichungen normal sind. Je mehr Nachkommen aus einer Paarung entstehen, desto eher wird das tatsächliche Verhältnis der Berechnung entsprechen.

Das Wunderkraut

Mendel arbeitete hauptsächlich mit Erbsen. Heute bedienen sich Genetiker meist eines kleinen Kreuzblütlers, *Arabidopsis thaliana* für ihre Versuche. Diese als Ackerschmalwand bezeichnete Pflanze wächst häufig an Wegrändern und ist zur beliebtesten genetischen Versuchspflanze geworden. Dafür gibt es mehrere Gründe: 1. Die Pflanze ist klein und damit leicht in Laboren und Gewächshäusern zu züchten. 2. Ihr kompletter Lebenszyklus von Same zu Same dauert nur etwa sechs Wochen, sodass die nächste Generation zeitnah analysiert werden kann. 3. Es werden bis zu 15.000 Samen pro Pflanze gebildet. 4. *A. thaliana* weist viele Ähnlichkeiten in der genetischen Ausstattung mit anderen Blütenpflanzen auf, auch mit vielen Nutzpflanzen. 5. Die Gesamtzahl der Gene von *A. thaliana* ist vergleichsweise gering, sodass bereits das gesamte Genom sequenziert wurde; alle 115.409.949 Basenpaare der DNA sind entschlüsselt und man fand heraus, dass diese sich auf circa 28.000 Gene verteilen. Die Experimente mit der Acker-Schmalwand sind auch für die Züchtung vieler Nutzpflanzen von Bedeutung. Die Forscher identifizierten beispielsweise Gene, die das Pflanzenwachstum und die Samenproduktion regulieren sowie solche, die für die Widerstandsfähigkeit gegen Pflanzenkrankheiten zuständig sind. Weil aus den Versuchen vielfach Rückschlüsse auf die genetischen Zusammenhänge bei lebenden Organismen allgemein gezogen werden können, bezeichnet man *A. thaliana* als *Modellorganismus*.

Wie zwei unabhängige Gene vererbt werden

Durch seine monohybriden Kreuzungsversuche fand Mendel einige fundamentale Gesetzmäßigkeiten der Genetik heraus. Weil Erbsen, und alle anderen Organismen auch, jedoch viele Gene besitzen – Reispflanzen haben mehr als 40.000 Gene, wir Menschen ungefähr 22.000 – blieb Mendel nichts anderes übrig als weiter zu forschen. Je mehr Gene man betrachtet, desto komplizierter wird es natürlich. Daher versuchte er es als nächstes mit der systematischen Analyse von Pflanzen, die sich in zwei Merkmalen unterschieden. So entdeckte er ein drittes fundamentales Prinzip der Vererbung, das bis heute als *3. Mendelsche Regel* Bestand hat: die freie Kombinierbarkeit der einzelnen Erbfaktoren.

Die 3. Mendelsche Regel wird auch *Unabhängigkeits-* oder *Neukombinations-Regel* genannt. Sie besagt, dass die Allel-Paare von zwei oder mehr verschiedenen Genen bei der Meiose unabhängig voneinander getrennt und dann zufällig auf die Gameten verteilt werden. Die beiden von Mendel betrachteten Merkmale (siehe unten) bleiben bei der Meiose also nicht in der elterlichen Kombination zusammen, sondern ihre Erbfaktoren (Allele) werden als selbständige Einheiten gemischt und auf die Gameten übertragen.

Zur Veranschaulichung der Neukombinationsregel wollen wir nachfolgend eine *dihybride Kreuzung* betrachten, also eine Kreuzung zwischen zwei Individuen, die für zwei verschiedene Merkmale heterozygot sind.

Mendel analysiert die Pflanzenhöhe

Erbsen können ziemlich hoch wachsen oder klein bleiben, das hatte Mendel beobachtet. Er züchtete von beiden Varianten reinerbige Eltern und kreuzte sie: Die resultierende F_1-Generation ergab nur große Erbsen – damit hatte sich das Merkmal »groß« als dominant erwiesen. Er kreuzte dann zwei F_1-Individuen und erhielt in der F_2-Generation das erwartete Verhältnis von 3:1 (groß:klein). Das Allel-Paar für »groß« kontrolliert also das Merkmal Pflanzenhöhe über ein einfaches Dominanzverhältnis.

Zur Analyse von zwei Merkmalen kreuzte Mendel dann Elternpflanzen, die reinerbig für zwei Merkmale waren, für Pflanzenhöhe und Blütenfarbe. Wie in Abbildung 12.2 dargestellt, kreuzte er große, violett blühende Erbsen mit kleinen, weiß blühenden Erbsen. In der F_1-Generation traten dann nur große, violett blühende Phänotypen auf.

Daraus können wir folgende Schlussfolgerungen ziehen:

1. **Groß und violett sind dominant, klein und weiß sind rezessiv.**

   Als Buchstaben für die Allele verwenden wir T (groß) und t (klein) sowie P (violett) und p (weiß).

2. **Jede Pflanze hat jedes Gen in doppelter Ausführung.**

   Die Eltern sind reinerbig, das heißt sie müssen homozygot für beide Merkmale sein. Als Genotypen für die Elterngeneration ergeben sich damit PPTT (violett und groß) und pptt (weiß und klein).

3. **Die Eltern geben eine Kopie jedes Gens an ihren Nachwuchs weiter.**

   Der Nachwuchs erhält von jedem Elternteil ein Gen für Pflanzenhöhe und eines für Blütenfarbe. Weil die Eltern homozygot für beide Merkmale sind, können sie nur einen Allel-Typ von jedem Gen vererben. Große violette Pflanzen geben T und P an ihren Nachwuchs weiter, während kleine weiße Pflanzen t und p vererben. Die F_1-Generation besteht dann ausschließlich aus dihybriden Individuen mit dem Genotyp PpTt.

Im nächsten Schritt sehen wir dann, was bei der dihybriden Kreuzung zweier F_1-Individuen heraus kommt.

Das Punnett-Schema bei dihybrider Kreuzung

Die Regeln, die bei einer dihybriden Kreuzung gelten, sind dieselben wie bei einer monohybriden Kreuzung: Die Eltern haben jedes Gen doppelt und müssen jeweils eine Kopie des Gens an ihren Nachwuchs weitergeben, also jeweils ein Allel an die Gameten. Die Sache scheint nur dadurch etwas komplizierter, weil man bei der Verteilung der Genotypen auf die Gameten zwei Gene beachten muss.

Dihybride Individuen sind heterozygot für beide Gene; somit haben sie zwei Möglichkeiten, das jeweilige Gen an den Nachwuchs zu vererben: in Form des dominanten oder in Form des rezessiven Allels. Beispielsweise sind der Phänotyp und der Genotyp aller F_1-Individuen in Abbildung 12.2 identisch; es handelt sich um große, violett blühende Pflanzen mit PpTt als Genotyp.

Solche dihybriden Pflanzen können vier verschiedene Gameten erzeugen:

- ✔ Ein Gamet mit Allelen für violett und groß (PT)
- ✔ Ein Gamet mit Allelen für violett und klein (Pt)
- ✔ Ein Gamet mit Allelen für weiß und groß (pT)
- ✔ Ein Gamet mit Allelen für weiß und klein (pt)

Nachdem wir jetzt den Genotyp der Gameten dieser dihybriden Kreuzung ermittelt haben, können wir das Punnett-Schema genau wie bei der monohybriden Kreuzung nutzen:

1. **Schreiben Sie die Genotypen der Gameten an zwei Seiten des Schemas.**

   Weil hier vier verschiedene Gameten verschmelzen, muss das Schema 16 Quadrate für die F_2-Generation aufweisen.

2. **Schreiben Sie alle möglichen Kombinationen in die entsprechenden Quadrate.**

   Die Kombinationen der Allele stellen die voraussichtlichen Genotypen der F_2-Generation dar.

3. **Um ein Verhältnis der Genotypen zu erhalten, zählen Sie einfach die Kombinationen aus.**

   Für die in Abbildung 12.2 dargestellte Kreuzung ergeben sich die folgenden Häufigkeiten für die neun verschiedenen Genotypen: 1 PPTT, 2 PPTt, 1 PPtt, 2 PpTT, 4 PpTt, 2 Pptt, 1 ppTT, 2 ppTt und 1 pptt.

Das Verhältnis der Genotypen in der F_2-Generation bei dihybrider Kreuzung und Betrachtung von zwei Genen mit einfacher Dominanz ist 1:2:1:2:4:2:1:2:1.

4. Versuchen Sie nun, das Verhältnis der Phänotypen der F_2-Generation zu ermitteln.

   Bei Berücksichtigung von Dominanz und Rezessivität der Allele ergeben sich für das Beispiel in Abbildung 12.2 vier verschiedene Phänotypen; sie resultieren aus den folgenden Genotypen:

   (1) PPTT, PPTt, PpTT und PpTt sind alle groß und violett blühend.

   (2 PPtt und Pptt sind klein und violett blühend.

   (3) ppTT und ppTt sind groß und weiß blühend.

   (4) pptt ist klein und weiß blühend.

Wenn Sie nun die voraussichtlichen Phänotypen auszählen, erhalten Sie folgendes Verhältnis: 9 groß und violett, 3 groß und weiß, 3 klein und violett sowie 1 klein und weiß.

Das Verhältnis der Phänotypen der F_2-Generation bei dihybrider Kreuzung und Betrachtung von zwei Genen mit einfacher Dominanz ist 9:3:3:1.

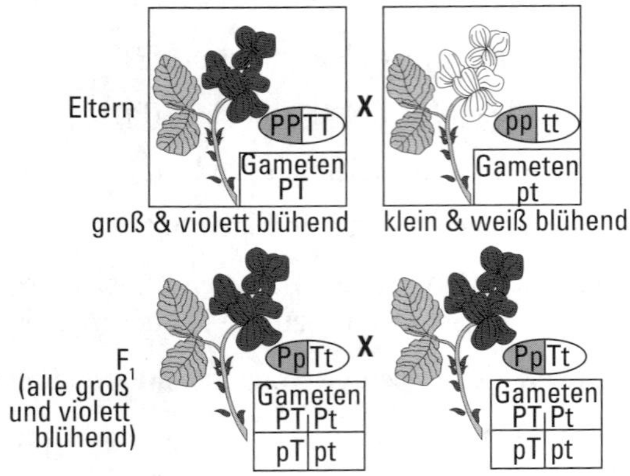

	PT	Pt	pT	pt
PT	1/16 PPTT	1/16 PPTt	1/16 PpTT	1/16 PpTt
Pt	1/16 PPTt	1/16 PPtt	1/16 PpTt	1/16 Pptt
pT	1/16 PpTT	1/16 PpTt	1/16 ppTT	1/16 ppTt
pt	1/16 PpTt	1/16 Pptt	1/16 ppTt	1/16 pptt

Phänotypen

9 große, violett blühende

3 kleine, violett blühende

3 große, weiß blühende

1 kleiner, weiß blühender

Abbildung 12.2: Punnett-Schema bei dihybrider Kreuzung.

Mit dem Punnett-Schema können Sie also auch bei dihybrider Kreuzung die genetische Ausstattung und das Aussehen der F_2-Generation vorausberechnen. Aber auch hier weichen die tatsächlichen Verhältnisse oft etwas von den Vorhersagen ab. Was wäre zum Beispiel, wenn Sie zwei dihybride Pflanzen kreuzen und dabei nur 12 Nachkommen produziert werden? Diese Individuenzahl würde gar nicht ausreichen für das oben genannte Verhältnis. Daher versuchen Genetiker stets so viele Nachkommen wie möglich zu erzeugen, zum Beispiel mit der Ackerschmalwand (siehe Kasten oben). Je mehr Nachkommen aus einer Paarung entstehen, desto eher wird das tatsächliche Verhältnis der Phänotypen der Berechnung mit dem Punnett-Schema entsprechen.

Als Mendel seine dihybriden Kreuzungen durchführte, wusste er noch nichts von Chromosomen und Genen. Er kreuzte die Pflanzen, zählte die Verhältnisse aus und leitete daraus Gesetzmäßigkeiten ab. Er folgerte aus dem 9:3:3:1-Verhältnis der dihybriden Kreuzung, dass die Erbfaktoren (Allele), die beide Merkmale bestimmen, unabhängig voneinander vererbt werden müssen; es mussten also vier verschiedene Gameten-Typen entstanden sein. Seitdem haben nun viele Wissenschaftler geforscht und mittlerweile herausgefunden, wie Gameten entstehen. Wir wissen heute, wie die Meiose funktioniert und können die zellulären Vorgänge erklären, die Mendels Neukombinationsregel zugrunde liegen.

Erinnern Sie sich noch an die Meiose?

Die unabhängige Durchmischung und Verteilung der Gene geschieht bei der Meiose I (siehe auch Kapitel 11). Die Gene, die zwei verschiedene Merkmale bestimmen, liegen meist nicht nah zusammen auf einem Chromosom, sondern möglicherweise sogar auf zwei unterschiedlichen Chromosomen. In der Metaphase I ordnen sich dann die homologen Chromosomenpaare in der Zellmitte an. Weil sie das unabhängig voneinander tun, kann es zu unterschiedlichen Konstellationen der Chromosomenpaare kommen (siehe Abbildung 12.3).

Bei Betrachtung von zwei Merkmalen, zum Beispiel Blütenfarbe (P,p) und Pflanzenhöhe (T,t), führt die Meiose dann zu zwei Möglichkeiten der Gametenentstehung (Abbildung 12.3).

- ✔ **In einer Zelle ordnen sich die beiden dominanten Allele auf derselben Seite des Zelläquators an.** Dann wandern beide dominanten Allele auf dieselbe Seite der Zelle und es entstehen Gameten mit zwei dominanten Allelen (PT). Die beiden rezessiven Allele wandern entsprechend zur anderen Zellseite und ergeben Gameten mit zwei rezessiven Allelen (pt).
- ✔ **In einer anderen Zelle ordnen sich die beiden dominanten Allele dagegen auf verschiedenen Seiten des Zelläquators an.** Dann wandern je ein dominantes und ein rezessives Allel auf eine Zellseite und es entstehen Gameten mit einem dominanten und einem rezessiven Allel (pT und Pt).

Die unabhängige Anordnung der homologen Chromosomen während der Meiose I ist der Grund dafür, dass dihybride Pflanzen vier genetisch verschiedene Sporen (die durch Mitose Gameten bilden) hervorbringen.

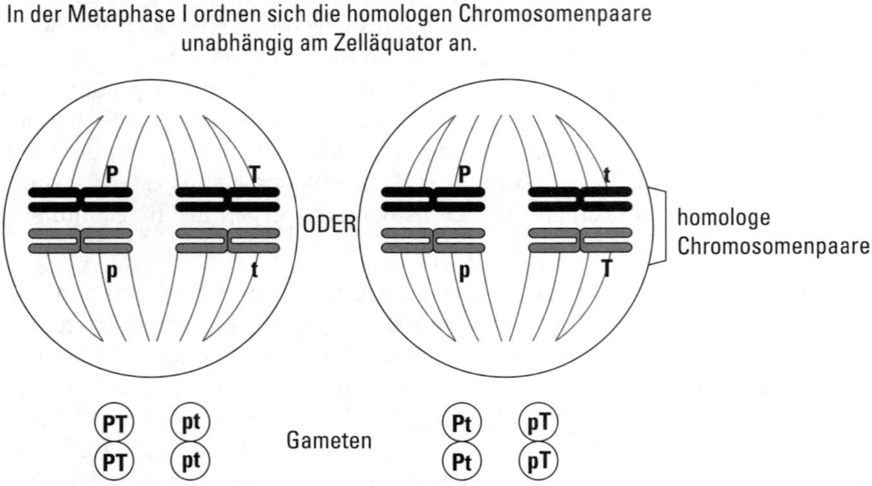

Abbildung 12.3: Die unabhängige Anordnung der homologen Chromosomen während der Meiose I führt zu Gameten mit verschiedenen Allelkombinationen.

Intermediäre Vererbung

Bei heterozygoten Organismen kann auch die sogenannte *intermediäre Vererbung* oder *unvollständige Dominanz* von Allelen vorkommen. Das heißt, dass ein Allel den Effekt des Schwester-Allels nicht völlig überdeckt – es ist nicht dominant und das andere Allel ist nicht rezessiv. In solchen Fällen zeigen die heterozygoten F_1-Individuen einen Phänotyp, der zwischen den beiden Phänotypen der homozygoten Eltern liegt.

Als Beispiel betrachten wir die Blütenfarbe von Löwenmäulchen, die in der homozygoten Elterngeneration entweder rot oder weiß blühen:

- ✔ **Das Allel für rote Blütenfarbe ist unvollständig dominant gegenüber dem Allel für weiße Blütenfarbe.** Weil die Beziehung zwischen beiden Allelen keine einfache Dominanz ist, werden die Allele oft mit hochgestellten Buchstaben gekennzeichnet (siehe Abbildung 12.4). Der normale Großbuchstabe bezeichnet das Allel insgesamt (hier »C« für Blütenfarbe) und der hochgestellte Buchstabe gibt dann die Variation des Allels (hier die Farbe) an.
  - Das Allel für rote Blütenfarbe wird also mit C^R bezeichnet – C für Blütenfarbe und R für rot.
  - Das Allel für weiße Blütenfarbe wird also mit C^W bezeichnet – C für Blütenfarbe und W für weiß.
- ✔ **Heterozygote Nachkommen der F_1-Generation zeigen als Phänotyp eine Mischung aus den beiden homozygoten Eltern.** Löwenmäulchen, die homozygot für rote Blütenfarbe sind (C^RC^R), haben rote Blüten. Löwenmäulchen, die homozygot für weiße Blütenfarbe sind (C^WC^W), haben weiße Blüten. Löwenmäulchen, die heterozygot für die Blütenfarbe sind (C^RC^W), haben rosa Blüten.

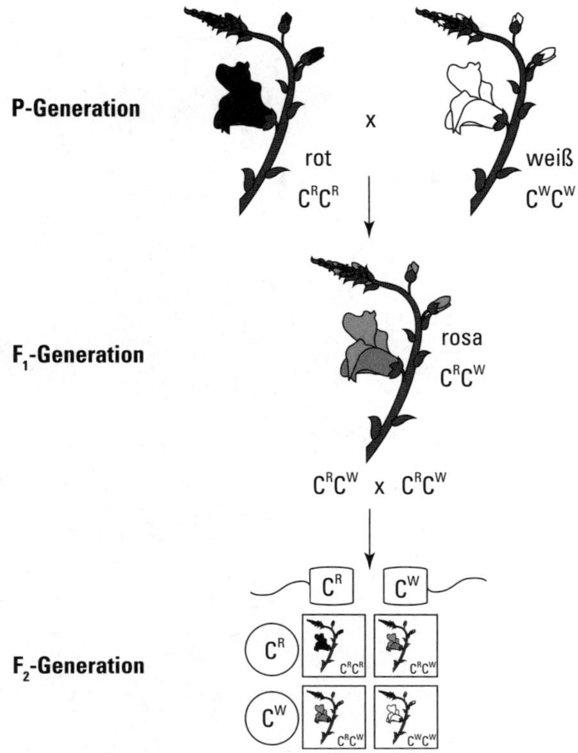

Abbildung 12.4: Das Punnett-Schema bei intermediärer Vererbung.

Die unvollständige Dominanz führt natürlich in der F_2-Generation zu einem anderen Verhältnis der Phänotypen als wir dies bei einfacher Dominanz der Allele kennengelernt haben. In Abbildung 12.4 ist als Beispiel die Kreuzung mit Punnett-Schema von rot und weiß blühenden Löwenmäulchen dargestellt:

1. Wenn rot und weiß blühende Elternpflanzen, die homozygot für die Blütenfarbe sind, gekreuzt werden, werden alle Individuen der F_1-Generation rosa blühen.

2. Eine monohybride Kreuzung dieser heterozygoten F_1-Individuen ergibt dann in der F_2-Generation jeweils drei mögliche Phäno- und Genotypen.

   Es werden voraussichtlich ein rot, zwei rosa und ein weiß blühendes Löwenmäulchen entstehen, das heißt wir haben ein Verhältnis der Phänotypen von 1:2:1.

   Das voraussichtliche Verhältnis der Genotypen ist dann ebenfalls 1:2:1, mit jeweils einer homozygoten Pflanze für rot (C^RC^R) und für weiß (C^WC^W) sowie zwei heterozygoten Pflanzen (C^RC^W).

Eine monohybride Kreuzung führt bei intermediärer Vererbung der Allele für ein bestimmtes Merkmal in der F_2-Generation zu identischen Verhältnissen von Genotypen und Phänotypen, nämlich 1:2:1.

Teil IV

Biodiversität im Pflanzenreich

The 5th Wave By Rich Tennant

»Such nach einem Schattenparkplatz, meine Pflänzchen vertragen keine direkte Sonne.«

In diesem Teil ...

Pflanzen leben schon seit sehr langer Zeit auf der Erde und es haben sich ganz unterschiedliche Formen pflanzlichen Lebens entwickelt – von winzigen Wasserlinsen bis hin zu mächtigen Eichbäumen. Genau wie Sie einen Stammbaum Ihrer Familie zeichnen können, so haben auch Wissenschaftler einen Stammbaum des Lebens erstellt. Er zeigt die verwandtschaftlichen Beziehungen aller Lebewesen dieser Erde.

In diesem Teil stelle ich Ihnen die faszinierende Vielfalt der Pflanzenwelt am Beispiel der wichtigsten Gruppen vor.

Im stetigen Wandel: Evolution und Adaptation

13

In diesem Kapitel

- Den genetischen Wandel verstehen
- Die Evolution der Pflanzen
- Wie Pflanzen sich an ihre Umwelt anpassen

Das Leben auf der Erde ist in einem stetigen Wandel. Alle Organismen müssen sich ständig an die sich verändernden Umweltbedingungen anpassen. Das Leben entstand einst im Meer, aber dann veränderten sich Pflanzen und Tiere, sodass auch das Festland besiedelt werden konnte. Anschließend prägten die Dinosaurier eine Zeit lang die belebte Welt und schließlich entstand der moderne Mensch. Unter biologischer Evolution versteht man Prozesse, die zu Veränderungen bei den auf der Erde lebenden Organismen führen. Biologische Evolution wird angetrieben durch genetische Veränderungen (zum Beispiel Mutationen) und durch natürliche Selektion. In diesem Kapitel beschäftige ich mich mit den Grundlagen der Evolution und stelle Beispiele vor, wie man die evolutionäre Entwicklung einer Population erfassen kann. Außerdem präsentiere ich Ihnen einige erstaunliche Anpassungen, die Pflanzen im Zuge ihrer evolutionären Entwicklung erreicht haben.

Die Grundlagen der Evolution

Evolution bedeutet Veränderung mit der Zeit. Biologische Evolution bezieht sich auf die lebenden Organismen und damit auf ihre Veränderungen im Laufe der Zeit. Das Leben auf der Erde wandelt sich ständig, allerdings meist in so kleinen Schritten, dass man es kaum merkt. Wenn jedoch größere geologische Zeiträume betrachtet werden, zum Beispiel Millionen von Jahren, dann offenbaren sich gewaltige Veränderungen aufgrund der biologischen Evolution. Zwei Beispiele dafür sind die erste Besiedlung des Festlandes durch Pflanzen und die Entstehung der Dinosaurier. Im Laufe der Entwicklungsgeschichte der Erde haben sich die Pflanzen von rein aquatischen Organismen (Algen) über einfache, sporenbildende Landpflanzen (Moose und Farne) bis hin zu komplexen Samenpflanzen entwickelt, die in jeder Umgebung (Salzwasser, Süßwasser und Festland) gedeihen können.

Mutation

Eine Triebfeder der Evolution sind die sogenannten *Mutationen*. Damit werden kleine Fehler bezeichnet, die bei der Reproduktion von Zellen passieren; genauer gesagt macht das Enzym, das für die Verdopplung der DNA im Zellkern zuständig ist, nicht alles richtig. So entstehen auf ganz natürlichem Weg neue DNA-Bausteine. Wissenschaftler sprechen hier auch von *Spontanmutationen*.

Die meisten Mutationen haben keine oder nur eine geringe Auswirkung auf das Leben des Organismus. Manche Mutationen führen aber auch zu schwerwiegenden Problemen, wie etwa Erbkrankheiten. Und in seltenen Fällen hat der Organismus durch eine Mutation sogar einen Vorteil im Konkurrenzkampf um Ressourcen. Wenn Sie die Länge der evolutionären Zeiträume berücksichtigen, treten natürlich auch solche sehr seltenen Ereignisse irgendwann auf.

Einige Umweltfaktoren, wie beispielsweise manche Chemikalien oder radioaktive Strahlung, können die Mutationsrate in Zellen erhöhen. Solche Mutationen, die von äußeren Faktoren (außerhalb der Zelle selbst) ausgelöst werden, bezeichnet man als *induzierte Mutationen*. Und die Umweltfaktoren, die Mutationen bewirken, heißen *Mutagene*.

Manchmal möchten Genetiker Mutationen bei einem Modellorganismus auch absichtlich hervorrufen. Dann können sie dazu spezielle Mutagene benutzen. Bei der Ackerschmalwand studiert man nach solchen bewusst induzierten Mutationen dann zum Beispiel die mutierten Individuen im Vergleich mit normalen Individuen. So kann auch die Funktion einzelner Gene weiter aufgeklärt werden. Die Ackerschmalwand *(Arabidopsis thaliana)* eignet sich sehr gut als Modellorganismus, denn der kleine Kreuzblütler hat große genetische Ähnlichkeit mit anderen Blütenpflanzen. Durch das Studium von *A. thaliana* gewinnen die Forscher daher auch wichtige allgemeingültige Erkenntnisse. Man hofft, durch gezielte Eingriffe in das Erbgut von Nutzpflanzen beispielsweise höhere Erträge und weniger Schädlingsbefall zu erreichen. Allerdings dürfen auch die Nachteile solcher Genmanipulationen nicht außer Acht gelassen werden (siehe Kapitel 19).

Natürliche Selektion

Mutationen verursachen genetische Veränderungen bei einzelnen Individuen oder ihren Nachkommen. Aber die Veränderungen mit der Zeit, die in Populationen auftreten und einzelne Individuen konkurrenzfähiger machen als andere, müssen noch von anderen Faktoren beeinflusst werden.

Als *natürliche Selektion* bezeichnet man die Vorstellung, dass in einer bestimmten Generation einer Population nicht alle Individuen gleich fit sind; es gibt immer Individuen, die aufgrund ihrer genetischen Ausstattung eher überleben und sich reproduzieren. Oft wird das auch im Englischen mit »Survival of the fittest« beschrieben. Letztlich bedeutet natürliche Selektion einfach nur, dass diejenigen Individuen, die bei den jeweils herrschenden Umweltfaktoren über die vorteilhaftesten Merkmalskombinationen verfügen, auch am ehesten überleben und sich fortpflanzen werden. Ihre Gene geben sie dann an ihren Nachwuchs weiter. Daher werden sich die vorteilhaften Merkmale mit der Zeit in der Population anreichern, sodass sich die Population als Ganzes ebenfalls verändert.

Die charakteristischen Merkmale von Organismen, durch die sie besonders gut an den jeweiligen Standort angepasst sind, werden *Adaptationen* genannt.

Die Evolutionstheorie von Darwin

Der englische Naturforscher Charles Darwin war der Erste, der die natürliche Selektion 1859 beim Namen nannte. Aufgrund langjähriger Beobachtungen verschiedener Organismengruppen in England und auf seinen zahlreichen Forschungsreisen war er zu der Erkenntnis gelangt, dass sich Nachkommen mit jeder weiteren Generation von ihren Vorfahren genetisch entfernen – sie verändern sich mit der Zeit.

- ✔ **Wenn Züchter bestimmte Eigenschaften bei Nutztieren oder auch Hunderassen bevorzugen und dadurch die Population mit der Zeit verändern, spricht man von *künstlicher Selektion*.** Landwirte züchten zum Beispiel die süßesten Maissorten und Jäger kreuzen die besten Jagdhunde, damit sich die gewünschten Eigenschaften mit höherer Wahrscheinlichkeit beim Nachwuchs wiederfinden.

- ✔ **Wenn alle Individuen einer Spezies (Art) gestorben sind, ist die Art *ausgestorben*.** An einem Flusslauf in Argentinien entdeckte Darwin die fossilen Knochen von drei ausgestorbenen Arten. Die Knochen ähnelten denjenigen von drei noch lebenden Arten und so überlegte Darwin, ob die Arten verwandt waren und ob sie vielleicht gemeinsame Vorfahren hatten.

- ✔ **Wenn einzelne Individuen einer Art besonders gut an spezielle Umweltbedingungen angepasst sind, können sie sich in diese speziellen Habitate zurückziehen, dadurch genetisch isolieren und zu einer neuen Art werden. Diesen Prozess nennt man *adaptive Radiation*.** Darwin beobachtete adaptive Radiation auf den Galápagos Inseln, einer Inselgruppe am Äquator vor der Westküste Südamerikas. Er konzentrierte seine Studien auf die Galápagos-Finken, kleine Singvögel, die auf den Inseln mit unterschiedlichen Arten vertreten waren. Auf jeder Insel lebte eine spezielle Finkenart, die sich von den anderen deutlich unterschied (zum Beispiel durch die Schnabelform). Auch auf dem südamerikanischen Festland gab es diese Finken; sie ernährten sich dort nur von Samen. Auf den Inseln gab es dagegen Finkenarten, die Samen fraßen, solche die Insekten fraßen und auch solche, die sich von Kakteen ernährten. Einen Hinweis auf die bevorzugte Nahrung gab dabei die Schnabelform der Vögel, die perfekt an die jeweilige Kost angepasst war. Darwin vermutete, dass alle Finkenarten der Inseln von einem gemeinsamen Vorfahren auf dem Festland abstammen müssten. Diese »Urgroßeltern« könnten bei einem der tropischen Stürme vom Festland hinüber geweht worden sein. Als sich die Neuankömmlinge auf den Inseln vermehrt hatten, begannen manche von ihnen, sich auf einer der Inseln auf ein bestimmtes Futter zu spezialisieren. In jeder Finkengruppe war die Schnabelform etwas variabel und Darwin kam zu dem Schluss, dass diejenigen Vögel, deren Schnabel am besten an das vorherrschende Nahrungsangebot angepasst war, am ehesten überlebt hatten. Sie gaben ihre Schnabelform an den Nachwuchs weiter und im Laufe der Jahrhunderte konnten sich so auf den einzelnen Inseln verschiedene Finkenarten herausbilden.

Wenn sich zwei Gruppen von Individuen in einer Population genetisch immer weiter voneinander entfernen, können sie sich irgendwann nicht mehr paaren. Dann ist eine neue Art entstanden. Diesen Prozess nennt man *Artbildung*.

Die Theorie in Worte fassen

Nachdem Darwin seine Ideen von Evolution und Artbildung entwickelt hatte, überlegte er lange, ob er sie veröffentlichen sollte. Er überlegte 20 Jahre, Jahre in denen er weitere Daten zur Bestätigung seiner Theorie sammelte. Er hatte auch Bedenken wegen der damals großen Macht der Kirche: Was würden die religiösen Ordensträger zu einer Publikation seiner Ideen sagen? Schließlich, im November 1859, publizierte er seine Erkenntnisse dann doch. Zeitgleich entwickelte Alfred R. Wallace unabhängig von Darwin ebenfalls eine ähnliche Evolutionstheorie. Fast hätte Darwin also zu lange mit der Veröffentlichung gewartet.

In seinem Buch über »Die Entstehung der Arten« (»On the Origin of Species by Means of Natural Selection«) präsentierte Darwin dann die grundsätzlichen Gegebenheiten, die eine natürliche Selektion ermöglichen:

- **Die Individuen der meisten Populationen produzieren sehr viel mehr Nachwuchs als nötig.** Denken Sie an einen Ahornbaum; dieser bildet jedes Jahr Tausende von Samen, von denen aber nur wenige wirklich zu einem Ahornbaum heranwachsen. Jeder Same konkurriert mit den anderen um Platz, Wasser, Licht und Nährstoffe.
- **Jedes Individuum hat eine einzigartige Merkmalskombination.** Zu Darwins Zeiten wusste niemand, wie es zu den Unterschieden zwischen den Individuen kommt. Kein Wissenschaftler hatte eine Ahnung von Mutationen der DNA und der Durchmischung der genetischen Information bei der sexuellen Vermehrung.
- **Einige Merkmale werden von den Eltern an ihre Nachkommen vererbt.** Im 19. Jahrhundert begann die Wissenschaft gerade damit, die Gesetze der Vererbung zu verstehen. Darwin wusste also nicht genau, wie Eltern ihre Eigenschaften vererbten. Heute kennen wir die Abläufe und vielfach auch die Gene, die bestimmte Eigenschaften bestimmen (Einzelheiten zur Vererbung lesen Sie in Kapitel 12).
- **Individuen, die mit ihrer speziellen Merkmalskombination am besten an die Umwelt angepasst sind, haben die größte Chance zu überleben und sich fortzupflanzen.** Dies ist das Kernstück von Darwins Evolutionstheorie: Wenn alle Organismen miteinander um die limitierten Ressourcen konkurrieren und jedes Individuum einzigartig ist, dann werden diejenigen mit den vorteilhaftesten Eigenschaften überleben – zum Beispiel die am schnellsten keimenden Ahornsamen. Wenn die vorteilhaften Merkmale vererbt werden, wird die nächste Generation genetisch noch vorteilhafter ausgestattet sein. Ein Beispiel für natürliche Selektion ist in Abbildung 13.1 dargestellt, ein Bussard bei der Mäusejagd. Bussarde jagen auf Sicht, das heißt, gut sichtbare Mäuse werden eher erbeutet als getarnte Tiere. Mäuse mit hellerem Fell, das sich gut von der Umgebung abhebt, haben daher einen Konkurrenznachteil – sie werden häufiger Opfer des Greifvogels. Umgekehrt haben die dunkler gefärbten Mäuse einen Selektionsvorteil; ihre Gene werden daher häufiger vererbt und mit der Zeit wird die Mäusepopulation in dieser Umgebung nur noch sehr wenige Individuen mit hellem Fell aufweisen. Prädatoren, wie hier der Bussard, können auch die Evolution von Pflanzen beeinflussen. Pflanzenfresser haben oft bestimmte Lieblingspflanzen, Arten die ihnen besonders gut schmecken. Wenn nun einige Individuen einer solchen Lieblingsart etwas härtere, vielleicht auch behaarte Blätter aufweisen, so werden diese weniger häufig abgefressen. Sie pflanzen sich dann in größerer Zahl fort als ihre weicheren Artgenossen und geben ihre Merkmale (harte, behaarte Blätter) weiter. Nach

mehreren Generationen werden dann vielleicht kaum noch Individuen mit weichen Blättern in dieser Population vorhanden sein: Die am besten angepassten Individuen haben sich durchgesetzt.

Umweltfaktoren, die dafür sorgen, dass manche Organismen eher überleben als andere, üben Druck auf die Individuen einer Population aus. Man bezeichnet diesen Druck als *Selektionsdruck*. In unseren Beispielen üben der Bussard und der Pflanzenfresser also Selektionsdruck aus.

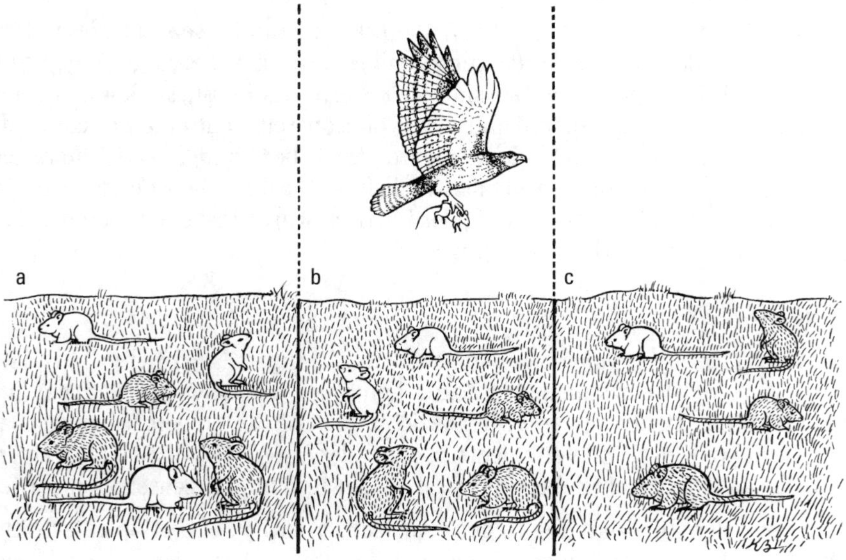

Abbildung 13.1: Natürliche Selektion.

Es soll hier betont werden, dass biologische Evolution und natürliche Selektion auf Populationen wirken, nicht aber auf das einzelne Individuum. Ein Individuum lebt oder stirbt, reproduziert sich oder nicht, je nach den herrschenden Umweltfaktoren. Es kann selbst nicht auf den Selektionsdruck reagieren und sich verändern. Stellen Sie sich einfach einmal eine krautige Pflanze am Waldboden vor. Die geringe Sonneneinstrahlung limitiert ihr Wachstum, aber sie kann sich nicht plötzlich ändern und zum Beispiel mit Ranken gen Licht klettern. Wenn aber ein anderes Individuum der Population vielleicht ein paar kleine Blattranken hat, kann es damit zu einem helleren Standort hin wachsen. Es hat dadurch einen Konkurrenzvorteil und reproduziert sich. Seine Nachkommen haben dann möglicherweise schon etwas mehr Blattranken und sind noch erfolgreicher im Kampf um die sonnigsten Standorte. Bei gleich bleibendem Selektionsdruck, also wenn der Wald nicht abgeholzt wird und plötzlich Licht im Überfluss da ist, kann sich ein Teil der Population dann über viele Generationen hinweg so verändern, dass eine Kletterpflanze mit Blattranken, also eine neue Art entsteht (vgl. Artbildung).

Wichtige Faktoren der Evolution von Pflanzen

Evolution ist von zahlreichen Faktoren und Prozessen abhängig. Die meisten davon wirken bei jeder Art von Organismus, zum Beispiel Mutationen, natürliche Selektion, Migration und genetische Drift. Dabei spielt Migration natürlich bei Tieren eine größere Rolle als bei Pflanzen, die ja normalerweise fest an einer Stelle verwurzelt sind. Andere Faktoren wie etwa Hybridisierungen, sind bei Pflanzen sehr viel häufiger als bei Tieren anzutreffen. Wenn sich zwei Individuen verschiedener Arten oder Unterarten kreuzen, bezeichnet man die Nachkommen als Hybriden. Diese sind meist steril, bei Pflanzen aber auch oft fruchtbar (fertil).

Wahrscheinlich kennen Sie das Beispiel von Maultier beziehungsweise Maulesel. Dabei handelt es sich um Hybriden, die aus der Paarung von Pferd und Esel hervorgegangen sind. Maultiere und Maulesel leben ganz normal, sind aber steril, das heißt, sie können selbst keine Nachkommen erzeugen. Sie stellen damit aus evolutionärer Sicht eine Sackgasse dar. Viele Pflanzen können dagegen mit Individuen anderer Arten beziehungsweise Unterarten fertile Nachkommen erzeugen; solche Hybriden entwickeln sich dann gegebenenfalls auch zu einer eigenen Art. Die evolutionäre Entwicklung der Pflanzen wurde insgesamt von mehreren Prozessen beeinflusst, auch von Hybridisierungen.

Hybridisierung

Bei Pflanzen sind *Hybridisierungen* zwar von Natur aus häufiger als bei Tieren, aber die meisten Hybridisierungen sind sicher künstlicher Natur. Landwirte versuchen seit Langem, immer ertragreichere und widerstandsfähigere Arten beziehungsweise Sorten von Nahrungspflanzen zu entwickeln. Dazu kreuzen sie oft verschiedene Arten oder Unterarten (Varietäten), einer Pflanze und hoffen, dass der daraus entstehende Hybrid die gewünschten Eigenschaften aufweist.

Bei vielen Pflanzenarten zeigen Hybriden in der F_1-Generation eine größere Vitalität und höhere Samenerträge als ihre Eltern. Dieser Hybrid-Effekt wurde bereits 1908 von einem Maiszüchter entdeckt und wird als *Heterosis* bezeichnet. Er verschwindet jedoch in der F_2-Generation wieder. Daher müssen die Samen der ertragreichen Getreide- und Maissorten, die heute die Welternährung sichern und die allesamt Hybriden sind, jedes Jahr durch Kreuzung zweier Varietäten neu produziert werden.

Wie Weizen zur Kulturpflanze wurde

Vor etwa 10.000 Jahren vollzog sich einer der bedeutendsten kulturellen Wandlungen der Menschheitsgeschichte: Aus Jägern und Sammlern wurden sesshafte Bauern. Als eine der ersten Nahrungspflanzen nutzten unsere Vorfahren damals den Weizen *(Triticum sp.)*, ein Gras aus der Familie der Poaceae. Durch Zählung und Analyse der Chromosomen verschiedener Wild- und Zuchtformen des Weizens hat man mittlerweile die wahrscheinliche Evolution dieses Getreides erforscht. Eine der ersten in großem Umfang kultivierten Weizenarten war *Triticum monococcum*, eine Art, die 14 Chromosomen (7 homologe Paare) besitzt. Ebenfalls bereits in der Steinzeit wurde *T. turgidum*, der Emmer, kultiviert. Diese Art besitzt 28 Chromosomen (14 Paare) und man geht davon aus, dass sie durch Hybridisierung und Verdopplung des Genoms aus *T. monococcum* entstanden ist.

Polyploidie

Ungefähr die Hälfte aller Blütenpflanzenarten ist *polyploid*. Verantwortlich für diese Vervielfachung der Chromosomensätze im Laufe der pflanzlichen Evolution sind hauptsächlich zwei Prozesse:

- **Verdopplung des Genoms durch fehlerhafte Trennung der Chromosomen während der Meiose.** Normalerweise sollte die Chromosomenzahl bei der Meiose halbiert werden, damit haploide Sporen (Gameten) entstehen können. Bei der Zellteilung kann es jedoch zu Fehlern kommen, zu sogenannter *Non-Disjunction*. Damit wird die Unfähigkeit von homologen Chromosomen bezeichnet, sich bei der Meiose zu trennen. Die Folge sind Gameten mit dem doppelten Chromosomensatz; wenn sie mit anderen Gameten verschmelzen, entstehen polyploide Pflanzen.
- **Hybridisierung mit anschließender Genomverdopplung.** Durch eine Hybridisierung entstehen unter Umständen Hybriden mit inkompletten Chromosomensätzen. Sie können sich nicht vermehren, denn die Meiose wird aufgrund des fehlerhaften Chromosomensatzes blockiert. Wenn sich aber nun eine Zelle dieses sterilen Hybrids teilen möchte und dabei die Chromosomen nicht trennt, kann eine Zelle mit zwei kompletten Chromosomensätzen entstehen; sie besitzt dann zweimal den inkompletten Satz, was aber insgesamt wieder zusammen passt. Daher kann diese Zelle dann auch ganz normal die Meiose durchlaufen und Gameten produzieren, die dann zu neuem Nachwuchs führen. Hybridisierung und Verdopplung des Genoms hat nach heutiger Auffassung auch zur Entstehung moderner Weizensorten beigetragen (siehe Kasten oben).

Reproduktive Isolation

Wenn zwei Populationen einer Art räumlich so getrennt sind, dass sich ihre Individuen nicht mehr miteinander paaren können, spricht man von *reproduktiver Isolation*. Sie kommt bei sehr vielen Organismengruppen vor. Weil sich die beiden Populationen genetisch nicht mehr austauschen können (fehlende Durchmischung ihrer Allele), entwickeln sie sich unabhängig voneinander und womöglich in unterschiedliche Richtungen. Dadurch können sie mit der Zeit so verschieden werden, dass sie sich auch bei erneutem Zusammentreffen nicht mehr paaren könnten. Man bezeichnet diesen Prozess als *divergente Evolution*; er führt im Extremfall zu einer neuen Art.

Die wunderbare Anpassungsfähigkeit von Pflanzen

Zu den verblüffendsten Tatsachen der pflanzlichen Entwicklungsgeschichte gehören sicher die speziellen Anpassungen, die sich je nach Standortbedingungen bei Pflanzen herausgebildet haben. Sie äußern sich in einer besonderen Morphologie, Anatomie und Physiologie und es scheint, als ob es keine Herausforderung geben kann, der Pflanzen nicht in irgendeiner Form gewachsen sind. Diese mannigfaltigen Anpassungen führen zu einer gewaltigen Diversität im Pflanzenreich. Nachfolgend stelle ich einige Beispiele vor, wie Pflanzen in extremen Habitaten überleben können.

Wüstenpflanzen

Das Leben in der Wüste ist für Pflanzen eine große Herausforderung. Es gibt wenig Wasser, extrem hohe Sonneneinstrahlung und große Temperaturschwankungen, denn tagsüber ist es heiß, nachts dagegen ziemlich kalt. Diese Umweltfaktoren üben einen starken Selektionsdruck auf die Wüstenbewohner aus, sodass wir bei ihnen zahlreiche morphologisch-anatomische Anpassungen beobachten können. Um genug Wasser zu erlangen und sich vor Austrocknung und den hohen Strahlungsintensitäten zu schützen, haben verschiedene Pflanzen zum Beispiel ihre Organe speziell umgeformt. So finden wir in Wüsten ähnlich aussehende Pflanzen, die aber gar nicht miteinander verwandt sind. Die ähnliche Optik kommt durch ähnliche Anpassungen zustande. Zwei Pflanzenarten aus ganz unterschiedlichen Familien haben dieselbe Strategie gewählt (zum Beispiel sukkulente, dickfleischige Sprosse), um mit dem Wüstenklima klarzukommen.

Wenn zwei Arten, die genetisch nicht nah verwandt sind, an einem Standort ähnliche Anpassungsmerkmale zeigen, weil ein und derselbe Selektionsdruck sie zu dieser Anpassung genötigt hat, sprechen wir von *Konvergenz*. Ein klassisches Beispiel aus dem Tierreich ist die evolutive Parallelentwicklung der Schädel von Wolf und Beutelwolf.

Abbildung 13.2 zeigt einige Beispiele, mit welchen Adaptationen Pflanzen in der Wüste überleben:

- **Blätter werden reduziert oder stark umgebildet**. Viele Pflanzen besitzen dünne, flache Blätter, die mit einer großen Oberfläche viel Sonnenlicht einfangen können. Solche Blattformen sind für die Wüstenbedingungen natürlich gänzlich ungeeignet, denn sie wären der trockenen Luft schonungslos ausgesetzt und es würde viel Wasser aus den Spaltöffnungen verdunsten.
    - Bei vielen Wüstenpflanzen sind daher die Blätter zu Dornen (nicht Stacheln!) umgebildet; diese geben kaum Wasser ab und schützen die Pflanze zudem vor Fressfeinden. Photosynthese betreiben solche Pflanzen hauptsächlich mit ihren Sprossachsen, die oft sukkulent sind. In Abbildung 13.2 ist der sogenannte Schwiegermuttersessel *(Echinocactus grusonii)* dargestellt.
    - Andere Arten haben dicke, sukkulente Blätter entwickelt, die mit einer wachsartigen Kutikula überzogen sind; sie schützt vor übermäßigem Wasserverlust. Abbildung 13.2 zeigt eine Agave *(Agave sp.)*.
    - Einige Pflanzen bilden zwar feine, flächige Blätter aus, aber nur in der kühleren Regenzeit. In der heißen Jahreszeit sterben die Blätter ab und die Pflanzen überdauern bis zur nächsten Regenzeit mit speziellen Speichergeweben. Bei der in Abbildung 13.2 dargestellten Schildkrötenpflanze *(Dioscorea elephantipes)* sind dies die stark verdickten Sprossachsen.
- **Bestimmte Organe suchen Wasser, andere speichern es.** Viele Wüstenpflanzen sind sogenannte *Sukkulente*, also Pflanzen, die Wasser in fleischigen Geweben speichern. Alle vier in Abbildung 13.2 dargestellten Pflanzen sind auf die eine oder andere Art sukkulent. Kakteen (a) speichern Wasser in ihrem verdickten Spross; dieser weist Falten (Rippen) auf,

a. Dornen statt Blätter und sukkulente Sprosse, die Photosynthese betreiben – der Schwiegermuttersessel.

b. Sukkulente Blätter bei Agaven.

c. Saisonale Blattbildung und sukkulente Sprosse bei der Schildkrötenpflanze.

d. Verringerte Sonnenexposition und sukkulente Blätter mit »Fenstern« – die Lebenden Steine.

Abbildung 13.2: Überlebensstrategien bei Wüstenpflanzen.

sodass er sich besonders gut ausdehnen kann, wenn Wasser zur Verfügung steht. Agaven (b) besitzen sukkulente Blätter und zudem ein besonders ausgedehntes Wurzelsystem zur Wasseraufnahme. Die Schildkrötenpflanze (c) speichert Wasser in ihrem Spross und die sogenannten Lebenden Steine (d, gezeigt ist *Lithops sp.*) besitzen winzige sukkulente Blätter.

✔ **Schutz vor übermäßiger Sonneneinstrahlung.** Zu viel Sonnenlicht und trockene Luft können einer Pflanze schaden. Dementsprechend haben sich bei Wüstenpflanzen verschiedene Schutzmechanismen entwickelt. So überzieht bei manchen Kakteen ein dichter, weißer Haarfilz die oberirdischen Organe; er reduziert die Luftbewegung und mildert auch die Strahlungsintensität. Weiße Haare oder Stacheln reflektieren die Sonnenstrahlen. Die in Abbildung 13.2 dargestellten Lebenden Steine (*Lithops sp.*), auch Fensterpflanzen genannt, haben eine andere Strategie: sie »verkriechen« sich mit ihrem Spross im Wüstensand und strecken nur die Oberfläche ihrer kleinen, sukkulenten Blätter nach oben. Winzige Bereiche der Blattoberfläche bestehen aus transparenten, wasserspeichernden Zellen, durch die Sonnenlicht wie durch ein Fenster ins Innere der Pflanzen eintreten kann; dort im Inneren der unterirdischen Sprossachse läuft dann die Photosynthese ab.

Pflanzen im tropischen Regenwald

Die Lebensbedingungen für Pflanzen im tropischen Regenwald stellen in vielerlei Hinsicht das genaue Gegenteil einer Wüste dar. Wasser steht meist im Überfluss zur Verfügung, die Sonne scheint gerade am Waldboden jedoch nur spärlich; die mit ihren mächtigen Kronen in mehreren Schichten übereinander wachsenden Tropenbäume beschatten den Boden sehr effektiv. Darüber hinaus werden die Lebensbedingungen durch die typischerweise nährstoffarmen und flachgründigen Böden der Regenwälder erschwert.

Diese Formen des Selektionsdrucks sorgten dafür, dass Tropenpflanzen charakteristische Anpassungen an ihren Standort entwickelt haben (siehe Abbildung 13.3):

✔ **Stütz-, Stelz- und Brettwurzeln:** In den Tropen ist die Erdschicht über den anstehenden Felsen relativ dünn (flachgründige Böden) und nährstoffarm, weil die Umsetzung (Mineralisierung) des organischen Materials (Laub, Äste und so weiter) durch die Mikroorganismen sehr schnell vonstatten geht; der Kreislauf der Nährstoffe läuft über dem Boden ab; für eine regelgerechte Bodenbildung wie bei uns, mit Laub- und Humusschicht sowie Nährstoffanreicherung in der Erde, ist in dem feucht-warmen Klima einfach keine Zeit. Daher können sich die Baumriesen nicht sehr tief im Boden verankern. Als Stabilisierung weisen sie oft Adventivwurzeln auf, die als Stützwurzeln (Abbildung 13.3a) oder Stelzwurzeln ausgebildet sein können. Brettwurzeln für besseren Halt entstehen durch verstärktes sekundäres Dickenwachstum der Oberseite von horizontal an der Erdoberfläche wachsenden Wurzeln. Einzelheiten zu verschiedenen Wurzeltypen finden Sie in Kapitel 4.

✔ **Blätter mit Wachsauflage und Abtropfspitze:** Wasser kann im Regenwald auch zum Problem werden – es ist manchmal zu viel des Guten. Sehr nasse Blätter werden schwer und können unter Umständen abbrechen. Ein dauerfeuchtes Milieu auf der Blattoberfläche begünstigt außerdem das Wachstum von Pilzen, die den Blättern schaden können. So haben die Regenwaldpflanzen Mechanismen zur Schnelltrocknung ihrer Blätter entwickelt, zum Beispiel eine extra Wachsauflage und eine Abtropfspitze, die man bei *Philodendron*-Arten (bei uns als Zimmerpflanzen beliebt) gut sehen kann (Abbildung 13.3b).

✔ **Strukturen zum Klammern und Klettern:** Sonne ist im Regenwald oft Mangelware. Die einzige Region, in der ausreichend Licht zur Verfügung steht, sind die Baumkronen. Dorthin zu gelangen ist das Ziel vieler Tropenpflanzen und sie haben es auf unterschiedliche Art und Weise erreicht.

  - *Kletterpflanzen*, wie etwa Lianen (Abbildung 13.3d), sind zwar im Boden verwurzelt, winden sich aber um andere Pflanzen herum und gelangen mit deren Unterstützung in höher gelegene, hellere Schichten des Waldes.

c. Epiphytische Lebensweise (Bromelie)

d. Kletterpflanzen (Lianen)

Abbildung 13.3: Adaptationen von Pflanzen des tropischen Regenwaldes.

- *Epiphyten*, auch Aufsitzerpflanzen genannt, klammern sich auf anderen Pflanzen fest und wachsen dort; sie sind überhaupt nicht im Boden verwurzelt. Viele Orchideen leben als Epiphyten in den oberen Schichten des Regenwaldes und auch verschiedene Bromelien (Abbildung 13.3c) haben sich auf diese Weise einen Platz an der Sonne gesichert. Weil Epiphyten keinen Bodenkontakt haben, müssen sie sich aus der Luft mit Wasser und Mineralien versorgen. Orchideen bilden dazu beispielsweise Luftwurzeln aus, die oberflächlich ein schwammartiges Gewebe, das sogenannte *Velamen*, aufweisen. Die Zellen des Velamens saugen Regenwasser beziehungsweise Wasserdampf aus der Luft auf und speichern es. Bei Bromelien dagegen sammelt sich Regenwasser in den trichterförmigen Blattscheiden; sie bilden durch ihre besondere Blattstellung sozusagen ein zentrales Wasserreservoir, das nicht nur die Pflanze versorgt, sondern auch vielen Tieren (zum Beispiel Baumfröschen) Lebensraum in den Baumkronen bietet.

Fleischfressende Pflanzen

Karnivore oder *Insektivore*, wie die fleischfressenden Pflanzen auch genannt werden, wachsen an verschiedenen Standorten, die jedoch alle eines gemeinsam haben – sie sind sehr arm an Nährstoffen, insbesondere an Stickstoff. Viele Karnivore wachsen beispielsweise in Mooren, wo allgemein sehr niedrige pH-Werte herrschen; die sauren Bodenverhältnisse erschweren nämlich die Aufnahme von Mineralstoffen über die Wurzeln. Andere Karnivore leben als Epiphyten auf tropischen Bäumen; sie haben ebenfalls das Problem, ausreichend Mineralien zu erlangen, da sie keine Wurzeln im Boden haben. Als Lösung für die Nährstoffknappheit haben sich diese Spezialisten zu Fleischfressern entwickelt. Sie fangen Insekten, zersetzen sie und absorbieren die lebensnotwendigen Mineralstoffe aus deren Körpern.

Fleischfressende Pflanzen betreiben genau wie alle anderen Pflanzen Photosynthese; sie bilden Kohlenhydrate aus Wasser und Kohlendioxid. Daher benötigen sie keine zusätzliche Energie und auch keinen Kohlenstoff, Wasserstoff oder Sauerstoff. Ihnen mangelt es an Mineralien, vor allem an Stickstoff und Phosphor, die sie nicht aus dem Boden aufnehmen können. Sie fangen also Insekten, um sich mit diesen lebensnotwendigen Mineralien zu versorgen.

Karnivore haben unterschiedliche Jagdmethoden entwickelt, um Insekten zu fangen:

- Modifizierte Blätter, die als Klappfalle fungieren: Sicher kennen Sie die Venus-Fliegenfalle *(Dionaea sp.)*, die in Abbildung 13.4a gezeigt ist, als Zimmerpflanze. Kinder lieben es, Insekten zu fangen und in die Klappen zu legen. Sobald dabei die Haare am Blattrand berührt werden, schnappt die Falle zu. Das Insekt ist gefangen und wird langsam zersetzt. Dazu bildet die Pflanze Verdauungssäfte, die mit speziellen Enzymen die Freisetzung der Mineralstoffe ermöglichen.

- Modifizierte Blätter, die als »Brunnenfalle« fungieren: Die sogenannten Kannenpflanzen (Abbildung 13.4b) haben ihre Blätter in schlauchförmige Behälter umgeformt, die mit Flüssigkeit gefüllt sind. Insekten, die auf dem glatten Brunnenrand landen, rutschen leicht aus und ertrinken. In Kapitel 21 lesen Sie, wie die Jagd der Kannenpflanzen (zum Beispiel *Sarracenia sp.* und *Nepenthes sp.*) genau funktioniert.

- Blätter bilden klebrige Tentakel als Insektenfalle: Der in Abbildung 13.4c dargestellte Sonnentau *(Drosera sp.)* ist eine fleischfressende Pflanze, die bei uns gern in Mooren vorkommt. Ihre Blätter bilden längliche Auswüchse, die an der Spitze mit zahlreichen Drüsenhaaren besetzt sind. Diese sondern einen süßen, klebrigen Schleim ab, der Insekten anlockt und sie bei Berührung nicht mehr entweichen lässt. Die Drüsen geben dann auch Verdauungsenzyme ab, die das Insekt zersetzen und seine Nährstoffe der Pflanze verfügbar machen.

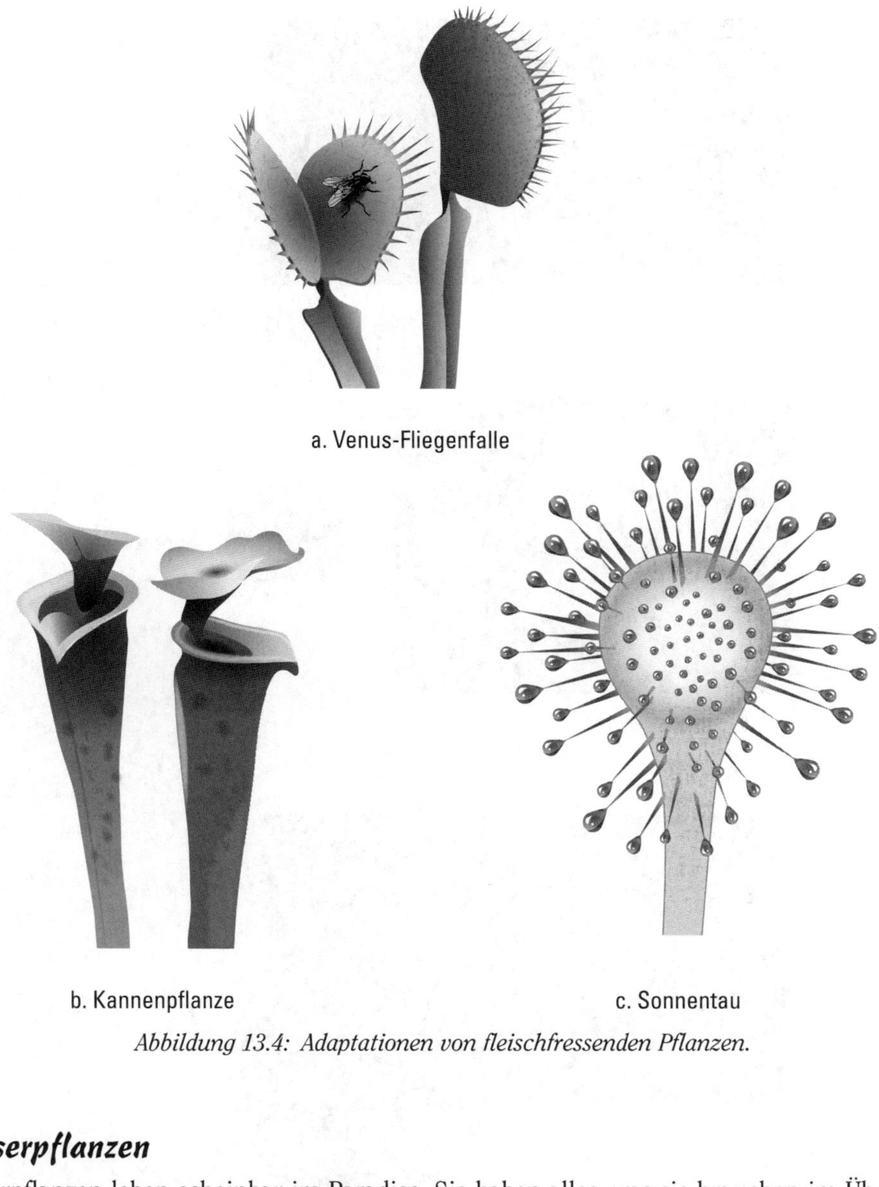

Abbildung 13.4: Adaptationen von fleischfressenden Pflanzen.

Wasserpflanzen

Wasserpflanzen leben scheinbar im Paradies. Sie haben alles, was sie brauchen im Überfluss: Wasser, Nährstoffe im Wasser gelöst und Licht. Letzteres steht allerdings nur an der Wasseroberfläche zur Verfügung. Das genau ist also ihre Herausforderung – sie müssen schwimmen können. Im Laufe der Evolution haben die Pflanzen verschiedene Techniken entwickelt, sich über Wasser zu halten:

✔ **Große, flache Schwimmblätter**: Unsere Seerosen sind hier ein bekanntes Beispiel; sie sind im Teichboden verwurzelt und schicken von dort ihre Blattstiele bis zur Wasseroberfläche empor. Dort breiten sich dann die Blätter aus, die bei der Riesenseerose *(Victoria regia)*

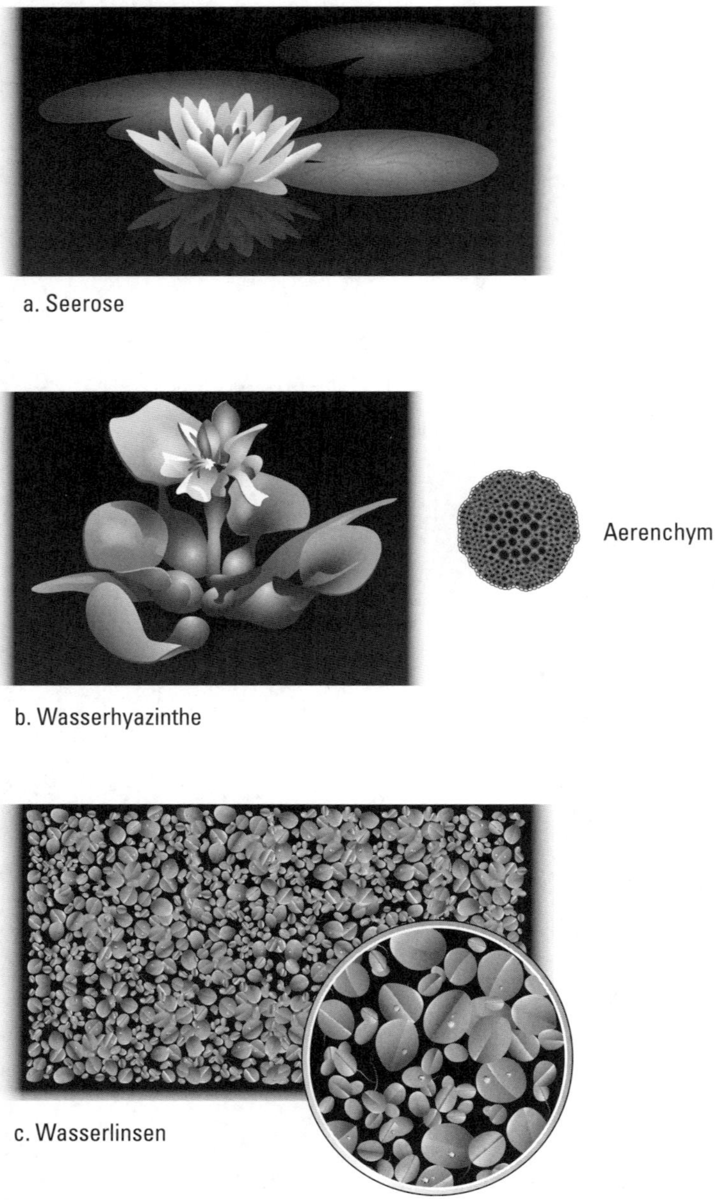

Abbildung 13.5: Adaptationen von Wasserpflanzen.

einen Durchmesser von bis zu zwei Metern erreichen können. Die Blattstiele enthalten ein sehr luftiges Gewebe *(Aerenchym)*, das den Blättern zusätzlichen Auftrieb verleiht. Einzelheiten zum Aerenchym lesen Sie in Kapitel 3.

- ✔ **Schwimmfähiges Gewebe**: Wasserhyazinthen *(Eichhornia sp.)* besitzen verdickte, schwammartige Blattstiele, die fast vollständig aus Aerenchym bestehen. Sie sorgen dafür, dass die gesamte Pflanze an der Oberfläche schwimmt. Ihre Wurzeln ragen nur kurz ins Wasser und verankern die Pflanzen nicht im Boden; Wasserhyazinthen treiben also frei umher.

- ✔ **Winzige, rundliche Blätter**: Wasserlinsen (unter anderem *Wolffia sp.*, *Lemna sp.*, *Spirodela sp.*) kennen Sie vielleicht vom Ententeich im Stadtpark. Es sind winzige, grüne Körper, die im Sommer zu Tausenden auf der Oberfläche von nährstoffreichen Gewässern umhertreiben. Sie weisen keine Gliederung in Spross und Blatt auf und haben meist auch nur kleine Wurzelfäden. Sie gelten als die am schnellsten wachsenden Pflanzen weltweit und *Wolffia arrhiza* ist mit einer Größe von circa 1,5 Millimetern außerdem die kleinste bekannte Blütenpflanze.

Der Baum des Lebens – wie alle Organismen miteinander verwandt sind

14

In diesem Kapitel

- Die drei Domänen des Lebens
- Phylogenetische Stammbäume verstehen
- Die binäre Nomenklatur
- Der dichotome Bestimmungsschlüssel

Unsere Erde ist wunderbar divers und voll mit unterschiedlichen Lebewesen. Jeder, der sich für diese unermessliche Vielfalt interessiert, läuft dabei Gefahr, sich zu verzetteln. Ob nun Bauer, Gärtner, Wissenschaftler oder simpler Naturfreund, alle wollen wissen, womit sie es zu tun haben. So haben schlaue Köpfe schon vor langer Zeit ein systematisches Ordnungsprinzip ersonnen, mit der die Organismen der Erde in Gruppen zusammengefasst und benannt werden. In diesem Kapitel stelle ich die Methoden vor, die bei der Klassifikation der Lebewesen angewendet werden und gebe Beispiele für phylogenetische Entwicklungsreihen (Stammbäume). Außerdem lernen Sie, wie man eine Pflanze mit einem *dichotomen* (gegabelten) Bestimmungsschlüssel identifiziert.

Wie der Baum des Lebens organisiert ist

Betrachten Sie einmal Ihre Familie. Sicher bemerken Sie äußerliche Ähnlichkeiten untereinander und dementsprechend Unterschiede, etwa in der Hautfarbe, Nasenform, Körpergröße und so weiter, zu anderen Familien, zum Beispiel zur Familie Ihres Nachbarn. Dass Sie mit Ihren Verwandten mehr gemeinsam haben als mit Fremden liegt daran, dass innerhalb einer Familie bestimmte Gene gleich sind. Sie haben Ihre DNA von Ihren Eltern geerbt und die haben Sie von Ihren Großeltern und so fort. Auch Ihre Cousinen, Tanten und Onkel stehen Ihnen genetisch näher als Ihre Nachbarn. Familien haben also bestimmte äußerliche und innere (genetische) Gemeinsamkeiten.

Auf dieselbe Weise gehen auch Wissenschaftler vor, wenn sie versuchen, eine Ordnung in die Vielfalt der Lebewesen zu bringen. Sie schauen nach äußerlichen – und mittlerweile auch verstärkt nach genetischen – Gemeinsamkeiten und fassen die Organismen zu Gruppen zusammen. Hunde und Katzen sind verschieden, haben aber beide vier Beine und ein Fell. Dadurch unterscheiden sie sich deutlich beispielsweise von einer Eiche. Wenn Sie also Hunde, Katzen und Eichen in den Baum des Lebens eintragen müssten, würden sie die beiden Tiere wahrscheinlich eng zusammen und weit weg von den Eichen und den anderen Pflanzen platzieren.

Genau nach diesem Prinzip der Gemeinsamkeiten beziehungsweise Unterschiede ordnen Wissenschaftler die Lebewesen der Erde und versuchen, die verwandtschaftlichen Beziehungen in Form eines Stammbaums darzustellen.

Wissenschaftler gehen davon aus, dass Organismen umso näher miteinander verwandt sind, je mehr äußerliche und innere Gemeinsamkeiten sie teilen – wobei es aber natürlich auch Ausnahmen gibt.

Zur Einteilung des irdischen Lebens werden wissenschaftliche Erkenntnisse aus verschiedenen Bereichen verwendet:

- **Morphologie und Anatomie**: Äußerlich sichtbare (morphologische) Unterschiede, wie zum Beispiel die Bildung von Zapfen oder Blüten, spielen ebenso eine Rolle wie mikroskopisch kleine Details, etwa die anatomischen Unterschiede im Zellaufbau (Zellwand vorhanden oder nicht). Generell werden alle generativen Merkmale (zum Beispiel Aussehen der Blüten bei Pflanzen und der Geschlechtsorgane bei Insekten) als besonders wichtig für die verwandtschaftlichen Beziehungen angesehen.
- **Chemie:** Einige Organismen produzieren ganz spezielle chemische Stoffe und werden dann in einer Gruppe zusammengefasst. Alle Pflanzen zeichnen sich beispielsweise dadurch aus, dass sie Zellwände aus Zellulose bilden und als Reservestoff hauptsächlich Stärke produzieren. Und ein charakteristischer Unterschied von Bacteria und Archaea (siehe unten) ist, dass nur die Zellwände der Bacteria Muraminsäure enthalten.
- **Genetik:** Die DNA eines Lebewesens bestimmt dessen Merkmale. Wenn Wissenschaftler also das Erbgut von Organismen entschlüsseln, ist das eine genaue Methode, Aussagen über ihre Stellung im Baum des Lebens zu treffen. Neue genetische Erkenntnisse führen heute oft dazu, dass eine bestimmte Tier- oder Pflanzenart umbenannt oder in eine andere verwandtschaftliche Gruppe gestellt wird.

Die drei Domänen des Lebens

Die Zellen aller Lebewesen besitzen Ribosomen, die Proteine synthetisieren. Somit eignen sich die Gene, die für die Synthese von Ribosomen verantwortlich sind, besonders gut zum Vergleich der Lebewesen. Ähnlichkeiten und Unterschiede dieser *ribosomalen RNA* (rRNA) werden daher heute am häufigsten genutzt, um den bestehenden Baum des Lebens immer wieder zu korrigieren. Die verwandtschaftlichen Beziehungen der Lebewesen untereinander sind also keineswegs abschließend geklärt.

Durch die Entschlüsselung der ribosomalen RNA erkannten die Forscher, dass alle Lebewesen der Erde in drei große Gruppen, die sogenannten *Domänen* oder *Regna* (Singular Regnum) eingeteilt werden können (siehe Kasten).

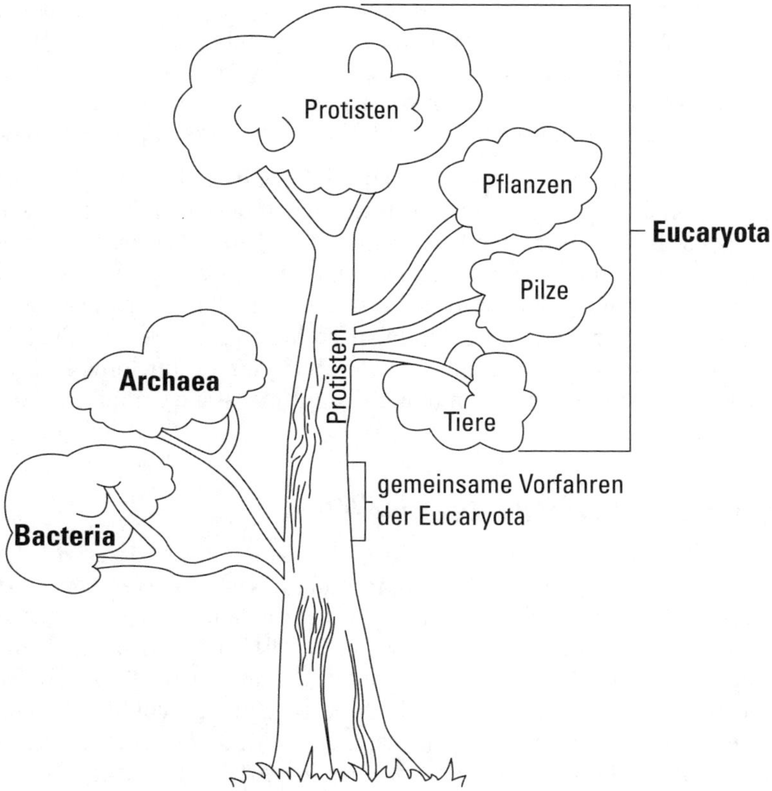

Abbildung 14.1: Der aktuelle Baum des Lebens basiert weitgehend auf Erkenntnissen, die durch Erbgutanalysen (DNA- und RNA-Sequenzierung) gewonnen wurden.

In Abbildung 14.1 sind die drei Domänen des Lebens dargestellt; sie bilden die drei Hauptäste der Evolution des irdischen Lebens:

- ✔ **Archaea:** Diese früher auch als *Archaebakterien* bezeichneten Prokaryoten (siehe auch Kapitel 2) finden sich in fast allen Lebensräumen der Erde, auch unter extremen Bedingungen etwa in Salzseen, im Pansen von Wiederkäuern, im Faulschlamm sowie in heißen Quellen. Sie ähneln in Form und Größe (bis etwa 10 µm) den Bacteria, unterscheiden sich von diesen aber durch einige fundamentale chemische und genetische Merkmale (siehe Kasten). Daher gehen Systematiker heute davon aus, dass sich die beiden Gruppen parallel entwickelt haben. Die stammesgeschichtliche Abspaltung der Archaea hat vermutlich bereits vor 3,5 Milliarden Jahren stattgefunden.
- ✔ **Bacteria:** In dieser Domäne sind die überwiegend heterotrophen Bakterien im engeren Sinne (früher Eubakterien genannt) und die photoautotrophen Cyanobakterien zusammengefasst. Beide sind Prokaryoten, meistens einzellig und Ihnen vielleicht allgemein als »Krankheitserreger« bekannt. Einige Eubakterien können tatsächlich schlimme Krankheiten auslösen, die dann mit Antibiotika bekämpft werden müssen. Aber die meisten Bak-

terien sind sehr nützlich für die anderen Lebewesen, auch für uns Menschen. Sie stellen die klassischen Wiederverwerter dar, denn sie bauen totes organisches Material ab und machen die darin enthaltenen Nährstoffe wieder für andere Organismen verfügbar. Außerdem darf die Nützlichkeit der Cyanobakterien nicht unterschätzt werden. Als photosynthetisch aktive Organismen tragen sie maßgeblich zur Sauerstoffproduktion der Erde bei.

- ✔ **Eucaryota:** Hierher gehören Protisten, Pflanzen, Pilze und Tiere. Alle Organismen dieser Domäne besitzen eukaryotische Zellen (für Einzelheiten siehe Kapitel 2), sodass Sie sich selbst durchaus als sehr entfernten Verwandten von Pflanzen betrachten können. Aus Fossilienfunden hat man die stammesgeschichtliche Abgliederung der Eukaryoten auf etwa 3,4 Milliarden Jahre taxiert. Es waren zuerst simple Ein- oder Mehrzeller, sogenannte *Protisten*, aus denen später Tiere, Pilze und Pflanzen hervorgegangen sind. Letztere entstanden vor etwa 0,7 bis 1 Milliarden Jahren, vermutlich durch Aufnahme einzelliger Cyanobakterien durch bestimmte Protisten (diese Vermutung ist die Grundlage der Endosymbiontentheorie).

Kladogramme offenbaren die Vergangenheit

Die phylogenetische Systematik kann generell keine Aussagen über Vorfahren oder Nachkommen machen. Alle Erkenntnisse sind theoretisch und im Nachhinein erworben, zum Beispiel aus Fossilienfunden. Sie liefern dennoch sehr gut begründete und logisch nachvollziehbare »Stammbäume« (siehe Abbildungen 14.1 und 14.2), die durch neue Erkenntnisse auch immer wieder geändert werden können. Aus diesen Gründen handelt es sich also nicht um echte Stammbäume, bei denen Vor- und Nachfahren bekannt sein sollten. Systematiker sprechen stattdessen von *Kladogrammen*, wenn sie, meist mithilfe des Computers, die verzweigten Beziehungen und Abstammungslinien von einzelnen Arten oder verwandten Organismengruppen (*Taxa*) zeichnerisch darstellen.

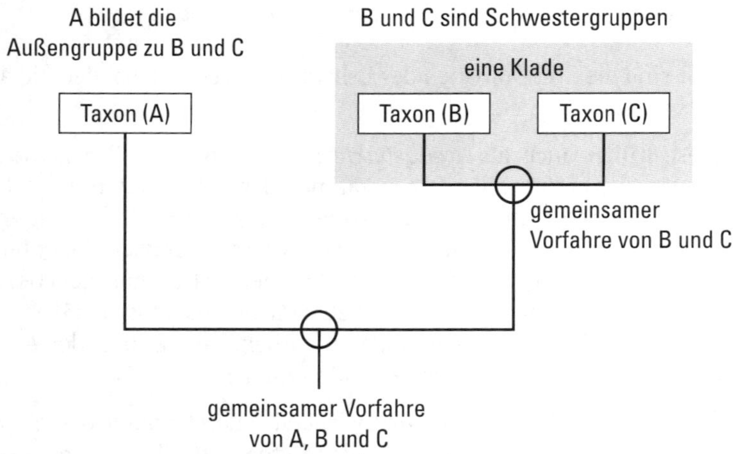

Abbildung 14.2: Kladogramm für drei Taxa.

Die Entdeckung von lange vermissten Verwandten

Seit Hunderten von Jahren beschäftigen sich Biologen mit der Entstehung des Lebens; sie entwickeln phylogenetische Reihen, zeichnen Kladogramme und stellen Theorien zur Verwandtschaft der Organismen auf. Das klappte eigentlich ganz gut, nur die Bakterien waren ein Problem. Sie sehen alle mehr oder weniger gleich aus und die gesamte Forschung basierte ja auf morphologischen Merkmalen. Das änderte sich in den 1970er Jahren, als man Methoden fand, die DNA- und RNA-Moleküle zu identifizieren. Jetzt waren die Forscher nicht mehr nur auf das äußere Erscheinungsbild eines Organismus als Datengrundlage angewiesen. Sie begannen, nach und nach die DNA-Moleküle zu identifizieren, in denen das Aussehen der Organismen codiert ist.

Ein Pionier auf diesem Gebiet war der amerikanische Mikrobiologe Carl R. Woese. Er nutzte die neue Technologie und entschlüsselte die RNA von Prokaryoten. Zu dieser Zeit ging die Wissenschaft noch davon aus, dass alle Prokaryoten Bakterien sind. Woese war deshalb einigermaßen überrascht, dass die RNA der untersuchten Organismen nicht immer ähnlich war; es kristallisierten sich zwei Gruppen mit deutlich unterschiedlichen RNA-Sequenzen heraus. Einige davon waren tatsächlich Bakterien, aber die andere Gruppe war neu, mit ganz anderer RNA. Bei Vergleichen mit Eukaryoten fand er heraus, dass sich die neue Gruppe von den Bakterien genau so stark unterschied wie sich die Bakterien von den Eukaryoten unterschieden. Woese schloss daraus, dass die beiden Gruppen von Prokaryoten nur sehr entfernt verwandt sein konnten, auch wenn sie so ähnlich aussahen.

Zusammen mit dem deutschen Botaniker Otto Kandler führte er 1990 dann das auch in diesem Buch verwendete Modell der drei Domänen des Lebens ein. Bis dahin herrschte allgemein die Meinung, dass das Leben auf der Erde in fünf Reiche zu teilen sei: Bakterien, Protisten, Pilze, Pflanzen und Tiere. Dementsprechend gab es große Kritik an der neuen Idee, aber mit der Zeit setzte sie sich durch. Immer mehr Wissenschaftler überprüften die neue Gruppe, die Archaea, und mussten zwangsläufig Woeses Erkenntnisse bestätigen. Es stellte sich heraus, dass die Archaea nicht nur genetisch isoliert waren, sondern auch einige chemische Substanzen aufwiesen, die bei Bakterien unbekannt waren.

Die Auswirkungen von Woeses Untersuchungen auf die biologische Systematik waren enorm: Er hatte nicht nur die phylogenetische Stellung einer bis dahin unzureichend untersuchten Lebensform aufgeklärt, sondern auch die großen Möglichkeiten der Gensequenzierung aufgezeigt. Seitdem widmen sich Biologen erneut den einzelnen Organismengruppen und überprüfen deren systematische Stellung im Baum des Lebens. Mithilfe genetischer Vergleiche wurden bereits viele Lücken in der evolutionären Entwicklung geschlossen und auch in Zukunft werden sicher noch so manche vermissten Verwandten entdeckt werden.

Der Begriff *Taxon* (Plural Taxa) wird in der biologischen Systematik für eine systematische Einheit verwendet. Das kann eine Art, eine Gattung, eine Familie und so weiter sein. Ein Taxon bezeichnet eine Gruppe verwandter Organismen, egal auf welcher systematischen Stufe.

Die Computerprogramme vergleichen verschiedene Taxa und ordnen sie dann im Kladogramm entsprechend ihren Ähnlichkeiten. So stehen ähnliche Taxa eng beieinander und möglicherweise lässt sich auch ein gemeinsamer Vorfahre ermitteln.

Kladogramme zeigen nicht nur an, wie nah die dargestellten Taxa miteinander verwandt sind. Sie helfen auch, die evolutionäre Entwicklung des Lebens auf der Erde, also die *phylogenetische Entwicklung*, nachzuvollziehen.

Wissenschaftler sind sich heute weitgehend einig, dass alles Leben auf der Erde auf einen gemeinsamen Vorfahren zurückgeht – dieser existierte schon kurz nach der Entstehung der Erde vor rund 4,5 Milliarden Jahren. In Kladogrammen wird diese Vorstellung dadurch berücksichtigt, dass sie *gewurzelt* sind – sie weisen stets ein ursprüngliches Taxon auf, von dem alle im Kladogramm dargestellten Taxa abstammen. In den Abbildungen 14.1 und 14.2 ist dies jeweils der gemeinsame Vorfahre an der Basis des Kladogramms.

Zum besseren Verständnis eines Kladogramms hier noch einige Hinweise:

- An der Spitze der »Äste« stehen die Arten beziehungsweise Taxa, die verglichen werden sollen. In Abbildung 14.2 sind dies die drei Taxa A, B und C.
- Zwei »Äste« treffen sich in einem Punkt, dem Knoten; dieser repräsentiert jeweils den gemeinsamen Vorfahren. Die Taxa, die von einem gemeinsamen Vorfahren abstammen, werden als *Schwestergruppen* bezeichnet. In Abbildung 14.2 sind die Taxa B und C Schwestergruppen.
- Ein Vorfahre zusammen mit seinen Abkömmlingen wird Klade genannt. In Abbildung 14.2 ist die *Klade* rechts grau unterlegt.
- Taxa, die weiter unten im Kladogramm abzweigen und sich eigenständig beziehungsweise parallel entwickeln, werden *Außengruppen* genannt. Oft werden Außengruppen absichtlich in den systematischen Vergleich mehrerer Taxa mit einbezogen. Wenn das Computerprogramm solch eine Außengruppe mit berücksichtigen muss, wird das resultierende Kladogramm einen kleineren Maßstab aufweisen und die Einordnung der studierten Taxa in größere Zusammenhänge wird erleichtert.

Die Lebewesen organisieren

Die drei oben vorgestellten Domänen stellen die Hauptgruppen dar, in die alles Leben auf der Erde aufgegliedert wird. Die Organismen jeder Domäne können natürlich aufgrund ihrer verwandtschaftlichen Beziehungen in weitere Untergruppen aufgeteilt werden. Systematiker machen dies nach einem ganz bestimmten System, das nachfolgend erläutert wird.

Das Klassifikationssystem des Lebens

Die Wissenschaftsdisziplin der Biologie, die sich mit der Abstammung, Benennung und Klassifikation der Organismen beschäftigt, wird *Systematik* genannt. Diejenigen Wissenschaftler, die sich auf die Namensgebung spezialisiert haben, werden Taxonomen genannt – sie betreiben Taxonomie. Weltweit gilt ein einheitliches System, das innerhalb einer Domäne eine hierarchische Ordnung aufweist. Alle Lebewesen lassen sich in diese hierarchischen Untergruppen einordnen, sodass ihre verwandtschaftlichen Beziehungen offensichtlich werden.

Die Hierarchie der taxonomischen Gruppen beginnt oben mit der Domäne, auch *Regnum* genannt. In fortschreitender Reihenfolge werden die verwandtschaftlichen Gruppen bis hin zur kleinsten, der Art, folgendermaßen benannt: Domäne, Reich, Abteilung oder Stamm, Klasse, Ordnung, Familie, Gattung, Art.

Die Aufteilung aller bekannten Lebewesen in die drei Domänen habe ich schon erläutert. Um das System zu testen, nehmen Sie beispielsweise einmal die Domäne der Eucaryota und versuchen, die darin enthaltenen Organismen weiter zu gliedern. Sie werden dann alle Tiere zusammen in eine Gruppe (Metazoa oder vielzellige Tiere) stecken und auch alle Lebewesen, die Chloroplasten besitzen (Chloroplastida). Genauso verfahren Sie mit den Pilzen und den Protisten. Dann widmen Sie sich den Tieren und versuchen wieder, Gemeinsamkeiten beziehungsweise Unterschiede innerhalb dieser Gruppe zu finden. Sie ordnen die Lebewesen so in immer kleinere, enger gefasstere hierarchische Gruppen, bis Sie im Idealfall schließlich bei der Art angekommen sind (siehe Tabelle 14.1).

Die klassische Systematik ordnet die Lebewesen hauptsächlich nach Ähnlichkeiten im Aussehen (Morphologie und Anatomie) und in der Entwicklung (Physiologie). Je ähnlicher sich zwei Organismen diesbezüglich sind, desto eher werden sie in ein und dieselbe taxonomische Gruppe eingeordnet. So sind die Mitglieder einer Pflanzenfamilie enger miteinander verwandt

Taxonomische Gruppe	Mensch	Hund	Karotte	Coli-Bakterium
Domäne	Eucaryota	Eucaryota	Eucaryota	Bacteria
Reich	Animalia	Animalia	Plantae	Eubacteria
Unterreich	Metazoa	Metazoa	Chloroplastida	–
Abteilung	Chordata	Chordata	Streptophyta	Proteobacteria
Klasse	Mammalia	Mammalia	Magnoliopsida	Gamma-Proteobacteria
Ordnung	Primaten	Carnivoren	Apiales	Enterobacteriales
Familie	Hominiden	Canidae	Apiaceae	Enterobacteriaceae
Gattung (Genus)	*Homo*	*Canis*	*Daucus*	*Escherichia*
Art (Spezies)	*Homo sapiens*	*Canis familiaris*	*Daucus carota*	*Escherichia coli*

Tabelle 14.1: Taxonomische Gliederung verschiedener Spezies.

als die Mitglieder einer Pflanzenordnung; die Mitglieder einer Gattung stehen sich wiederum näher als die Mitglieder einer Familie. Sie stehen mit der Karotte in einer Domäne (weil sie beide Zellen mit Zellkern besitzen), aber mit dem Hund sogar in einer Klasse. Mit dem Vierbeiner haben Sie also mehr Merkmale gemeinsam als mit dem Wurzelgemüse, er steht Ihnen also deutlich näher als die Möhre. Tabelle 14.1 zeigt einen taxonomischen Vergleich von Mensch, Hund, Karotte und Coli-Bakterium.

Wie Sie sehen, haben Sie in Tab. 14.1 mit dem Hund die größte Ähnlichkeit. Genau wie er und alle anderen Wirbeltiere (Chordata) besitzen Sie ein im Körper liegendes Achsenskelett. Außerdem gehören Sie beide zu den Säugetieren (Mammalia), die ein Haarkleid besitzen und bei denen die Weibchen Milch produzieren. Weil es aber offensichtlich auch große Unterschiede zwischen Ihnen und einem Hund gibt, zum Beispiel im Aufbau der Zähne, stehen Sie beide in verschiedenen Ordnungen (Primaten und Carnivoren). Die größte Ähnlichkeit besteht generell zwischen zwei Organismen einer Art (synonym: Spezies); sie können sich auch miteinander fortpflanzen.

Mittlerweile sind wir in der Lage, das Erbgut von Organismen zu analysieren. Dadurch gewinnen Wissenschaftler ständig neue Erkenntnisse und können auch schwierige Gruppen taxonomisch bearbeiten. Oft sehen sich Organismen so ähnlich, dass sie mit bloßem Auge kaum zu unterscheiden oder sehr unterschiedlich aussehende Arten entpuppen sich nach der genetischen Analyse als nah verwandt. Es sei daher noch einmal betont, dass die phylogenetische Systematik keineswegs abgeschlossen ist – es bleibt ein dynamischer Prozess, bei dem bestehende Kategorien immer wieder durch neue Erkenntnisse überprüft und ggf. geändert werden.

Damit das taxonomische System leicht zu benutzen ist und die evolutionäre Entwicklung nachvollziehbar bleibt, versuchen die Systematiker mit größter Sorgfalt zu arbeiten. Sie konstruieren ihre Gruppen auf dreierlei Weise:

- ✔ **Monophyletische Gruppen sind ideal.** Alle ihre Organismen haben einen unmittelbaren gemeinsamen Vorfahren und alle Nachfahren dieses Ahnen sind in der Gruppe enthalten. So können Sie in Abbildung 14.2 zum Beispiel eine monophyletische Gruppe bilden, indem Sie Taxon A, B und C in einer Familie zusammenfassen.
- ✔ **Bei paraphyletischen Gruppen gehen ebenfalls alle Mitglieder der Gruppe auf einen unmittelbaren gemeinsamen Vorfahren zurück, aber nicht alle Abkömmlinge des Ahnen sind in der Gruppe enthalten.** Wenn Sie beispielsweise Taxon B und C aus Abbildung 14.2 in eine Familie stellen und Taxon A in eine andere Familie, dann wäre die Familie mit B und C paraphyletisch: Ihre Mitglieder haben einen gemeinsamen Vorfahren mit Taxon A, und Taxon A befindet sich nicht innerhalb der Familie. Manchmal erleichtern paraphyletische Gruppen die Analyse bestimmter Taxa.
- ✔ **Polyphyletische Gruppen werden von Systematikern möglichst vermieden.** Ihre Mitglieder haben keinen unmittelbaren gemeinsamen Vorfahren, stehen aber in einer Gruppe zusammen, weil sie sich irgendwie ähnlich sehen. Sie könnten zum Beispiel eine polyphyletische Gruppe konstruieren, wenn Sie die Cyanobakterien aus der Domäne Bacteria und die Pflanzen aus der Domäne Eucaryota in einer taxonomischen Einheit zusammenfassen würden; beide ähneln sich, weil sie Photosynthese betreiben.

Wie wird eine Pflanze definiert?

Wir haben drei Domänen kennengelernt. Pflanzen gehören unstrittig zu den Eucaryota, und innerhalb dieser Domäne in die Unterkategorie beziehungsweise das Unterreich Chloroplastida. Je nach Autor werden Sie jedoch auch andere Bezeichnungen für das Unterreich finden, etwa auch Plantae oder Archaeplastida. Auch die Anzahl der Unterkategorien (Subregna) innerhalb der Eucaryota schwankt je nach Quelle zwischen vier und sieben – die Dynamik der Taxonomie wird hier sehr deutlich. Um sich einen Überblick über den aktuellen Stand der Forschung und den Baum des Lebens zu verschaffen, bemühen Sie ruhig auch das Internet. Auf der Website »Tree of Life« (`http://www.tolweb.org/tree/phylogeny.html`) können Sie sich verlässlich informieren.

Wie auch immer das Unterreich der Pflanzen bezeichnet wird, alle Mitglieder eint eine Palette gemeinsamer Merkmale:

- ✔ Eukaryotische Zellen (mit Zellkern; siehe Kapitel 2).
- ✔ Photosynthetisch aktiv, mit den Pigmenten Chlorophyll a und b (vgl. Kapitel 7).
- ✔ Das Hauptspeichermolekül ist Stärke und die Zellwände enthalten Zellulose (siehe Kapitel 2).
- ✔ Bei der Zellteilung ist ein Phragmoplast an der Bildung der neuen Zellwand beteiligt.
- ✔ Die Bildung der Embryonen wird durch Gewebe der Mutterzelle unterstützt.

Ausgehend von diesen Merkmalskombinationen umfasst das Unterreich der Chloroplastida nach Auffassung der meisten Wissenschaftler heute folgende Organismengruppen: Algen, Moose, Farne und Samenpflanzen.

DNA-Analysen können jedoch jederzeit zu Veränderungen der systematischen Gliederung führen.

Manchmal bestätigen Genanalysen auch eine phylogenetische Entwicklung, die aufgrund morphologisch-anatomischer Ähnlichkeiten schon lange vermutet wurde. Dies ist zum Beispiel bei Grünalgen (Chlorobionta) der Fall, die heute in Teilen als die engsten Verwandten von Landpflanzen und als deren Vorfahren gelten.

DNA-Analysen haben auch gezeigt, welche Gruppe von Grünalgen am nächsten mit den Landpflanzen verwandt ist. Es sind die sogenannten Armleuchteralgen (Characeae), die eine Schwestergruppe der Landpflanzen darstellen. Beide haben also einen gemeinsamen Vorfahren.

Biologische Systematik bleibt weiterhin spannend. Es wird sich zeigen, ob die unterschiedlichen Auffassungen der Wissenschaftler letztlich zu einer endgültigen phylogenetischen Entwicklungsreihe führen. Insofern sei noch einmal auf die Internetseite des »Tree of Life« verwiesen (`http://www.tolweb.org`), die ähnlich wie Wikipedia ständig mit neuen wissenschaftlichen Erkenntnissen gefüttert wird und damit den aktuellen Wissensstand reflektiert.

Die binäre Nomenklatur

Schon seit Tausenden von Jahren studieren, benennen und klassifizieren wir Menschen die anderen Lebewesen dieser Erde. Ein nachhaltiger Ansatz zur Benennung wurde von Theophrastus, einem Schüler von Aristoteles und Platon, im dritten Jahrhundert vor Christus entwickelt. Er veröffentlichte eine Klassifikation von fast 500 Pflanzen, die bis ins 18. Jahrhundert wissenschaftlich genutzt und weitergeführt wurde. Sie basierte auf morphologischen Merkmalen der Blätter, Sprosse, Blüten und Früchte und gruppierte ähnliche Pflanzen zusammen in sogenannte Genera (Singular: Genus). Jede Pflanze bekam dann einen Namen, der aus einem lateinischen Begriff für das Genus und einer kurzen lateinischen Beschreibung für die charakteristischen Merkmale bestand. So kamen teilweise recht lange Bezeichnungen zustande, zum Beispiel *Mentha floribus spicatis foliis oblongis serrates*. Damit wurde eine Minze bezeichnet, die einen ährenförmigen Blütenstand und längliche Blätter mit gezähntem Rand besaß.

Diese an sich sehr sinnvolle, aber unpraktische Namensgebung wurde dann in den 1750er Jahren durch die heute noch gültige *binäre Nomenklatur* abgelöst. Es war der schwedische Naturforscher Carl von Linné, der Pflanzen und Tiere jahrelang studierte und schließlich mit kurzen, eindeutigen Namen versah. Sein System umfasst einen Gattungsnamen und einen Artnamen, sodass die Minze bei ihm *Mentha spicata* heißt. Das System der zwei Wörter setzte sich allgemein durch und die vormals langen Pflanzennamen wurden sukzessiv durch die binären Bezeichnungen ersetzt. Heute ist jedes bekannte Lebewesen unserer Erde mit einem solchen binären Namen (Gattung und Art) eindeutig gekennzeichnet.

Die binäre Nomenklatur umfasst vorne einen Gattungsnamen, dem ein Artname folgt, der auch *Epitheton* genannt wird.

Für die binäre Nomenklatur gelten die folgenden Regeln:

- Der Gattungsname wird stets groß geschrieben *(Mentha)*.
- Das Epitheton steht nie allein; dem Artnamen muss immer die Gattung vorausgehen, zumindest in abgekürzter Form *(M. spicata)*.
- Um deutlich zu machen, dass es sich um den offiziellen wissenschaftlichen Namen handelt, werden beide Wörter (Gattung und Art) kursiv geschrieben.
- Der Name der Person, die das jeweilige Lebewesen zuerst benannt hat, wird oft hintenangestellt (*Mentha spicata* L.). Dabei wird entweder der volle Nachname geschrieben oder dieser wird abgekürzt. »L.« steht für Linné.

Gemäß dieser Regeln müssten Menschen wissenschaftlich als *Homo sapiens* beziehungsweise *H. sapiens* bezeichnet werden.

Linnés binäre wissenschaftliche Namen sind heute allgemein gültig. Wissenschaftler in aller Welt können jeden Organismus stets eindeutig benennen und darüber auch miteinander kommunizieren, egal welche Sprache sie sprechen. Die Gattungs- und Artnamen sind stets in Latein. Deutsche Pflanzennamen wie etwa Glockenblume und Eiche sind Ihnen da vielleicht geläufiger, aber sie sind nicht eindeutig. Zum Einen gibt es verschiedene Glockenblumen und Eichen in Deutschland, was aber vielleicht mit einem Zusatz wie »Pfeilblättrige Glockenblume« noch zu beheben wäre. Oft werden Pflanzen aber regional ganz unterschiedlich bezeichnet – der bei uns mit mehr als 200 Arten vertretene Löwenzahn (Gattung *Taraxacum*) heißt in manchen Gegenden Deutschlands zum Beispiel auch Kuhblume und einem französischen Kollegen könnte ich gar nicht erklären, welche Pflanzengattung ich meine. Eindeutig zu wissen, um welchen Organismus es sich handelt, ist jedoch für Wissenschaftler unerlässlich und auch für Hobbygärtner kein Nachteil. Der Gemeine Löwenzahn zum Beispiel ist nur als *Taraxacum officinale* Wiggers eindeutig bezeichnet. Daher kann Linnés Beitrag zur Entwicklung der Biowissenschaften gar nicht hoch genug geschätzt werden.

Wenn Sie auf einem Spaziergang eine Blütenpflanze entdecken und ihren Namen wissen möchten, so können Sie das mit einem *dichotomen Bestimmungsschlüssel* herausfinden. Solche Bestimmungsschlüssel arbeiten mit einer Vielzahl von Fragenpaaren, zum Beispiel nach dem Aussehen der Blätter und Blüten, wobei es immer zwei Antwortmöglichkeiten gibt. Am Ende erreicht man so die gesuchte Pflanze.

Vielleicht haben Sie selbst schon einmal ein Bestimmungsbuch benutzt oder anderen Naturliebhabern bei der Bestimmung einer Pflanze zugesehen. Es gibt ganz unterschiedliche Arten von Bestimmungsbüchern, auch solche, die zum Beispiel alle rotblühenden Pflanzen zusammengruppieren. Die von Botanikern benutzten dichotomen Schlüssel (siehe Tab. 14.2) sind jedoch stets nach phylogenetischen Gesichtspunkten geordnet, das heißt, nah verwandte Arten stehen auch eng zusammen, egal welche Farbe ihre Blüten haben.

Die folgende Tabelle 14.2 zeigt die gekürzte Form eines dichotomen Bestimmungsschlüssels für die Gattung *Lysimachia*; sie gehört zur Familie der Primelgewächse (Primulaceae) und umfasst bei uns fünf Arten, die vorwiegend in feuchten Habitaten vorkommen.

Merkmalspaare 1 bis 4	Beschreibung der relevanten Merkmale	Anweisung/Ergebnis
1	Blüten 6- bis7-zählig, in dichten Trauben	*L. thyrsiflora* L.
1*	Blüten 5-zählig	Gehe zu 2
2	Blüten einzeln, Stängel liegend	Gehe zu 3
2*	Blüten in Quirlen oder Rispen, Stängel aufrecht	Gehe zu 4
3	Blätter rundlich, stumpf; Kelchzipfel herzförmig	*L. nummularia* L.
3*	Blätter eiförmig, spitz; Kelchzipfel linear	*L. nemorum* L.
4	Blütenblätter am Rand kahl	*L. vulgaris* L.
4*	Blütenblätter drüsig bewimpert	*L. punctata* L.

Tabelle 14.2: Dichotomer Bestimmungsschlüssel am Beispiel der Gattung Lysimachia (Gilbweiderich). Verändert nach Rothmaler, Exkursionsflora, 8. Aufl.

Und so benutzen Sie den Schlüssel der Tab. 14.2, wenn Sie die zu bestimmende Pflanze (hier eine der fünf Gilbweiderich-Arten) vor Augen haben:

1. Lesen Sie das erste Fragenpaar und entscheiden Sie sich für eine Antwort. Haben die Blüten 5 oder 6-7 Blütenblätter?

2. Im letzten Fall sind Sie schon fertig. Ihre Pflanze heißt *L. thyrsiflora*. Sind die Blüten 5-zählig, gehen Sie zum 2. Fragenpaar.

3. Schauen Sie nun nach der Wuchsform und ob die Blüten einzeln stehen. Je nachdem, machen Sie mit dem 3. oder 4. Fragenpaar weiter.

4. Haben Sie eine niederliegende Pflanze mit Einzelblüten vor sich (3. Fragenpaar), müssen Sie nun nach der Blattform und den Kelchzipfeln schauen, notfalls mit der Lupe. Im anderen Fall (aufrechter Stängel) ist ebenfalls eine Lupe hilfreich, denn Sie müssen beim 4. Fragenpaar entscheiden, ob die Blattränder kahl oder drüsig bewimpert sind.

5. Auf diese Art und Weise werden Sie zu einer Art gelangen, der Ihre Pflanze entspricht. Bei jeder Art stehen dann noch weitere Informationen, zum Beispiel zur Größe, Blütezeit und zum bevorzugten Standort. Sie dienen zur zusätzlichen Überprüfung des Ergebnisses.

Falls Sie einmal nicht zu einem eindeutigen Ergebnis gelangen, so versuchen Sie, ein weiteres Exemplar der Pflanze zu finden. Denn nicht immer sind die relevanten Bestimmungsmerkmale bei jedem Individuum gleich gut ausgeprägt. Und auch ein anderes Bestimmungsbuch kann manchmal zu einem klareren Ergebnis führen.

Typische Pflanzen am Waldboden – Moose und Farne

15

In diesem Kapitel

- Wie Pflanzen das Festland eroberten
- Die Vielfalt der Moose entdecken
- Farne und andere samenlose Gefäßpflanzen

Die meisten Leute lieben Pflanzen mit schönen Blüten, wie Rosen, Tulpen und Hortensien. Auch manche Bäume werden bewundert, die langlebigen Eichen zum Beispiel oder Trauerweiden an einem See. Abgesehen von solchen populären Vertretern hat das Pflanzenreich jedoch eine Menge mehr zu bieten. Haben Sie beispielsweise einmal den Waldboden genauer betrachtet? Am besten dort, wo es ziemlich feucht ist. Dort wächst eine überraschende Vielfalt an Lebermoosen, Laubmoosen, Farnen und anderen Pflanzen, die keine Blüten ausbilden. Man muss nur etwas genauer hinsehen, um auch ihre Schönheit zu begreifen. Dieses Kapitel widmet sich diesen weniger bekannten Pflanzen, ihren besonderen Lebenszyklen und den Gemeinsamkeiten mit ihren bekannteren »Geschwistern«.

Die Eroberung des Festlandes

Wie bereits im vorangegangenen Kapitel erläutert, gelten bestimmte Grünalgen, die Armleuchteralgen (Characeae), als nächste noch lebende Verwandte der Landpflanzen. Die ältesten Fossilien deuten darauf hin, dass erste Landpflanzen bereits im Ordovizium (Erdzeitalter zwischen 510 und 440 Millionen Jahren vor Christus) existierten, also vor etwa 450 Millionen Jahren. Der Übergang vom aquatischen Leben zum Landleben hat sich nach allgemeiner Auffassung im Flachwasser von Seen und im Gezeitenbereich abgespielt, wo aquatische Pflanzen wie Algen noch ausreichend Wasser vorfanden, aber auch die Vorteile von höherer Sonneneinstrahlung erfuhren. Diejenigen Pflanzen, die dann in der Lage waren, mit etwas weniger Wasser auszukommen und vermehrt an Land zu wachsen, hatten einen Vorteil beim Konkurrenzkampf um knappe Ressourcen (vor allem Licht). Sie konnten mehr Nachwuchs produzieren als die Pflanzen, die noch komplett im Wasser leben mussten und breiteten sich so immer weiter aus. Im Laufe der Jahrtausende entwickelten sich so die ersten Pflanzenpopulationen, die den Bau ihrer Organe vollständig auf ein Leben an Land ausrichteten.

Abbildung 15.1: Moose und samenlose Gefäßpflanzen.

Die Anpassungen für ein erfolgreiches Leben an Land betreffen sowohl die vegetativen als auch die generativen Organe der Pflanzen:

✔ Vegetative Adaptationen umfassen

- Ausbildung von Leitungsgewebe zum Wassertransport (Gefäßpflanzen).
- eine wachsartige Kutikula auf den Blättern, die eine Austrocknung der Gewebe verhindert, aber den Gasaustausch mit der Umgebung über Stomata ermöglicht.
- Entwicklung einer symbiontischen Gemeinschaft mit Bodenpilzen, der Mykorrhiza, um eine ausreichende Versorgung mit Wasser und Mineralien zu gewährleisten.
- Synthese von bestimmten Pigmenten, die vor zu starker ultravioletter Strahlung schützen.

✔ Generative Adaptationen umfassen

- Ausbildung von Sporen mit dicken Wänden, um diese Fortpflanzungseinheiten vor Austrocknung zu schützen.
- Bildung von sogenannten *Gametangien*, das heißt speziellen Geweben, in denen die Gameten (Eizellen und Spermien) gebildet werden und vor Austrocknung geschützt sind.
- mütterliche Gewebe, die die Embryonen schützend umgeben.

Wie sahen sie nun aus, die ersten Landpflanzen? Nach aktuellem Wissensstand waren es einfache, kleine Moospflanzen, die zuerst an Land »gingen«. Phylogenetischen Studien zufolge sahen sie vermutlich ähnlich aus wie heutige Moose (Abbildung 15.1a,b,c); dementsprechend gelten unsere *rezenten*, das heißt heute noch lebenden, Leber-, Horn- und Laubmoose als Nachfahren der ersten Landpflanzen. Diese besaßen noch keine echten Leitungsgewebe. Aber die ersten Gefäßpflanzen ließen nicht lange auf sich warten. Sie waren vermutlich schon im Devon (409 bis 364 Millionen Jahre vor Christus) vorhanden und zeigten neben einem speziellen Leitungsgewebe auch erstmals eine Gliederung in Wurzel, Spross und Blatt. Rezente Bärlappe, Farne und Schachtelhalme (siehe Abbildung 15.1d,f,h) können uns einen Eindruck dieser ersten größeren Landpflanzen vermitteln.

Moose – Pflanzen ohne echtes Gefäßsystem

Moose sind kleine grüne Pflanzen, die typischerweise in feuchten Habitaten wachsen. Sicher sind Sie ihnen schon einmal bei einem Waldspaziergang begegnet, am Boden oder auch auf der schattigen Seite der Baumrinde. Aber zum Beispiel auch auf Hausdächern sind sie oft zu finden.

Es handelt sich bei den Moosen um eine ziemlich vielfältige und daher systematisch heterogene Gruppe, die in drei Unterabteilungen und sechs verschiedene Klassen aufgeteilt ist. Wir unterscheiden:

✔ thallose Lebermoose: Unterabteilung Marchantiophytina, Klasse Marchantiopsida; etwa 500 Arten.

- foliose Lebermoose: Unterabteilung Marchantiophytina, Klasse Jungermanniopsida; etwa 9.500 Arten.
- Torfmoose: Unterabteilung Bryophytina, Klasse Sphagnopsida; etwa 200 Arten.
- Klaffmoose: Unterabteilung Bryophytina, Klasse Andreaeopsida; etwa 120 Arten.
- Laubmoose im engeren Sinne: Unterabteilung Bryophytina, Klasse Bryopsida; etwa 15.000 Arten.
- Hornmoose: Unterabteilung Anthocerophytina; etwa 100 Arten.

Trotz dieser Diversität haben alle Moose auch gemeinsame Merkmale:

- Der Gametophyt stellt die dominante, optisch am besten sichtbare Generation im Lebenszyklus dar.
- Der Aufbau eines Moospflänzchens ist ziemlich simpel; es gibt keine Leitungsgewebe (Xylem und Phloem) und oft noch nicht einmal Stängel und Blättchen, sondern nur einen Thallus.
- Bestimmte Strukturen, die Antheridien, produzieren Spermien und die Eizellen werden in sogenannten Archegonien gebildet.
- Die in den Antheridien gebildeten Spermien sind begeißelt und müssen zur Eizelle schwimmen. Daher sind Moose zur generativen Vermehrung auf Wasser angewiesen, wobei eine hohe Luftfeuchtigkeit oft ausreicht.
- Nach der Befruchtung entwickelt sich die Zygote innerhalb des Archegoniums; der Sporophyt ist nicht allein lebensfähig und bleibt vom Gametophyten abhängig.
- Die Sporen werden in sogenannten Sporangien von erhöhter Warte aus frei gesetzt.
- Viele Moose haben die Fähigkeit auszutrocknen ohne abzusterben; bei erneuter Befeuchtung können sie dann weiter wachsen. Der Wassergehalt ihres Gewebes entspricht mehr oder weniger dem der Umgebung.

Organismen wie Moose, deren Zellen ihr gesamtes Wasser zeitweise verlieren können, ohne dabei abzusterben, werden *poikilohydrisch* genannt.

Lebermoose – Unterabteilung Marchantiophytina

Wie aus der Aufstellung oben ersichtlich, kommen Lebermoose grundsätzlich in zwei Formen vor. Die einfachste Form entspricht dem in Abbildung 15.1a dargestellten Typ. Solche *thallosen Lebermoose* wachsen mit ihrem gelappten, bis einige Zentimeter großen Körper flach auf dem Boden; nur ihre Antheridien und Archegonien werden bei manchen Arten empor gehoben (siehe auch Abbildung 11.8). Im Mittelalter hat man diese Erscheinungsform mit einer Leber verglichen und die Pflanzen entsprechend benannt. Zurzeit sind etwa 500 Arten bekannt.

Die zweite, weiter differenzierte Lebensform eines Lebermooses besitzt bereits Stängel und kleine Blättchen und ähnelt damit einem echten Laubmoos. Solche Vertreter werden als *foliose Lebermoose* zusammengefasst und machen mit rund 9.500 Arten etwa 90 Prozent der bekannten Lebermoos-Arten aus. Dabei kommen in Mitteleuropa nur etwa 250 Arten vor. Im Unterschied zu Laubmoosen sind ihre Blättchen typischerweise in drei Zeilen (eine davon auf der Unterseite des Stängels) angeordnet und entweder rundlich oder zwei- bis mehrspitzig; die Rhizoide (siehe unten) der Lebermoose sind einzellig.

Der einfache, flache Körper eines thallosen Lebermooses wird *Thallus* (Plural Thalli) genannt. Er hat eine unterschiedlich differenzierte Ober- und Unterseite (siehe Abbildung 15.2):

- ✔ Die Oberseite besitzt spezielle *Atemöffnungen* beziehungsweise *Poren* für den Gasaustausch; diese sind jedoch viel einfacher gebaut als die echten Spaltöffnungen anderer Pflanzen. Sie können zum Beispiel nicht geschlossen werden.
- ✔ Die Unterseite besitzt kleine Wurzel-ähnliche Strukturen, *Rhizoide* genannt. Sie sind einzellig und übernehmen die Verankerung der Pflanze im Substrat. Außerdem kommen bei manchen Lebermoosen auf der Thallusunterseite sogenannte *Ventralschuppen* vor, die mehrzellig sind.

Einige thallose Lebermoose, wie etwa das in Abbildung 15.2 dargestellte Moos *Marchantia polymorpha*, haben einen ziemlich komplexen inneren Aufbau. Die Atemöffnungen (Poren) führen zu speziellen Luftkammern, in die säulenförmig angeordnete Chlorenchymzellen für die Photosynthese hinein ragen. Darunter liegen dann mehrere Schichten von Parenchymzellen. Einzelheiten zu den verschiedenen Zelltypen finden Sie in Kapitel 2.

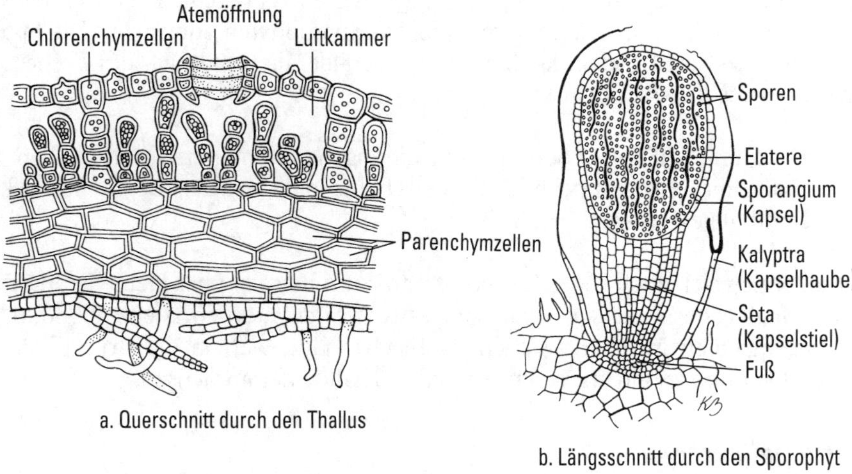

Abbildung 15.2: Querschnitt durch Thallus (a) und Sporophyt (b) eines thallosen Lebermooses (Marchantia polymorpha).

Der Lebenszyklus von Lebermoosen

Lebermoose entstehen aus haploiden Sporen. Wenn eine Spore auf feuchtem Substrat landet, wächst sie zunächst durch Mitose und bildet einen chloroplastenhaltigen Keimfaden, das sogenannte *Protonema*. Eine Zelle, die sogenannte *Scheitelzelle*, teilt sich weiter durch Mitose und so entsteht ein vielzelliger, haploider Thallus, wie er in Abbildung 15.1a dargestellt ist.

Die generative Vermehrung beginnt, wenn der haploide Thallus *Gametangien* bildet; sie werden *Antheridien* und *Archegonien* genannt.

- ✔ **Antheridien produzieren Spermien.** Es handelt sich um kleine Kammern auf der Thallusoberseite, die mit zahlreichen Spermienzellen gefüllt werden.
- ✔ **Archegonien bilden Eizellen.** Ebenfalls auf der Oberseite des Thallus befinden sich diese kleinen Vertiefungen; bei Lebermoosen wird in jedem Archegonium nur eine Eizelle gebildet.

Manche Lebermoose sind *monözisch* oder *einhäusig*, das heißt, sie bilden beide Typen von Geschlechtszellen (Gametangien) auf einer Pflanze. Andere Arten sind *diözisch* oder *zweihäusig*, das heißt, männliche und weibliche Gameten werden von verschiedenen Individuen gebildet.

Weil der Thallus der Lebermoose haploid ist, werden die Spermien und Eizellen durch Mitose gebildet, nicht durch Meiose.

Wenn Wasser verfügbar ist, können die reifen Spermien mithilfe ihrer Geißeln zu den Archegonien einer anderen Pflanze (derselben Art) schwimmen. Ein Spermium gewinnt und kann die Eizelle befruchten; es entsteht die diploide Zygote. Die Zygote teilt sich durch Mitose und erzeugt einen Embryo, der sich dann zum diploiden Sporophyten entwickelt. Die Sporophyten von Lebermoosen sind kleine, keulenförmige Gebilde, die innerhalb des Archegoniums heran- und dann aus diesem hinauswachsen.

Bestimmte Zellen des Sporophyten, die sogenannten Sporenmutterzellen, durchlaufen die Meiose und bilden dadurch haploide Sporen. Der Lebenszyklus ist damit abgeschlossen.

Lebermoose können sich auch vegetativ vermehren, zum Beispiel über kleine Brutkörper, die in speziellen Brutbechern auf der Thallusoberseite gebildet werden (siehe Abbildung 11.8). Wenn ein Regentropfen in einen solchen Brutbecher fällt, werden die Brutkörper ausgeschleudert und können zu einem neuen haploiden Thallus heranwachsen.

Marchantia polymorpha

Dieses Lebermoos ist ein beliebtes Studien- und Vorzeigeobjekt für Wissenschaftler und auch Lehrer. Aufbau und Lebenszyklus von Lebermoosen lassen sich hier gut verdeutlichen. Bei *Marchantia* werden die Antheridien und Archegonien auf Stielen emporgehoben; oben bilden sich dann schirmähnliche Strukturen mit den Gameten aus.

- ✔ Die Stiele der Antheridien werden als *Antheridiophoren* bezeichnet. Darauf sitzt oben der schirmähnliche Antheridienstand (siehe Abbildung 15.1).
- ✔ Die Stiele der Archegonien werden *Archegoniophoren* genannt. Darauf sitzt oben der Archegonienstand, der aussieht wie eine kleine Palme (siehe Abbildung 11.8).

Marchantia ist diözisch – eine Pflanze produziert also entweder Archegonien oder Antheridien, niemals jedoch beide Gametentypen.

Der in Abbildung 15.2 dargestellte Sporophyt entwickelt sich nach der Befruchtung aus der Zygote. Er produziert Sporen, die er bei Reife mithilfe besonderer Strukturen weit ausschleudern kann. Wir unterscheiden beim Sporophyten von *Marchantia* drei Regionen:

- ✔ Mit dem Fuß ist der Sporophyt im Archegonium verankert.
- ✔ Die *Seta* oder der Kapselstiel ist ein dicker, säulenförmiger Bereich, der das Sporangium (die Kapsel) vom Archegonium abhebt.
- ✔ Das Sporangium stellt das Herzstück des Sporophyten dar.

Das *Sporangium*, auch Kapsel genannt, besteht aus verschiedenen Zelltypen. Die Sporenmutterzellen durchlaufen die Meiose und bilden haploide Sporen. Die *Elateren* sind besonders lange, zugespitzte Zellen, die für das Ausschleudern der Sporen gebraucht werden. Sie drehen und wenden sich je nach Luftfeuchtigkeit und verteilen mit ihren Bewegungen die Sporen in weitem Umkreis. Die *Kalyptra* (Kapselhaube) ist eine Zellschicht, die den Sporophyten bis zur Reife schützt. Sobald die Sporen reif sind, platzt die Kalyptra, das Sporangium öffnet sich und die Sporen können sich ausbreiten.

Hornmoose – Unterabteilung Anthocerophytina

Hornmoose sind kleine, hornförmige Pflanzen (siehe Abbildung 15.1b), die typischerweise an feuchten und schattigen Stellen wachsen. Fossile Zeugnisse, die Hinweise zur Stammesgeschichte der Hornmoose geben könnten, fehlen völlig. Aktuell sind etwa 100 Arten bekannt. Besonders üppig sind sie in tropischen Regenwäldern vertreten, wo sie große Bereiche des Waldbodens bedecken und auch auf der Rinde an der Stammbasis der Bäume wachsen.

Der Gametophyt der Hornmoose ist ein flacher, blau-grüner, schleimig anmutender Thallus. Von ihm wachsen die hornförmigen Sporophyten nach oben; sie erreichen eine Länge von ein bis sieben Zentimetern und ihre Sporogone (Kapseln) springen bei Reife mit zwei Längsklappen auf.

Einige Zellen an der Basis des Sporophyten teilen sich unaufhörlich weiter, sodass das Wachstum des Sporophyten nicht begrenzt ist. Man bezeichnet ein solches Wachstumsgewebe als *interkalares Meristem*; es kommt nur bei Hornmoosen an dieser Stelle vor.

Die Thalli der Hornmoose sind sehr einfach und meist nur aus Parenchymzellen aufgebaut. Sie ähneln äußerlich den Lebermoosen, unterscheiden sich jedoch durch einige charakteristische Merkmale:

- Gametophyt und Sporophyt besitzen echte Spaltöffnungen mit Schließzellen. Sie münden in Atemhöhlen, die mit Schleim gefüllt und oft von der Blaualge *Nostoc sp.* besiedelt sind.
- Unter dem Mikroskop erkennt man, dass die Parenchymzellen der Hornmoose nur je einen großen schüsselförmigen Chloroplasten enthalten. Bei den meisten anderen Pflanzen sind mehrere Chloroplasten pro Zelle vorhanden.
- DNA-Analysen deuten darauf hin, dass die Hornmoose den höheren Pflanzen, also den Gefäßpflanzen, näher stehen als den übrigen Moosgruppen.

Genau wie die Laubmoose und die höheren Pflanzen, besitzen die Hornmoose echte Stomata, die sich öffnen und schließen können; sie dienen vermutlich dem Gasaustausch.

Laubmoose – Unterabteilung Bryophytina

Wir nehmen sie oft kaum war, denn sie wachsen eher unscheinbar an schattig-feuchten Stellen. Aber ihre Vielfalt ist enorm – aktuell existieren fast dreimal so viele *Laubmoosarten* wie Säugetierarten auf der Erde.

Wenn Sie einmal im Wald unterwegs sind und etwas grünes Kleines wachsen sehen, so muss das nicht zwangsläufig ein Moos sein. Möglicherweise sind es Algen, die als grüne Überzüge an dauerfeuchten Stellen wachsen. Oder *Flechten*, das sind sogenannte Doppelorganismen aus einem Pilz und einer Alge (siehe Abschnitt »Interaktionen von Organismen« in Kapitel 18), die gern epiphytisch an Bäumen wachsen. Um festzustellen, ob es sich um ein Laubmoos handelt, prüfen Sie das Gewächs genau: weist es die charakteristischen Merkmale auf, die ich in diesem Kapitel beschreibe?

Zusammen mit den foliosen Lebermoosen (rund 9.500 Arten) machen die Laubmoose (rund 15.000 Arten) mehr als 95 Prozent aller Moosarten aus. Sie besiedeln alle möglichen Lebensräume in allen Klimazonen der Erde. Wir finden sie auf Erde, Stein und Holz, von der Arktis bis in die Tropen. Sie stellen einen bedeutenden Umweltfaktor dar, weil sie als poikilohydrische Organismen den Wasser- und Nährstoffhaushalt günstig beeinflussen können, Erosion verhindern und das Auftauen des Permafrostbodens verlangsamen.

Innerhalb der Laubmoose unterscheiden wir die Klassen der Klaffmoose (Andreaeopsida), der Torfmoose (Sphagnopsida) und der Laubmoose im engeren Sinne (Bryopsida). Die rund 120 Arten der *Klaffmoose* (nur eine Familie Andreaeaceae mit drei Gattungen) bilden kleine, dunkelbraune Rasen auf kalkfreien Felsen der Hochgebirge, der Arktis und der Antarktis. Die Kapsel des Sporophyten wird von einem sogenannten Pseudopodium (Gewebe des Gametophyten) emporgehoben und öffnet sich bei Reife mit vier Längsspalten. Dabei bleiben die vier Klappen an Spitze und Basis verbunden – die Kapsel klafft auf (daher der Name). Die etwa 200 verschiedenen *Torfmoose* (nur eine Gattung *Sphagnum*) kommen an sumpfigen, kalkarmen Orten mit meist niedrigem pH-Wert vor. In Mooren bilden sie mächtige Polster, deren untere Schichten absterben, sodass Torf entsteht (siehe Kasten). Nachfolgend werden die *Laubmoose* im engeren Sinne beschrieben.

Der Aufbau eines Laubmooses

Die Gametophyten der Laubmoose sehen oft schon wie richtige kleine Pflanzen aus. Ihre Blättchen sind zwar sehr einfach und genau wie bei den Lebermoosen meist nur einzellschichtig; manchmal haben sie aber auch eine *Mittelrippe*, einen dickeren Bereich im Zentrum des Blattes, wie ihn auch höhere Pflanzen oft aufweisen.

Charakteristische Merkmale der Laubmoose im Unterschied zu Lebermoosen können wir vor allem beim Gametophyten feststellen:

- ✔ Gametophyten der Laubmoose sind *radial-symmetrisch*; das heißt, ihre Blättchen sind rund um eine zentrale Achse (den Stängel) angeordnet. Im Gegensatz dazu sind die Gametophyten der Leber- und Hornmoose abgeflacht und *bilateral-symmetrisch*; die Blättchen stehen bei den foliosen Lebermoosen in zwei bis drei Zeilen am Stängel.
- ✔ Die Rhizoide der Laubmoose sind mehrzellig, die der Lebermoose einzellig.
- ✔ Blättchen von Laubmoosen sehen eher wie richtige Blätter aus; sie sind oft zugespitzt (aber nie mehrspitzig) und nicht so rundlich und schuppenförmig, wie die Blättchen der foliosen Lebermoose.

Obwohl echte Leitungsgewebe bei Moosen generell fehlen, weisen manche hoch entwickelten Laubmoose Strukturen auf, die an Xylem- und Phloemelemente erinnern.

Die Sporophyten der Laubmoose sehen aus wie kleine Laternen oder Fahnen, die vom Gametophyten aus empor wachsen (siehe Abbildung 15.1c). Der Sporophyt gliedert sich in verschiedene Teile, die in Abbildung 15.3 dargestellt sind:

- ✔ Der Sporophyt wächst aufrecht, wobei das Sporangium (die Kapsel) von einem Stiel, der sogenannten *Seta*, getragen wird.
- ✔ Die Kapsel, in der sich die Sporen befinden, befindet sich am äußersten Ende der Seta.
- ✔ Die Kapsel ist oben von der *Kalyptra*, der Kapselhaube, bedeckt; bei Reife wird sie abgesprengt und die Sporen werden frei.

Der Lebenszyklus eines Laubmooses

Abbildung 15.3 zeigt den Lebenszyklus eines Laubmooses. Beginnend mit der Keimung einer haploiden Spore (Abbildung Mitte rechts) können wir dabei folgende Entwicklungsphasen unterscheiden:

1. **Die Spore keimt aus und wächst durch einfache Zellteilung (Mitose) zu einem sogenannten Protonema heran, einem grünen, fadenähnlichen Gewebe.** Das Protonema liegt dem

Substrat dicht an, kann sich reich verzweigen und wenn viele Sporen an einer Stelle keimen, erscheinen die Protonemata dem bloßen Auge als grüner Filz am Boden.

2. **An verschiedenen Stellen des Protonemas, meist an kurzen Seitenzweigen, entwickeln sich dann bei ausreichendem Licht durch weitere Mitose die eigentlichen Moospflänzchen, die Gametophyten.** Diese beblätterten Knospen bilden auch schon erste Rhizoide zur Verankerung im Boden.

3. **An der Spitze des Gametophyten oder auch an speziellen Seitenzweigen differenzieren sich Zellen zur Bildung von Gametangien.** Innerhalb des krugförmigen Archegoniums teilt sich eine bestimmt Zelle durch Mitose und produziert eine Eizelle. Die Zellen innerhalb des sackförmigen Antheridiums teilen sich ebenfalls mitotisch und produzieren viele Spermien. Auch bei den Laubmoosen kommen einhäusige und zweihäusige Arten vor. Außerdem gibt es *zwittrige* Formen, das heißt, die Gametangien beider Geschlechter werden an einem Spross gebildet.

Zwischen den einzelnen Antheridien beziehungsweise Archegonien eines Gametangiums, wachsen in der Regel sterile, mehrzellige Strukturen; sie werden Safthaare oder *Paraphysen* genannt.

4. **Wenn es feucht genug ist, setzen die Archegonien bestimmte Stoffe frei, durch die Spermien angelockt werden; sie schwimmen dann um die Wette zu den Eizellen.** Ein Spermium siegt und befruchtet schließlich die Eizelle.

5. **Die Zygote wächst durch Mitose zu einem Embryo heran. Dessen unterer Teil, der *Sporogonfuß* oder das Haustorium, dringt tief in das Gewebe des Archegoniums ein und dient als Saugorgan; er verankert das Sporogon im Gametophyten.**

6. **Der Sporophyt wächst weiter und aus dem Archegonium hinaus; dabei reißt der obere Teil des Archegoniums ab und wird als Kalyptra vom Sporophyten mit emporgehoben.** Im Laufe seines Wachstums entwickelt der Sporophyt auch Chloroplasten und Spaltöffnungen; er betreibt Photosynthese, erhält aber über sein Haustorium auch weiterhin Kohlenhydrate, sowie Wasser und Mineralien vom Gametophyten.

7. **Der reife Sporophyt besteht aus der Seta, die vor allem im oberen Teil Spaltöffnungen aufweist, und der obenauf sitzenden Kapsel, dem Sporangium.** Zellen innerhalb der Kapsel, die Sporenmutterzellen, teilen sich durch Meiose und produzieren die haploiden Sporen.

8. **Wenn die Sporen ausgereift sind, fällt zuerst die Kalyptra ab. Dann bricht der obere Teil der Kapsel auf und wird als Deckel abgesprengt.** Die jetzt urnenförmige Kapsel ist am oberen Rand rund um die Öffnung mit speziellen, zahnartigen Strukturen besetzt. Man bezeichnet diese nur bei Laubmoosen vorkommende und für die Bestimmung der einzelnen Arten wichtige Struktur als *Peristom*. Sobald der Deckel abgefallen ist, werden die ultraleichten Sporen vom Wind verbreitet. Die mehr oder weniger dreieckigen Peristomzähne reagieren auf sich ändernde Luftfeuchtigkeit und können so die Kapsel verschließen und wieder öffnen.

Auch eine vegetative Vermehrung kommt bei Laubmoosen häufig vor; abgebrochene Stämmchen oder Blättchen können sofort oder über ein Protonema zu neuen Moospflanzen heranwachsen. Manche Arten bilden auch spezielle Brutkörper in den Blattachseln, die dann abgestoßen werden.

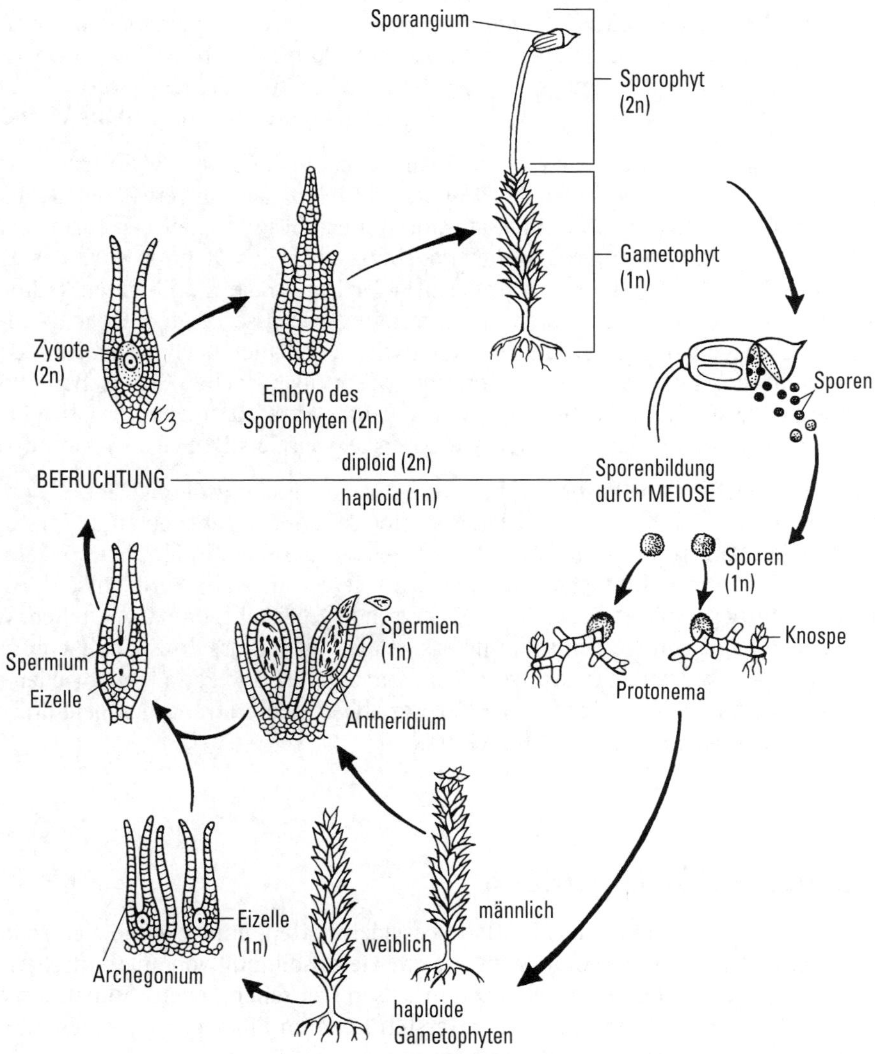

Abbildung 15.3: Der Lebenszyklus eines Laubmooses.

Sphagnum – das Torfmoos

Jeder, der einen Garten hat, kennt Torf. Dieses schwarz-braune Substrat kauft man günstig im Baumarkt und verbessert damit die Bodenbedingungen im heimischen Blumenbeet. Torf bildet sich in Mooren durch massenhaftes Wachstum von Torfmoosen, das heißt von Vertretern der Gattung *Sphagnum*. Das Besondere an ihnen: *Sphagnum*-Arten können riesige Mengen Wasser speichern, bis zum 20-fachen ihres Trockengewichtes. Dieses enorme Wasserhaltevermögen macht auch den Torf für Gärtner so wertvoll und die Ureinwohner Amerikas benutzten Torfmoose aufgrund dieser Eigenschaft als Windeln.

Torf besteht aus unvollständig zersetztem, organischem Material und wenn er trocken ist, brennt er gut. Daher wurde er über Jahrhunderte als Heizmaterial verwendet; sein Heizwert entspricht fast dem der Braunkohle. Eine weitere Besonderheit der Torfmoose ist, dass die Pflanzen aktiv H^+-Ionen an die Umgebung abgeben. Dadurch wird das Milieu rund um die Pflanzen sehr sauer (niedriger pH-Wert) und Bakterien können kaum existieren. Entsprechend langsam laufen die Zersetzungsprozesse in Mooren ab. Vielleicht kennen Sie die sogenannten Moorleichen, die in der Regel auch nach Hunderten, ja Tausenden von Jahren, noch sehr gut erhalten sind. Die antibakteriellen Eigenschaften sowie ihre aufsaugende Wirkung machten Torfmoose früher auch zu einer Alternative bei der Wundversorgung; sie wurden im ersten Weltkrieg teilweise als Bandagen verwendet.

Wie mit vielen wertvollen Rohstoffen beziehungsweise fossilen Energieträgern, so ist es auch mit dem Torf: er bildet sich sehr langsam und sein Abbau führt zu einer Zerstörung der natürlichen Landschaft. Messungen haben gezeigt, dass sich in Mooren pro Jahr nur zwischen ein und zehn Millimeter Torf ablagern. Die vor allem in Norddeutschland vorkommenden Torflagerstätten haben also Jahrtausende gebraucht, um zu entstehen. Wenn Torf maschinell abgebaut werden soll, und das ist die Regel, muss großflächig entwässert werden. Nach der Trockenlegung ist das Ökosystem zerstört und kann kaum wieder renaturiert werden. Aus diesen Gründen ist der Torfabbau heute streng geregelt und viele Moore stehen mittlerweile unter Naturschutz.

Samenlose Gefäßpflanzen

Nachdem die Moose als Pioniere das Festland besiedelt hatten, entwickelten sich schon bald die ersten Gefäßpflanzen. Die Evolution führte zur Herausbildung von anatomischen Strukturen, die auch größeren Pflanzen das Leben in diesen trockenen Lebensräumen ermöglichten. Heute zeigen uns die Nachfahren dieser ersten höheren Pflanzen diejenigen Merkmale, die für den Erfolg an Land verantwortlich waren:

- ✔ Kontrolle über den internen Wasserhaushalt: Übermäßiger Wasserverlust wurde durch eine dickere Kutikula verhindert. Die Ausbildung von echten Stomata, die sich je nach Bedarf öffnen und schließen können, wurde die Regel.
- ✔ Zur Aufnahme von Wasser und Mineralien aus dem Boden wurden Wurzeln gebildet. Nach heutiger Vorstellung ging die Entwicklung von Wurzeln, die ja für Wasserpflanzen über-

flüssig waren, von Sprossen aus, die horizontal am Boden beziehungsweise dann auch kurz unter der Erdoberfläche wuchsen. In der Erde herrschten andere Bedingungen als oberirdisch und die ersten Pflanzen »lernten«, dieses dunkle und feuchte Milieu für sich zu nutzen. Pflanzen, deren unterirdische »Äste« Wasser aufnehmen konnten, hatten dann einen Konkurrenzvorteil gegenüber anderen und so wurde das Organ »Wurzel« mit der Zeit immer weiter perfektioniert.

- ✔ Ausbildung von speziellem Leitungsgewebe für den Wasser- und Nährstofftransport. Insbesondere die Entwicklung des wasserleitenden Xylems verhalf den Pflanzen zu einer erfolgreichen Existenz an Land. Xylemzellen haben durch Lignin verfestigte Zellwände, sodass die Pflanzen immer höher aufrecht zum Licht hin wachsen konnten.

- ✔ Die Evolution von größeren Blättern ermöglichte eine bessere Ausnutzung des Sonnenlichts. Die ersten Blätter waren lediglich *Mikrophylle*, kleine pfriemliche Blätter, wie wir sie heute noch bei Bärlappgewächsen finden. Sie besitzen eine unverzweigte Mittelrippe mit Leitungselementen und sind meist schraubig am Stängel angeordnet. Die bei unseren heutigen Gefäßpflanzen üblichen Blätter besitzen oft verzweigte Blattadern (Gefäße) und einen komplexen Aufbau (siehe auch Kapitel 4); sie werden auch als *Megaphylle* bezeichnet. Wissenschaftler stellen sich die Entwicklung der Megaphylle folgendermaßen vor: Blattgewebe hat eine Ansammlung von Ästchen umwachsen und so eine erste blattähnliche Struktur geformt. Im Laufe der Evolution verwandelten sich die Ästchen dann in Blattadern.

- ✔ Aufrechtes und besonders das verzweigte Wachstum versetzte die Pioniere unter den höheren Pflanzen in die Lage, zahlreiche Sporangien pro Pflanze zu bilden und ihre Blätter über eine größere Fläche auszubreiten. Ihr Reproduktionserfolg stieg an und sie konnten durch die bessere Ausnutzung des Sonnenlichts ihre Photosyntheserate erhöhen.

Die Entwicklung dieser neuen anatomischen Strukturen verhalf den Pflanzen zu einer besseren Kontrolle über ihren körpereigenen Wasserhaushalt, steigerte ihre Reproduktionsrate und verbesserte die Ausnutzung des Sonnenlichts.

Organismen, die ihren eigenen Wasserhaushalt steuern können, werden *homoiohydrisch* genannt.

Eine andere wichtige Weiterentwicklung der ersten Gefäßpflanzen war die sogenannte *Heterosporie*. Heterospore Pflanzen produzieren bei der Meiose zwei verschiedene Arten von Sporen:

- ✔ *Megasporen* sind größer und wachsen zu weiblichen Prothallien (Gametophyten) heran.

- ✔ *Mikrosporen* sind kleiner und wachsen zu männlichen Prothallien heran.

In Laufe der Entwicklungsgeschichte der Pflanzen hat sich die Heterosporie mehrmals unabhängig voneinander entwickelt. Das sehen Experten als Grund dafür an, dass sich durch die Ausbildung von zweierlei Sporen deutliche Vorteile für die Pflanzen ergeben. Viele unserer rezenten Pflanzengruppen, darunter auch die besonders erfolgreichen Blütenpflanzen, sind *heterospor*. Viele Farngewächse bilden jedoch, genau wie die Moose, nur eine Art von Sporen und damit Gametophyten aus. Solche Pflanzen nennt man gleichsporig oder *isospor*.

Nach all diesen Neuerungen entwickelte sich die Pflanzenwelt »rasend schnell«. Im Erdzeitalter des Devons (409 bis 364 Jahre vor Christus) entstand eine enorme Diversität an Gefäßpflanzen, die schließlich auch zur Ausbildung der ersten Wälder führte. Diese sind uns heute als die Steinkohlewälder des Karbons (363 bis 291 Jahre vor Christus) bekannt; es waren ausgedehnte Feuchtwälder, aus deren Biomasse über Jahrmillionen hinweg die Steinkohle entstanden ist.

In dieser Entwicklungsphase änderte sich das Dominanzverhältnis von Gametophyten- und Sporophytengenerationen. Der Sporophyt wurde immer überlegener, während der Gametophyt ständig weiter reduziert und vom Sporophyten geschützt wurde. Als Grund dafür sehen Wissenschaftler die Tatsache an, dass alle Anpassungen an die trockeneren Lebensbedingungen innerhalb der Sporophytengeneration abgelaufen sind.

Alle samenlosen Gefäßpflanzen haben die folgenden charakteristischen Eigenschaften gemeinsam:

- ✔ Der Sporophyt ist die dominante Generation im Lebenszyklus, aber der Gametophyt ist selbständig und photosynthetisch aktiv.
- ✔ Der Sporophyt bildet Sporen im Sporangium und verteilt diese auch.
- ✔ Der Gametophyt bildet Gameten in Gametangien.
- ✔ Für die sexuelle Fortpflanzung ist Wasser nötig; die Spermien sind begeißelt und schwimmen zur Eizelle.
- ✔ Der Sporophyt besitzt ein spezielles Leitungsgewebe, eine Kutikula und Stomata.

Bärlappgewächse – Klasse Lycopodiopsida

Die heute mit ungefähr 1.100 verschiedenen Arten existierenden *Bärlappe* sind meist kleine Pflanzen, die aussehen wie Laubmoose (Abbildung 15.1d). Doch dieser Eindruck täuscht – es sind definitiv keine Moose.

Bei Moosen dominiert der Gametophyt den Lebenszyklus, er ist als grünes Pflänzchen sichtbar. Bei den Bärlappen sehen wir moosähnliche Pflanzen, die jedoch den Sporophyten darstellen. Die Gametophyten der Bärlappe sind winzig klein, manche leben sogar unterirdisch und in Symbiose mit bestimmten Pilzen, von denen sie mit Wasser und Nährstoffen versorgt werden.

Viele Bärlappe wachsen mit Rhizomen, die sich *dichotom* verzweigen; damit ist die gabelige Aufteilung eines Sprosses in zwei Seitensprosse gemeint. Junge Triebe wachsen dann aufrecht vom Rhizom in die Höhe oder hängen bei epiphytischen Arten seitlich vom Rhizom herab. Die Blätter sind als Mikrophylle ausgebildet und echte Wurzeln sowie Sprosse mit Leitungsgewebe sind vorhanden.

Systematisch unterscheiden wir in der Klasse der Lycopodiopsida heute drei Gruppen von rezenten Bärlappgewächsen; ihre Sporophyten zeigen jeweils eine charakteristische Wuchsform (siehe auch Tab. 15.1):

	Echte Bärlappe	Moosfarne	Brachsenkräuter
Sprosse und Äste	Die Sprosse verzweigen sich stets dichotom, wobei dann meist einer der beiden Seitensprosse stärker wächst. Man nennt diese »ungleiche« Gabelung *anisotome Verzweigung*.	Die Sprosse sehen flach gedrückt aus und verzweigen sich ebenfalls dichotom. Außer bei kletternden Arten wachsen jedoch beide Seitensprosse meist gleich stark *(isotome Verzweigung)*.	Die Sprossachse ist stark gestaucht und liegt teilweise unterirdisch.
Blätter	Kleine, nadelförmige Blätter stehen spiralig oder in Wirteln an der Sprossachse.	Kleine, schuppenartige Blätter stehen in vier Zeilen am Spross; dabei liegt meist *Anisophyllie* vor, das heißt die Blätter sind nicht alle gleich: die oberen beiden Blattreihen weisen kleinere Blätter (Oberblätter) als die unteren beiden Blattreihen (Unterblätter) auf. Ober- und Unterblätter weisen auf der Oberseite an der Basis eine kleine chlorophyllfreie Schuppe auf, die sogenannte *Ligula*.	Lange, zugespitzte Blätter, die als grundständige Rosette angeordnet sind. Auf der Oberseite ist die Vertiefung mit dem Sporangium durch ein dreieckiges Häutchen, das ebenfalls als *Ligula* bezeichnet wird, abgedeckt
Wurzeln	Dichotom verzweigte Wurzeln auf der Unterseite der kriechenden Sprossachse.	An den Gabelungsstellen der Sprosse entstehen sogenannte Wurzelträger (Rhizophoren), die dichotom verzweigt sind und am unteren Ende Büschel von Wurzeln bilden.	Die Sprossachse bildet dichotom verzweigte Wurzeln.

Tabelle 15.1: Vegetative Merkmale der Bärlappgewächse im Vergleich.

- ✔ Die **Echten Bärlappe**, die als eigene Unterklasse (Lycopodiidae) den anderen beiden gegenüberstehen, sind heute mit rund 400 Arten vertreten. Mit ihren nadelförmigen Blättern sehen die aufrechten Seitenäste der Gattung *Lycopodium* ein bisschen aus wie kleine Tannenbäume (siehe Abbildung 15.1d); der sich dichotom verzweigende Spross kriecht dagegen weitläufig über den Boden. Die Sporophylle stehen oft dicht gedrängt in blattarmen, ährenförmigen Sporophyllständen. Echte Bärlappe wachsen in tropischen und temperierten Klimazonen an feucht-schattigen Stellen im Wald und können bis zu 1,5 Meter hoch werden; die meisten bleiben jedoch viel kleiner, so auch die neun Arten, die wir in Deutschland finden.
- ✔ Bei **Moosfarnen** (Unterklasse Selaginellidae, Ordnung Selaginellales) deutet schon der deutsche Name auf ihr moosähnliches Erscheinungsbild hin. Sie sind insgesamt filigraner als Echte Bärlappe und ihre Rhizome sind stärker dichotom verzweigt; die Sporophylle stehen in endständigen Sporophyllständen. Manche Arten der Gattung *Selaginella* sind an sehr trockene Habitate angepasst und wachsen an offenen, felsigen Stellen in Wüsten. Die

meisten der etwa 700 *Selaginella*-Arten finden wir jedoch als Bodendecker in den feuchten Tropen oder auch epiphytisch auf Regenwaldbäumen und als Kletterpflanzen.

- Die ***Brachsenkräuter*** (Unterklasse Selaginellidae, Ordnung Isoetales) sehen ein bisschen aus wie Grasbüschel (siehe Abbildung 15.1e); sie besitzen bis zu einem Meter lange, zugespitze Blätter, die als Rosette an der gestauchten Sprossachse stehen. An der Basis der meisten Blätter befindet sich auf der Oberseite eine Vertiefung mit einem Sporangium. Die rund 60 Arten der Gattung *Isoetes* wachsen entweder untergetaucht im Wasser oder an dauerfeuchten Stellen bei Gewässern.

Einst waren sie riesig

Die heute lebenden Vertreter der Bärlappgewächse sind meist klein und krautig. Das war in früheren Zeiten der Erdgeschichte anders: In den Feuchtwäldern des Karbons (363 bis 291 Jahre vor Christus) wuchsen vielfach große, bis 30 Meter hohe Bärlappbäume, zum Beispiel der Gattung *Lepidodendron* (Schuppenbäume). Abgesehen von ihrer Größe – es waren die ersten Holzpflanzen, das heißt die Zellwände des Xylems waren durch Lignin stabilisiert – sind ihnen die heutigen Bärlappe (zum Beispiel *Lycopodium*) mit dichotom verzweigten Wurzeln und Sprossen noch sehr ähnlich. Durch Fossilienfunde weiß man, dass ihre Blätter, wenn sie von den Stämmen abfielen, dreieckige Blattnarben hinterlassen haben. Diese sehen aus wie Schuppen und man gab ihnen die Bezeichnung Schuppenbäume. Andere Vertreter der Karbonwälder, wie etwa die Siegelbäume *(Sigillaria)*, sind ebenfalls ausgestorben; ihre rezenten Verwandten *(Isoetes)* haben sich jedoch durch zunehmende Stauchung der Sprossachse sehr verändert.

Als sich am Ende des Karbons das Klima drastisch änderte, gingen die tropischen Feuchtwälder zugrunde. Die Massen an pflanzlichem Material wurden vielfach von Seewasser bedeckt und unter anaeroben Bedingungen im Schlamm konserviert. Dort ging die Zersetzung dann sehr langsam vonstatten und vor allem der Kohlenstoff aus der Pflanzenmasse reicherte sich an. So bildeten sich über Jahrmillionen die riesigen *fossilen Rohstofflagerstätten*, vor allem Steinkohle, aber auch Öl, Gas und Braunkohle, die uns schon seit langer Zeit mit Energie versorgen.

Der Lebenszyklus eines Bärlappgewächses

Echte Bärlappe sind isospor, Moosfarne und Brachsenkräuter dagegen heterospor. Die bohnenförmigen Sporangien entstehen in kleinen Taschen auf den Blättern, oft an der Basis, wo die Blätter am Spross sitzen (siehe Abbildung 15.4).

Blätter, die Sporangien tragen, werden als *Sporophylle* bezeichnet (sporo = Spore und *altgriech.* phyllon = Blatt). Bei den heterosporen Bärlappgewächsen werden Blätter, die *Megasporangien* tragen *Megasporophylle* genannt. Blätter mit *Mikrosporangien* heißen entsprechend *Mikrosporophylle*. Blätter ohne Sporangien werden auch als *Trophophylle* bezeichnet.

Bei manchen Bärlappgewächsen unterscheiden sich die Sporophylle äußerlich kaum von den übrigen Blättern. Sie stehen mit den Trophophyllen zusammen am Spross. Bei anderen Arten stehen die Sporophylle dicht gedrängt zusammen in *Sporophyllständen*, so wie in den Abbildungen 15.1d und 15.4 zu sehen.

In Abbildung 15.4 ist der Lebenszyklus von *Lycopodium* als Beispiel für ein isospores Bärlappgewächs dargestellt:

1. Reife, diploide Sporophyten bilden Sporangien auf den Sporophyllen. Innerhalb der Sporangien durchlaufen die Sporenmutterzellen die Meiose und produzieren haploide Sporen.

2. Die Sporen werden vom Wind verbreitet. Bei Bodenkontakt und geeigneten Bedingungen keimen sie aus, das heißt, sie teilen sich durch Mitose und bilden so den haploiden Gametophyten.

3. Die Gametophyten von *Lycopodium* sind monözisch, das heißt, sie bilden an ihrer Oberfläche sowohl Archegonien als auch Antheridien aus. Die Zellen innerhalb der Archegonien teilen sich mitotisch und es entsteht in jedem Archegonium eine Eizelle. Die Zellen der Antheridien teilen sich ebenfalls durch Mitose und produzieren dadurch viele Spermien.

4. Wenn ausreichende Feuchtigkeit vorhanden ist, schwimmen die Spermien zu den Archegonien und die Eizellen werden befruchtet. Es entsteht die diploide Zygote. Sie teilt sich mitotisch und bildet dadurch zunächst den Embryo, der dann zum diploiden Sporophyten heranwächst.

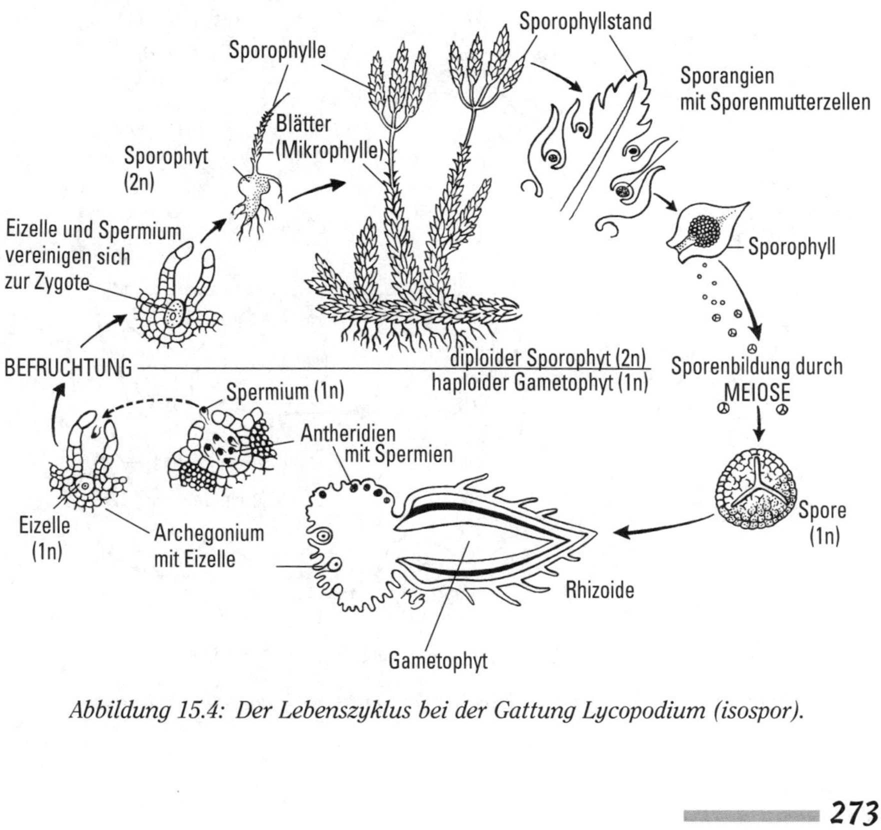

Abbildung 15.4: Der Lebenszyklus bei der Gattung Lycopodium (isospor).

Einige Bärlappgewächse vermehren sich auch vegetativ, indem sie sogenannte *Bulbillen* in den Blattachseln bilden. Wenn diese Brutknospen auf den Boden fallen, können sie bei günstigen Bedingungen zu neuen Sporophyten heranwachsen.

Auch wenn der Lebenszyklus bei heterosporen Bärlappgewächsen sehr ähnlich ist wie bei isosporen Vertretern, soll er nachfolgend gesondert vorgestellt werden. Denn es gibt doch einige spezielle Unterschiede. Abbildung 15.5 zeigt exemplarisch den Lebenszyklus eines Moosfarns:

1. Reife, diploide Sporophyten bilden Sporangien auf den Sporophyllen. Megasporangien werden auf Megasporophyllen und Mikrosporangien auf Mikrosporophyllen gebildet.

2. Innerhalb der Sporangien durchlaufen die Sporenmutterzellen die Meiose und produzieren haploide Sporen. Dabei werden in Megasporangien Megasporen und in Mikrosporangien Mikrosporen gebildet. Wie die Bezeichnungen vermuten lassen, sind Megasporen deutlich größer als Mikrosporen.

3. Die Sporen werden vom Wind verbreitet. Bei Bodenkontakt und geeigneten Bedingungen keimen sie aus, das heißt, sie teilen sich durch Mitose und wachsen zu haploiden Gametophyten heran. Megasporen werden zu weiblichen Gametophyten, die dann nur Archegonien bilden. Mikrosporen werden zu männlichen Gametophyten, die dann nur Antheridien bilden.

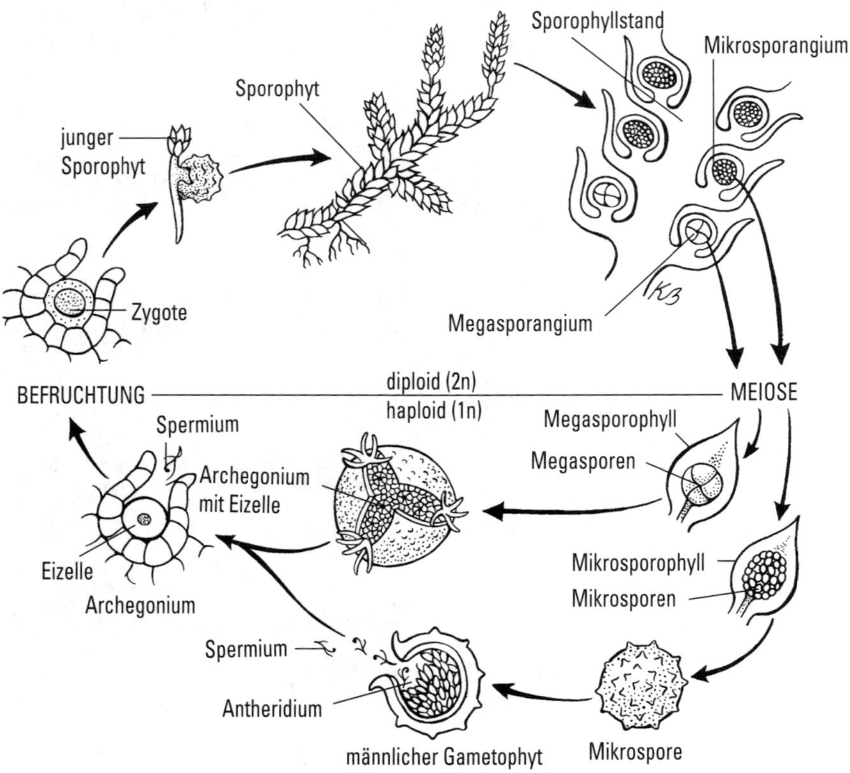

Abbildung 15.5: Der Lebenszyklus bei der Gattung Selaginella (heterospor).

Weil sich die beiden Geschlechter auf verschiedenen Pflanzen befinden, sind heterospore Bärlappgewächse auch diözisch.

4. Die Zellen innerhalb der Gametangien teilen sich mitotisch und produzieren Gameten. In den Archegonien werden Eizellen und in den Antheridien Spermien gebildet.

5. Wenn ausreichend Feuchtigkeit vorhanden ist, schwimmen die Spermien zu den Archegonien, befruchten die Eizellen und es entsteht die diploide Zygote. Sie teilt sich mitotisch und bildet dadurch zunächst den Embryo, der dann zum diploiden Sporophyten heranwächst.

Echte Farne und ihre Verwandten – Klasse Polypodiopsida

In diesem Teil des Kapitels will ich die Echten Farne (Unterklasse Polypodiidae) und ihre Verwandten, die *Schachtelhalme* (Unterklasse Equisetidae) und die *Gabelblattgewächse* (Unterklasse Psilotidae) vorstellen (siehe Tabelle 15.2). Lange wurden diese Gruppen und die Bärlappgewächse (siehe oben) als gleichrangige systematische Einheiten geführt. Neuere DNA-Analysen legen jedoch jetzt eine andere verwandtschaftliche Beziehung nahe: Bärlappe (Klasse Lycopodiopsida) sind isoliert und stehen als eigene Klasse den anderen hier behandelten Gruppen (sie bilden zusammen die Klasse Polypodiopsida) gegenüber. Die Gabelblattgewächse haben sich den Erbgutanalysen zufolge wiederum parallel zu den anderen entwickelt, sodass die Schachtelhalme am nächsten mit den Echten Farnen verwandt sind (hier sei noch einmal auf die Seite `http://www.tolweb.org` verwiesen, die Sie in taxonomischen Belangen immer auf den neuesten Stand bringt).

In vielen systematischen Aufstellungen beziehungsweise Kladogrammen werden Sie unter Umständen noch ein weiteres Taxon finden, die sogenannten eusporangiaten Farne. Damit wurden bislang alle Farne zusammengefasst, deren Sporangien *eusporangiat* sind, das heißt, sie entstehen aus einer Gruppe von meristematischen Initialzellen auf dem Blatt und haben eine mehrzellschichtige Wand. Eusporangiat entstehen auch die Sporangien bei Bärlappen, Gabelblattgewächsen und Schachtelhalmen. Bei allen übrigen Farnen (hier als Echte Farne bezeichnet) entstehen die Sporangien dagegen stets *leptosporangiat*, also aus einer einzigen meristematischen Initialzelle auf dem Blatt, und haben eine einzellschichtige Wand.

Durch genetische Analysen hat man festgestellt, dass es sich bei den eusporangiaten Farnen nicht um eine monophyletische Gruppe handelt. Ein Teil von Ihnen (die Ordnung Ophioglossales mit circa 80 Arten) scheint den Gabelblattgewächsen näher zu stehen als anderen Farnen, sodass das Taxon zerschlagen wurde. Die übrigen, rund 200 eusporangiaten Farne bilden heute innerhalb der Polypodiopsida eine eigene Unterklasse, die Marattiidae. Es handelt sich bei ihnen um besonders in tropischen Regionen vorkommende Farne, die an meist kurzen Stämmen meterlange Blattwedel ausbilden. Wir konzentrieren uns in den folgenden Ausführungen auf die in Tabelle 15.2 als Echte Farne bezeichnete Gruppe, die nur die leptosporangiaten Farne (Unterklasse Polypodiidae) umfasst. Sie bilden mit rund 11.000 Arten die wichtigste Gruppe der samenlosen Gefäßpflanzen.

- ✔ Die **Schachtelhalme**, die in der rezenten Flora nur noch mit 32 Arten der Gattung *Equisetum* vertreten sind, wachsen als krautige Pflanzen in allen Klimazonen. Möglicherweise haben Sie schon einmal einen Schachtelhalm in Ihrem Garten ausgerupft und gemerkt, dass der Stängel an den beblätterten Knoten auseinandergezogen und wieder zusammen-

	Schachtelhalme	Gabelblattgewächse	Echte Farne
Sprosse	Unterirdisch wächst ein ausdauerndes Rhizom, aus dem jedes Jahr frische, typisch gerippte Triebe empor wachsen. Die Triebe sind chlorophyllhaltig und entweder einjährig oder mehrjährig. Manche Schachtelhalme bilden rein vegetative, grüne Triebe und spezielle braune Triebe zur Sporenbildung aus.	Die Sprosse verzweigen sich dichotom in isotomer Weise. Weil die Blätter oft sehr klein sind, über nehmen die Sprosse die Photosynthese.	Die Rhizome wachsen horizontal und bilden in regelmäßigen Abständen die Wedel aus. Bei manchen Farnen wachsen die Rhizome auch ein kleines Stück vertikal; dann sitzen viele Blätter im Wirtel zusammen (horstförmiger Wuchs wie in Abbildung 15.1h); die Stabilität der Baumfarne kommt nicht durch sekundäres Dickenwachstum der Rhizome, sondern durch verholzende Blattscheiden und sprossbürtige Wurzeln zustande.
Blätter	Winzige, zahnartige Blättchen sitzen in Wirteln an den Knoten und bilden eine geschlossene Scheide. Sie verlieren bald ihr Chlorophyll, sodass die Sprosse die Photosynthese übernehmen.	Die Psilotales besitzen kleine, schuppenförmige Blätter, die gabelig verzweigt sind und die Sporangien tragen. Bei den Ophioglossales entspringt jedes Jahr nur ein lang gestielter, zweiteiliger Blattwedel am unterirdischen Spross; der obere Teil trägt die Sporangien.	Viele Farnwedel sind mehrfach gefiedert, aber auch ungefiederte und einfach gefiederte Blätter kommen vor. Ihre Entwicklung dauert oft mehrere Jahre; zuerst sind sie lange Zeit eingerollt und wachsen in die Höhe, bei Reife rollen sich die Wedel dann auf. Die meisten Farnwedel sind auch fruchtbar und besitzen auf der Unterseite sogenannte Sori mit Sporangien.
Wurzeln	An den Knoten des Rhizoms entspringen zahlreiche Wurzeln.	Die Rhizome sind bei den Psilotales wurzellos, tragen aber Rhizoide mit Mykorrhizapilzen. Diese Symbiose unterstützt auch die Versorgung bei den Ophioglossales, die allerdings echte Wurzeln aufweisen.	Das Rhizom bildet echte Wurzeln aus.

Tabelle 15.2: Echte Farne und ihre nächsten Verwandten.

gesteckt werden kann (Abbildung 15.1f). Außerdem fühlen sich Schachtelhalme sehr rau an. Das liegt an winzigen, sehr harten Kieselsäurekristallen (SiO_2), die in den Epidermiszellen der Stängel eingelagert werden. Sandkörner bestehen ebenfalls aus Siliziumdioxid. Aufgrund dieser Kristalle hat man die Pflanzen in früheren Zeiten auch zum Putzen von Metall benutzt und sie Zinnkraut genannt.

- ✔ Die **Gabelblattgewächse** umfassen heute noch zwei Ordnungen, die Psilotales mit nur vier tropischen Arten in zwei Gattungen *(Psilotum* und *Tmesipteris)*, und die Ophioglossales mit etwa 80 Arten, darunter die bei uns zum Beispiel auf nährstoffarmen Moorwiesen vorkommende Gewöhnliche Natternzunge *(Ophioglossum vulgatum)*. Die Psilotales sind gabelig verzweigte Kräuter mit winzigen Gabelblättern und ohne Wurzeln (Abbildung 15.1g). Sie ähneln den ausgestorbenen Psilophyten, den Urlandpflanzen (zum Beispiel *Rhynia*), stammen aber neueren genetischen Untersuchungen zufolge nicht von ihnen ab. Man interpretiert das Fehlen von Wurzeln und die winzigen Schuppenblätter eher als sekundäre Rückbildung und sieht sie heute als Verwandte der Echten Farne an.

✔ Die **Echten Farne** sind die einzigen leptosporangiaten samenlosen Gefäßpflanzen. Sie besitzen oft schöne, große Blätter, die sogenannten *Wedel*, die Farne auch als Zimmerpflanzen sehr attraktiv machen. Die größten Farne sind die Baumfarne in subtropischen und tropischen Gebieten (zum Beispiel *Cyathea* und *Dicksonia*), die als Schopfbäume mit bis zu drei Meter langen Wedeln mehr als 20 Meter hoch werden können. Sie waren in den Steinkohlewäldern des Karbons sehr häufig und können heute zum Beispiel noch in Neuseeland in ausgedehnten Beständen bewundert werden. Aber es gibt auch winzige Vertreter, wie etwa die Wasserfarne *Azolla* und *Salvinia*, die nur ein bis zwei Zentimeter groß werden.

Die Blätter der Echten Farne werden als Megaphylle bezeichnet.

Der Lebenszyklus eines Farns

Die meisten Vertreter der Klasse Polypodiopsida sind isospor, das heißt, sie produzieren nur einen Sporentyp. Die Sporen wachsen dann zu einheitlichen Gametophyten heran, die sowohl Antheridien als auch Archegonien bilden.

In Abbildung 15.6 ist der Lebenszyklus eines Farns (im weiteren Sinne) am Beispiel der Gattung *Equisetum* dargestellt:

1. Die diploiden Sporophyten bilden zapfenförmige Sporophyllstände an den Spitzen brauner, rein reproduktiver Triebe (Abbildung 15.6) oder auch an den Spitzen der grünen, photosynthetisch aktiven Triebe. Die kleinen, in der Aufsicht sechseckigen Sporophylle haben im Querschnitt die Form eines einbeinigen Tischchens und tragen sozusagen unter der herabhängenden Tischdecke fünf bis zehn sackförmige Sporangien.

2. In den Sporangien durchlaufen die Sporenmutterzellen die Meiose und bilden haploide Sporen. Diese sind in feuchtem Zustand von sogenannten *Sporenbändern* (*Hapteren*) umwickelt, die sich bei Trockenheit abrollen und wahrscheinlich die Verbreitung durch den Wind erleichtern. Außerdem bleiben die Sporen durch die Hapteren in Gruppen verbunden, was möglicherweise bei der Keimung hilft – gemeinsam sind sie stärker.

3. Sobald die Sporen auf einem geeigneten Substrat gelandet sind, keimen sie zu kleinen Prothallien (Gametophyten) aus. Schon nach drei bis fünf Wochen bilden die Prothallien Gametangien aus, wobei die Geschlechtsbestimmung bei Schachtelhalmen von äußeren Faktoren abhängt. Bei mangelnder Versorgung entstehen vornehmlich männliche Gametophyten, die Antheridien bilden. Diese sind in das Prothallium eingesenkt, während die Archegonien an der Oberfläche liegen. Bei Echten Farnen werden die Gametangien an einem Prothallium oft nacheinander gebildet, zuerst Antheridien, dann Archegonien; so kann die Pflanze eine Selbstbefruchtung verhindern. Zellen der Archegonien produzieren Eizellen; in den Antheridien werden zahlreiche, begeißelte Spermien gebildet. Wenn ausreichend Feuchtigkeit vorhanden ist, können die Spermien zu den Eizellen schwimmen und diese befruchten.

4. Durch Befruchtung entsteht die diploide Zygote, die sich mitotisch teilt und zum Embryo beziehungsweise dann zum reifen Sporophyten heranwächst.

Schachtelhalme können sich auch vegetativ vermehren. Wenn die Triebe oder Rhizome geteilt werden, kann jeder Teil wieder einen eigenständigen Sporophyten ausbilden.

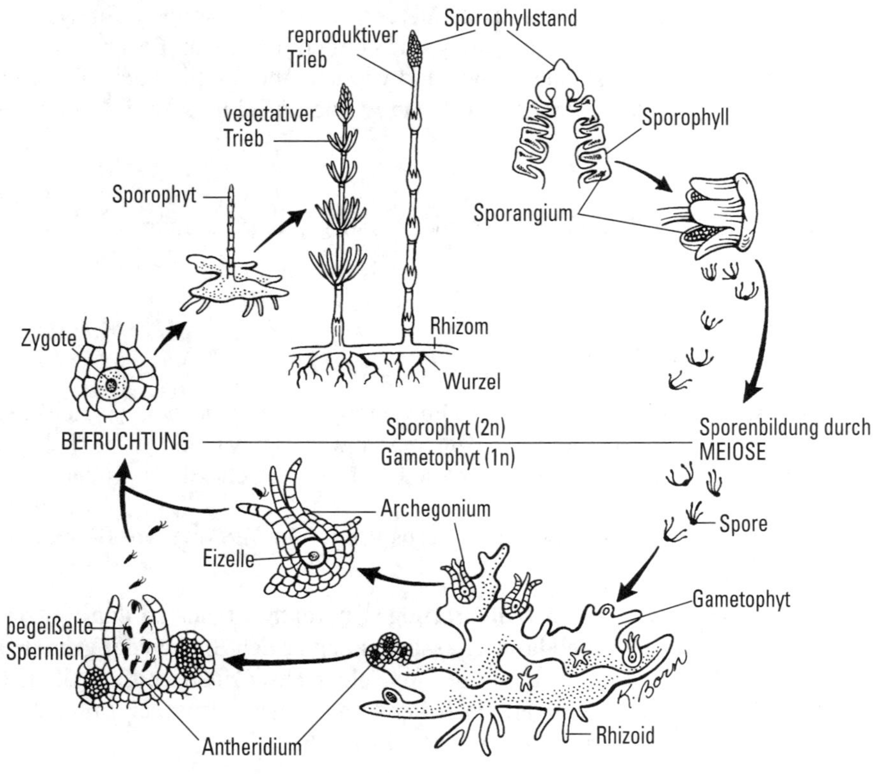

Abbildung 15.6: Lebenszyklus eines Schachtelhalms.

In Kapitel 11 haben wir einen Echten Farn als Beispiel für den pflanzlichen Lebenszyklus vorgestellt (siehe Abbildung 11.9). Sein Generationswechsel ist im Grunde ganz ähnlich wie bei einem Schachtelhalm (Abbildung 15.6), sodass ich nachfolgend nur noch einige wichtige Unterschiede zu den Schachtelhalmen präsentiere; sie beziehen sich auf die Sporangien und den Gametophyten.

- Die Sporophyten der Echten Farne bilden sich typischerweise auf der Unterseite der Wedel. Dabei stehen die Sporangien meist in Gruppen zusammen, den sogenannten *Sori* (siehe Abbildung 15.7A). Die Anordnung, Größe und Form der Sori (Singular Sorus), die bei Reife oft rotbraun gefärbt sind, ist für einzelne Farnarten spezifisch; bei der Bestimmung eines Farns muss man daher meist die Sori auf der Unterseite der Wedel mit der Lupe betrachten. Unreife Sporangien beziehungsweise Sori sind bei vielen Farnen von einem häutigen Auswuchs der Blattfläche, dem sogenannten *Schleier* oder *Indusium*, geschützt. Das Indusium schrumpft bei der Sporenreife zusammen.

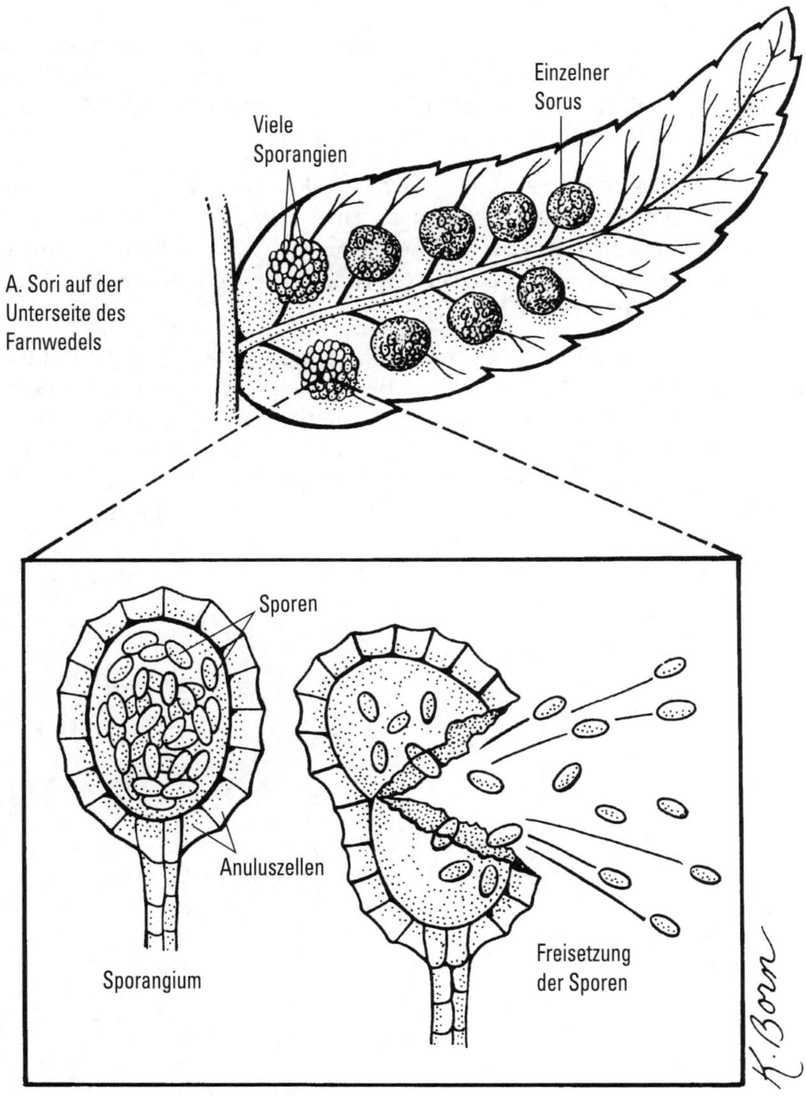

Abbildung 15.7: Verbreitung der Sporen aus dem Sporangium eines Echten Farns.

- Wenn Sie einen Sorus mit der Lupe betrachten, sehen Sie vermutlich die einzelnen Sporangien. Sie sind als gestielte Kapsel ausgebildet und sehen einer Babyrassel ähnlich (siehe Abbildung 15.7B). Über den Rücken des Sporangiums läuft der sogenannte *Anulus*, eine Zellreihe mit speziellen Wandverdickungen. Wenn die Sporen reif sind, reagieren die Anuluszellen auf veränderte Luftfeuchtigkeit und platzen auf. Die Sporen werden so aus dem Sporangium geschleudert.
- Die Sporen keimen in feuchter Umgebung und entwickeln sich zu einem kurzlebigen Prothallium (Gametophyten), das maximal einige Zentimeter groß wird. Die Gametophyten sind oft herzförmig, liegen dem Substrat flach an und bilden beiderlei Gametangien aus; sie besitzen kleine Rhizoide zur Verankerung im Boden.
    - Antheridien und Archegonien bilden sich auf der Unterseite der Prothallien, wo es dunkler und feuchter ist. Die Archegonien entstehen dabei oft mehr in der Mitte des Prothalliums. Die Zellen der Gametangien teilen sich mitotisch und produzieren Eizellen und viele begeißelte Spermien. Die schwimmen bei genügender Feuchte zu den Archegonien und befruchten die Eizellen.
    - Zur Verhinderung von *Selbstbefruchtung* werden auf einem Prothallium die Archegonien meist später reif als die Antheridien. Bei sehr schlechter Nährstoffversorgung kann die Ausbildung von Archegonien auch ganz unterbleiben. Manche Farnprothallien produzieren Hormone, die benachbarte Gametophyten zur Bildung von Gameten des anderen Geschlechts anregen sollen. Wenn die Archegonien befruchtungsbereit sind, werden die Spermien durch chemische Substanzen zur Eizelle gelockt.

16 Ihre Samen sind nackt – die Gymnospermen

In diesem Kapitel

- Die Vermehrung von Samenpflanzen
- Die Vielfalt der Nacktsamer entdecken
- Der Lebenszyklus einer Kiefer

Die Evolution von Samen ermöglichte den Pflanzen, ihre Artenvielfalt zu erhöhen und sich weiter auf dem Festland auszubreiten – denn Samen können auch längere Trockenperioden unbeschadet überstehen. Eine ursprüngliche Gruppe in der Klasse der *Samenpflanzen* (Spermatopsida) sind die Gymnospermen (*Nacktsamer*), deren erste Vertreter schon in der Trias (245 bis 209 Millionen Jahre vor Christus) auftraten. Sie bilden ihre Samen offen auf blattähnlichen Strukturen und haben deshalb den Namen Nacktsamer (Gymnospermen) erhalten. Sicherlich kennen Sie einige typische Nacktsamer, wie etwa Kiefern, Fichten und Zedern, aber auch der *Ginkgo* und die bei uns als Zimmerpflanzen beliebten Palmfarne (zum Beispiel *Cycas*) gehören dazu. Andere Vertreter sind Ihnen wahrscheinlich völlig unbekannt, wie die mit langen bandförmigen Blättern ausgestattete *Welwitschia,* die nur in der Namibwüste vorkommt. In diesem Kapitel werden sowohl die gemeinsamen charakteristischen Merkmale der Nacktsamer als auch ihre Diversität dargestellt.

Der Same schützt den Embryo

Viele Leute nehmen an, dass alle Pflanzen Samen ausbilden. Das liegt auch nahe, denn wir begegnen ihnen ständig, zum Beispiel wenn wir Früchte ernten oder Tomaten schneiden. Samen sind allgegenwärtig und das liegt vor allem daran, dass die Samenbildung eine so vorteilhafte Entwicklung in der Evolution darstellt. Samenpflanzen haben in den letzten rund 200 Millionen Jahren das Festland erobert und prägen heute das Vegetationsbild der Erde. Andere Gruppen, wie Moose und Farne, sind stärker an Wasser gebunden (siehe Kapitel 15) und daher an Land weniger erfolgreich.

Samen sind vielzellige, komplexe Strukturen, die den Embryo schützen und ernähren. Sie können lange ohne Wasser überleben und abwarten, bis günstige Bedingungen zur Keimung herrschen. In Kapitel 5 finden Sie Einzelheiten zu Aufbau und Funktion von Samen.

Die frühesten Nachweise von Samenpflanzen stammen aus den Steinkohlewäldern des Karbons (363 bis 291 Millionen Jahre vor Christus). Es waren die sogenannten *Samenfarne* (Pteridospermen), die heute ausgestorben sind. Wie Fossilfunde belegen, wuchsen sie damals als farnähnliche Bäume, die an ihren Blattwedeln keine Sporen sondern Samen bildeten. Aus diesen ersten Samenpflanzen könnten sich später weitere Gruppen von Samenpflanzen, wie Palmfarne, Ginkgo und Nadelgehölze entwickelt haben.

Gymnospermen bilden Samen und besitzen echte Leitungsgewebe. Ihre Blüten sind sehr einfach gebaut, also meist ohne Blütenblätter, und der Pollen wird vom Wind verbreitet (Windbestäubung). Echte Früchte werden nicht gebildet.

Gymnospermen weisen nackte Samen auf, das heißt, die Samen sind nicht vollständig in ein Gewebe eingehüllt, so wie es bei der anderen Gruppe von rezenten Samenpflanzen, den *Angiospermen*, der Fall ist. Angiospermen oder Bedecktsamer (siehe Kapitel 17) betten ihre Samen in Früchte ein, wie der Vergleich in Abbildung 16.1 zeigt.

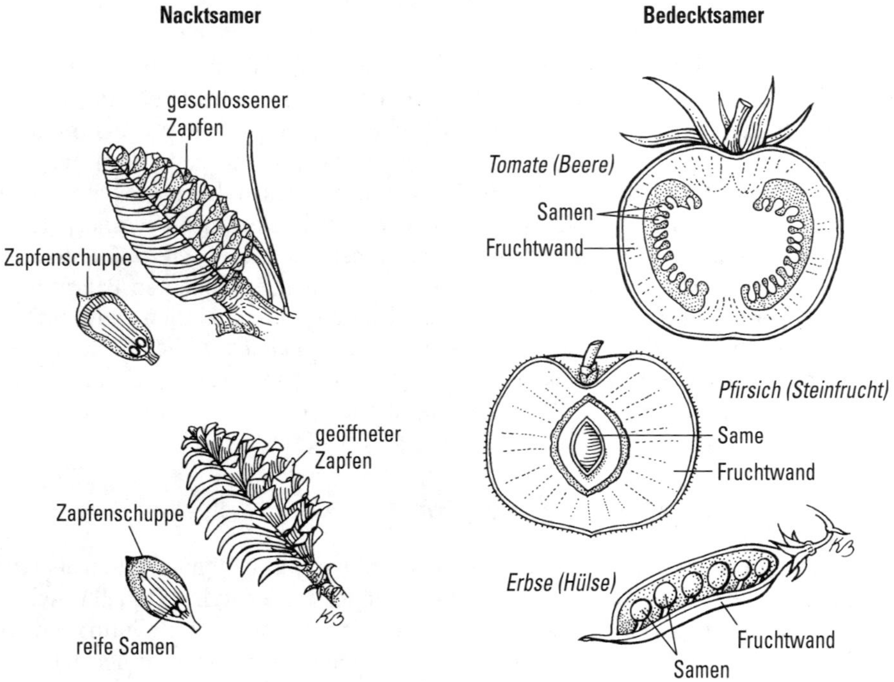

Abbildung 16.1: Samen von Gymnospermen und Angiospermen im Vergleich.

Obwohl Gymnospermen und Angiospermen ihre Samen auf verschiedene Weise verpacken, finden wir bei beiden Gruppen ähnliche Fortpflanzungsstrategien:

- **Gymnospermen und Angiospermen sind beide *heterospor*.** Die Sporophyten produzieren zwei Sorten von Sporen, die zu eingeschlechtlichen Gametophyten auswachsen.
    - Megasporangien bilden Megasporen, die zu weiblichen Gametophyten heranwachsen.
    - Mikrosporangien bilden Mikrosporen, die zu männlichen Gametophyten heranwachsen.

- **Die Gametophyten sind sehr klein und bleiben für das bloße Auge unsichtbar; sie sind vollständig in die Pollenkörner beziehungsweise Samenanlagen eingeschlossen.** So sind die empfindlichen Gametophyten durch Gewebe des Sporophyten geschützt; sie werden feucht gehalten und die ultraviolette Strahlung der Sonne kann den Gameten nicht schaden. Männliche und weibliche Gametophyten werden jeweils von einer charakteristischen Struktur geschützt:
  - **Der männliche Gametophyt wird durch das Pollenkorn geschützt.** Mikrosporen entwickeln sich zu Pollenkörnern, die außen eine doppelte Schutzschicht, das sogenannte *Sporoderm*, aufweisen. Diese *Pollenkornwand* schützt den Inhalt auch während der Bestäubung, wenn der Pollen längere Zeit in der Luft umherfliegt. Wenn ein Pollenkorn auf der Narbe einer Blüte landet, bildet sich ein *Pollenschlauch* aus, durch den die Spermien zur Eizelle wandern.
  - **Der weibliche Gametophyt wird durch die *Samenanlage* geschützt.** Das Megasporangium und die Megaspore sind durch ein bis drei Schichten von Sporophytengewebe, den sogenannten *Integumenten*, geschützt. Insgesamt spricht man dabei von der Samenanlage. Innerhalb der Samenanlage bildet der weibliche Gametophyt ein bis zwei Eizellen, die sich nach der Befruchtung zu Samen entwickeln.

In der rezenten Flora der Erde sind noch vier Hauptgruppen von Nacktsamern vorhanden; ihre systematische Stellung als eigene Unterklassen oder Ordnungen ist noch nicht abschließend geklärt. Abbildung 16.2 zeigt einige typische Vertreter dieser vier Gruppen:

- **Palmfarne:** Sie sehen aus wie kleine Palmen, weil ihre Blätter oft wie Palmwedel an einem verdickten Spross stehen (Abbildung 16.2a). Die Blätter sind jedoch meist viel härter als die flexiblen Palmwedel. Wir unterscheiden etwa 300 Arten in elf Gattungen und drei Familien.
- ***Ginkgo biloba***: Dieser oft als lebendes Fossil bezeichnete Baum ist der einzige Überlebende seiner Gruppe (Abbildung 16.2d). Er ist sehr resistent gegen Luftverschmutzung und man sieht ihn daher häufig als Straßenbaum. Er hat außerdem Johann Wolfgang von Goethe zu seinem berühmten Gedicht inspiriert (»Dieses Baumes Blatt…«).
- **Nadelgehölze:** Diese Gruppe ist Ihnen wahrscheinlich am besten bekannt. Sie umfasst immergrüne Arten, wie die heimischen Nadelbäume (Abbildung 16.2e), die beliebten Heckensträucher *Thuja* und die berühmten Mammutbäume (Abbildung 16.2f), die in Kalifornien eine Höhe von über 100 Metern erreichen. Aber auch sommergrüne Arten wie unsere Lärchen *(Larix)* oder die amerikanische Sumpfzypresse *(Taxodium)* gehören hierher. Wir unterscheiden heute rund 500 Arten in sieben Familien.
- **Gnetales:** In dieser Gruppe unterscheiden wir drei Gattungen, *Gnetum* (Abbildung 16.2b), *Welwitschia* (Abbildung 16.2c) und *Ephedra* (Abbildung 20.4), die allesamt holzig sind und sehr unterschiedlich aussehen. Insgesamt umfasst die Gruppe etwa 70 Arten.

Abbildung 16.2: Beispiele rezenter Gymnospermen.

Palmfarne

Heute sind *Palmfarne* nur noch selten in der natürlichen Vegetation vertreten, aber im Erdzeitalter des Jura (208 bis 147 Millionen Jahre vor Christus) waren sie häufig und in vielen Gebieten sogar die dominierenden Elemente der Vegetation. Wild wachsen Palmfarne jetzt vor allem in subtropischen und tropischen Regionen, denn lange Frostperioden können sie nicht vertragen. Das müssen auch Gärtner in kühleren Regionen wie bei uns beachten, die manche der palmähnlich aussehenden Arten (zum Beispiel *Cycas*) als Kübelpflanzen kultivieren. Mit den Palmen (Familie Arecaceae), die zu den Angiospermen gehören, sind die Palmfarne nur sehr entfernt verwandt.

Palmfarne weisen einige interessante Besonderheiten auf:

- ✔ **Unverzweigte Stämme**: Die bis zu 15 Meter hohen Stämme der Palmfarne sind normalerweise unverzweigt. Nur nach Verletzungen kann es zur Bildung von Seitenästen kommen.
- ✔ **Symbiose mit Bakterien**: Zusätzlich zu ihrem normalen Wurzelsystem bilden manche Palmfarne sogenannte »koralloide« Wurzeln über der Erdoberfläche aus. Diese sind von Cyanobakterien besiedelt, die Luftstickstoff binden können und diesen für die Pflanze verfügbar machen. Mehr zu solchen Symbiosen lesen Sie im Abschnitt »Interaktionen von Organismen« in Kapitel 18.
- ✔ **Insektenbestäubung**: Manche Palmfarne (zum Beispiel *Zamia* und *Encephalartos*) werden nicht vom Wind, sondern von Käfern bestäubt. Das stellt eine enorme Weiterentwicklung in der Evolution dar, und zwar rund 100 Millionen Jahre früher als dies bei den Angiospermen der Fall war (vgl. auch Gnetales).
- ✔ **Zweihäusigkeit**: Palmfarne sind diözisch, das heißt, weibliche und männliche Blüten entwickeln sich auf verschiedenen Pflanzen. Die weiblichen Zapfen mit den reifen Samen können bis 50 Zentimeter lang und mehrere Kilo schwer werden.
- ✔ **Die Spermien haben Geißeln**: Palmfarne und der Ginkgobaum sind die einzigen Samenpflanzen, deren Spermien begeißelt sind und somit schwimmen können.
- ✔ **Samenverbreitung durch Tiere**: Die Samen der Palmfarne sind meist kräftig rot oder orange gefärbt und werden gern von Tieren gefressen. In Afrika fressen Elefanten die Zapfen und verbreiten die Samen nach einer Darmpassage über ihren Kot.

Durch Lebensraumzerstörung und intensives Sammeln der Pflanzen in der Natur sind Palmfarne mittlerweile sehr selten geworden. Da sie sehr langsam wachsen, ist das besonders tragisch.

Ginkgo

Von dieser Gruppe, die im Jura und in der Kreide (146 bis 66 Millionen Jahre vor Christus) ihre größte Formenfülle ausgebildet hatte, ist heute nur noch eine Art, der *Ginkgobaum (Ginkgo biloba)* übrig geblieben. Die schönen Bäume werden gern in Städten und Parks angepflanzt, denn sie haben sich als sehr resistent gegenüber Schädlingen und Luftverschmutzung erwiesen. Obwohl Ginkgobäume ganz anders aussehen als die übrigen Gymnospermen, sind sie mit diesen durch viele gemeinsame Merkmale (vor allem die nackten Samen) verbunden:

- **Ginkgoblätter sind flach, im Umriss dreieckig und weisen eine feine, dichotom verzweigte Blattaderung auf.** Sie sind sommergrün und verfärben sich vor dem Blattfall im Herbst in schöne Gelbtöne. Weltbekannt wurden die Blätter durch Goethes Gedicht (1819 im »West-östlichen Diwan« veröffentlicht) und nicht nur in Weimar werden sie heute in Form verschiedener Schmuckstücke angeboten.
- **Ginkgo ist zweihäusig.** Es gibt männliche und weibliche Bäume, wobei die Samen bei Reife einen unangenehmen Geruch nach Buttersäure verbreiten. Daher versucht man, nur männliche Exemplare anzupflanzen, was zur Enttäuschung von Hobbygärtnern (die aus den Samen kleine Ginkgobäume ziehen) nicht immer gelingt.
- **Die Spermien sind begeißelt:** Genau wie die Palmfarne bildet der Ginkgobaum schwimmfähige Spermien aus, eine Ausnahme unter den Samenpflanzen.
- **Die Samen haben eine fleischige Hülle.** Obwohl die Samen stark nach ranziger Butter riechen, werden die Bäume seit Jahrhunderten vor allem in Japan und China in Tempelanlagen kultiviert. Den Samen wird auch eine medizinische Bedeutung zugesprochen.

Nadelgehölze

Nadelgehölze stellen die größte Gruppe der Gymnospermen. Ihre allesamt holzigen Vertreter sind sehr unterschiedlich: Im Bergland gibt es kriechende Wacholderbüsche, in unseren Wäldern wachsen immergrüne Fichten und sommergrüne Lärchen, in Nordamerika beeindruckt vor allem der gigantische Mammutbaum und in den südamerikanischen Anden sind seltsame »Steckbäume« heimisch, die Araucarien. Nicht unterschlagen werden dürfen auch die *borealen Nadelwälder*, also die riesigen Waldgebiete nördlicher Breiten, die von Kiefern, Fichten und Tannen dominiert werden.

Nadelgehölze werden auch oft als *Koniferen* bezeichnet, weil sie ihre Samen in holzige Zapfen einpacken (conus = Zapfen, ferre = tragen). Allerdings gibt es auch Ausnahmen:

- **Wacholder *(Juniperus)* bildet fleischige, bläuliche Zapfen, die wir Beeren nennen und mit denen wir zum Beispiel Sauerkraut würzen.**
- **Eiben *(Taxus)* bilden gar keine Zapfen**; ihre Samen hängen einzeln am Baum und sind von einem roten *Arillus* (Samenmantel) umgeben. Der rote Samenmantel ist übrigens der einzige ungiftige Teil der Eibe.

Abgesehen von Unterschieden in der Zapfenform weisen Nadelgehölze charakteristische Gemeinsamkeiten auf:

- **Nadelgehölze haben einfache Blätter mit paralleler Äderung oder nur mit einer Mittelrippe.** Sie sind meist nadel-, band- oder schuppenförmig gestaltet und relativ klein. Dennoch handelt es sich nicht um Mikrophylle, wie Fossilfunde belegen. Die oft winzigen Blättchen sind durch sekundäre Rückbildung aus Megaphyllen hervorgegangen.
- **Männliche und weibliche Gametophyten werden getrennt in männlichen und weiblichen Zapfen gebildet.** Allerdings befinden sich die beiden Geschlechter oft auf einer Pflanze, die dann als einhäusig (monözisch) bezeichnet wird.

- **Nadelgehölze werden stets vom Wind bestäubt.** Der Wind trägt den Pollen der männlichen Blüten zu den weiblichen Zapfen. Dort bildet sich ein Pollenschlauch aus, durch den die Spermien zur Eizelle wandern.
- **Samen werden vom Wind oder von Tieren verbreitet.** Manche Samen sind geflügelt, sodass sie gut mit dem Wind verbreitet werden können. Fleischige Zapfen oder Samen locken Tiere an, die dann die Verbreitung übernehmen; Eibensamen werden von Vögeln geliebt und Pinienkerne mögen nicht nur die Eichhörnchen. Auch die italienische Küche weiß sie zu schätzen.

Eiben gegen Krebs

Die Pazifische Eibe (*Taxus brevifolia,* Abbildung 20.4), eine enge Verwandte unserer Eibe *(T. baccata),* hat schon viele Leben gerettet. Die Bäume wachsen in den Wäldern der pazifischen Nordwestküste und wurden lange Zeit kaum beachtet. In den 1960er Jahren suchten amerikanische Wissenschaftler dann verstärkt nach pflanzlichen Substanzen, die gegen die Volkskrankheit Krebs helfen könnten. Dabei wurden sie in der Rinde der Eibe fündig. Eine mittlerweile als Taxol bekannte Substanz erwies sich als wirksames Mittel gegen Krebs. Taxol hemmt die Teilung von Krebszellen und wird seit 1993 auch in Deutschland zur Behandlung von Ovarialkarzinomen eingesetzt. Nach seiner Entdeckung führte der hohe Bedarf an Taxol zeitweise zu einer Bestandsbedrohung der Pazifischen Eibe. Heute wird die Substanz synthetisch hergestellt und die Eibenpopulationen bleiben erhalten.

Die Kiefer

Kiefern gehören zur Gattung *Pinus,* einer der größten innerhalb der Nadelgehölze. Die immergrünen Bäume dominieren vielfach die Nadelwälder auf der nördlichen Erdhalbkugel. Das Xylem der Kiefern weist Tracheiden, aber keine Tracheen auf, sodass Kiefernholz relativ weich ist.

Aufbau der Kiefernnadel

Kiefern wachsen oft in kalten, trockenen und windigen Regionen, sodass sie gut gegen Wasserverlust geschützt sein müssen. Ihre Nadeln haben dazu einige Besonderheiten, die es darüber hinaus auch Schädlingen schwer machen. Abbildung 16.3 zeigt den Querschnitt durch eine Kiefernnadel:

- Die Epidermis besitzt eine dicke, wachsartige Kutikula.
- Die Stomata sind in das Blattgewebe eingesenkt, sodass die Transpirationsrate herabgesetzt wird. (siehe auch Kapitel 9).
- Spezielle Harzzellen produzieren Harz, dass in *Harzkanälen* die Nadel durchfließt. Dadurch sind die Nadeln gut gegen Pilze und schädliche Insekten geschützt.
- Die Leitungsgewebe in der Nadel sind von einer einzellschichtigen Endodermis umgeben. Bei den meisten anderen Pflanzen findet sich eine Endodermis nur in den Wurzeln (siehe auch Kapitel 4).

Eine Besonderheit von Kiefern ist, dass ihre Nadeln in Büscheln von zwei bis fünf zusammenstehen. Jedes Nadelbündel hat dabei eine zylindrische Form.

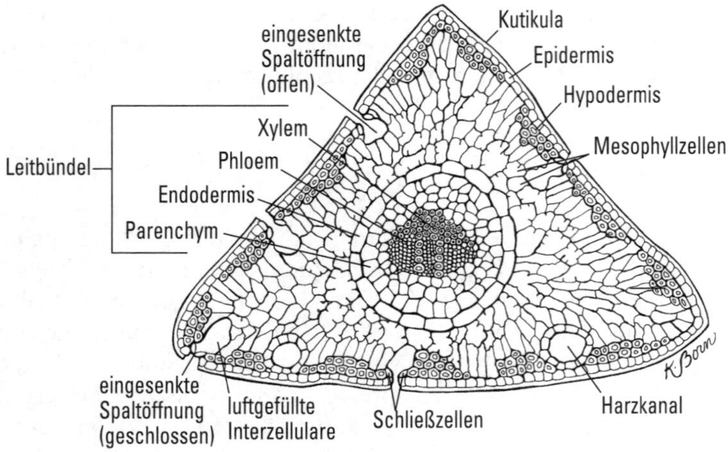

Abbildung 16.3: Querschnitt durch eine Kiefernnadel.

Der Lebenszyklus einer Kiefer

Was wir von einer Kiefer oder einem anderen Nacktsamer sehen, ist stets der Sporophyt. Die Gametophytengeneration ist sehr klein und in das Sporophytengewebe eingeschlossen. In Abbildung 16.4 ist der Lebenszyklus einer Kiefer dargestellt. Der Generationswechsel zwischen Sporophyt und Gametophyt wird deutlich:

1. **Diploide Sporophyten, die Kiefernbäume, produzieren sowohl männliche als auch weibliche Zapfen.** Die männlichen Zapfen sind kleiner mit papierartigen Schuppen, wohingegen die weiblichen Zapfen verholzte Schuppen aufweisen.

2. **Die Sporangien entwickeln sich an der Basis der Zapfenschuppen.** Bei männlichen Zapfen entstehen jeweils zwei Mikrosporangien pro Schuppe. In weiblichen Zapfen entwickeln sich zwei Samenanlagen mit je einem Megasporangium an der Basis der Schuppen. Jede Samenanlage ist dabei in schützendes Sporophytengewebe, die Integumente, eingehüllt.

3. **Sporenmutterzellen in den Sporangien durchlaufen die Meiose und produzieren haploide Sporen** (Details zur Meiose finden Sie in Kapitel 11). Mikrosporenmutterzellen bilden vier haploide Mikrosporen, die sich zu Pollenkörnern entwickeln. Jedes Pollenkorn besteht aus vier Zellen und einem Paar Luftsäcke auf der Außenseite. Durch diese Luftsäcke können Kiefernpollen besonders weite Strecken fliegen.

   Megasporenmutterzellen bilden vier Megasporen, von denen jedoch nur eine überlebt. Sie entwickelt sich dann zu einem vielzelligen weiblichen Gametophyten. Dieser Entwicklungsprozess kann Monate dauern; zum Ende hin produziert der Gametophyt dann zwei bis sechs Archegonien, die jeweils eine Eizelle enthalten.

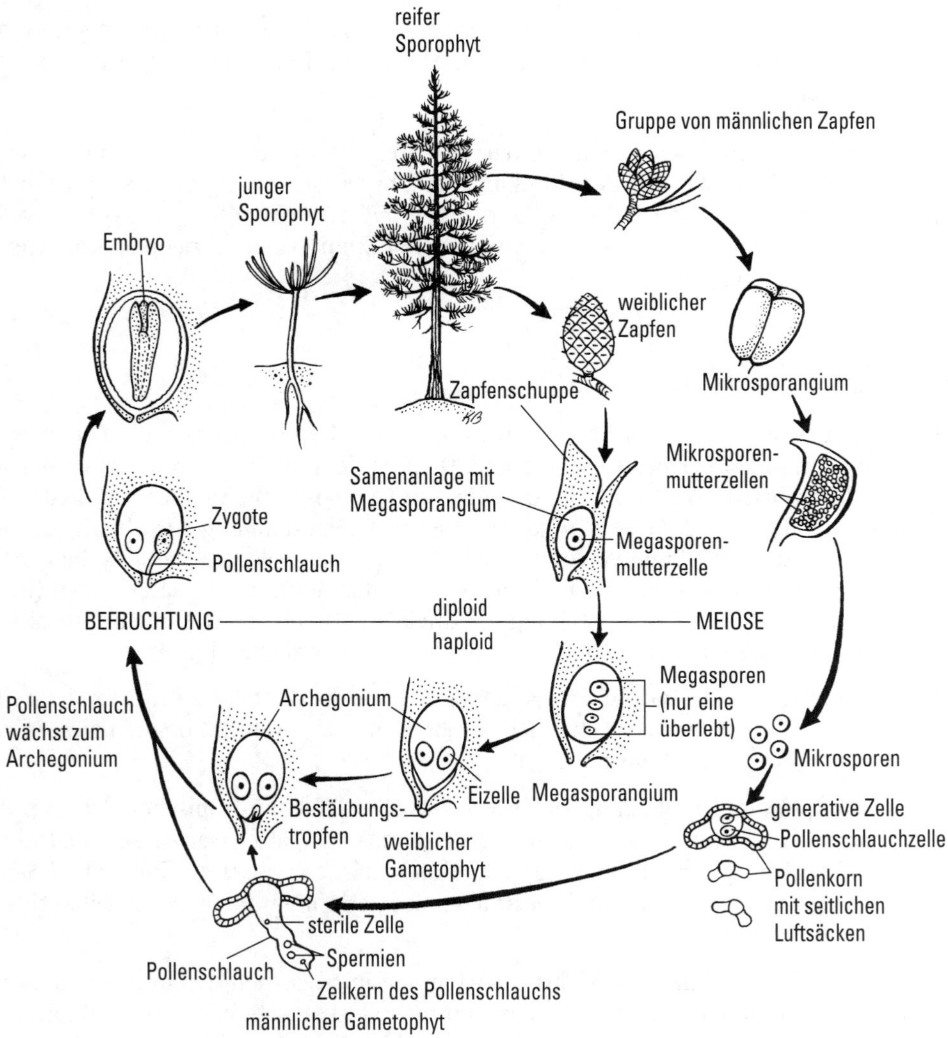

Abbildung 16.4: Der Lebenszyklus eines Nadelgehölzes am Beispiel der Kiefer.

4. **Durch den Wind werden die Pollen zu den weiblichen Zapfen getragen (= Bestäubung).** Die Pollenkörner keimen aus und bilden den männlichen Gametophyten; dieser besteht aus wenigen Zellen und wächst mit seinem Pollenschlauch durch eine kleine Öffnung in den Integumenten, die *Mikropyle*, zu den Samenanlagen.

5. **Die Verschmelzung von Eizelle und Spermium heißt Befruchtung.** Wenn der Pollenschlauch den weiblichen Gametophyten beziehungsweise die Samenanlagen erreicht hat, entlässt er zwei Spermien; ein Spermium verschmilzt mit der Eizelle, das andere stirbt ab.

6. **Nach der Befruchtung entsteht durch mitotische Teilungen der Zygote der diploide Embryo und die Samenanlage entwickelt sich zum Samen.** Der Embryo, der eine neue Spo-

rophytengeneration darstellt, wird innerhalb des Samens von Gametophytengewebe schützend umhüllt und ernährt. Die Integumente, die die Samenanlagen umgeben, härten aus und bilden schließlich die Samenschale (Testa). Insgesamt vergehen 15 Monate zwischen Befruchtung und Samenreife.

Ein Kiefernsamen enthält Gewebe von drei verschiedenen Generationen: Die Samenschale, die aus den Integumenten hervorgeht (Gewebe des mütterlichen Sporophyten), das haploide Nährgewebe (*primäres Endosperm*), das vom weiblichen Gametophyten gebildet wird und den Embryo, der die neue Sporophytengeneration darstellt.

Gnetales

Botaniker gehen mittlerweile davon aus, dass von allen Gymnospermen die *Gnetales* am nächsten mit den Angiospermen verwandt sind. Dafür spricht unter anderem das Vorhandensein von Xylemkanälen (Tracheen), die den übrigen Gymnospermen fehlen, bei Bedecktsamern jedoch die Regel sind. Außerdem kommt neben Windbestäubung auch häufig die fortschrittliche Insektenbestäubung vor und genetische Analysen belegen ebenfalls die benachbarte Stellung von Gnetales und Angiospermen im Kladogramm der Samenpflanzen (Klasse Spermatopsida). Die hierarchische Stellung der Gnetales, also ob es sich um eine eigene Ordnung oder Unterklasse handelt, ist allerdings noch nicht abschließend geklärt.

Genau wie Palmfarne und Ginkgogewächse so waren auch die Gnetales in früheren Erdzeitaltern vermutlich sehr viel formenreicher; leider gibt es nur sehr wenige Fossilien dieser Gruppe. Heute kennen wir noch drei Gattungen:

- ✔ Die Gattung *Gnetum* (Abbildung 16.2b) umfasst etwa 30 Arten tropischer Gehölze, viele davon sind Lianen. Ihre relativ großen, gegenständigen Blätter weisen eine fiedrig verzweigte Nervatur auf, wie sie auch für viele Blütenpflanzen typisch ist. Pollen und Samen werden in getrennten Zapfen und meist auch auf getrennten Pflanzen (Zweihäusigkeit) gebildet.
- ✔ Die Gattung *Ephedra* umfasst 35 bis 45 Arten, die in trockenen Regionen Europas und Amerikas vorkommen. Die Pflanzen besitzen nur winzige, schuppenförmige Blätter, die zu zweit oder zu dritt an den Knoten stehen und bald abfallen; daher spricht man auch von Rutensträuchern. Die Photosynthese übernehmen die grünen Sprossachsen. Medizinisch ist die Gattung durch die Bildung des Alkaloids Ephedrin bekannt, das eine abschwellende Wirkung hat (siehe Abbildung 20.4).
- ✔ Die Gattung *Welwitschia* umfasst nur eine Art *(W. mirabilis)*, die in einer der trockensten Wüsten der Erde, in der Namib, vorkommt. Sie gehört zu den seltsamsten Pflanzen überhaupt, denn sie bildet zeitlebens nur zwei bandförmige Blätter im oberen Teil des kurzen Stammes aus; dieser ist oben eingebuchtet (konkav). Die Blätter wachsen an der Basis ständig nach und sterben an den Spitzen kontinuierlich ab. Oft spalten sich die Blätter vom Ende her, sodass man den Eindruck hat, es handele sich um mehrere Blätter. Die Art ist diözisch, wobei die zapfenartigen Blütenstände am oberen Rand des Stammes gebildet werden.

Sie lassen Blüten sprechen – die Angiospermen

17

In diesem Kapitel

- Die Evolution der Samenpflanzen blüht auf
- Eintauchen in die Welt der Blütenpflanzen
- Verschiedene Bestäubungsmechanismen entdecken

Die echten Blütenpflanzen, die Bedecktsamer (Angiospermen), stellen mit circa 250.000 Arten die vielfältigste aller Pflanzengruppen dar. Sie prägen das Vegetationsbild der Erde, denn sie besiedeln alle Lebensräume und stellen für uns Menschen auch die wichtigsten Nutzpflanzen zur Verfügung. Andere Lebensformen, wie Tiere, Pilze und Mikroorganismen, sind ebenfalls oft auf sie als Nahrungsgrundlage angewiesen und neben all dem Nutzen sind sie auch noch schön anzuschauen. In diesem Kapitel stelle ich die charakteristischen Merkmale der Bedecktsamer vor und gehe auf ihre phylogenetische Herkunft ein. Außerdem erhalten Sie einen Einblick in die unglaubliche Vielfalt von Arten und Anpassungen, die sich innerhalb der Angiospermen entwickelt haben.

Die ersten Blütenpflanzen

Blütenpflanzen sind auch in Ihrem Leben allgegenwärtig. Selbst wenn Sie heute noch keine Rose verschenkt oder Rasen gemäht haben – sicher kamen Sie schon mit Angiospermen in Berührung. Entweder haben Sie etwas Pflanzliches gegessen, tragen Kleidung aus pflanzlichen Fasern oder Sie sitzen an einem hölzernen Schreibtisch (dieser sollte dann jedoch aus Laubholz gefertigt sein, denn Nadelgehölze sind ja Nacktsamer!).

Angiospermen sind die zahlenmäßig größte und vielfältigste Pflanzengruppe auf der Erde. Abbildung 17.1 zeigt nur einen winzigen Ausschnitt dieser immensen Diversität.

Auf der Suche nach dem Ursprung der Angiospermen

Fossil sind die Bedecktsamer erst seit der Kreidezeit (146 bis 66 Millionen Jahre vor Christus) bekannt. Allerdings fand man so viele verschiedenartige Blütenpflanzen aus dieser Zeit, dass eine frühere Entstehung der Gruppe nahe liegt. Bis heute ist der Ursprung der Angiospermen noch nicht völlig geklärt.

Abbildung 17.1: Diversität der Angiospermen.

Das liegt vor allem an zwei Gründen:

- ✔ Botaniker vermuten, dass sich sowohl Angiospermen als auch Gymnospermen aus frühen Samenpflanzen, wie etwa den Samenfarnen des Karbons (363 bis 291 Millionen Jahre v. Chr.), getrennt entwickelt haben.
- ✔ Fossilien, die unseren heutigen Blütenpflanzen ähnlich sehen, sind erst aus der Kreide bekannt – somit klafft in der fossilen Überlieferung eine Lücke von mehr als 100 Millionen Jahren.

Die Veränderungen, die sich über diese lange Zeit innerhalb der Blütenpflanzen vollzogen haben, sind für Botaniker zu einem großen Teil immer noch ein Rätsel. Manche Experten gehen davon aus, dass sich die Evolution der Blütenpflanzen in Klimaregionen vollzogen hat, wo keine ausreichende Konservierung von Fossilien möglich war. Andere glauben, dass es in der Kreide plötzlich zu einem enormen Schub in der evolutiven Entwicklung gekommen ist, der heute durch die unterschiedlichen kreidezeitlichen Fossilien dokumentiert wird. Die Forschung an rezenten wie auch an fossilen Angiospermen geht also weiter und wir dürfen auf weitere Ergebnisse gespannt sein. Wen es interessiert, der kann sich auf den englischsprachigen Websiten des »Tree of Life« (`www.tolweb.org`) und der »Angiosperm Phylogeny Group« (`http://www.mobot.org/mobot/research/apweb`) über den aktuellen Stand der Forschung informieren.

Hilfe durch Entschlüsselung des Erbguts

Seit einiger Zeit sind es nicht mehr nur Fossilien, mit denen sich die Vergangenheit rekonstruieren lässt. Immer mehr Puzzleteile werden durch die Ergebnisse genetischer Analysen beigesteuert. Die DNA von lebenden Organismen wird verglichen und es werden daraus phylogenetische Reihen gebildet, die Abstammungsverhältnisse widerspiegeln. Ähnliche Organismen werden zu Gruppen zusammengefasst und oft ist es möglich, eine Verbindung mit ausgestorbenen Verwandten herzustellen.

Auf Basis neuester genetischer Analysen haben Botaniker aktuell die folgenden Hypothesen zur Entstehungsgeschichte der Angiospermen entwickelt:

- ✔ Einige der heutigen Blütenpflanzen stammen direkt von frühen Angiospermen ab und ähneln diesen vermutlich in ihrem Aussehen. Sie bilden die basalen Hauptäste des Angiospermen-Kladogramms und werden als »**basale Angiospermen**« bezeichnet. Zu ihnen gehören unter anderem die Gattung *Amborella* sowie die Familien der Nymphaeaceae (Seerosengewächse; Abbildung 17.1a) und der Schisandraceae (Sternanisgewächse).
- ✔ Nachdem sich die basalen Gruppen entwickelt hatten, entstanden weitere Angiospermen, deren genaue Verwandtschaftsverhältnisse zueinander noch untersucht werden:
  - **Magnoliidae** umfassen vier relativ ursprüngliche Ordnungen, die Magnoliales, Laurales, Canellales und Piperales. Ihre Vertreter, zum Beispiel Pfefferpflanze und Tulpenbaum (Abbildung 17.1b und c) sowie die Magnolien (Abbildung 17.2A) zeichnen sich durch einige primitive Merkmale aus.
  - **Eudikotyledonen** umfassen die Masse der Blütenpflanzen, wie etwa Hahnenfuß und Sonnenblume (Abbildung 17.1d,e).

- **Monokotyledonen** umfassen unter anderem Gräser (Abbildung 17.1e), Tulpen, Palmen und Orchideen (Abbildung 17.2B). Zur Differenzierung von Mono- und Dikotyledonen siehe Kapitel 4 und 5.

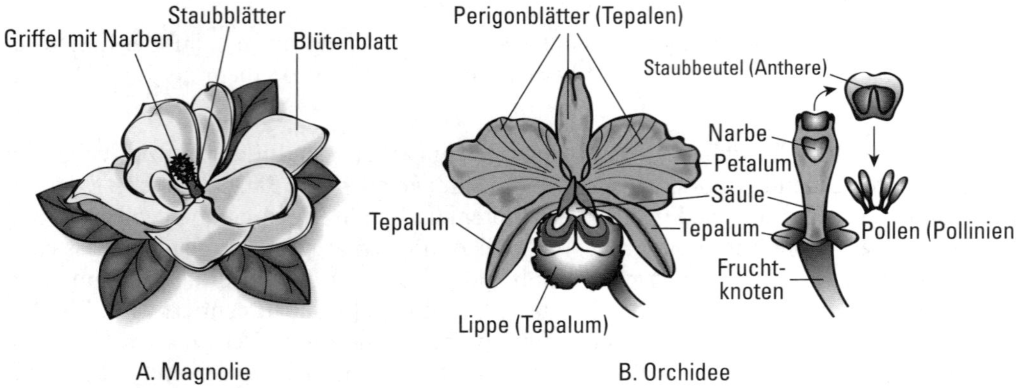

Abbildung 17.2: Primitive und abgeleitete Blüten von Angiospermen: A. Magnolienblüte mit nicht verwachsenen, vielzähligen Blütengliedern. B. Orchideenblüte mit speziell gestalteten Perigonblättern (zum Beispiel Lippe), die genau wie die übrigen Blütenglieder miteinander verwachsen sind (die Säule besteht aus verwachsenen Staublättern und Griffeln).

Charakteristische Merkmale der Angiospermen

Ihre stammesgeschichtliche Herkunft ist zwar noch mit einigen Fragezeichen behaftet, aber eines ist sicher: Die Angiospermen sind unglaublich erfolgreich geworden und immer noch sehr konkurrenzstark – vielleicht weil sie den Vorteil der robusten Samen mit weiteren evolutionären Innovationen, wie Blüten und Früchten, kombiniert haben.

Nacktsamer und Bedecktsamer sind eng verwandt und haben viele Gemeinsamkeiten (siehe Kapitel 16). Aber die Bedecktsamer weisen auch einige Besonderheiten auf, die sie als eigenständige Gruppe kennzeichnen und von den übrigen Samenpflanzen unterscheiden:

✔ **Die Samenanlagen sind in Fruchtblätter eingeschlossen:** Fruchtblätter haben im Laufe der Evolution ihren Blattcharakter verloren; bei abgeleiteten, also wenig ursprünglichen Blüten bestehen sie aus Fruchtknoten, Griffel und Narbe (siehe Kapitel 5).

✔ **Der Pollen keimt auf der Narbe aus und nicht wie bei den Nacktsamern erst auf der Samenanlage.** Damit eine Befruchtung stattfinden kann, muss der Pollenschlauch durch den Griffel wachsen und so die Spermien zu den Samenanlagen im Fruchtknoten befördern. Der größere Abstand (zeitlich und räumlich) zwischen Pollenkeimung und Samenanlage verbessert die Kontrolle der Pflanze über ihre Befruchtung. So können manche Arten zum Beispiel eine Selbstbefruchtung vermeiden, wenn der eigene Pollen auf der Narbe gelandet ist. Das funktioniert über ein genetisches Selbstinkompatibilitätssystem: wenn Pollen und Narbe das gleiche Allel eines bestimmten Genlokus exprimieren, kann die Befruchtung nicht stattfinden. Wenn Pflanzen sicherstellen, dass nur der Pollen eines anderen Individuums auf der Narbe keimt und dann befruchtet (Fremdbefruchtung), erhöht sich die genetische Diversität der Nachkommen.

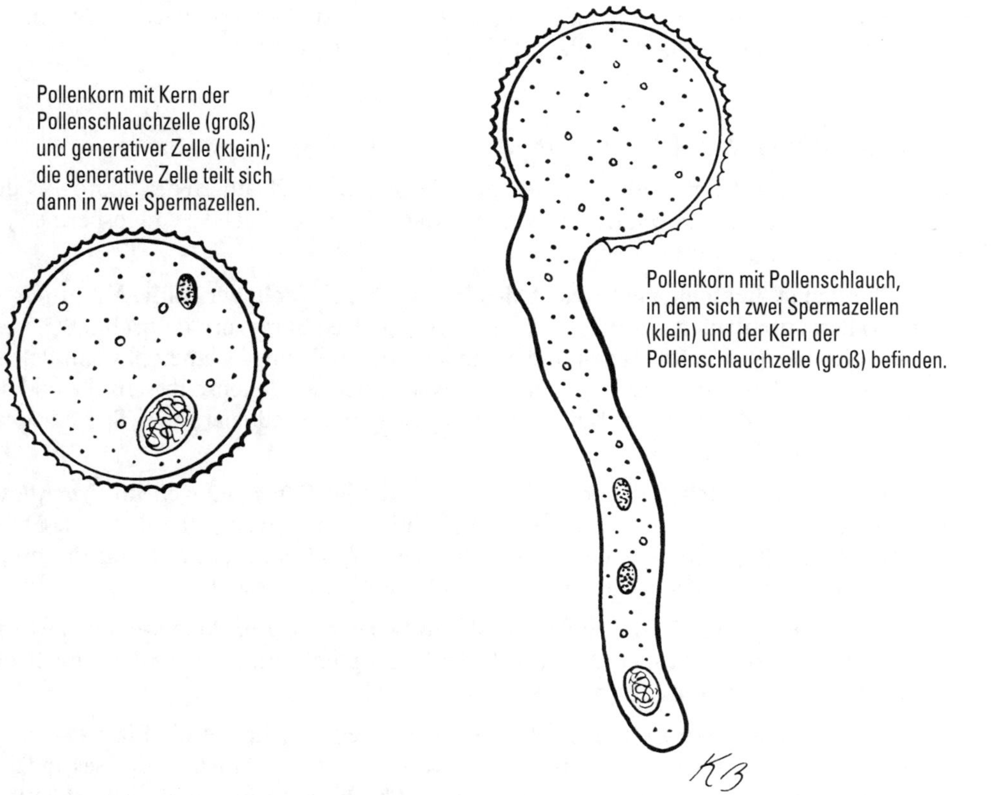

Abbildung 17.3: Die Keimung eines Pollenkorns.

✔ **Noch kleinere Gametophyten:** Genau wie bei den Nacktsamern ist der Gametophyt klein sowie komplett vom Sporophytengewebe umschlossen und geschützt. Er ist bei den Bedecktsamern aber noch weiter reduziert.

- Die weiblichen Gametophyten, auch *Embryosack* genannt, bestehen aus nur sieben Zellen und acht Zellkernen: oben befindet sich der *Eiapparat* (eine Eizelle und zwei *Synergiden*) und unten die drei sogenannten *Antipoden*; die große Zelle in der Mitte des Embryosacks besitzt zwei Kerne (Polkerne).
- Die männlichen Gametophyten, die Pollenkörner, bestehen aus nur drei Zellen: einer Pollenschlauchzelle und zwei Spermazellen. Abbildung 17.3 zeigt einen männlichen Gametophyten mit Pollenschlauch.

✔ **Zur Ernährung des Embryos wird das Endosperm aufgebaut. Bei Angiospermen existiert eine spezielle Befruchtung, die *doppelte Befruchtung*.**

- Ein Spermium befruchtet die Eizelle, sodass sich der Embryo bilden kann.
- Ein Spermium befruchtet die zentral gelegene Zelle mit den zwei Kernen; diese sogenannten *Polkerne* verschmelzen zum *sekundären Embryosackkern* und werden dann

befruchtet. So entsteht ein triploides Endosperm; es besitzt den dreifachen Chromosomensatz, einen von der Spermazelle, und zwei von den Polkernen.

Der Lebenszyklus der Angiospermen

Genau wie bei den Nacktsamern so dominiert auch bei den Bedecktsamern der Sporophyt den Lebenszyklus. Abbildung 17.4 veranschaulicht den Generationswechsel der Angiospermen am Beispiel einer zwittrigen Blütenpflanze:

1. **Der männliche Gametophyt entwickelt sich in den Staubbeuteln der Blüte.** Mikrosporenmutterzellen durchlaufen die Meiose und bilden haploide Mikrosporen. Anschließend teilen sich die Mikrosporen mitotisch und es entsteht der dreizellige Gametophyt im Pollenkorn. Zuerst besteht der Gametophyt nur aus zwei Zellen, der Pollenschlauchzelle und der generativen Zelle; dann teilt sich die generative Zelle und produziert zwei Spermazellen (siehe Abbildung 17.3).
2. **Der weibliche Gametophyt entwickelt sich innerhalb der Samenanlagen im Fruchtknoten.** Die Megasporenmutterzellen teilen sich meiotisch und bilden je vier haploide Megasporen. Drei Megasporen gehen zugrunde; die vierte Megaspore teilt sich mitotisch und bildet so den achtkernigen weiblichen Gametophyten (Embryosack).
3. **Wenn der Pollen auf der Narbe landet, ist die Blüte bestäubt.** Der Pollenschlauch wächst durch den Griffel sowie durch die Mikropyle der Integumente zur Samenanlage und befördert so die Spermien zum Embryosack.
4. **Es kommt zur doppelten Befruchtung.** Eine Spermazelle befruchtet die Eizelle – die diploide Zygote entsteht. Die zweite Spermazelle verschmilzt mit dem diploiden sekundären Embryosackkern und es bildet sich das sekundäre Endosperm (triploid). Dieses dient in der Regel als Nährgewebe für den Embryo. In Ausnahmefällen (zum Beispiel bei Orchideen) enthalten die Samen gar kein Nährgewebe.
5. **Die Samenanlage entwickelt sich zum Samen, der Fruchtknoten wächst zu einer Frucht heran.** Die Zygote teilt sich durch Mitose, sodass ein vielzelliger Embryo mit einem oder zwei Keimblättern (Kotyledonen) entsteht. Bei manchen dikotylen Arten, zum Beispiel Bohnen, Walnüssen und Eicheln, kommen sogenannte *Speicherkotyledonen* vor; das heißt, die beiden Keimblätter speichern Nährstoffe und sorgen für die Ernährung des Embryos.
6. **Bei günstigen Bedingungen beginnt der Same zu keimen und der Embryo entwickelt sich zu einem neuen Sporophyten.**

Die Vielfalt der Angiospermen

Ungefähr 250.000 verschiedene Arten von Bedecktsamern kennen wir aktuell auf unserem Planeten. Sie alle bilden Blüten aus und durchlaufen den oben beschriebenen Generationswechsel. Doch ihr Aussehen ist total unterschiedlich, auch aufgrund spezieller Anpassungen an extreme Lebensräume. Manche Arten bilden schöne große Blüten, wie etwa die Seerose in Abbildung 17.1a, und bei manchen Arten, wie Gräsern (Abbildung 17.1f) sind die Blüten unscheinbar und besitzen gar keine Blütenblätter (Petalen).

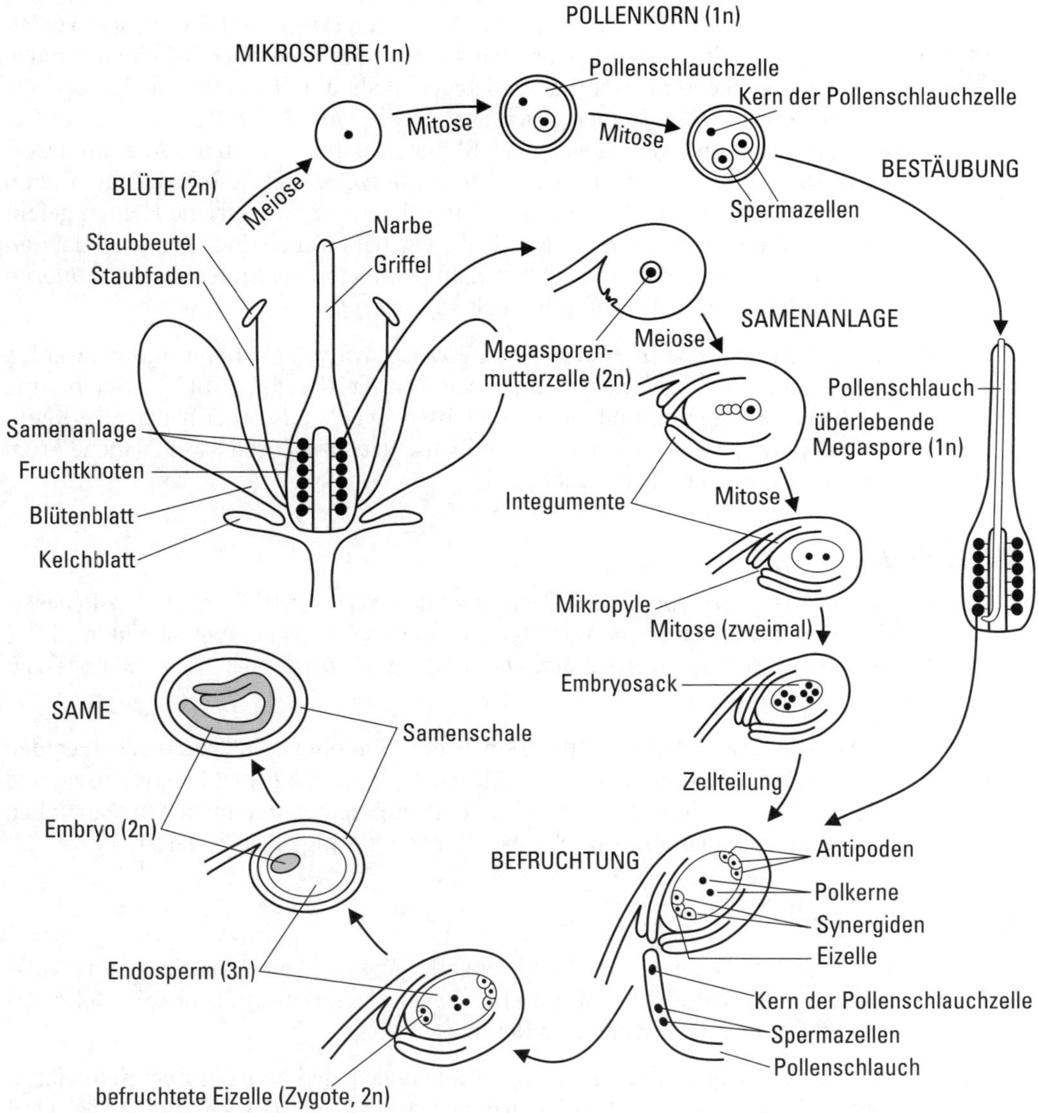

Abbildung 17.4: Der Lebenszyklus der Angiospermen am Beispiel einer zwittrigen Blüte.

Die basalen Gruppen der Angiospermen

Die stammesgeschichtlich ältesten Vertreter der Bedecktsamer, die sogenannten basalen Angiospermen, sind heute zwar zahlenmäßig selten, dürfen aber dennoch nicht vernachlässigt werden. Denn sie geben uns wichtige Hinweise darauf, wie die ersten Bedecktsamer ausgesehen haben könnten.

Die ursprünglichen Angiospermenblüten, wie wir sie heute bei Seerosen *(Nymphaea)*, Sternanis *(Illicium)* und auch Magnolien *(Magnolia)* finden, sind *radialsymmetrisch*. Eine radiale Symmetrie liegt zum Beispiel auch bei einem runden Kuchen vor: Sie können ihn an beliebiger Stelle durch die Mitte teilen und die beiden Stücke sehen immer gleich aus; es gibt viele Symmetrieebenen. Im Gegensatz dazu sind viele abgeleitete Blüten, das heißt Blüten von stammesgeschichtlich jüngeren Pflanzenarten, *bilateral-symmetrisch*. Solche Blüten (zum Beispiel von Bohnen) können nur in einer Ebene in zwei gleiche Hälften geteilt werden. Die meisten Tiere und auch Ihr eigener Körper sind ebenfalls bilateralsymmetrisch. Botaniker bezeichnen radialsymmetrische Blüten als *aktinomorph* und bilateral-symmetrische Blüten als *zygomorph*.

Die Blüten der basalen Angiospermen sind typischerweise zwittrig, aktinomorph und werden von Insekten bestäubt. Ihre zahlreichen einzelnen Glieder (Kelch-, Blüten-, Staub- und Fruchtblätter) stehen spiralig und sind nicht verwachsen. Die Pollenkörner haben eine Keimöffnung, auch *Keimpore* genannt, durch die der Pollenschlauch wachsen kann. Manche Arten dieser Gruppe weisen im Xylem keine Tracheen auf.

Magnoliidae

Diese ebenfalls noch sehr ursprüngliche Gruppe macht ungefähr zwei Prozent aller Bedecktsamer aus. Vielleicht sind Ihnen einige Vertreter schon einmal begegnet (vgl. Abbildung 17.1c und 17.2A), beispielsweise Magnolien- *(Magnolia)*, Lorbeer- *(Laurus)* oder Tulpenbäume *(Liriodendron)*.

Die charakteristischen Blütenmerkmale der Magnoliidae entsprechen denjenigen der basalen Angiospermen, also aktinomorph, spiralig, nicht verwachsen und vielzählig; ihre Pollenkörner haben eine Keimpore. Bei manchen Magnolien kommen auch blattähnliche Staubblätter und flächige Fruchtblätter vor.

Eudikotyledonen

Zu dieser größten Gruppe gehören etwa 75 Prozent aller Angiospermen. Viele bekannte Nutz- und Gartenpflanzen gehören hierher, wie zum Beispiel Gurken, Bohnen, Brokkoli, Mohn, Astern, Geranien, Äpfel, Kirschen, Eichen und Rosen.

Sowohl die Magnoliidae als auch die Eudikotyledonen besitzen zwei Keimblätter und stehen damit den Monokotyledonen gegenüber. Da sie sich aber getrennt entwickelt haben, werden sie heute in zwei taxonomischen Gruppen geführt. Ältere systematische Aufstellungen stellen beide oft noch zusammen als Dikotyledonen dar.

Wenn man die enorme Diversität der Eudikotyledonen umfassend darstellen möchte, würde es ein eigenes Buch füllen. Somit beschränke ich mich hier auf ein paar Beispiele von unterschiedlichen Blüten. Außerdem können Sie in den Kapiteln 4 und 5 weitere grundsätzliche Merkmale zum vegetativen Aufbau und zur Reproduktion von zweikeimblättrigen Pflanzen finden.

In Abbildung 17.1d ist die Blüte eine Hahnenfußes (Gattung *Ranunculus*) dargestellt. Die bei uns auch oft als Butterblume bezeichnete Pflanze gehört zur Familie der Hahnenfußgewächse (Ranunculaceae), einer recht ursprünglichen Familie innerhalb der Eudikotyledonen. Die Blütenmerkmale entsprechen größtenteils den Verhältnissen bei den Magnoliidae (aktinomorph, vielzählig, nicht verwachsen), jedoch mit einer wichtigen Ausnahme: Die Pollenkörner der Ranunculaceae besitzen drei Keimporen, durch die der Pollenschlauch wachsen kann.

Der Pollen der Eudikotyledonen hat drei Keimporen. Dieses Merkmal grenzt die Gruppe gegenüber anderen Samenpflanzen ab. Gymnospermen, basale Angiospermen und Monokotyledonen haben meist eine Keimpore.

Abbildung 17.5 zeigt die Blüte einer **Fabaceae**, die zur Gruppe der Leguminosen gehört. Es handelt sich um die drittgrößte Familie der Angiospermen und viele ihrer Vertreter sind wichtige Nahrungspflanzen; Bohnen, Erbsen und Erdnüsse gehören beispielsweise dazu. Ihre Blüten sind relativ einheitlich und sehr speziell gestaltet; man nennt diese Blüten auch Schmetterlingsblüten und entsprechend heißt die Familie **Schmetterlingsblütler**.

✔ Schmetterlingsblüten sind zwittrig und bestehen aus fünf verwachsenen Kelchblättern (Sepalen) und fünf verwachsenen Blütenblättern (Petalen). Jedes Petalum ist besonders gestaltet:

- Ein Blütenblatt steht aufrecht und heißt Fahne.
- Zwei Blütenblätter stehen zur Seite ab und heißen Flügel.
- Zwei Blütenblätter sind komplett zusammengewachsen und bilden eine wannenförmige Struktur, das sogenannte Schiffchen im unteren Teil der Blüte.

✔ Die meisten Schmetterlingsblütler weisen zehn Staubblätter auf, von denen neun miteinander verwachsen sind.

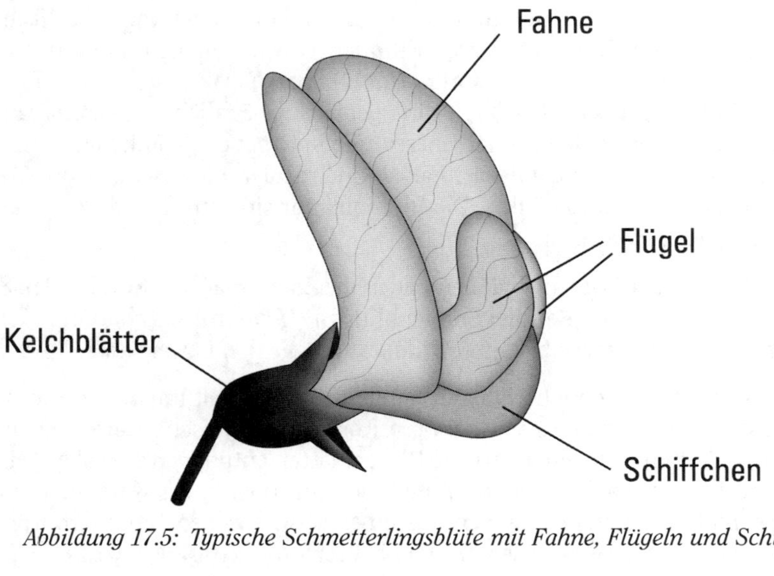

Abbildung 17.5: Typische Schmetterlingsblüte mit Fahne, Flügeln und Schiffchen.

Abbildung 17.6 zeigt die Blüte einer **Euphorbiaceae**, der **Wolfsmilchgewächse**. Diese Familie gehört zu den artenreichsten Samenpflanzengruppen und seine Vertreter zeichnen sich durch einen in der Regel weißen Milchsaft aus. Viele Vertreter sind auch Sukkulente und ähneln den Kakteen (Familie Cactaceae). Als Zimmerpflanzen sind Ihnen vielleicht der Christusdorn *(Euphorbia millii)* und der Weihnachtsstern *(Euphorbia pulcherrima)* bekannt.

Die Blüten der Wolfsmilchgewächse weisen meist gar keine Kelch- und Blütenblätter auf. Sie sind eingeschlechtlich, das heißt, die Pflanzen sind monözisch, und bestehen nur aus den männlichen beziehungsweise weiblichen Reproduktionsorganen (Staubblätter und Fruchtblätter). Die beiden männlichen Blüten in Abbildung 17.6 besitzen nur je ein Staubblatt.

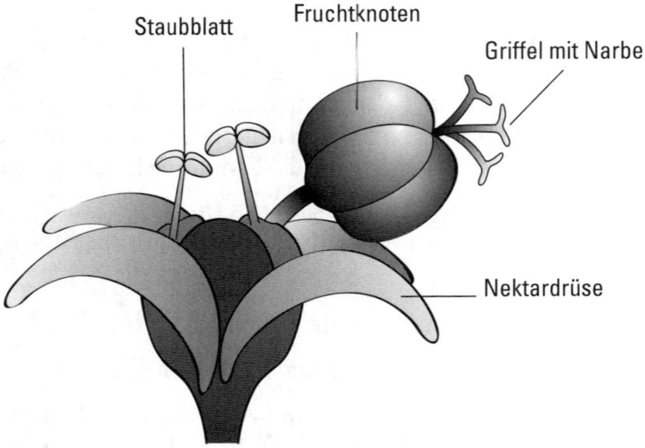

Abbildung 17.6: Blütenstand eines Wolfsmilchgewächses mit zwei männlichen Blüten (links) und einer weiblichen Blüte (rechts oben).

Eine weitere Familie mit verwachsenen Blütenorganen sind die **Solanaceae**, die **Nachtschattengewächse**. Zu ihr gehören Nutz-, aber auch Giftpflanzen wie Tomate *(Solanum lycopersicum)*, Kartoffel *(Solanum tuberosum)*, Paprika *(Capsicum)*, Tabak *(Nicotiana)*, Tollkirsche *(Atropa)* und Stechapfel *(Datura)*. Die Giftwirkung geht hauptsächlich von *Alkaloiden* (unter anderem Solanin) aus, die oft in den grünen oberirdischen Organen gebildet werden. Schneiden Sie daher stets die grünen Teile der Kartoffel ab und meiden Sie frische, grüne Tomaten; grüne Paprika sind dagegen unbedenklich. Die Blütenblätter sind am Grunde zu einer Röhre und mit den Staubfäden verwachsen.

Die artenreichste Familie der Eudikolytedonen bilden die **Asteraceae**, die **Korbblütler**. Sie umfassen viele schöne Blumen, zum Beispiel Sonnenblumen (*Helianthus*, Abbildung 17.1e) und Margeriten *(Leucanthemum)* sowie bekannte Wildkräuter wie den Löwenzahn *(Taraxacum)*.

Wenn Sie eine Sonnenblume betrachten, dann handelt es sich nicht um eine Blüte, sondern um einen Blütenstand in Form eines sogenannten Körbchens. Typischerweise stehen außen die größeren Zungenblüten – sie sehen aus wie Blütenblätter, entpuppen sich aber bei genauer Betrachtung mit der Lupe als komplette Blüte – und im Inneren des Körbchens dicht gedrängt die Röhrenblüten. Letztere bestehen aus einer verwachsenen Blütenkronröhre und den ebenfalls zu einer Röhre verwachsenen Staubblättern mit zentralem Griffel. Die Körbchen der Asteraceae können beide Blütentypen (zum Beispiel Gänseblümchen (*Bellis*)), nur Röhrenblüten (zum Beispiel Kratzdistel (*Cirsium*)) oder nur Zungenblüten (zum Beispiel Löwenzahn (*Taraxacum*)) enthalten.

Monokotyledonen

Die Monokotyledonen umfassen ungefähr 23 Prozent aller Angiospermen-Arten. Orchideen, Lilien, Tulpen, Gräser sowie Palmen gehören in diese Gruppe mit nur einem Keimblatt.

Die grundsätzlichen vegetativen und generativen Merkmale sind ausführlich in den Kapiteln 4 und 5 beschrieben. Nachfolgend sollen daher nur ein paar Beispiele für die Diversität dieser Gruppe gegeben werden, anhand einiger Vertreter mit sehr unterschiedlichen Blüten.

Arten aus der Familie der **Liliaceae**, der **Liliengewächse**, weisen die typischen und ursprünglichen Merkmale einer Monokotyledonen-Blüte auf, von der sich die anderen Formen (siehe unten) ableiten lassen. Sie besitzen zwittrige Blüten aus zwei Kreisen mit je drei Blütenblättern (sechs Tepalen), sechs Staubblättern und drei verwachsenen Fruchtblättern (Abbildung 17.7). Der Fruchtknoten ist oberständig (siehe Abbildung 5.3), die Blüten sind radialsymmetrisch (aktinomorph) und die Pollenkörner haben eine Keimpore. Die meisten Liliengewächse sind krautige Pflanzen.

Die Pollenkörner der Monokotyledonen besitzen zwar nur eine Keimpore, weisen aber eine deutlich andere Struktur auf als der Pollen der basalen Angiospermen. Auch aufgrund neuerer DNA-Analysen gehen Botaniker heute von einer eigenständigen Entwicklung der Monokotyledonen aus; sie sollen am nächsten mit den Eudikotyledonen verwandt sein.

Die **Orchideen** (**Orchidaceae**) stellen mit mehr als 20.000 Arten die zweitgrößte Pflanzenfamilie und zweifellos auch eine der faszinierendsten Gruppen überhaupt dar. Sie besitzen wundervolle, exotische Blüten und werden als Zierpflanzen hoch geschätzt. Außerdem enthalten sie mit der Vanille *(Vanilla)* eine wichtige Nutzpflanze. Wie die Abbildung 17.2 zeigt, sind die Blütenorgane teilweise stark umgebildet und verwachsen; manche Arten, wie die bei uns auf Kalkmagerrasen vorkommende Fliegen-Ragwurz *(Ophrys insectifera)*, produzieren keinen Nektar, sondern ahmen mit ihren Blüten die Gestalt von Insekten nach und locken diese damit als Bestäuber an. Weitere Beispiele lesen Sie im nächsten Abschnitt »Gedanken zur Bestäubungsbiologie«.

Orchideenblüten sind normalerweise zwittrig und bilateral-symmetrisch (zygomorph). Sie besitzen sechs Tepalen (Perigonblätter), von denen typischerweise eines als Lippe umgebildet ist. Die meist ein oder zwei Staubblätter sind mit den drei Fruchtblättern (also auch mit Griffeln und Narben) zu einem komplexen Organ, der sogenannten *Säule*, verwachsen. Die Pollenkörner weisen eine Keimpore auf und sind zu Pollenpaketen (*Pollinien*) zusammengepackt. Die staubfeinen Orchideensamen werden mit dem Wind verbreitet. Sie besitzen kein Endosperm und können nur in Gegenwart bestimmter Mykorrhizapilze keimen. Eine Nachzucht von Orchideen aus Samen wird im Blumentopf kaum gelingen, da die Symbiosepilze fehlen.

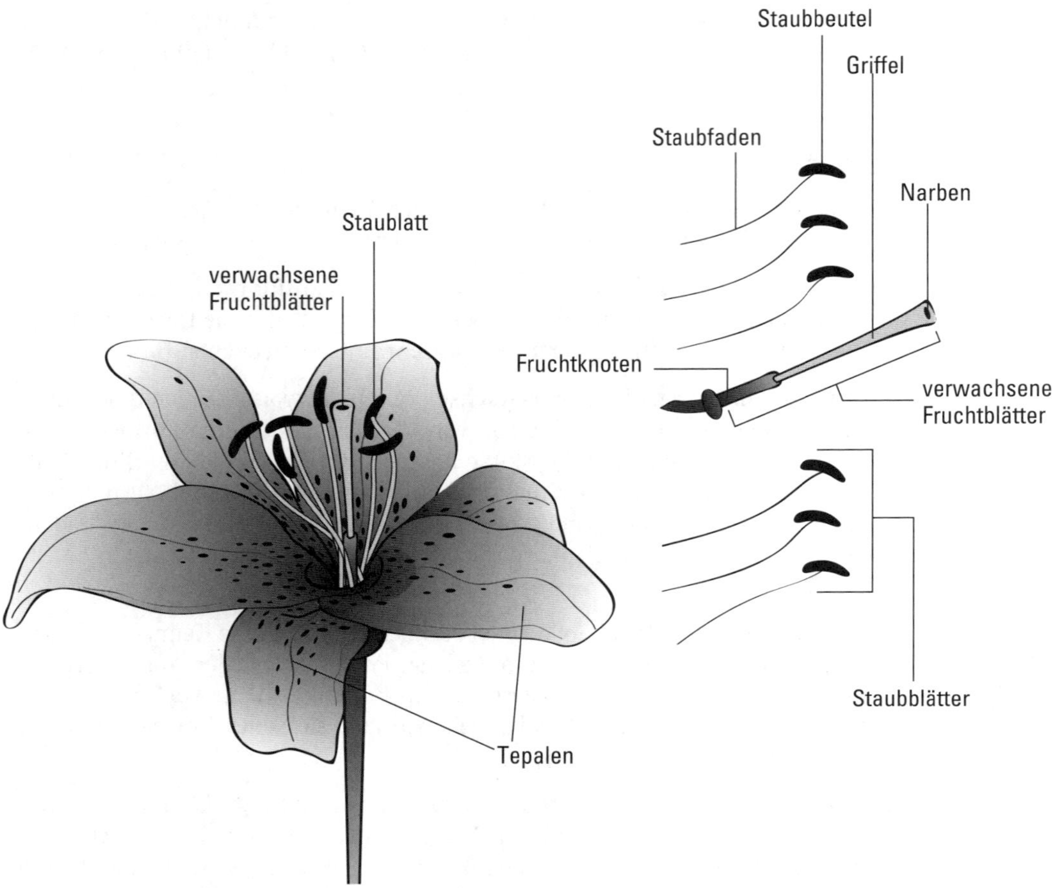

Abbildung 17.7: Typische Blüte eines Liliengewächses.

Viele Orchideen wachsen als Epiphyten auf anderen Pflanzen; sie besitzen dann oft sogenannte *Pseudobulben*; das sind sukkulente Sprosse, in denen Wasser gespeichert wird. Außerdem bilden sie Luftwurzeln mit einer besonderen, schwammartigen Epidermisschicht, dem *Velamen radicum*. Damit können sie Wasser und Mineralien aus der Luft aufsaugen.

Eine weitere wichtige monokotyle Familie sind die **Poaceae**, die **Süßgräser**. Ihre Blüten sind meist zwittrig mit maximal drei Tepalen. Manchmal sind die Tepalen zu schuppenartigen Blättchen an der Blütenbasis umgestaltet. Die Blüten besitzen ein, zwei, drei oder sechs Staubblätter und zwei oder drei verwachsene Fruchtblätter mit einem Griffel. Die Narbe ist oft fedrig ausgebildet, sodass sie den mit dem Wind verbreiteten Pollen gut abfangen kann.

Der Blütenstand der Süßgräser ist einigermaßen komplex. Um seinen Aufbau zu studieren und ein unbekanntes Gras zu bestimmen, benötigt man in jedem Fall eine Lupe, besser noch ein Binokular (Stereomikroskop). Die kleinen Einzelblüten weisen basal ein Paar Brakteen (Tragblätter) auf und sind in der Regel zu sogenannten Ährchen vereinigt; viele Ährchen zusammen bauen dann den oft dichten, ähren- oder rispenförmigen Blütenstand auf.

Die Blätter der Poaceae, zu denen auch viele wichtige Getreidearten gehören, stehen wechselständig und stängelumfassend am Spross. Sie bilden meist eine lange Blattscheide und wo diese in die Blattspreite übergeht, sitzt die sogenannte *Ligula*, das Blatthäutchen. Sie ist charakteristisch für die Familie und unterscheidet sie zum Beispiel von den ähnlich aussehenden Sauergräsern (Cyperaceae).

Gedanken zur Bestäubungsbiologie

Mit der Ausbreitung der Angiospermen haben sich auch die Beziehungen von Tieren und Pflanzen intensiviert. Ursprünglichere Gruppen hatten sich nur vereinzelt (zum Beispiel Palmfarne und Gnetales) auf Insektenbestäubung verlassen, von den Bedecktsamern wurde die Tierbestäubung dann absolut perfektioniert. Es ist schon erstaunlich, wie manche Blütenpflanzen das Verhalten von Tieren steuern können. Sie bringen diese mit Nektarangebot, speziellen Düften oder Farben dazu, ihnen fremden Pollen zu bringen. Außerdem nutzen sie Tiere für ihre Verbreitung, indem sich ihre Samen im Fell verhaken oder indem sie schmackhafte Früchte produzieren. Aber Moment – ist es wirklich so einseitig? Vielleicht haben ja auch die Bedürfnisse der Tiere im Laufe der Evolution dazu geführt, dass Pflanzen Nektar und nährreiche Früchte produzieren? Tatsächlich stimmt wohl beides, wie Wissenschaftler heute wissen. Über die Jahrmillionen haben sich Tiere und Pflanzen gegenseitig in ihrer evolutiven Entwicklung beeinflusst – wir sprechen daher von Koevolution.

Koevolution bedeutet, dass die Evolution zweier Arten, zum Beispiel von Orchidee und Hummel, von beiden Arten gegenseitig beeinflusst und sogar maßgeblich gesteuert wird. Beide Arten entwickeln bestimmte Merkmale aufgrund eines bestimmten Selektionsdrucks durch die andere Art (Details zu den Mechanismen der Evolution lesen Sie in Kapitel 13). Die Koevolution von Blütenpflanzen und Tieren ist damit ein wichtiger Grund für die immense Vielfalt, die wir heute bei den Blütenpflanzen finden. Viele Blüten haben sich mit der Zeit verändert und sich in Form und Farbe jeweils an ganz bestimmte Tiere angepasst. Und auch viele Tiere – vornehmlich Insekten, Vögel und Fledermäuse – haben sich zu Spezialisten entwickelt, zum Beispiel im Nektarsammeln aus bestimmten Blüten.

Durch diese Koevolution können Sie auch ziemlich genau einschätzen, ob eine Pflanze bestimmte Tiere für sich arbeiten lässt. Suchen Sie bei den Blüten einfach nach bestimmten Zeichen und Belohnungen, die für Tiere interessant sein könnten. So haben **von Tieren bestäubte Blüten** oft knallige Farben oder duften besonders; außerdem bieten sie ihren Bestäubern auch Belohnungen in Form von zuckerhaltigem Nektar an.

Ganz anders gebaut sind **windbestäubte Blüten**. Sie haben oft gar keine Blütenblätter und produzieren auch keinen Duft beziehungsweise Nektar, sondern hängen nur ihre Geschlechtsorgane (Staubblätter und Griffel mit Narben) in den Wind. Ihr Prinzip ist Masse statt Klasse. Allergiker wissen, was ich meine, denn sie bekommen es jedes Jahr zu spüren, wenn der Pollen wieder fliegt. Viele unserer Waldbäume und auch die Süßgräser (Poaceae) werden vom Wind bestäubt.

Wenn Pflanzen einen Bestäuber anlocken, so erhöhen sie dadurch die genetische Diversität ihres Nachwuchses. Denn der Bestäuber, ob nun Insekt, Vogel oder Fledermaus, wird beim Besuch einer Blüte zwangsläufig mit dem oft klebrigen Pollen beladen. Wenn das Tier dann zur Blüte eines anderen Individuums fliegt, verliert es dort wahrscheinlich etwas Pollen der zuvor besuchten Blüte. So kommt es zur gewünschten *Fremdbestäubung*.

Blüten und ihre Bestäuber haben im Laufe der Evolution sehr fein aufeinander abgestimmte Beziehungen entwickelt. Wenn man sich mit Tieren etwas auskennt, kann man die Bestäuber bei Betrachtung einer Blüte deshalb relativ gut benennen:

✔ Insekten können gut sehen und riechen. **Von Insekten bestäubte Blüten** sind daher farbig, duften und bieten Nahrung als Belohnung für den Bestäuber an.

- **Bienenblumen** sind in der Regel gelb oder blau, da diese Farben am besten gesehen werden, und duften süßlich. Bienen können anders als wir auch ultraviolette Strahlung wahrnehmen und Pflanzen nutzen das aus. Für uns unsichtbare Muster auf den Blüten leiten die Bienen zum Zentrum der Blüte, wo bestäubt werden soll. Wenn man eine Bienenblüte mit ultraviolettem Licht bestrahlt, werden diese Muster sichtbar. Allerdings sehen Bienen kein Rot; sie nehmen es als Schwarz wahr und werden daher nicht von roten Blüten angelockt.

- **Von Fliegen bestäubte Blüten** sind oft dunkelrot oder braun gefärbt und riechen nach Dung, Urin oder Kot. Aufgrund ihres unangenehmen Geruchs und der Fleischfarbe werden diese Pflanzen auch *Aasblumen* genannt. Die angelockten Fliegen legen ihre Eier in den Blüten ab und werden dabei mit Pollen beladen.

- **Von Käfern bestäubte Blüten** sind gewöhnlich weißlich oder blass gefärbt und verströmen einen fruchtigen, scharfen Geruch. Sie bieten den Käfern als Belohnung Nahrung in Form von Pollen an oder bilden besondere Nährzellen auf den Blütenblättern aus.

- Manche **Orchideen** werden von Hummeln und Wespen bestäubt. Sie ahmen mit ihrer Blüte die Gestalt des Insekts nach, sodass paarungsbereite Hummeln anfliegen und die Blüte bestäuben. In Kapitel 21 lesen Sie weitere Einzelheiten zu dieser Form von *Mimikry*.

- Blüten, die von **Schmetterlingen** bestäubt werden, sind kräftig gefärbt, duften süß und haben eine lange Blütenkronröhre. Mit ihren langen, im Flug eingerollten Rüsseln können die Falter den Nektar auch aus tiefen Röhren aufsaugen. Anders als Bienen können Schmetterlinge Rot sehen, sodass viele von ihnen bestäubte Blüten rot oder orange gefärbt sind.

- Für Blüten, die von **Nachtfaltern** bestäubt werden, wäre eine kräftige bunte Farbe sinnlos; sie sind daher meist weiß, ansonsten aber wie Schmetterlingsblüten gestaltet, mit Nektar in tiefen Kronröhren.

✔ **Vögel** sind reine Augentiere, mögen besonders die Farben Rot, Gelb und Blau, können aber kaum riechen. Sehen Sie also eine große rote, duftlose Blüte (zum Beispiel Hibiscus), so wird sie sicher von Vögeln (Kolibris) bestäubt (sogenannte *Vogelblume*). Oft sind Vogelblumen auch mit Kronröhren ausgestattet, die in der Länge an die Schnäbel der Bestäuber angepasst sind. Am Grunde der Röhre befindet sich der Nektar, der meist sehr reichlich produziert wird; denn gerade Kolibris verbrauchen eine Menge Energie beim Blütenbesuch und die Pflanze muss ordentlich investieren, damit die Vögel weiterhin zum Bestäuben kommen. Weil es auf den hawaiischen Inseln keine Bienen gibt, die mit Kolibris um blaue Blüten konkurrieren könnten, kommen dort besonders viele blaue Vogelblumen vor.

✔ Fledermäuse sind nachts unterwegs und reagieren daher besonders auf Geruch. **Fledermausblüten** (zum Beispiel Bananen) sind daher meist hell gelblich-weiß gefärbt und haben einen säuerlich-muffigen, manchmal auch fruchtig-süßen Geruch; sie blühen nachts und müssen auch sehr stabil sein, damit die schweren Säuger landen können. Diese stecken dann den ganzen Kopf in die Blüte hinein, um mit ihrer Zunge an den Nektar zu gelangen.

Teil V

Pflanzen und Menschen

»Gute Nachricht, Chef!
Wir haben ein Kraut gegen Haarausfall entdeckt.«

In diesem Teil ...

Pflanzen und Menschen sind in vielerlei Hinsicht verbunden. Pflanzen spielen eine Schlüsselrolle in natürlichen Ökosystemen, sie binden Kohlenstoff in ihren Körpern und stellen Lebensraum für andere Organismen bereit. Außerdem liefern sie uns Nahrung, Baustoffe, Kleidung, Medizin und Sauerstoff.

In diesem Teil präsentiere ich Beispiele dafür, wie Pflanzen das Leben von Menschen unterstützen, direkt über die oben genannten Produkte und indirekt über ihre Schlüsselrolle in der Natur.

Das ökologische Netz des Lebens

18

In diesem Kapitel

- Die Grundlagen der Ökologie
- Die Interaktionen zwischen Pflanzen
- Pflanzengesellschaften

Pflanzen sind unglaublich wichtig für das Leben auf der Erde. Sie bilden als Primärproduzenten die Nahrungsgrundlage für alle Organismen. Sie stellen den Lebensraum für zahlreiche Lebewesen dar und dominieren optisch wie strukturell nahezu alle Ökosysteme auf unserem Planeten. Dieses Kapitel widmet sich den fundamentalen Prinzipien, die das Zusammenleben von Organismen bestimmen und erläutert die Wichtigkeit, die Pflanzengemeinschaften für unsere Umwelt haben.

Ökosysteme entdecken

Alles Leben auf der Erde ist miteinander vernetzt. Jeder Organismus ist auf andere Organismen angewiesen, alle sind in einem komplexen Netzwerk miteinander verknüpft und hängen voneinander ab. Sehr deutlich wird das an den Nahrungsketten, die zum Beispiel von den Primärproduzenten (Pflanzen) über Mikroorganismen, Insekten und Vögel bis hin zu großen fleischfressenden Säugetieren (zum Beispiel Bären) reichen. Aber das Leben hängt auch von der Umwelt ab, also von Wasser, Licht, Mineralien und so weiter.

Ein *Ökosystem* ist als eine Gruppe von Lebewesen mitsamt ihrer unbelebten Umgebung definiert, die in einem bestimmten Lebensraum miteinander interagiert. Ökosysteme können groß oder klein sein und zum Beispiel ein gesamtes Hochmoor umfassen oder auch nur einen kleinen Gezeitenpool am Strand. Die Gesamtheit aller Ökosysteme auf der Erde, also letztlich die komplette Erdoberfläche, wird *Biosphäre* genannt.

Egal wie groß ein Ökosystem ist, es zeichnet sich stets durch bestimmte Komponenten aus:

- Die *abiotischen Faktoren* umfassen den unbelebten Teil eines Ökosystems. Dazu gehören das Sonnenlicht, das Wasser, die Erde, die Luft und tote organische Substanz.
- Die *biotischen Faktoren* umfassen die belebte Welt des Ökosystems. Hier unterscheiden Wissenschaftler zwei Kategorien (siehe Abbildung 18.1):
    - Eine *Population* ist eine Gruppe von Lebewesen derselben Art, die in einem Lebensraum zusammenlebt und sich miteinander fortpflanzt. Ein Wald beinhaltet beispielsweise eine Population von Eichen, eine Population von Eichhörnchen und eine Population von Salamandern.

- Eine *Lebensgemeinschaft* umfasst alle Lebewesen eines Ökosystems, egal welcher Art. Alle Populationen eines Waldes bilden somit die Waldgemeinschaft.

Wissenschaftler, die Ökosysteme erforschen, werden *Ökologen* genannt. Sie interessieren sich dabei nicht nur für die abiotischen und biotischen Faktoren selbst, sondern auch für deren Vernetzungen und gegenseitige Abhängigkeiten. Die Wissenschaftsdisziplin *Ökologie* befasst sich also mit den unterschiedlichen Beziehungen und Interaktionen von Organismen untereinander und mit ihrer Umgebung.

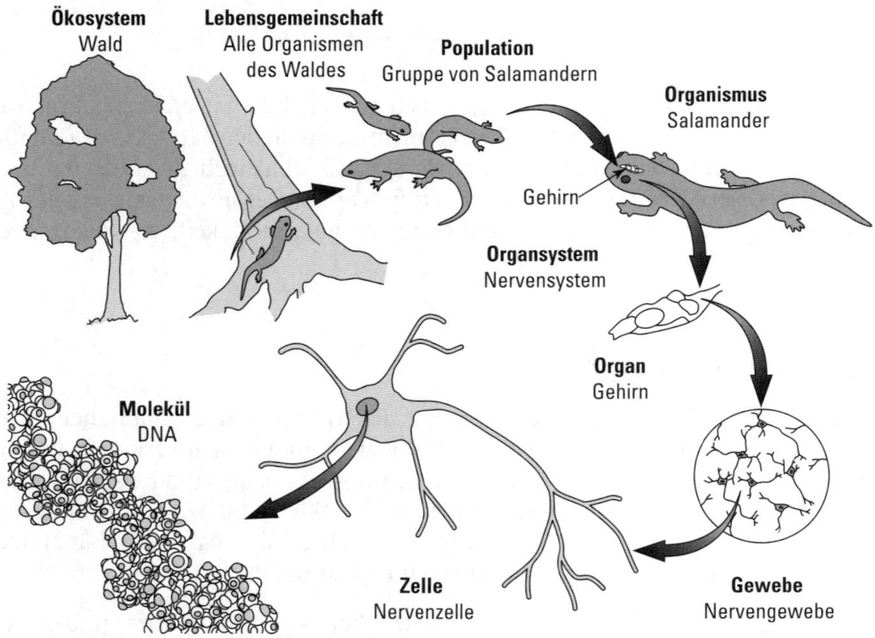

Abbildung 18.1: Die Organisation des Lebens.

Steckbriefe

Jedes Lebewesen übernimmt eine ganz bestimmte Rolle innerhalb seines Ökosystems. Es lebt in einem bestimmten Gebiet, nutzt vorhandene Ressourcen und frisst andere Lebewesen beziehungsweise wird von anderen gefressen.

Diese besondere Rolle eines Lebewesens (einer Art) in einem Ökosystem, wo es lebt und welche Ressourcen es nutzt, wird als seine *ökologische Nische* bezeichnet. Der Ort, an dem eine Art lebt, also sich »eingenischt« hat, wird als *Habitat* der Art bezeichnet.

Jeder Organismus braucht Nahrung. Aus der Nahrung kommen die Energie und die Baustoffe, die Organismen für Wachstum, Reparaturen und Reproduktion brauchen. In Kapitel 6 sind die Einzelheiten dieses Stoffwechsels dargestellt. Die Organismen auf der Erde haben aber ganz unterschiedliche Strategien entwickelt, wie sie ihre Nahrung erlangen. Autotrophe

Pflanzen stellen ihre Nährstoffe beispielsweise selbst durch Photosynthese her. Heterotrophe Tiere nutzen hingegen andere Lebewesen als Nahrungsquelle.

Wie ein Organismus seine Nahrung erlangt, spielt eine große Rolle für seine Stellung im ökologischen Netz. Wissenschaftler unterscheiden drei Hauptkategorien, die sogenannten *Trophieebenen*, und teilen die Organismen entsprechend ein:

- ✔ ***Produzenten* produzieren ihre Nahrung durch Photosynthese selbst.** Grüne Pflanzen inklusive der Algen und photosynthetisch aktive Bakterien gehören dazu. Sie nutzen Sonnenenergie, um aus Kohlendioxid und Wasser Kohlenhydrate (Zucker) herzustellen. Produzenten sind damit autotroph.
- ✔ ***Konsumenten* fressen andere Organismen.** Je nachdem, welche anderen Organismen als Nahrung diesen, unterscheiden wir drei Gruppen von Konsumenten:
  - *Primärkonsumenten* fressen Produzenten. Weil Produzenten im Wesentlichen Pflanzen sind, werden Primärkonsumenten auch als *Pflanzenfresser* (*Herbivoren*) bezeichnet.
  - *Sekundärkonsumenten* fressen Primärkonsumenten. Weil Primärkonsumenten Tiere sind, werden Sekundärkonsumenten auch als *Fleischfresser* (*Karnivoren*) bezeichnet.
  - *Tertiärkonsumenten* fressen Sekundärkonsumenten, das heißt, es handelt sich ebenfalls um Fleischfresser.
- ✔ ***Destruenten* bauen tote organische Substanz ab.** Hierher gehören zum einen die Bakterien und Pilze. Sie geben spezielle Enzyme ab, die totes Material außerhalb ihres Körpers abbauen, sodass sie dann die Nährstoffmoleküle aufnehmen können. Zum anderen gehören auch Aasfresser und Detritusfresser in diese Gruppe. Sie nehmen größere Stücke toter organischer Substanz in ihren Körper auf und bauen sie intern ab. Zu den Aasfressern gehören beispielsweise Greifvögel, die sich von toten Konsumenten ernähren – Bussarde sitzen deshalb gern an Straßen und warten auf das nächste Verkehrsopfer. Als *Detritus* wird der Bestandsabfall bezeichnet, also kleinere Stücke toter organischer Substanz, wie Blätter, Aststücke und tote Mikroorganismen. Regenwürmer sind typische Detritusfresser.

Die Energie ist im Fluss

Pflanzen und andere photosynthetisch aktive Organismen bilden die Grundlage der meisten Ökosysteme auf der Erde, weil sie mithilfe von Sonnenenergie Nährstoffmoleküle aufbauen können. Alle anderen Organismen sind letztlich von diesen Produzenten abhängig. Primärkonsumenten fressen Pflanzen, Sekundärkonsumenten fressen Primärkonsumenten und so weiter. So entstehen verschiedene Nahrungsketten, wie die in Abbildung 18.2 dargestellte; sie zeigt, wie die einzelnen Organismen ihre Nahrung erlangen. Nahrungsketten können sich auch verzweigen und miteinander zu sogenannten *Nahrungsnetzen* verbinden. Nahrungsnetze und Nahrungsketten machen deutlich, wie Energie und Materie die verschiedenen trophischen Ebenen durchlaufen.

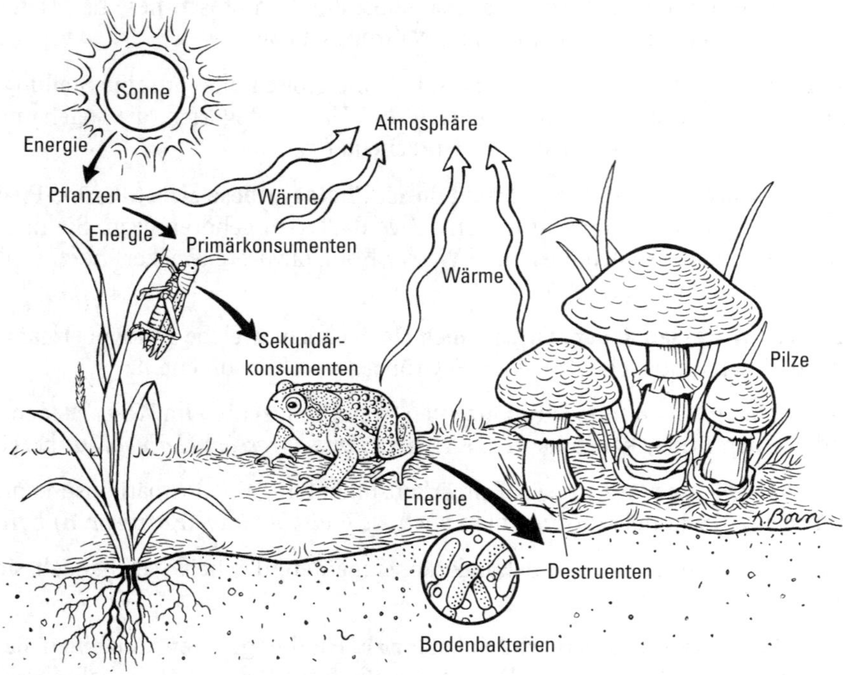

Abbildung 18.2: Die Energieströme in einer Nahrungskette.

Die Gesetze der Energieströme

Die ursprüngliche Energiequelle für nahezu alles Leben auf der Erde ist die Sonne. Ohne Sonnenenergie wäre ein Leben in der heutigen Form einfach nicht möglich. Photoautotrophe Organismen, vor allem die Pflanzen, nutzen die Sonnenenergie und bauen Biomasse auf, die als Nahrungsgrundlage für alle weiteren Glieder der Nahrungskette dient. Auch Energieformen wie Strom und Treibstoffe, die unser hochentwickeltes Leben aufrecht erhalten, gehen letztendlich auf Sonnenenergie zurück. So haben sich die großen Öl-, Kohle- und Gaslagerstätten der Erde, die wir seit langer Zeit ausbeuten, aus den Überresten von Wäldern gebildet, die vor rund 350 Millionen Jahren im Karbon gewachsen sind. Tagtäglich liefert die Sonne der Erde Energie über ihre Strahlung und Pflanzen sind die einzigen Organismen, die diese Energieform direkt nutzen können. Um die Energieströme der Erde besser verstehen zu können, möchte ich nachfolgend ein paar Grundregeln der Energielehre vorstellen.

Die Interaktionen in Ökosystemen werden im Wesentlichen von vier energetischen Prinzipien bestimmt:

✔ **Energie kann weder erzeugt noch zerstört werden**. So lautet *der erste Hauptsatz der Thermodynamik*, der sogenannte Energieerhaltungssatz – ein grundlegendes Gesetz unseres Universums. Daraus folgt, dass jedes Lebewesen Energie von irgendwoher bekommen muss; Auch Pflanzen erzeugen die Energie nicht selbst – sie nutzen Sonnenenergie und speichern sie in Nährstoffmolekülen.

- ✔ **Ein *Energietransfer* findet zum Beispiel statt, wenn ein Organismus einen anderen frisst.** Die Energie, die in einer Kleepflanze (= Produzent) steckt, wird in den Körper einer Kuh (= Primärkonsument) übertragen, wenn die Kuh den Klee frisst. Wenn Sie Energieübertragungen beschreiben, sollten Sie stets die Quelle und den Empfänger der Energie nennen.

- ✔ **Energieumwandlung bedeutet, dass zum Beispiel Lichtenergie in chemische Energie verwandelt wird.** Genau das machen Pflanzen bei der Photosynthese, wenn sie Sonnenenergie in Zuckerenergie (=Kohlehydratmoleküle) umwandeln. Auch hier ist es wichtig, beide Energieformen (Ausgangsform und Endform) zu benennen.

- ✔ **Beim Energietransfer zwischen Lebewesen wird stets ein Teil der Energie in Wärme umgewandelt.** Diese Aussage geht auf den *zweiten Hauptsatz der Thermodynamik* zurück, ebenfalls eine grundlegende Gesetzmäßigkeit unseres Universums. Das Gesetz hat zur Konsequenz, dass kein Energietransfer hundertprozentig ist; stets geht ein Teil der Energie als Wärmeenergie verloren. Wärme kann von Lebewesen nicht als Energiequelle genutzt werden.

Die Kosten des Energietransfers

Die Sonne versorgt alle Lebewesen mit Energie, indem ihre Energie die verschiedenen Trophieebenen des Nahrungsnetzes durchläuft. Dabei wird sie immer wieder von einem Organismus auf den nächsten übertragen (transferiert) – das kostet Energie. So nimmt die Energiemenge, die für die Organismen verfügbar ist, mit jedem Transfer stetig ab. Denn immer geht etwas Energie als Wärme an die Atmosphäre verloren (siehe Abbildung 18.2). Denken Sie beispielsweise einmal an sich selbst, wenn Sie Sport machen. Dann laufen in ihrem Körper viele Energietransfers ab, damit Ihre Muskelzellen ordentlich arbeiten können. Dabei wird immer etwas Wärme frei, die Ihren Körper über die Haut verlässt – und Sie schwitzen lässt. Dies ist ein extremes Beispiel, weil Sie die Wärme regelrecht spüren können, wenn Sie neben einem schwitzenden Menschen stehen. Aber prinzipiell läuft das Gleiche in jedem Lebewesen ab, auch in pflanzlichen Körpern, die sich nicht von der Stelle bewegen. Auch bei ihnen geht bei jedem Energietransfer einer Zelle etwas Energie als Wärme an die Umgebung verloren (siehe Kapitel 6 und besonders Abbildung 6.5).

Wenn ein Organismus Energie für seine körpereigenen Funktionen nutzen möchte, muss er Energie von einem anderen Organismus gewinnen. Jeder Energietransfer kostet etwas Energie in Form von Wärme, sodass die insgesamt im Ökosystem verfügbare Energie mit jedem Transfer abnimmt. Je höher wir in der Trophieebene kommen, desto geringer also die Energiemenge. Abbildung 18.3 illustriert diesen Energieverlust in Form einer *Energiepyramide*, auch trophische Pyramide genannt.

- ✔ Produzenten nutzen etwa ein Prozent der verfügbaren Sonnenenergie und wandeln sie in chemische Energie in Form von Biomasse um, das heißt, sie speichern die Energie als Moleküle ihres Körpers. Produzenten wachsen, indem sie einen Großteil der gespeicherten Energie auf ATP übertragen; dabei wird immer etwas Energie in Wärme umgewandelt und an die Umgebung abgegeben. Die Sonne liefert pro Quadratmeter und Jahr eine Energiemenge von ungefähr 1.095.000 Kilokalorien. Davon werden jedoch nur etwa 10.950 Kilokalorien in Form von Biomasse gespeichert.

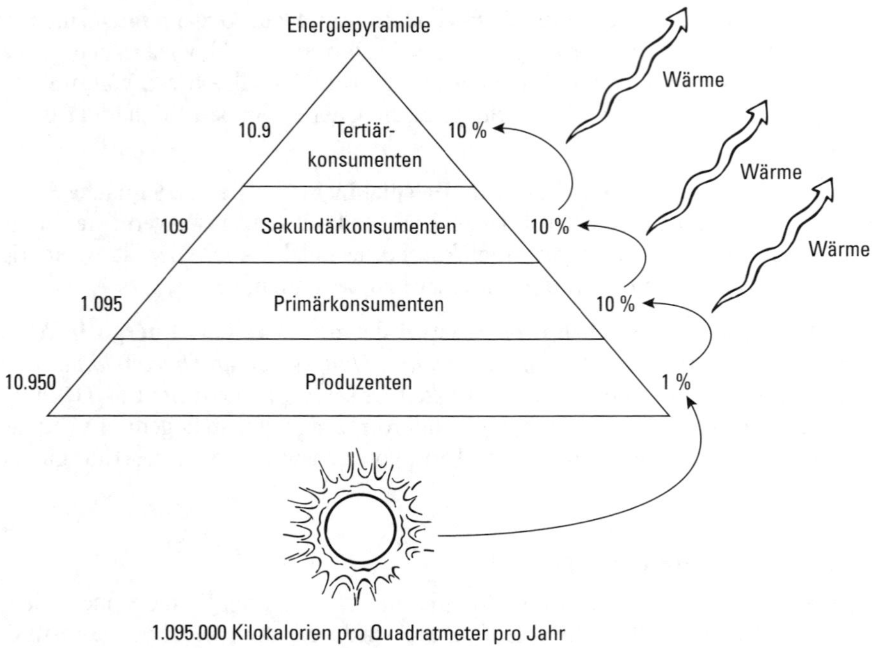

Abbildung 18.3: Die Energiepyramide.

- Primärkonsumenten erlangen etwa zehn Prozent der Energie, die von den Produzenten gespeichert wurde. Pflanzen dienen als Nahrung für Tiere; sie werden gefressen und die Moleküle des Pflanzenkörpers verwerten die Tiere, indem sie die darin gespeicherte Energie auf ATP übertragen. Dabei wird wiederum Wärmeenergie frei und die im Körper der Primärkonsumenten gespeicherte Energie reduziert sich auf etwa 1.095 Kilokalorien.
- Sekundärkonsumenten erlangen etwa zehn Prozent der Energie, die von den Primärkonsumenten gespeichert wurde. Sekundärkonsumenten fressen Primärkonsumenten und nutzen deren Körper als Nahrung. Sie wachsen, reproduzieren und bewegen sich, indem sie die Energie auf ATP übertragen. Erneut wird etwas Energie in Wärme umgewandelt und an die Umgebung abgegeben; so bleiben nur noch circa 109 Kilokalorien übrig, die im Körper von Sekundärkonsumenten gespeichert sind.
- Tertiärkonsumenten erlangen etwa zehn Prozent der Energie, die von den Sekundärkonsumenten gespeichert wurde. Es wiederholt sich das zuvor beschriebene Szenario erneut, sodass von der riesigen Menge an Sonnenenergie nur rund elf Kilokalorien in den Körpern von Tertiärkonsumenten gespeichert werden.
- Destruenten nutzen totes organisches Material von jeder Trophieebene als Nahrung. Wenn Organismen sterben, werden ihre Überreste von Destruenten verwertet. Tote pflanzliche und tierische Biomasse enthält viel Energie, die von Würmern, Pilzen und Bakterien auf ATP übertragen wird und deren Wachstum ermöglicht. Auch bei diesen Energietransfers wird Energie als Wärme an die Atmosphäre abgegeben.

Nach Meinung von Ökologen werden Ökosysteme lediglich von Energie durchflossen. Die Energie kommt aus dem Universum, von der Sonne, durchläuft die verschiedenen Trophieebenen in Form von Organismen und wird dann als Wärmeenergie wieder an die Atmosphäre abgegeben. Diese überträgt die Energie dann wieder an das Universum – der Kreis ist geschlossen.

Vielleicht haben Sie schon einmal den Begriff »Endglied der Nahrungskette« gehört? Damit werden in der Regel große Karnivoren bezeichnet, Bären und Schwertfische etwa, die keine natürlichen Feinde mehr haben. Solche Arten stehen in der Regel auf der vierten Trophieebene, sind also Tertiärkonsumenten. Höhere trophische Ebenen erreicht kein Lebewesen, da die Energieverluste zu groß wären.

Mit jeder trophischen Ebene nimmt der Energiegehalt um circa 90 Prozent ab, das heißt, jede Ebene besitzt nur etwa zehn Prozent der Energie der nächst höheren Ebene. Ökologen sprechen in diesem Zusammenhang von der »Zehn-Prozent-Regel».

Möglicherweise haben Sie Wissenschaftler auch schon sagen hören: »Energie geht als Wärme verloren.« Das ist etwas missverständlich. Wenn Sie sich an den ersten Hauptsatz der Thermodynamik erinnern, wissen Sie, dass Energie niemals verloren gehen kann. Was die Leute mit diesem Ausspruch meinen ist ganz einfach: Die Energie ist für das jeweilige Ökosystem verloren. Wärmeenergie kann nicht mehr von irgendeinem Organismus genutzt werden. Dennoch ist die Energie in der Umgebung noch vorhanden; sie wurde nicht zerstört, sondern in Wärme umgewandelt. Dementsprechend rate ich Ihnen, im Zusammenhang mit Energie nie von »verloren«, »zerstört« oder Ähnlichem zu sprechen. Verwenden Sie stattdessen besser die Begriffe »übertragen« und »umwandeln«, dann werden Sie einige Verwirrung vermeiden.

Die Unendlichkeit der Stoffkreisläufe

Nahezu die gesamte Materie auf unserem Planeten, also alle Stoffe und Moleküle, aus denen die Körper der Lebewesen bestehen, sind schon von Anbeginn aller Zeiten auf der Erde vorhanden. Denken Sie mal darüber nach. Es muss ja so sein. Das einzige, was ständig neu auf die Erde kommt, ist die Sonnenenergie. Alles andere war da, ist da und bleibt da; es wird nur ständig umgewandelt und recycelt. Es stürzen nicht regelmäßig Asteroiden auf die Erde und versorgen unseren Planeten mit neuer Materie. Alle Elemente, aus denen die Moleküle des Lebens bestehen (also Kohlenstoff, Wasserstoff, Sauerstoff, Stickstoff, Phosphor und andere), werden immer wieder neu für Wachstumsprozesse genutzt und nach dem Tod des Organismus recycelt. Die Destruenten, die von toter Biomasse leben, setzen Atome so frei, dass sie von anderen Lebewesen wieder genutzt werden können.

Ökologen sagen, dass die Materie in den Ökosystemen zirkuliert. Sie verfolgen Aufbau und Recycling der Atome mit sogenannten *biogeochemischen Stoffkreisläufen*; *bio-*, weil Lebewesen beteiligt sind; *geo-*, weil die Erde beteiligt ist und *chemisch*, weil es sich um chemische Prozesse handelt.

Der Kohlenstoffkreislauf

Das Leben auf der Erde basiert auf Kohlenstoff. Die Proteine, Kohlenhydrate und Fette, die einen Organismus aufbauen, besitzen alle ein Grundgerüst aus Kohlenstoff. In ein Ökosystem gelangt Kohlenstoff durch die Produzenten, die ihn in Form von Kohlendioxid aus der Atmosphäre aufnehmen und in Kohlenhydrate einbauen; der entscheidende Schritt ist die Kohlenstofffixierung (siehe Photosynthese in Kapitel 7). Wenn der Kohlenstoff dann in Zuckermolekülen gebunden ist, wird er von Organismen immer wieder verwendet; sie schleusen ihn durch Nahrungsketten und schließlich als Kohlendioxid zurück in die Atmosphäre. Abbildung 18.4 veranschaulicht diesen Kreislauf des Kohlenstoffs anhand der wichtigsten Prozesse:

- **Produzenten fixieren Kohlenstoff aus der Luft und bauen ihn in Nahrungsmoleküle ein.** Die meisten Ökosysteme basieren auf der Photosynthese der Produzenten. Dabei werden Kohlenhydrate ($C_6H_{12}O_6$) aus Kohlendioxid (CO_2) und Wasser (H_2O) gebildet. Pflanzen nutzen dann die Kohlenhydrate als Energie- und Baustoffquelle, um zu wachsen.

- **Konsumenten und Destruenten fressen andere Organismen und übertragen damit den Kohlenstoff in ihre eigenen Körper.** Diese heterotrophen Organismen nehmen hauptsächlich Kohlenhydrate, Fette und Eiweiße als Nahrung auf. Dann bauen sie die Moleküle entsprechend ihren eigenen Bedürfnissen um, sodass sie wachsen, sich bewegen und reproduzieren können.

- **Immer wenn ein Organismus ein Nahrungsmolekül als Energiequelle nutzt, also es abbaut, wird Kohlenstoff in Form von Kohlendioxid an die Umwelt abgegeben.** Viele Organismen nutzen die Zellatmung zum Abbau von Nahrungsmolekülen; sie übertragen die Energie aus der Nahrung für ihre zellulären Prozesse auf ATP. Beim Abbau der Nahrungsmoleküle werden die Molekülbindungen so verändert, dass Kohlendioxid und Wasser als

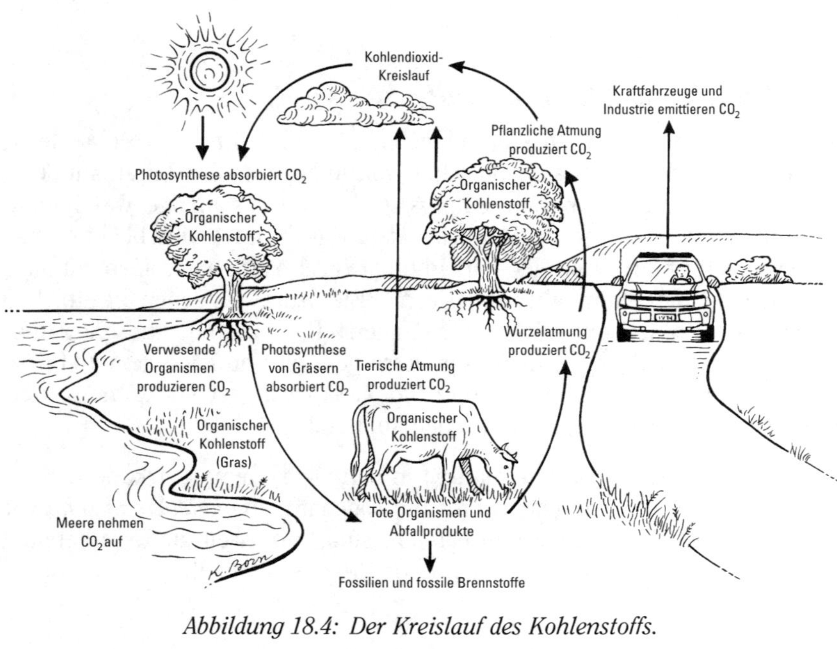

Abbildung 18.4: Der Kreislauf des Kohlenstoffs.

Abfallstoffe entstehen. CO_2- und H_2O-Moleküle beinhalten sehr wenig Energie und werden an die Umgebung freigesetzt.

Die meisten Leute wissen, dass Tiere durch ihre Atmung Kohlendioxid an die Atmosphäre abgeben. Pflanzen tun jedoch genau dasselbe. Das wird oft vergessen. Es ist vielleicht auch etwas schwer zu verstehen, dass ein Organismus, der so viel CO_2 aus der Luft aufnimmt, auch wieder CO_2 abgibt. Aber es ist so. Pflanzen atmen auch CO_2 aus, wenn sie Nahrungsmoleküle abbauen. In Kapitel 8 sind die Einzelheiten der Zellatmung dargestellt.

Innerhalb des Kohlenstoffkreislaufs kann sich das Gleichgewicht des Elements verschieben. Es entstehen unter Umständen sogenannte *Kohlenstoffsenken,* wo sich das Element für kurze oder auch längere Zeit anreichert. Aus den sogenannten *Kohlenstoffquellen* wird Kohlenstoff an die Umwelt abgegeben:

- ✔ Die toten Körper von Organismen speichern Kohlenstoff für relativ kurze Zeit.
- ✔ Fossile Brennstoffe enthalten Kohlenstoff, der aus den Körpern von längst ausgestorbenen Organismen stammt. Er hat sich unter besonderen Bedingungen in diesen Lagerstätten angereichert und bis heute als Kohle, Öl und Gas gehalten.
- ✔ Die Weltmeere speichern sehr viel Kohlenstoff in Form von Kohlendioxid, das im Wasser gelöst ist.
- ✔ Anorganischer Kohlenstoff, wie etwa Kalk ($CaCO_3$), ist zum Beispiel in Muschelschalen gespeichert. Fossile Muschelschalen, wie sie in den Kreidefelsen von Dover (England) vorkommen, können immense Mengen an Kohlenstoff speichern.

Menschliches Handeln, insbesondere seit Beginn der industriellen Revolution, hat einen großen Einfluss auf das weltweite Gleichgewicht des Kohlenstoffs:

- ✔ **Wenn Wälder abgeholzt werden, verschwinden auch effektive Kohlenstoffsenken.** Wenn dann das Holz noch verbrannt wird, gelangt Kohlenstoff als klimaschädliches Kohlendioxid in die Atmosphäre.
- ✔ **Die Verbrennung fossiler Energieträger stellt eine weitere Quelle für Kohlenstoff in der Atmosphäre dar.** Die Nutzung von Kohle, Gas und Öl führt dazu, dass der Kohlenstoff aus den fossilen Brennstoffen als CO_2 in die Atmosphäre gelangt. Dort hat Kohlendioxid mittlerweile die höchste Konzentration seit Beginn der Messungen erreicht.
- ✔ **Die mit dem Klimawandel ansteigende Temperatur auf der Erde reduziert die Fähigkeit der Meere, als Kohlenstoffsenke zu dienen.** In warmem Wasser kann sich weniger CO_2 lösen als in kaltem Wasser. Wenn also im Zuge des Klimawandels auch die Meerestemperaturen steigen, wird ein Teil des zurzeit im Meer gelösten CO_2 in die Atmosphäre entweichen.

Der Stickstoffkreislauf

Stickstoff ist ein lebenswichtiges Element, weil die Zellen ihn zum Aufbau von Aminosäuren brauchen, aus denen die Proteine bestehen; außerdem wird er zur Synthese der DNA und RNA benötigt. Details zum Aufbau dieser Moleküle finden Sie in Kapitel 2.

Biologische Stickstofffixierung findet statt, wenn die sogenannten Stickstoff-fixierenden Bakterien elementaren Luftstickstoff binden und in eine ionisierte Form verwandeln, die von anderen Lebewesen genutzt werden kann. Wenn Stickstoff erst einmal gebunden und in den Kreislauf gelangt ist, wird er in den Nahrungsketten umgewandelt und recycelt, bis er schließlich wieder in die Atmosphäre gelangt.

Abbildung 18.5 zeigt die wesentlichen Prozesse des Stickstoffkreislaufs:

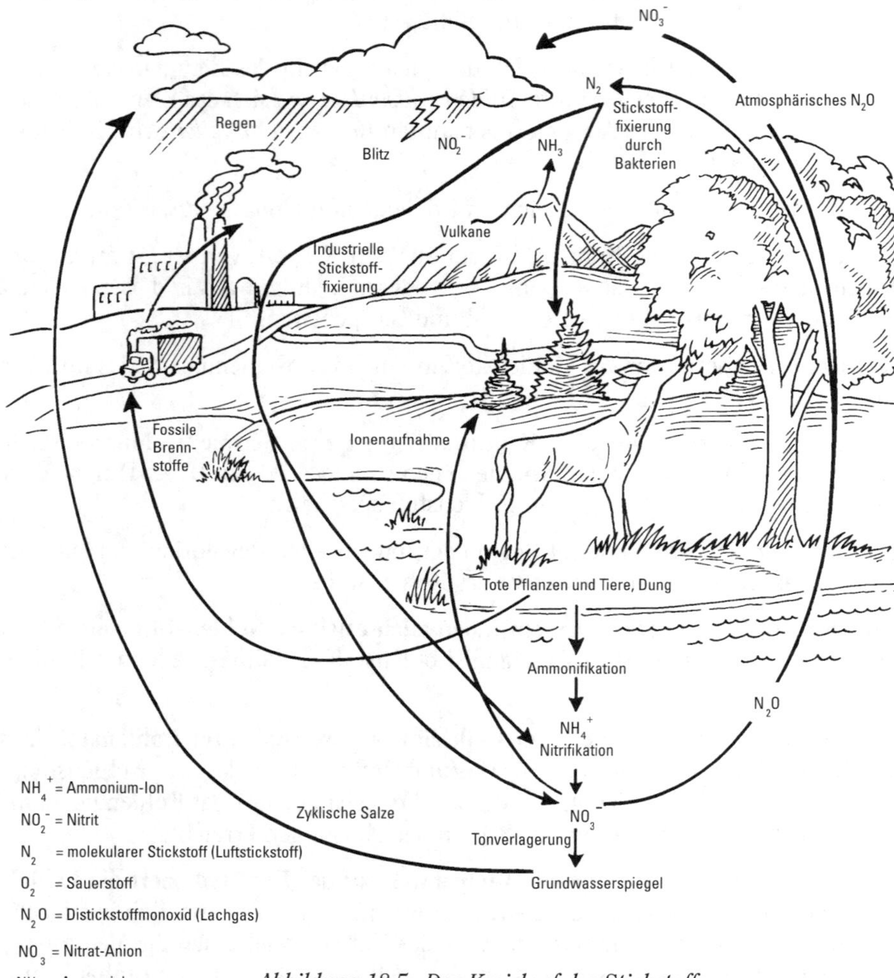

Abbildung 18.5: Der Kreislauf des Stickstoffs.

- **Bei der Stickstofffixierung wird molekularer Luftstickstoff (N_2) in eine chemische Form umgewandelt, die für andere Organismen nutzbar ist.** Der gasförmige Luftstickstoff kann von kaum einem Lebewesen aufgenommen werden. Somit hängen Ökosysteme für ihre Stickstoffversorgung von der Fähigkeit bestimmter Bodenbakterien (unter anderem Knöllchenbakterien der Leguminosen) ab, die den Luftstickstoff in eine ionisierte Form (NH_4^+ oder NO_3^-) überführen; dann ist er für andere Lebewesen nutzbar. Ein geringer Teil der globalen Luftstickstofffixierung erfolgt auch durch Gewitterblitze und durch die chemische Industrie bei der Düngemittelproduktion. Letztere ist allerdings sehr energieaufwändig.

- ✔ **Produzenten nehmen Stickstoff als Ammonium (NH_4^+) oder Nitrat (NO_3^-) mit dem Wasser auf.** Pflanzen absorbieren die Ionen mit dem Bodenwasser durch ihre Wurzeln. Aquatische Produzenten wie Algen nehmen den Stickstoff direkt aus dem umgebenden Wasser auf.

- ✔ **Destruenten erlangen Stickstoff durch den Abbau von toter Biomasse, wobei sie auch etwas Stickstoff wieder an den Boden abgeben (*Ammonifikation*).** Durch den Abbau von Proteinen aus toter Biomasse wird möglicherweise mehr Stickstoff frei, als die Destruenten selbst benötigen. Sie geben dann diesen überschüssigen Stickstoff in Form von Ammonium (NH_3) an den Boden ab. Diese Ammonifikation findet auch statt, wenn Bakterien die Exkremente von Organismen (Harnstoff und Harnsäure) im Boden umwandeln. Wenn NH_3 mit dem Bodenwasser in Kontakt kommt, reagiert es zum Ammonium-Ion (NH_4^+).

- ✔ **Bakterien wandeln Stickstoff um, weil sie bestimmte Formen als Energiequelle nutzen:**

  - **Bei der *Nitrifikation* wird Ammonium oxidiert, zuerst zu Nitrit und dann zu Nitrat.** Bestimmte Bakterien gewinnen Energie, indem sie Ammonium (NH_3) in Nitrit (NO_2^-) umwandeln. Andere Bakterien gewinnen Energie aus der Umwandlung von Nitrit in Nitrat (NO_3^-).

  - **Bei der *Denitrifikation* wird Nitrat zu Nitrit und dann zu molekularem Stickstoff (N_2) reduziert.** Einige Bodenbakterien nutzen Nitrat anstelle von Sauerstoff als Oxidationsmittel für die Zellatmung (siehe Kapitel 8). Das dabei entstehende Nitrit wird an den Boden, der molekulare Stickstoff an die Atmosphäre abgegeben.

Interaktionen von Organismen

Alle Lebewesen eines Ökosystems stehen über das ökologische Netz in ständigem Kontakt und interagieren miteinander. Triebfeder ist die unaufhörliche Suche nach Energie, Wasser und Nährstoffen. Diese stehen aber in der Regel nur in begrenztem Maße zur Verfügung. Für Lebensgemeinschaften von Pflanzen kommt außerdem der Bedarf nach Licht hinzu. Stets ist es eine dieser Ressourcen, die das Wachstum der Lebensgemeinschaft begrenzt. Wir bezeichnen diese als limitierenden Faktor. Unter Standardbedingungen, das heißt bei ausreichend Licht, Wasser und Mineralien, ist es meist Stickstoff, der das Pflanzenwachstum begrenzt. Nicht umsonst düngen Landwirte vornehmlich mit diesem Makronährstoff. In Wüsten ist Wasser der limitierende Faktor und am Waldboden ist es das Licht.

Die Konkurrenz entscheidet

Aufgrund der oben genannten Grundvoraussetzungen herrscht in natürlichen Ökosystemen *Konkurrenz* zwischen den Organismen. Sie konkurrieren um den besten Zugang zu Ressourcen und beeinflussen sich dabei gegenseitig negativ. Der jeweils Schwächere wird schlechter wachsen und sich vielleicht gar nicht vermehren können. Wenn Sie also in Ihrem Garten im Frühjahr Möhren säen und dann drei Monate nur zusehen, wie alles wächst, dann werden sicher ein paar Möhren gewachsen sein, aber eben auch viele andere Wildkräuter. Gehen Sie dagegen regelmäßig zum Jäten ins Möhrenbeet und entfernen die unerwünschten Wildkräuter, werden Sie eine bessere Möhrenernte haben. Als Gärtner greifen Sie in die natürlichen Konkurrenzverhältnisse ein. Sie favorisieren Möhren und entfernen andere konkurrenzstarke Arten.

Entfernen Sie zum Beispiel bei Ihren Gehölzen im Garten die unmittelbare Wurzelkonkurrenz, also die Pflanzen, die in nächster Nähe Ihrer Lieblingssträucher wachsen. Das fördert deren Wachstum immens und bringt oft mehr als düngen und bewässern – was Sie natürlich beides nicht ganz unterlassen sollten. Manche Pflanzen, zum Beispiel der Walnussbaum *(Juglans regia)*, verschaffen sich sogar selbst bessere Wuchsbedingungen, indem sie bestimmte chemische Stoffe in den Boden abgegeben. Die Substanzen hemmen dann das Wachstum anderer Wurzeln und verhindern die Keimung artfremder Samen. Dieses Ausschalten der Konkurrenz durch einzelne Individuen oder Pflanzengruppen wird als *Allelopathie* bezeichnet.

Die Konkurrenzstärke einer bestimmten Art ist von den Standortbedingungen abhängig, denn jede Art hat ihr eigenes Optimum bezüglich Wasser, Licht und Nährstoffen – es gibt Standortbedingungen, an die eine Art besonders gut angepasst ist und unter denen sie besonders konkurrenzstark ist. So kann man beispielsweise eine stickstoffreiche Kuhweide, auf der nur wenige Grasarten wachsen, in eine artenreichere Wiese verwandeln, indem man sie ausmagert. Man stellt die Düngung und Bewirtschaftung ein, mäht einmal im Jahr und entfernt das Schnittgut. Stickstoff wird mit der Zeit Mangelware und auch Pflanzen, die auf Tritt und Beweidung empfindlich reagieren, können jetzt dort wachsen. Über die Jahre ändert sich so das Artenspektrum; die Konkurrenzverhältnisse verschieben sich zugunsten von Arten, die bei einem Überangebot von Stickstoff überwuchert werden. Ebenso kann man zum Beispiel durch Eingriffe in den Wasserhaushalt die Artenzusammensetzung von Pflanzengemeinschaften beeinflussen.

Konkurrenz tritt sowohl zwischen verschiedenen Arten (interspezifische Konkurrenz) als auch zwischen Individuen einer Art (intraspezifische Konkurrenz) auf. Die Konkurrenz zwischen den verschiedenen Pflanzen in einem Lebensraum bestimmt die Struktur der Lebensgemeinschaft und das Erscheinungsbild der Landschaft. Gutes oder schlechtes Wachstum einer bestimmten Pflanze ist immer auch eine Folge der jeweils herrschenden Konkurrenzverhältnisse.

Zusammenleben – oder besser nicht?

Organismen verschiedener Arten haben teilweise sehr intensive Beziehungen zueinander und leben daher oft räumlich sehr eng zusammen. Manchmal ist solch eine Beziehung für beide Arten von Nutzen, manchmal nur für eine Art. Und manchmal leben die beiden Arten gar nicht eng zusammen, profitieren aber dennoch voneinander. Schließlich kann ein solches Zusammenleben auch einer der beiden Arten schaden. Biologen haben für jede Art dieser Interaktion eine bestimmte Bezeichnung. Bevor nun einige Beispiele vorgestellt werden, sollen die Begriffe kurz erklärt werden:

- ✔ **Mutualismus:** Damit wird allgemein eine für beide Arten vorteilhafte Beziehung bezeichnet, sei es nun in enger, symbiontischer Nachbarschaft (siehe unten) oder ohne direktes Zusammenleben. Wir haben bereits mutualistische Beziehungen kennengelernt, in Kapitel 17 im Abschnitt zur Bestäubungsbiologie. Denn die Beziehung einer Blütenpflanze zu ihrem Bestäuber ist nichts anderes als Mutualismus. Der Bestäuber erhält Nahrung in Form von Nektar und Pollen, die Pflanze wird mit fremdem Pollen bestäubt und erhöht so ihre genetische Diversität.

- ✔ **Symbiose:** Zwei artverschiedene Organismen leben eng zusammenn und profitieren zumindest zeitweise beide davon. Die bekanntesten Beispiele sind Flechten (siehe unten), die Mykorrhiza der Waldbäume (siehe Abschnitt in Kapitel 4 und Abbildung 4.9) und die Knöllchenbakterien an den Wurzeln von Erlen und Leguminosen (siehe unten).

- ✔ **Kommensalismus:** Eine Beziehung zwischen zwei Arten, die für den einen Organismus vorteilhaft ist, den anderen aber nicht oder kaum beeinflusst. Klassisches Beispiel sind hier die Epiphyten. Sie leben auf anderen Pflanzen, profitieren also von ihrem Partner, indem dieser den Lebensraum zur Verfügung stellt. Der Regenwaldbaum, in dessen Krone einige Farne und Orchideen epiphytisch leben, hat jedoch weder Vor- noch Nachteile davon.

- ✔ **Parasitismus:** Bei dieser Beziehungsform lebt ein Organismus auf Kosten seines noch lebenden Partners. Parasiten gibt es im Tier- und im Pflanzenreich. Unter den Blütenpflanzen leben beispielsweise etwa 3.000 Arten teilweise oder vollständig parasitär von anderen Pflanzen. *Vollparasiten* (zum Beispiel *Orobanche* und *Cuscuta*) haben gewöhnlich kein Chlorophyll und keine Wurzeln mehr – wozu auch, denn der Partner liefert ja alles Lebensnotwendige – und ernähren sich zu hundert Prozent von ihrem Wirt. Sie dringen mit speziellen Strukturen, den *Haustorien*, durch die Epidermis ins Leitungsgewebe des Wirtes ein und zapfen Wasser, Mineralien und Kohlenhydrate ab. Im Extremfall kann die Wirtspflanze daran zugrunde gehen. Im Gegensatz dazu betreiben sogenannte *Halbparasiten*, wie Misteln *(Viscum)*, Wachtelweizen *(Melampyrum)* und Läusekraut *(Pedicularis)* daneben noch selbst Photosynthese. Es sind grüne Pflanzen, die mit ihren Haustorien nur ins Xylem der Wirte eindringen und Wasser und Mineralien abzapfen.

Pflanzen haben im Laufe der Evolution einige äußerst faszinierende Formen des Zusammenlebens entwickelt:

- ✔ **Akazien leben in einer mutualistischen Beziehung mit Ameisen zusammen.** Mehrere Arten der Gattung *Acacia* bilden relativ große Nebenblattdornen, die von bestimmten Ameisen ausgehöhlt und als Lebensraum genutzt werden. Sie bauen darin ihre Nester und werden von den Akazien auch noch mit Nährstoffen versorgt. An der Basis der Dornen sitzen Nektardrüsen (*Nektarien*), deren zuckerhaltiger Saft den erwachsenen Ameisen gut schmeckt. Außerdem produziert der Baum proteinhaltige Fraßkörperchen, die zur Ernährung der Ameisenlarven dienen. Im Gegenzug verteidigen die Ameisen den Baum. Wenn etwa Kletterpflanzen emporwachsen, nagen die Ameisen die Ranken ab und wenn Schadinsekten dem Baum zu schaffen machen, werden diese attackiert und in die Flucht geschlagen.

- Pflanzen aus der Familie der Ananasgewächse (Bromeliaceae), die sogenannten ***Bromelien***, wachsen als Epiphyten auf Regenwaldbäumen. Es handelt sich also um **Kommensalismus**: Bromelien bekommen von dem Baum einen Platz an der Sonne, schaden ihm aber dadurch nicht. Soweit so gut. Interessant ist jetzt aber, dass die Bromelien ihrerseits **mutualistisch** mit Baumfröschen und anderen aquatischen Tieren zusammenleben. Ihre Blätter stehen nämlich in einer Rosette dicht zusammen, sodass sich in der Mitte der Pflanze eine Vertiefung bildet. Darin sammelt sich Wasser – es entsteht ein kleiner Teich, der von verschiedenen Tieren als Lebensraum genutzt wird. Manche Vögel kommen nur kurz zum Trinken vorbei, andere verbringen ihr gesamtes Leben in diesem kleinen Ökosystem. Und wo ist nun der Vorteil für die Bromelie? Sie erhält über die Exkremente der Tiere mineralische Nährstoffe, was für Epiphyten ohne Bodenkontakt extrem wichtig ist.
- ***Flechten*** **sind Doppelorganismen**. Sie entstehen durch eine lebenslange **Symbiose** zwischen bestimmten Pilzen und Algen oder Cyanobakterien. Obwohl Flechten also aus zwei verschiedenen Arten beziehungsweise Lebewesen bestehen, erhalten sie eigene wissenschaftliche Namen. Dies ist auch gerechtfertigt, denn sie sehen ja aus wie Pflanzen und wir kennen heute mehr als 20.000 Arten. Sicher haben Sie schon Flechten gesehen, zum Beispiel an Baumstämmen oder auf Dächern; besonders häufig sind sie abseits der Industriezentren, denn Flechten sind allgemein sehr empfindlich gegenüber Luftverschmutzung. Außerdem können sie unter sehr extremen Bedingungen überleben, zum Beispiel auf exponierten Steinen im Hochgebirge, wo Wasser und Nährstoffe rar sind. Wir unterscheiden je nach Wuchsform Krustenflechten, Blattflechten und Strauchflechten. Erstere treten nur als flacher, oft kräftig gefärbter Überzug auf Steinen in Erscheinung, während Letztere in feuchten Klimaregionen von den Baumästen herunterhängen. Blattflechten stehen als mittelgroße Organismen dazwischen. Allen Flechten gemeinsam ist die Art der Symbiose: Der farbige Teil der Flechte geht auf eine Grünalge oder ein Cyanobakterium zurück, die Photosynthese betreiben und dadurch Wachstum ermöglichen. Der Pilz bildet den eigentlichen Körper der Flechte und ist für die Wasser- und Mineralstoffversorgung zuständig. Die Alge ist also im schützenden Pilzgewebe eingeschlossen.
- **Bestimmte Pflanzen leben in Symbiose mit Knöllchenbakterien, die Luftstickstoff binden können.** Stickstoff ist, wie oben erläutert, an vielen Standorten ein limitierender Faktor und so stellt die Symbiose mit den Bakterien für die Pflanzen einen deutlichen Konkurrenzvorteil dar. Die Mikroorganismen besiedeln die Wurzeln von Erlen *(Alnus)* sowie von Vertretern der Hülsenfrüchtler (Leguminosen), wie etwa Bohnen *(Vicia)* und Klee *(Trifolium)*, und leben darin als gern gesehener Gast. Die Pflanze gibt Obdach und liefert ihnen Nährstoffe. Die Bakterien fixieren molekularen Stickstoff (N_2) aus der Luft, der für Pflanzen nicht verwertbar ist, und wandeln ihn in eine ionisierte Form um, die über die Wurzeln absorbiert werden kann (siehe auch den Abschnitt »Stickstoffkreislauf« in diesem Kapitel).

Die Macht der Pflanzengemeinschaften

Pflanzengemeinschaften sind in der Regel die dominierenden Elemente von Ökosystemen. Sie bilden die Struktur und stellen meist den größten Teil der *Biomasse*. Die Biomasse eines Ökosystems ist die gesamte Masse aller Organismen, die in ihm leben. Die jeweils herrschenden Umweltbedingungen, also die Niederschlagsmenge, Lichtintensität, Temperaturspanne und Bodenbeschaffenheit führen zu bestimmten Standortfaktoren in einem Ökosystem. Über die oben beschriebenen Konkurrenzverhältnisse führen die Standortfaktoren dann zu einem ganz bestimmten Artenspektrum, das heißt, sie legen fest, welche Pflanzenarten in einem Ökosystem wachsen. Weil die so entstehende Pflanzengemeinschaft Lebensraum und Nahrung für alle weiteren Organismen des Ökosystems bereitstellt, bestimmt sie deren Verbreitung und letztlich auch den Typ des Ökosystems.

Aufgrund dieses hohen Stellenwerts von Pflanzengemeinschaften beschäftigen sich manche Botaniker seit langer Zeit speziell mit ihnen. Sie etablierten innerhalb der Vegetationskunde den Bereich der **Pflanzensoziologie**, die es sich zur Aufgabe gemacht hat, unterschiedliche Pflanzengemeinschaften zu identifizieren. Mittlerweile unterscheiden wir zahlreiche Pflanzengesellschaften und können sie benennen. Jede davon weist sogenannte Charakter- und Differenzialarten auf, also Arten, die für die Gesellschaft charakteristisch sind und die sie gegenüber anderen Gesellschaften abgrenzen. Jede Pflanzengesellschaft hat auch eine Vorliebe für bestimmte Standorte und aufgrund von Lebensraumzerstörung sind einige Pflanzengesellschaften bereits sehr selten geworden. Pflanzensoziologen brauchen eine sehr gute Artenkenntnis und ihre Forschungsergebnisse sind heute für viele naturschutzfachliche Fragestellungen von Bedeutung.

Innerhalb der **Ökologie** beschäftigen sich manche Forscher mit einzelnen Arten (**Autökologie**), andere mit Populationen (**Populationsökologie**) und wieder andere mit den Gemeinschaften eines Ökosystems (**Synökologie**). Dabei behandeln sie eine Lebensgemeinschaft teilweise wie eine Art und studieren deren Verhalten und ihre Beziehungen zu anderen Lebensgemeinschaften.

Biome erkunden

Einige Pflanzengemeinschaften erstrecken sich über große Gebiete und kommen auf verschiedenen Kontinenten vor. Als *Biome* bezeichnet man solche abgegrenzten und klar charakterisierten Lebensgemeinschaften von Pflanzen und Tieren. Ihre Bewohner sind an die besonderen Klimabedingungen angepasst. Weltweit unterscheiden wir heute sechs Haupttypen von Biomen:

- ✔ **Süßwasser-Biome** umfassen Teiche, Bäche, Flüsse, Seen und Feuchtgebiete. Insgesamt machen sie nur etwa drei Prozent der Landfläche der Erde aus, aber ihre ökologische Bedeutung ist enorm. Sie werden von zahlreichen, oft seltenen Arten besiedelt, wie etwa Algen, Pilzen, Pflanzen, Fischen und Insekten. Besonders artenreich sind Feuchtgebiete, die heute vielfach durch Trockenlegung und Absenkung des Grundwasserspiegels bedroht sind.

- **Marine Biome** umfassen die Weltmeere mit ihren Küsten, den Korallenriffen und den großen Flussdeltas. Sie machen etwa 75 Prozent der Erdoberfläche aus und haben eine außergewöhnlich hohe Bedeutung für die Sauerstoff- und Nährstoffversorgung der Erde – marine Pflanzen (Algen und so weiter) übernehmen mehr als die Hälfte der Photosynthese auf unserem Planeten. In einem Flussdelta mischt sich salziges Meerwasser mit Süßwasser zu sogenanntem Brackwasser. Die Bedingungen sind auch aufgrund der guten Nährstoffversorgung einzigartig und zahlreiche Tierarten haben hier ihre Kinderstuben. Fischbestände hängen beispielsweise in großem Maße von ökologisch intakten Flussmündungen ab. Weil die Küsten, wo die Flüsse münden, aber auch für uns Menschen sehr attraktiv sind, werden Deltas oft durch menschliche Siedlungs- und Bautätigkeit beeinträchtigt.

- **Wüsten-Biome** erhalten nur sehr wenig Niederschlag und machen etwa 20 Prozent der Festlandoberfläche aus. Die Lebensbedingungen sind zudem durch hohe Strahlung und extreme Temperaturschwankungen zwischen Tag und Nacht besonders hart. Bewohner dieser Biome, wie Schlangen, Eidechsen, Vögel und Nagetiere, sind daher oft nachtaktiv. Wüstenpflanzen zeichnen sich durch besondere Anpassungen aus, wie etwa wasserspeichernde Sprosse. In Kapitel 13 werden weitere spezielle Anpassungen an trockenes Klima vorgestellt.

- **Wald-Biome** bedecken circa 30 Prozent des irdischen Festlands und zeichnen sich durch die Dominanz von Holzpflanzen aus. Sie beherbergen zahlreiche Pflanzen- und Tierarten und haben eine besondere Bedeutung für den weltweiten Kohlenstoffkreislauf (siehe den entsprechenden Abschnitt in diesem Kapitel). Sie entfernen große Mengen Kohlendioxid aus der Atmosphäre und wandeln es in Biomasse (Kohlenhydrate) um. Weltweit sind Waldökosysteme extrem bedroht; die Nachfrage nach dem Rohstoff Holz sowie der Bedarf an weiteren landwirtschaftlichen Flächen treibt die Abholzung voran.

  Regenwälder gibt es in den Tropen und auch in temperierten Klimazonen, wie zum Beispiel an der Westküste Kanadas und in Neuseeland. Kennzeichnend sind hohe Niederschläge. Insbesondere die tropischen Regenwälder sind sehr artenreich. Etwa die Hälfte aller bekannten Tierarten lebt dort, darunter Gorillas, Tiger, Papageien, Schlangen, Baumfrösche und Schmetterlinge. Die besonderen Anpassungen der Pflanzen an diesen dauerfeuchten Lebensraum sind in Kapitel 13 beschrieben.

  Boreale Nadelwälder erstrecken sich über große Gebiete im Norden Russlands und Kanadas. Sie werden von immergrünen Nadelbäumen beherrscht, aber auch Birken, Espen und Weiden kommen in den feuchteren Regionen vor. Aufgrund der langen und harten Winter leben nur wenige Tiere dauerhaft in diesen Wäldern. Neben verschiedenen Nagetieren und Vögeln kommen Elche, Karibus, Wölfe, Bären und Pumas vor.

  Temperierte Laubwälder sind Ihnen sicher bekannt, denn sie dominieren auch in Deutschland. Bestandsbildend sind dabei laubabwerfende Bäume, bei uns besonders Buchen. Außerdem kommen Eiche, Hainbuche, Ahorn, Linde, Birke und Erle häufig vor. Im Sommer ist der Wald kühl und schattig, sodass nur wenige Kräuter am Boden von Buchenwäldern wachsen. Wunderbar ist es dagegen im April/Mai in den noch nicht voll belaubten Buchenwäldern. Besonders auf nährstoffreichen Standorten blühen dann zahlreiche Zwiebelpflanzen, die sogenannten Frühjahrsgeophyten; sie haben ihre Reproduktion in diese günstige Zeit verlegt und wachsen den Rest des Jahres unscheinbar im Dunkeln.

Bergwälder kenn Sie wahrscheinlich auch aus dem Sommerurlaub in den Alpen. Sie sind in den unteren Zonen noch mit einigen Laubhölzern durchsetzt, zum Beispiel mit Erlen und Weiden, während in höheren Lagen der Anteil der Nadelhölzer, vor allem Fichten, Kiefern und Tannen, immer mehr zunimmt. Im Bereich der Waldgrenze werden die Bäume dann kleiner und man findet nur noch sogenannte Krummholzgebüsche. Bergwälder beherbergen viele seltene Pflanzen- und Tierarten und je nach Exposition (zum Beispiel Nord- oder Südhang) sind die Pflanzengesellschaften oft unterschiedlich. Bergwälder sind zum Schutz vor Erosion sehr wichtig.

✔ **Grasland-Biome** werden von Süßgräsern (Poaceae) dominiert, beherbergen aber auch viele andere Tier- und Pflanzenarten (zum Beispiel viele Vögel, Insekten, Zebras, Giraffen, Löwen, Büffel und Hyänen). Sie bedecken etwa 30 Prozent der Landfläche der Erde, insbesondere in Afrika und anderen trockeneren Regionen der Welt. Die Vorherrschaft der Gräser ist meist darauf zurückzuführen, dass es für ein flächendeckendes Wachstum von Bäumen einfach zu wenig regnet. Viele Graslandschaften wurden mittlerweile in landwirtschaftliche Flächen umgewandelt, oft mit mäßigem Erfolg.

✔ **Tundra-Biome** finden wir hoch im Gebirge sowie in den Polregionen der Erde; sie bedecken etwa 15 Prozent der Landfläche und zeichnen sich durch sehr kurze Vegetationsperioden aus. Die Wasser- und Nährstoffverfügbarkeit für die Pflanzen ist stark eingeschränkt, da die Böden teilweise gar nicht auftauen (Permafrost). Die Vegetation der arktischen Tundra besteht hauptsächlich aus Zwergsträuchern, Seggen (Sauergräser, Cyperaceae), Süßgräsern, mehrjährigen Kräutern, Moosen und Flechten. In der Vegetationsperiode explodiert die Tundra förmlich und stellt für kurze Zeit ein Blütenmeer dar. Die Tierwelt umfasst unter anderem Polarfüchse, Eisbären, Vögel und Rentiere.

Sukzession – Lebensgemeinschaften verändern sich

Ökosysteme verändern sich stetig, meist langsam, aber manchmal können auch plötzliche Ereignisse zu großen Veränderungen führen. Ein Waldstück kann beispielsweise durch einen Sturm in eine baumlose Fläche verwandelt werden, Überschwemmungen bedecken weite Bereiche von Flussauen mit Schlamm und in den Bergen kann heftiger Regen einen Erdrutsch auslösen. Dann ist die Vegetation unter Umständen komplett zerstört und auch die Tierwelt hat keinen Lebensraum mehr. Aber die Natur kommt zurück und was für den Betrachter aussieht wie eine Katastrophe ist ebenso eine Chance für neues Leben. Samen fliegen an, keimen und langsam aber sicher baut sich ein neues Ökosystem auf.

Sukzession bedeutet, dass sich Lebensgemeinschaften nie in einem völlig stabilen Zustand befinden. Ökosysteme verändern sich durch Zu- und Abwanderung von Arten, durch Naturereignisse und klimatische Faktoren. Die Natur ist in ständigem Wandel.

Wir unterscheiden zwei Formen von Sukzession:

✔ **Primäre Sukzession** vollzieht sich auf neu entstandenen Landflächen, zum Beispiel nach Rückzug eines Gletschers oder nach Vulkanausbrüchen auf den Lavaflächen. Sie schließt auch eine Bodenbildung mit ein. Zu den ersten Organismen auf solchen Schotter- oder Gesteinsflächen gehören Flechten und Moose, deren Sporen heranfliegen und in winzigen

Felsrissen keimen. Wenn sie absterben, bildet ihre organische Substanz das Substrat für höhere Pflanzen, wie Farne und Samenpflanzen. Die Bodenbildung ist insgesamt ein sehr langwieriger Prozess, an dem auch physikalische und chemische Prozesse beteiligt sind.

- **Sekundäre Sukzession** vollzieht sich auf Landflächen, wo Boden und Vegetation bereits vorhanden sind. Dort ändert sich die Artenzusammensetzung ständig ein wenig und manchmal radikal, wenn Naturkatastrophen oder einschneidende menschliche Eingriffe (zum Beispiel Abholzung von Wäldern) stattgefunden haben.

Nach einer solchen natürlichen oder vom Menschen verursachten (= anthropogenen) Störung kommt es zu einer charakteristischen Sukzessionsabfolge:

1. Zuerst siedeln sich sogenannte *Pionierpflanzen* an. Sie sind relativ anspruchslos und meist sehr lichthungrig. Auf rohen Böden sind dies zum Beispiel Moose und einjährige Kräuter und auf einer Windwurffläche breiten sich typischerweise zuerst Weidenröschen *(Epilobium)*, Brombeeren *(Rubus fruticosus)*, Kiefern *(Pinus)* und Birken *(Betula)* aus.
2. Die Sukzession schreitet fort, indem die Standortbedingungen (Licht-, Wasser- und Nährstoffverfügbarkeit) von den Pionierpflanzen verändert werden; dann können sich anspruchsvollere Arten ansiedeln, die zu weiteren Änderungen der abiotischen Faktoren führen.
3. Die Vegetationsentwicklung durchläuft so verschiedene Phasen mit wechselnder Artzusammensetzung und erreicht schließlich ein sogenanntes Klimax-Stadium. Dieses zeichnet sich durch eine relativ stabile Artenzusammensetzung aus.
4. Klimaxgesellschaften verändern sich dann wieder gravierend, wenn die nächste Störung eintritt. Das kann in einem Buchenwald zum Beispiel auch das Zusammenbrechen einer alten Buche sein. Dadurch entsteht ein Loch im Kronendach und lichtbedürftige Pflanzen können wieder gedeihen.

Im Verlauf der Sukzessionsabfolge verändert sich nicht nur die Artenzusammensetzung der Lebensgemeinschaft, sondern auch die abiotischen Faktoren sind Veränderungen unterworfen. Generell nimmt die Artendiversität in Richtung des Klimax-Stadiums tendenziell zu und auch ausdauernde sowie Holzpflanzen sind in späten Sukzessionsstadien häufiger vertreten als in Pioniergesellschaften. Was die Standortfaktoren betrifft, so wird Licht zunehmend Mangelware, wohingegen sich der Boden stetig verbessert; er wird tiefgründiger, sein Humusgehalt steigt und die Wasser- und Nährstoffsituation für die Pflanzen verbessert sich. Ebenso erhöht sich die Strukturvielfalt mit fortschreitender Sukzession, indem zum Beispiel neue Lebensräume auf Totholz entstehen, und auch die gesamte Biomasse des Ökosystems sowie die Photosynthese und die Zellatmung steigen an.

Die gesamte Biomasse, die von den Pflanzen eines Ökosystems in einer bestimmten Zeit gebildet wird, nennt man die *Primärproduktion*. Sie stellt ein Maß für die Fähigkeit zur Nahrungsproduktion eines Ökosystems dar und lässt Einschätzungen zu, in welchem Maße das System als Kohlenstoffsenke fungiert.

Feuer

Wald- und Buschbrände können verheerende Auswirkungen haben, nicht zuletzt auf menschliche Siedlungen. Für die Lebensgemeinschaften bestimmter Ökosysteme sind sie jedoch völlig normal; sie treten in mehr oder weniger regelmäßigen Zeitabständen auf – zum Beispiel ausgelöst durch Blitze – und die Pflanzen haben sich an solche Feuer angepasst. Viele Ökologen beschäftigen sich speziell mit der Entstehung, Ausbreitung und den Auswirkungen von Feuern auf natürliche Lebensgemeinschaften. Sie fanden Hinweise, dass Brände sogar zur Gesunderhaltung von Ökosystemen beitragen können.

Zu den zahlreichen Auswirkungen von Feuern auf Ökosysteme gehören:

✔ **Feuer erzeugt einen Mosaikeffekt in Ökosystemen, der zu einer steigenden Artendiversität führt.** Nach einem Feuer sind manche Bereiche total verbrannt, auf anderen Flächen haben dagegen manche Pflanzen überlebt. So können sich je nach Standortsituation (Rohboden oder lückige Pflanzendecke) verschiedene Pionierpflanzen ansiedeln und ein kleinräumiges Mosaik von Pflanzengesellschaften bilden.

✔ **Feuer kann positiv oder negativ für den Boden sein.** Einerseits ist die Asche sehr mineralstoffreich und Holzkohle verbessert das Absorptionsvermögen des Bodens. Andererseits können sich durch sehr heiße Feuer auch die Bodenteilchen (Partikel) verändern, sodass ihr Wasserhaltevermögen leidet. Dann werden die Partikel aus dem feuergeschädigten Boden mit dem Regenwasser ausgewaschen – ein als *Erosion* bekannter Prozess.

✔ **Brände töten einige Tiere, andere profitieren jedoch von den veränderten Bedingungen.** Kleine Tiere wie Insekten, die nicht schnell genug flüchten können, sterben gewöhnlich durch ein Feuer. Aasfresser und Raubtiere freuen sich jedoch über die gute Sicht in der verbrannten Landschaft, was ihre Jagd erleichtert.

✔ **Feuer und Pflanzen haben eine mutualistische Beziehung.** Der Vegetationstyp bestimmt, wie leicht ein Feuer entstehen und wie schnell es sich ausbreiten kann. Umgekehrt hat die Intensität des Feuers Einfluss auf das Maß der Zerstörung einer Pflanzengesellschaft. Die Schaffung von offenen, nährstoffreichen Flächen verbessert zum Beispiel die Wachstumsbedingungen für bestimmte Pionierpflanzen. Gewisse Pflanzen haben sich an periodische Brände angepasst oder brauchen sogar Feuer, um sich vermehren zu können. Manche Kiefernzapfen öffnen sich beispielsweise nur durch die Hitze eines Feuers und Mammutbäume bilden teilweise eine mehr als 50 Zentimeter dicke Rinde aus, die gut gegen Feuerschäden schützt.

Weil Feuer die genannten positiven Effekte auf manche Ökosysteme haben, werden sie teilweise von Naturschützern absichtlich entfacht. Kontrollierte Brände gibt es zum Beispiel im Winter im Mittelmeergebiet und in Kalifornien. In der afrikanischen Savanne sind natürliche Feuer alle ein bis drei Jahre normal und für die Lebensgemeinschaft wichtig. Sie werden daher heute nicht mehr so wie früher bekämpft.

Menschliche Eingriffe in Ökosysteme

Menschen sind genau wie alle anderen Lebewesen von der Gesundheit natürlicher Ökosysteme abhängig. Sie liefern uns Nahrung, sauberes Wasser, saubere Luft und attraktiven Lebensraum. Ebenso wie jeder andere Organismus nehmen wir uns, was wir brauchen aus der Natur und hinterlassen Abfallstoffe. Es gibt allerdings einen gravierenden Unterschied: Durch die von Menschen entwickelten Werkzeuge und Technologien sind wir in der Lage, Ökosysteme nachhaltig und vor allem sehr schnell zu verändern. Wir verbrauchen natürliche Ressourcen sehr viel schneller als sie sich bilden können und zerstören dadurch vielerorts unsere eigene Lebensgrundlage – eine gesunde Natur. Wenn Sie einmal die vom Menschen verursachten **Naturveränderungen** mit unserem Bevölkerungswachstum kombinieren, dann wird deutlich, welches gefährliche Spiel wir treiben.

Natürliche Landschaften werden von uns wegen ihrer Schönheit bewundert und für ihre Produkte (zum Beispiel Holz, Nahrungsmittel) geschätzt. Leider zerstören wir durch unser maßloses Leben viele Ökosysteme unwiederbringlich:

- Die Verbrennung fossiler Rohstoffe trägt zum Treibhauseffekt bei; die ansteigenden Temperaturen können zu gravierenden Veränderungen des Wettergeschehens führen, wie wir es heute teilweise schon sehen (zum Beispiel häufiger extremes Wetter mit Starkregen, Wirbelstürmen und so weiter). Die Auswirkungen auf die Landwirtschaft und die Lebensräume vieler Tier- und Pflanzenarten sind kaum abzuschätzen.
- Durch die Nutzung fossiler Brennstoffe steigt auch die Luftverschmutzung (unter anderem *saurer Regen*) weltweit an. Bei der Verbrennung von Kohle entstehen Schwefeldioxid und Stickoxide, die sich mit dem Wasserdampf der Atmosphäre zu Schwefel- und Salpetersäure verbinden. Die Säuren gelangen dann mit dem Niederschlag in den Boden, wo Nährstoffe ausgewaschen werden, oder sie verwandeln Seen und Flüsse in lebensfeindliche (weil zu saure) Biotope.
- Bestimmte Chemikalien menschlichen Ursprungs, wie etwa die *Fluorchlorkohlenwasserstoffe* (FCKWs) aus Spraydosen und alten Kühlschränken, gelangen in die Atmosphäre und zerstören dort die natürliche Ozonschicht der Stratosphäre (höher gelegener Teil der Atmosphäre). Die Ozonschicht schützt alles Leben auf der Erde vor zu starker UV-Strahlung der Sonne, die unter anderem das Erbgut schädigen kann.
- Chemische Schadstoffe reichern sich besonders in den Organismen an, die am Ende der Nahrungsketten stehen. Neben diesen Organismen leiden auch wir Menschen darunter, wenn wir zum Beispiel Thunfisch essen. Geringe Mengen an Schadstoffen (zum Beispiel Quecksilber) gelangen ins Meer und werden von Kleinstlebewesen (Quallen, Krabben und so weiter) aufgenommen. Diese an der Basis der Nahrungskette stehenden Organismen werden von Sardinen und diese wiederum von Thunfischen gefressen. So reichert sich das Quecksilber immer weiter an und kann in manchen Thun- und Schwertfischen gesundheitsschädliche Konzentrationen erreichen.
- Aktuell ein großes Problem ist auch die Eutrophierung von Ökosystemen. Damit ist die Zunahme von Stickstoff- und Phosphatverbindungen (Nitrate und Phosphate) gemeint, die zum Beispiel in Gewässern zu Algenblüten und in terrestrischen Ökosystemen zu einem Rückgang der Artendiversität führt. Die Nährstoffe gelangen vor allem durch Überdüngung in der Landwirtschaft und durch nicht sachgerecht entsorgte Abwässer (Reinigungsmittel) in den Wasserkreislauf. Aber auch Nährstoffeinträge aus der Luft tragen dazu bei. Algenblüten in Seen führen nach Absterben der Algen zu intensivem mikrobiellen Abbau der Pflanzenmasse, der mit starkem Sauerstoffverbrauch einhergeht. Dann sterben oft auch wirbellose Tiere und Fische an Sauerstoffmangel.

✔ Gravierend negative Folgen für die Natur hat auch die allgemeine Lebensraumzerstörung durch den Menschen. Klassisches Beispiel ist das Schwinden der tropischen Regenwälder durch Abholzung. Tagtäglich gehen mehrere fußballfeldgroße Regenwaldgebiete unwiederbringlich verloren. Regenwälder sind als Kohlenstoffsenken und für die Sauerstoffproduktion der Erde enorm wichtig und beherbergen Unmengen verschiedener Tier- und Pflanzenarten. Durch die Zerstörung der Regenwälder, aber auch anderer Lebensräume (Feuchtgebiete, Moore und so weiter), kommt es zu einem kontinuierlichen Rückgang der *Biodiversität*; so reduziert sich auch die globale genetische Diversität und damit die Möglichkeit der Lebewesen, auf veränderte Umweltbedingungen zu reagieren beziehungsweise sich anzupassen.

Als Konsequenz der menschlichen Naturzerstörung hat sich seit etwa 25 Jahren die Wissenschaftsdisziplin **des Natur- und Artenschutzes** etabliert. Biologen erforschen in diesem Bereich die Auswirkungen menschlichen Handelns auf Ökosysteme, Lebensgemeinschaften und Arten. Sie versuchen unter anderem, die Populationsdynamik von Arten zu verstehen und ihr Aussterben zu verhindern. Dabei ist die Verzahnung mit der klassischen Ökologie sehr eng. Der wissenschaftliche Naturschutz entwickelt zum Beispiel Strategien, um unsere durch Straßen zerstückelte Landschaft wieder zu vernetzen und beschädigte Ökosysteme zu renaturieren. Heutzutage wird in Deutschland kein größeres Bauprojekt mehr ohne Anhörung von Naturschutzfachleuten genehmigt.

Pflanzen durch Biotechnologie verändern

19

In diesem Kapitel

- Genetisch veränderte Organismen – die Definition
- Gentechnische Verfahren kennenlernen
- Das Für und Wider der Gentechnik

Wissenschaftler erzeugen gentechnisch veränderte Organismen, indem sie bestimmte Gene, die wünschenswerte Eigenschaften codieren, in nützliche Organismen einschleusen. So veränderte Nahrungspflanzen und Nutztiere sind dann oft einfacher zu züchten und weniger anfällig für Krankheiten. Auch Bakterien werden genetisch modifiziert und bilden dann erforderliche Medikamente. Viele Menschen, Experten eingeschlossen, sehen diese gentechnischen Verfahren jedoch mit großer Sorge. So könnten genetisch veränderte Organismen im Freiland über Interaktionen auch natürliche Populationen beziehungsweise Ökosysteme negativ beeinflussen. In diesem Kapitel gebe ich eine Einführung in diese Biotechnologie und diskutiere die Vor- und Nachteile von Eingriffen in die Erbsubstanz.

Gentechnik – nein danke?

Wahrscheinlich haben Sie schon viel über Gentechnik gehört oder gelesen. Das Thema wird seit Jahren heiß diskutiert. Gentechnisch veränderte Organismen und daraus resultierende Lebensmittel werden vor allem in den USA hergestellt und weltweit vertrieben. Die Europäische Union hat im Gegensatz zu vielen anderen Ländern relativ strenge Richtlinien, was die Herstellung und den Handel von solchen Produkten betrifft – zum Ärger der großen Konzerne.

Gentechnisch veränderte Organismen, auch *transgene Organismen* genannt, sind Organismen, deren DNA mithilfe bestimmter gentechnischer Verfahren verändert wurde. Dabei wird *rekombinante DNA* aus einem Organismus entnommen und in lebende Zellen eines anderen Organismus eingeschleust. Es entsteht ein Organismus mit neu kombinierter Erbinformation, die aus mindestens zwei Quellen stammt.

Es gibt viele Gründe, warum Merkmale von Organismen durch gentechnische Verfahren verändert werden:

- ✔ Landwirtschaftliche Nutztiere werden genetisch manipuliert, damit sie mehr Milch geben, schneller wachsen oder magereres Fleisch bilden.
- ✔ Nutzpflanzen werden genetisch verändert, damit sie resistenter gegenüber Schädlingen und Unkrautvernichtungsmitteln werden oder auch, damit sie bestimmte Vitamine produzieren.

- Bakterien und Viren sind ebenfalls Gegenstand gentechnischer Forschung; man will erreichen, dass sie weniger schädlich für uns Menschen sind und dann zum Beispiel in Impfstoffen eingesetzt werden können.
- Menschliche Gene können in Bakterien eingeschleust werden, sodass diese dann menschliche Proteine synthetisieren, die als Medikamente genutzt werden können.

Zumindest manche dieser Gründe erscheinen positiv für die Menschheit. Aber die Sorgen über die Sicherheit der Verfahren und die unbekannten Auswirkungen transgener Organismen auf natürliche Lebensgemeinschaften bleiben bei vielen Leuten bestehen. Die Geschwindigkeit, mit der zum Beispiel neue, potente Nutzpflanzen kreiert werden, ist atemberaubend und nicht mit den herkömmlichen Methoden der Züchtung zu vergleichen. Es geht alles vielleicht zu schnell – zu schnell, um alle Folgen, die gentechnisch veränderte Organismen mit sich bringen, wirklich berücksichtigen zu können.

Die Pflanze als Baukasten

Pflanzen weisen einige Besonderheiten auf, die es besonders einfach machen, sie genetisch zu verändern:

- Pflanzenzellen und -gewebe können unter Laborbedingungen gezüchtet werden.
- DNA-Bruchstücke können leicht in Pflanzenzellen eingeschleust werden:
  - Durch die Infektion mit dem Bakterium *Agrobacterium tumefaciens* können DNA-Stücke auf natürlichem Wege in Pflanzenzellen eingeschleust werden.
  - Winzige Metallstücke, die mit DNA überzogen sind, werden mit sogenannten *Gen-Kanonen* in Pflanzenzellen hinein geschossen.
- Mithilfe von Hormonen kann eine Ansammlung von Pflanzenzellen dazu gebracht werden, sich zu einer vollständigen Pflanze zu entwickeln.

Die Kultur pflanzlicher Gewebe

Wenn Gewebe auf bestimmten Nährmedien im Labor gezüchtet werden, spricht man von einer *Gewebekultur*. Abbildung 19.1 veranschaulicht, wie Pflanzenzellen im Labor kultiviert werden.

- Aus irgendeinem Bereich des Pflanzenkörpers werden ein paar Zellen entnommen – Gewebe aus der Nähe von Meristemen wächst in der Regel am besten.
- Die Gewebestücke oder Zellen werden auf ein spezielles Nährmedium gelegt, das Wachstumshormone enthält.
- Die Zellen beginnen zu wachsen und bilden zuerst einen undifferenzierten Zellhaufen, den sogenannten *Kallus*.
- Weitere Hormone werden zugegeben; sie veranlassen den Kallus, Wurzeln und Spross zu bilden und sich zu einer kompletten Pflanze zu entwickeln.

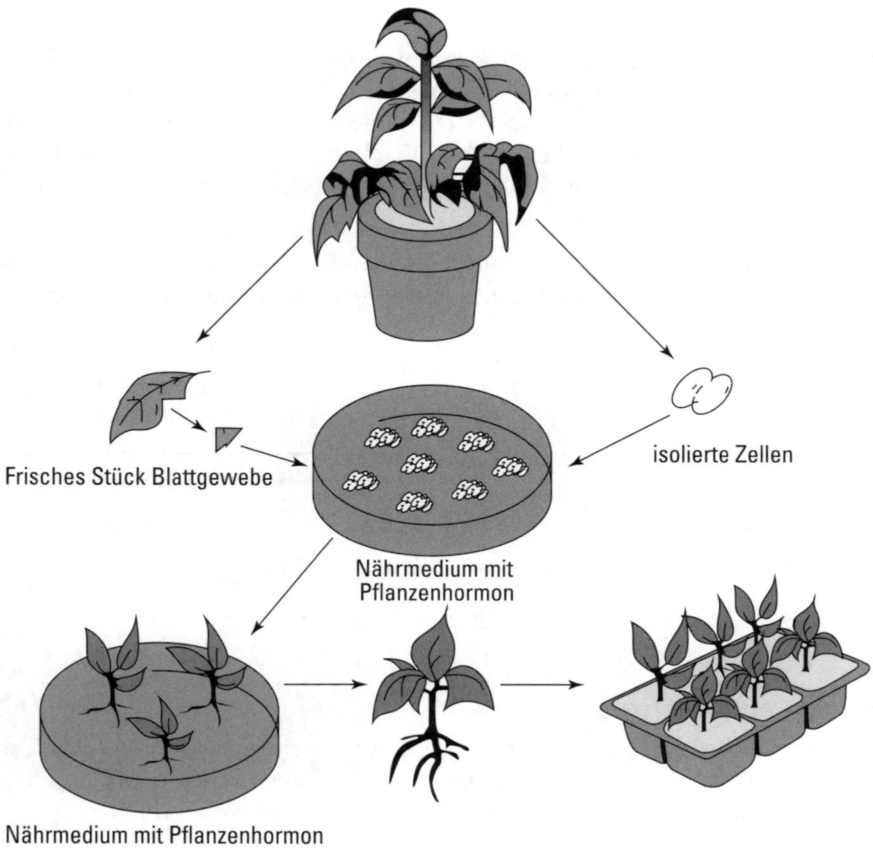

Abbildung 19.1: Übersicht zur pflanzlichen Gewebekultur.

Pflanzen mithilfe von Bakterien verwandeln

Wenn das Bakterium *Agrobacterium tumefaciens* eine Pflanze infiziert, dann überträgt es dabei ein kleines Stück seiner DNA in die Pflanzenzellen. Dieses spezielle, ringförmige DNA-Stück wird Ti-Plasmid genannt (Ti = Tumor-induzierend).

Die Gene des Ti-Plasmides schleusen sich eigenständig in die DNA der Pflanzenzellen ein. Sie lösen dann in kurzer Zeit viele Zellteilungen aus und es kommt zu tumorartigen Wucherungen des pflanzlichen Gewebes.

Enzyme zerschneiden die DNA

Genetiker nutzen die einzigartigen Fähigkeiten von *Agrobacterium* dazu, spezielle Gene in Pflanzenzellen einzuschleusen. Dazu muss zuerst das Ti-Plasmid des Bakteriums mit dem gewünschten Gen, dem *Wunschgen*, ausgestattet werden. Mit speziellen Enzymen, den sogenannten *Restriktionsenzymen*, wird die DNA des Ti-Plasmides aufgebrochen und das Wunschgen kann daraufhin eingeschleust werden. Jedes Restriktionsenzym zerschneidet die DNA dabei an einer ganz bestimmten Stelle.

Abbildung 19.2 zeigt, wie Restriktionsenzyme arbeiten: Sie schneiden die DNA des ringförmigen Ti-Plasmides an einer bestimmten Stelle. In das offene Ti-Plasmid kann dann ein Wunschgen eingefügt werden.

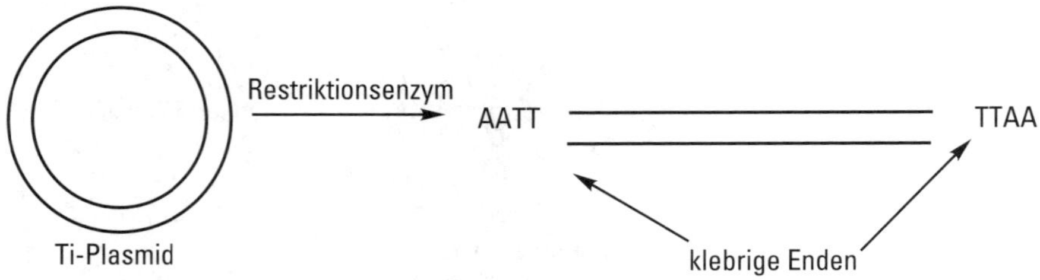

Abbildung 19.2: Restriktionsenzyme.

Ein Gen wird eingeschleust

Restriktionsenzyme erleichtern den Prozess, DNA zu zerschneiden und verschiedene DNA-Stücke zu kombinieren. Abbildung 19.3 zeigt die verschiedenen Schritte, wie ein Wunschgen in ein offenes Ti-Plasmid eingeschleust wird:

1. **Auswahl eines Restriktionsenzyms, das die DNA asymmetrisch aufbricht.** Wenn die DNA von einem Restriktionsenzym asymmetrisch aufgebrochen wird, entstehen zwei freie Enden, die sogenannten *klebrigen Enden*. Sie sind komplementär zu den Enden anderer DNA, die mit demselben Enzym zerschnitten wurde, und können mit diesen Enden Wasserstoffbrückenbindungen (siehe auch Kapitel 2) ausbilden. So haben die klebrigen Enden in Abbildung 19.2 zum Beispiel die Basensequenzen 5'-AATT-3' und 3'-TTAA-5'. A und T sind komplementäre Basenpaare, sodass die Enden Wasserstoffbrückenbindungen ausbilden können und zusammenbleiben.

2. **Wunschgen und Ti-Plasmid werden mit demselben Restriktionsenzym zerschnitten.** Wenn jede DNA mit demselben Restriktionsenzym aufgebrochen wird, weisen alle DNA-Stücke dieselben klebrigen Enden auf.

3. **Die Kombination von Wunschgen und Ti-Plasmid.** Die beiden DNA-Typen haben dieselben klebrigen Enden, sodass sich Wunschgen und Ti-Plasmid verbinden. Das Wunschgen wurde somit in das Ti-Plasmid integriert.

4. **Das Ti-Plasmid wird mit einem speziellen Enzym wieder geschlossen.** Das Enzym DNA-Ligase katalysiert die Bildung von kovalenten Bindungen an den Schnittstellen der DNA. So werden zwei DNA-Stücke fest miteinander verbunden.

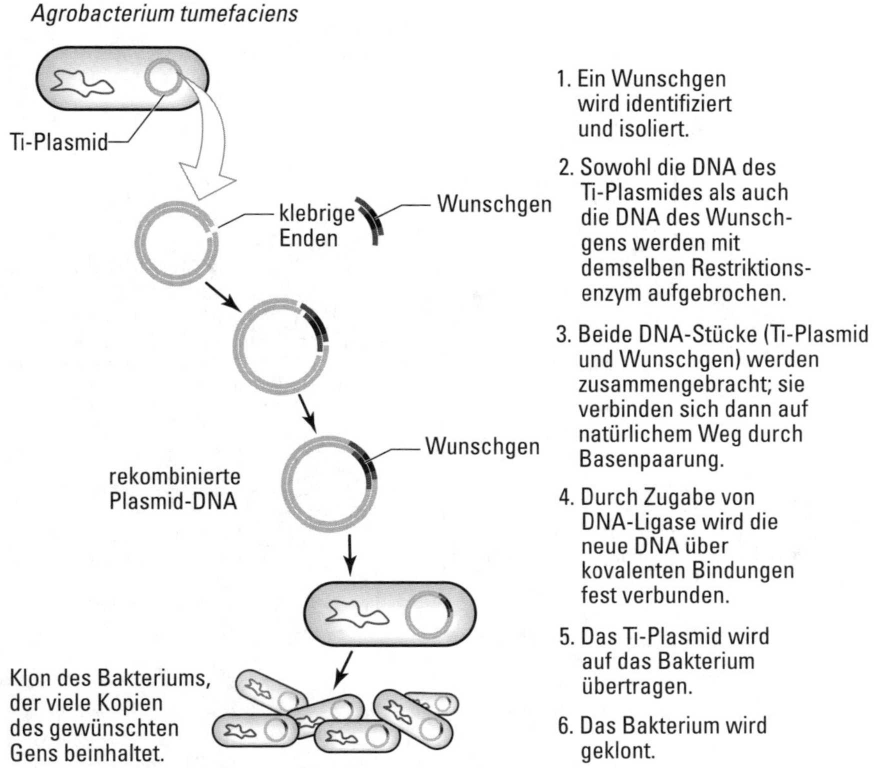

Abbildung 19.3: Ein spezielles Gen wird in das Ti-Plasmid eingeschleust.

5. Das genetisch veränderte Ti-Plasmid wird wieder in das Bakterium eingeschleust. Wenn die Bakterien und die modifizierten Ti-Plasmide im Labor gemischt werden, nehmen einige Bakterien die Plasmide aktiv auf und integrieren sie in ihr Zytoplasma. Um die Aufnahmerate zu erhöhen, werden die Bakterien mit Kälte- und Hitzeschocks stimuliert.

6. Die Bakterien werden gezüchtet und diejenigen werden identifiziert, die das Ti-Plasmid aufgenommen habe. Zusammen mit dem Wunschgen schleusen die Genetiker auch noch ein weiteres Gen in das Ti-Plasmid ein. Dieses Gen hilft den Wissenschaftlern in dieser Phase, die veränderten Bakterien zu erkennen. Oft ist das »Helfergen« ein Gen, das zu einer Antibiotika-Resistenz bei den Bakterien führt. Wenn dann in dieser Phase entsprechende Antibiotika zur Bakterienkultur hinzugefügt werden, überleben nur die veränderten Bakterien, also diejenigen, die das Wunschgen und das »Helfergen« enthalten.

Das Ti-Plasmid gelangt in die Pflanzenzelle

In Abbildung 19.4 ist dargestellt, wie Genforscher mithilfe von *Agrobacterium tumefaciens* transgene Pflanzen erzeugen.

1. Einer Pflanze werden Gewebestücke entnommen, die dann mit modifizierten Bakterien – sie enthalten ein Wunschgen – zusammengebracht werden.

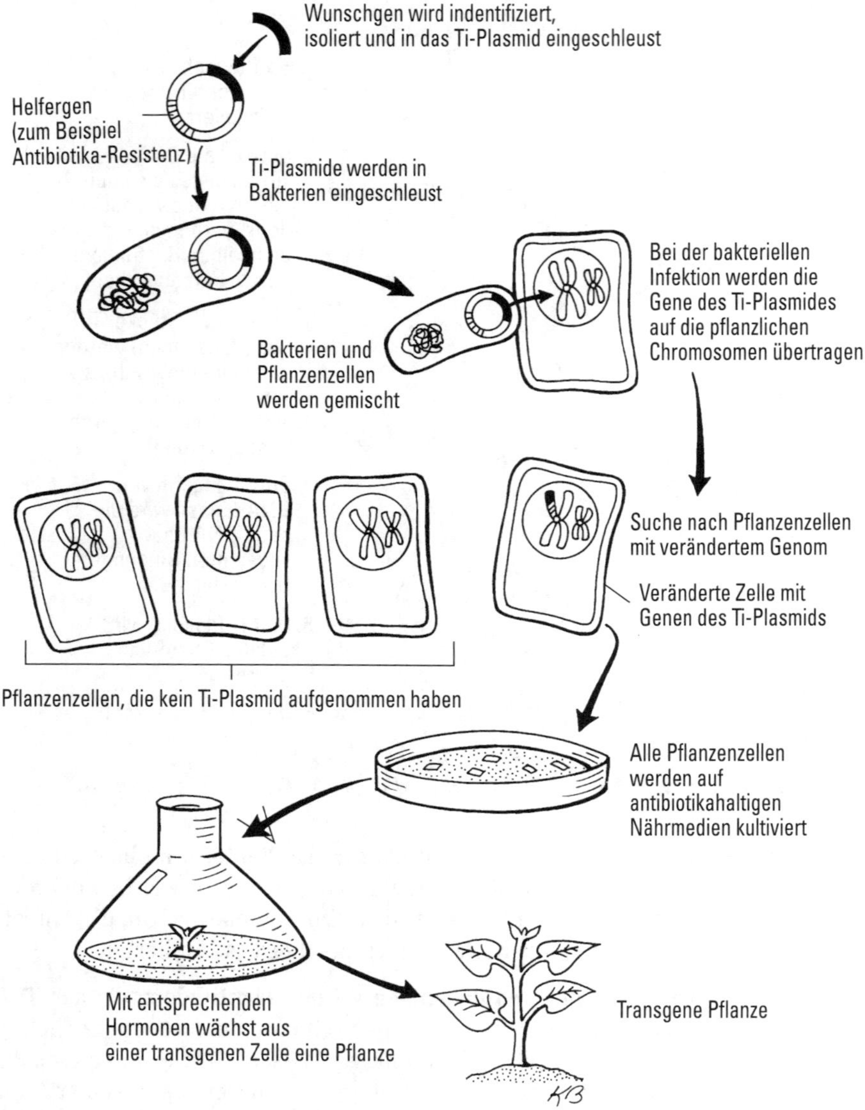

Abbildung 19.4: Die genetische Manipulation einer Pflanze mit Agrobacterium tumefaciens.

2. Die Bakterien infizieren die Pflanzenzellen und schleusen dabei das Ti-Plasmid in die DNA der Pflanzenzellen ein.

3. Die Gene des Ti-Plasmids gehen auf die DNA der Pflanzenzellen über.

4. Mithilfe eines chemischen Markers werden die Pflanzenzellen identifiziert, die das Wunschgen enthalten.

5. Die modifizierten Pflanzenzellen werden in Gewebekulturen vermehrt.

6. Die Gewebe werden dann mit speziellen Pflanzenhormonen geimpft, sodass sie sich zu vollständigen Pflanzen entwickeln.

In Kapitel 10 lesen Sie Einzelheiten darüber, welche Hormone das Wachstum von Wurzeln und Sprossen anregen.

Die neuen Pflanzen stellen genetisch veränderte (transgene) Organismen dar, weil sie ein künstlich eingeschleustes Wunschgen enthalten. Dieses Gen befindet sich in jeder Zelle der Pflanze und wird bei der Reproduktion auch an die nächste Generation weitergegeben.

Der Versuch, eine bessere Welt zu schaffen

Viele Menschen auf der Erde leiden schon heute an Mangelernährung. Diese Situation wird sich vermutlich weiter verschärfen, da die Weltbevölkerung (aktuell 7,06 Milliarden) unaufhörlich wächst, zurzeit um 83 Millionen Menschen pro Jahr. Die Vereinten Nationen rechnen für das Jahr 2050 mit 9,3 bis 11 Milliarden Menschen auf diesem Planeten. Dies ist ein Grund für den Drang mancher Wissenschaftler, die Gentechnik voranzutreiben und schnell neue, ertragreichere Nutzpflanzen zu erzeugen.

Genetiker nutzen gentechnische Verfahren, um neue Varianten von Nahrungspflanzen zu erzeugen, die resistenter gegenüber Schädlingen sind, schneller wachsen, klimatische Extreme (zum Beispiel Kälte, Dürre und so weiter) besser verkraften, Nährstoffe aus dem Boden effektiver aufnehmen können und die auch nährreicher für uns Menschen sind.

Lebensretter Gen-Reis

Vitamin A-Mangel führt weltweit zum Tod von mehr als einer Million Kindern und noch viele mehr sind von den Folgen des Mangels wie Erblindung betroffen. Wissenschaftler sehen eine Lösung dieser Mangelkrankheit in der Erzeugung von gentechnisch verändertem Reis, der unter anderem Provitamin A enthalten soll. Reis ist Grundnahrungsmittel in vielen betroffenen Regionen der Welt.

Nach dem Konsum von Provitamin A, oder Beta-Karotin, wird dieses im menschlichen Körper in Vitamin A umgewandelt. Reispflanzen bilden Provitamin A in ihren Blättern, aber nicht in ihren Früchten – und die stellen ja das Nahrungsmittel Reis dar. Weiterhin bevorzugen die Menschen in ländlichen Gebieten von Asien und Afrika besonders den weißen, geschälten Reis; dieser ist noch nährstoffärmer als der braune, ungeschälte Reis. Genetiker haben vor einiger Zeit herausgefunden, dass nur zwei Gene in Reispflanzen eingeschleust werden müssen, damit es auch in den Früchten zur Provitamin A-Bildung kommt. Sie machten Versuche und konnten tatsächlich eine Reissorte erzeugen, die Provitamin A in ihren Früchten enthält. Die Reiskörner sehen gelblich aus, denn das Provitamin A ist gelb-orange gefärbt – dieser Gen-Reis heißt dementsprechend goldener Reis.

Aktuell versucht man, die transgenen Reissamen an die Bauern in den von Vitamin A-Mangel betroffenen Gebieten zu verteilen – mit mäßigem Erfolg, denn die Situation ist äußerst komplex: es gibt sowohl kulturelle und wirtschaftliche als auch politische Probleme.

Bakterien gegen Pflanzenkrankheiten

Die Larven von Schmetterlingen und Nachtfaltern können insbesondere an Getreidepflanzen großen Schaden anrichten. Sie ernähren sich von den Blättern und Sprossen der Pflanzen und schmälern so den Ernteertrag. Schon länger nutzt man daher ein bestimmtes Bakterium *(Bacillus thuringiensis*; abgekürzt *Bt)* als Pflanzenschutz. Die Bakterien produzieren ein Gift, das die Larven abtötet. So ist diese biologische Schädlingsbekämpfung sehr populär geworden, zumal auch Biobauern sie guten Gewissens einsetzen dürfen.

Wissenschaftler wollten es jedoch noch einfacher machen: Sie erzeugten gentechnisch veränderte Maispflanzen, die das Gift selbst bilden. Dazu isolierten sie das Gen, das die Giftproduktion im Bakterium codiert, und schleusten es in das Genom von Mais ein. Heraus kam ein transgener *Bt*-Mais. Schmetterlingsraupen, die sich von *Bt*-Mais ernähren, sterben bald ab. Diese guten Erfahrungen führten dann auch zur Erzeugung einer transgenen *Bt*-Baumwolle. Landwirte müssen also gar nicht mehr spritzen, weder mit *Bt* noch mit chemischen Mitteln, und fahren doch eine gute Ernte ein.

Leider beeinflusst der Gen-Mais aber nicht nur, wie gewünscht, die schädlichen Raupen, sondern auch andere Wildpflanzen. Maispflanzen werden vom Wind bestäubt und ihr Pollen wird folglich in alle Richtungen geweht. Was er in einer transgenen Form anrichten kann, haben Wissenschaftler im Labor festgestellt: Sie streuten transgenen *Bt*-Maispollen auf andere Wildkräuter, zum Beispiel Seidenpflanzen *(Asclepias)*, die in den USA häufig am Rande von Maisfeldern wachsen. Dann fütterten sie Raupen des Monarchfalters mit den Blättern der Seidenpflanzen. Die Raupen wurden krank und starben bald.

Andere kritische Forscher sind besorgt, weil der transgene Pollen in Gewässer gelangen und dort ebenfalls andere Organismen schädigen könnte. Wenn etwa aquatische Insektenlarven durch das Gift sterben würden, könnte die gesamte Nahrungskette des Gewässers aus der Balance geraten. Mit transgenen Organismen werden vielleicht manche Probleme gelöst, aber oft auch wieder andere, in ihrem Ausmaß unvorhersehbare Probleme hervorgerufen.

Resistent gegen Herbizide

Unerwünschte Wildkräuter machen den Nahrungspflanzen Konkurrenz und der Landwirt steht vor einem Dilemma: Soll er »Unkräuter« mit der Hand ausrupfen – aus Sicht des Umweltschutzes die absolut beste Lösung und jedem Privatgärtner dringend empfohlen – oder soll er spritzen? Natürlich macht er Letzteres und behandelt sein Feld vor der Aussaat des Getreides mit einem Herbizid.

Große Konzerne, wie etwa die US-amerikanische Monsanto-Gruppe, geben dem Landwirt weitere Hilfestellung und haben transgene Mais-, Raps- und Sojabohnenpflanzen entwickelt, die gegen die gängigen, ebenfalls von Monsanto hergestellten Herbizide resistent sind. Pflanzt der

Bauer diese resistenten Sorten, kann er sein Feld auch noch nach der Aussaat mehrmals spritzen – dann werden immer nur die unerwünschten Kräuter getötet.

Die Verwendung Herbizid-resistenter Nahrungspflanzen mag als gute Alternative erscheinen, hat aber auch ihre Nachteile. Denn die Herbizide sind natürlich schädlich für die Umwelt. Sie töten zwar unerwünschte Kräuter ab – aus Sicht des Artenschutzes gilt es jedoch auch sie zu bewahren – und bringen Landwirten bessere Ernten, aber sie gelangen auch in die Gewässer und verunreinigen diese. Das Problem verschärft sich weiter, weil die Herbizide bei Verwendung resistenter Sorten noch häufiger und in größeren Mengen eingesetzt werden. Das hat mittlerweile bereits zur Entstehung resistenter Wildkräuter geführt: Sie werden nicht mehr von den Herbiziden getötet, sodass nun neue, noch giftigere Substanzen zum Einsatz kommen müssen.

Pflanzliche Medikamente und Enzyme

In den letzten Jahren haben verschiedene Firmen damit begonnen, Nahrungspflanzen, zum Beispiel Mais, genetisch so zu verändern, dass die Pflanzen Medikamente und Impfstoffe sowie Enzyme bilden. Sie schleusten dazu ein Gen für die Bildung einer gewünschten Substanz in die Nutzpflanzen ein (Mais, Reis, Sojabohnen oder Gerste) und bauten sie ganz normal im Freiland an. Nach der Ernte wurde dann die Substanz aus dem Pflanzenmaterial isoliert.

Die Befürworter dieser Technik sagen, dass dadurch die Herstellungskosten von Medikamenten reduziert werden und Landwirte in benachteiligten Regionen eine neue Einnahmequelle bekommen können. Die Gegner des Verfahrens argumentieren jedoch mit den unvorhersehbaren Folgen, die der Anbau transgener Pflanzen im Freiland hat. Ihr Pollen wird auf andere Nahrungspflanzen übertragen, vom Wind oder von Insekten, die möglicherweise darunter leiden, weil der transgene Pollen in ihr eigenes Genom integriert wird. Und wir Menschen essen dann am Ende Produkte, die unbeabsichtigt Medikamente, Hormone und Enzyme enthalten.

Das Für und Wider der Gentechnik – eine Gegenüberstellung

Die Anwendung gentechnischer Verfahren verändert Lebewesen grundlegend und wird daher sehr kontrovers diskutiert. Viele Leute machen sich Sorgen um die Sicherheit; die Auswirkungen auf die Umwelt, die Kosten-Nutzen-Relation und auch ethische Fragen spielen dabei eine Rolle. Dennoch werden transgene Organismen immer stärker landwirtschaftlich genutzt, sodass es heute schon schwer ist, Lebensmittel zu finden, die keine Spuren von gentechnisch veränderten Pflanzen beinhalten; Mais und Sojabohnen werden zum Beispiel sehr oft in transgenen Varianten angebaut und sind in sehr vielen Fertigprodukten enthalten. Viele Wissenschaftler haben sich mittlerweile in die Debatte eingeschaltet; nachfolgend werden einige ihrer Argumente präsentiert.

Pro Gentechnik:

- Herbizid-resistente Nutzpflanzen sind einfacher anzubauen; die Erträge und Profite für die Landwirte steigen an.
- Nutzpflanzen, die resistent gegenüber Schädlingen sind, verringern die Verwendung von Insektiziden; das schont die Umwelt und den Geldbeutel der Bauern.
- Wenn Nutzpflanzen und Nutztiere gentechnisch so verändert werden, dass sie mehr Vitamine und Nährstoffe enthalten, ist das auch für uns Menschen gesünder.
- Wenn transgene Nutztiere mehr Fleisch, Eier oder Milch produzieren, kann damit auf gleicher Fläche mehr Nahrung produziert werden; die höheren Erträge wirken dem Nahrungsmangel bei steigender Weltbevölkerung entgegen.
- Medikamente und Impfstoffe, die mithilfe transgener Nahrungspflanzen erzeugt wurden, sind billiger und besser verfügbar.
- Wenn sich die landwirtschaftlichen Methoden bei weiter wachsender Weltbevölkerung nicht ändern, werden viele Menschen an Unterernährung sterben.

Contra Gentechnik:

- Transgene Nutzpflanzen, die Gifte gegen Insekten produzieren, beeinträchtigen möglicherweise auch Insekten in benachbarten Ökosystemen.
- Der Pollen von transgenen Pflanzen wird auch auf andere Pflanzen übertragen; so können veränderte Gene unkontrolliert verbreitet werden. Wenn dies einmal geschehen ist, kann es unmöglich wieder rückgängig gemacht werden. Man kann ein verändertes Genom nicht mehr aus der Natur entfernen.
- Die durch Gentechnik erzielten Gewinne streichen meist die großen Konzerne und nicht die Bauern ein. Transgenes Saatgut wird patentiert und kontrolliert vermarktet. Landwirte müssen jedes Jahr neue Samen kaufen, die Erzeugung eigenen Saatgutes ist verboten (Urheberrecht). Wenn sich kleine Bauern die teuren transgenen Samen nicht leisten können, haben sie einen Konkurrenznachteil gegenüber großen Landwirten.
- Wissenschaftler zweifeln daran, dass sich mit der Gentechnik die Probleme der modernen Landwirtschaft lösen lassen. Transgene Pflanzen bringen mindestens genauso viele neue Probleme mit sich, wie sie lösen. Außerdem unterstützt die Biotechnologie in keiner Weise eine nachhaltige Landwirtschaft. Sie muss profitabel bleiben und verlangt den ständigen Kauf neuer Produkte.
- Transgene Nutztiere, die mehr Milch, Eier oder Fleisch produzieren, haben möglicherweise ein höheres Risiko krank zu werden.
- Genmanipulierte Nahrungsmittel beinhalten möglicherweise Allergene, die aus einer Kennzeichnung als »gentechnisch verändertes Nahrungsmittel« nicht hervorgehen. Allergiker könnten also ohne es zu wissen etwas Falsches essen.
- Nur sehr wenige wissenschaftliche Studien haben die Sicherheit transgener Organismen wirklich genau untersucht. Die wahren Risiken bleiben weiter unklar. Wir brauchen daher weitere unabhängige Studien zur Sicherheit von gentechnisch veränderten Organismen. Studien von Mitarbeitern der großen Landwirtschaftskonzerne reichen dazu nicht aus.

Viele Fragen bleiben weiterhin offen und dennoch finden wir im Supermarkt immer mehr Nahrungsmittel, die zumindest in Teilen gentechnisch veränderte Pflanzen enthalten. Aber geht das nicht alles viel zu schnell? Es geht mir nicht darum, Gentechnik generell zu verteufeln, aber bevor wir transgene Pflanzen so großflächig im Freiland anbauen, sollten wir die Folgen dieses Anbaus besser abschätzen können. Mit der Gentechnologie wird auch eine »Landwirtschaft in ganz großem Stil« gefördert; sie führt zu Monokulturen und zum Aussterben vieler Wildkräuter; kleinere landwirtschaftliche Betriebe leiden ebenfalls unter der großen Konkurrenz. Natürliche Ökosysteme werden durch transgene Pflanzen beeinflusst und möglicherweise irreparabel geschädigt. Wir sollten daher nicht aufhören, das Für und Wider gentechnologischer Verfahren zu diskutieren und bei jedem einzelnen Projekt immer wieder zu fragen: Wie sieht das Nutzen-Risiko-Verhältnis aus? Wer profitiert? Wer trägt das Risiko?

Pflanzen im Alltag

20

In diesem Kapitel

- Nahrungspflanzen
- Papier, Textilien und Biotreibstoffe
- Die Chemie der Pflanzen

Seit mehr als 12.000 Jahren kultivieren die Menschen verschiedene Pflanzen. Das unterstreicht die Wichtigkeit dieser grünen Organismen für unsere Kultur. Mit dem rapiden Wachstum der Weltbevölkerung steigt auch der Bedarf an pflanzlichen Nahrungsmitteln und Verbesserungen in der landwirtschaftlichen Produktion werden dringend benötigt. Auch als Baumaterial und in der Papier- und Textilindustrie spielen Pflanzen eine große Rolle. Konventionelle Anbaumethoden und Produktionstechniken sind jedoch oft wenig umweltverträglich. In diesem Kapitel stelle ich einige pflanzliche Produkte vor und zeige Möglichkeiten auf, wie wir Pflanzen nachhaltiger nutzen können.

Die hungernde Welt ernähren

Was haben Sie heute gegessen? Wie groß ist normalerweise der Anteil vegetarischer Lebensmittel auf Ihrem Speiseplan? Pflanzliche Nahrungsmittel sind in fast jeder menschlichen Kultur fest integriert, wobei besonders Samenpflanzen von Bedeutung sind.

Rund 80 Prozent der Kalorien, die Menschen zu sich nehmen, stammen aus sechs Samenpflanzen: Weizen, Reis, Mais, Kartoffeln, Maniok und Süßkartoffeln. Diese Pflanzen haben seit Tausenden von Jahren eine immense Bedeutung für die Ernährung der Menschheit.

Die Ursprünge der Landwirtschaft

Die ersten Menschen waren Jäger und Sammler. Sie streiften durch die Wälder, jagten Tiere und sammelten Wurzeln, Beeren und andere Früchte.

Vermutlich vor rund 12.000 Jahren wurden die Menschen erstmals sesshaft. Sie begannen mit dem Anbau von Nutzpflanzen, sodass Jagen und Sammeln als Nahrungsgrundlage in den Hintergrund rückte. Dieser Zeitpunkt markiert den Beginn der Jungsteinzeit.

Die ersten Bauern errichteten kleine Siedlungen – diese stellten die Grundlage für unsere heutigen Dörfer und Städte dar, für die moderne Zivilisation. Nach aktuellem Kenntnisstand hat sich der Ackerbau weltweit in drei Regionen unabhängig voneinander entwickelt: Im sogenannten *fruchtbaren Halbmond* des Nahen Ostens, in Südchina und in Mittelamerika. Die ältesten Nachweise stammen dabei aus dem Nahen Osten, einem breiten halbmondförmigen

Gebiet nördlich des Roten Meeres. Die frühen Hochkulturen der Ägypter, Phönizier, Assyrer und Babylonier siedelten vor allem entlang der großen Flüsse, wie Nil, Euphrat und Tigris. Das Gebiet, in dem die ersten Menschen sesshaft wurden, liegt heute in den Staaten Ägypten, Israel, Libanon, Jordanien, Syrien, Türkei, Irak und Iran.

Die ersten Nutzpflanzen waren Wildkräuter, die Menschen zuvor gesammelt hatten. Es erschien als gute Idee, an einem Platz zu siedeln und die schmackhaftesten Pflanzen anzubauen, anstatt durch die Gegend zu ziehen und zu sammeln. Abbildung 20.1 zeigt eine Weltkarte mit Angabe der ersten Kulturpflanzen in den jeweiligen Regionen der Erde; die Jahreszahlen sind dabei als ungefähre Angaben zu verstehen.

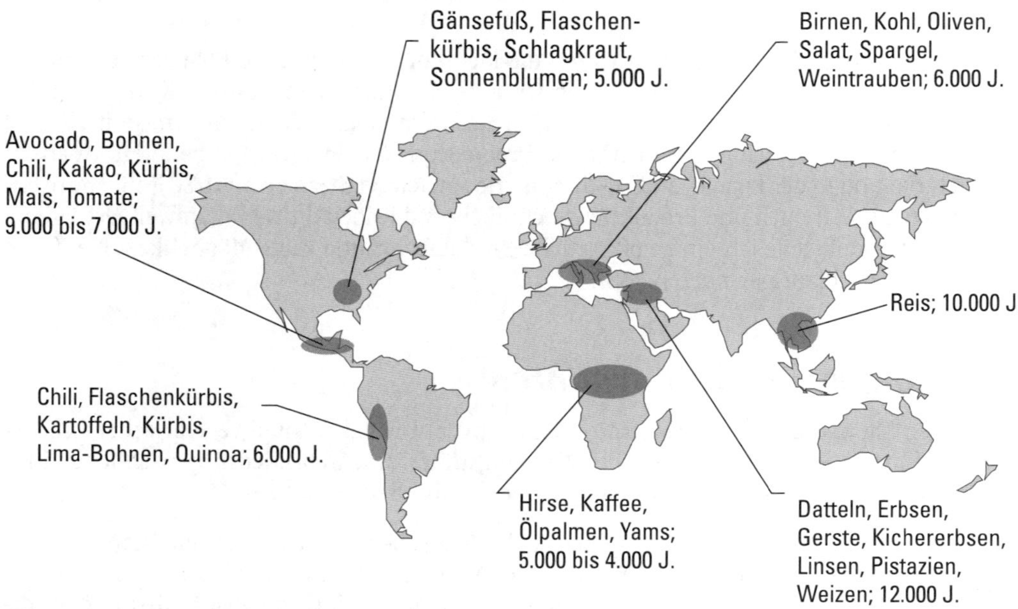

Abbildung 20.1: Die Ursprünge des Ackerbaus weltweit. Angegeben sind die ersten Kulturpflanzen und der vermutliche Beginn ihres Anbaus in Jahren vor heute.

Einige unserer wichtigsten Nahrungspflanzen werden also seit Tausenden von Jahren angebaut:

- ✔ Die ersten Nutzpflanzen waren wahrscheinlich Getreide, wie Weizen und Gerste, die im Bereich des fruchtbaren Halbmonds schon vor mehr als 10.000 Jahren angebaut wurden.
- ✔ Die ersten chinesischen Bauern begannen vor rund 10.000 Jahren mit dem Reisanbau.
- ✔ In Mittelamerika begannen Menschen vor etwa 9.000 Jahren erstmals mit dem Anbau ursprünglicher Maissorten. Etwas später dann, vor mindestens 7.000 Jahren, pflanzten sie auch Bohnen und Kakao – ein Glück, sonst hätten wir heute vielleicht keine Schokolade!
- ✔ Der Anbau von Oliven begann im Mittelmeergebiet (unter anderem heutiges Griechenland) vor rund 6.000 Jahren.

- ✔ In Südamerika entdeckte man die Kartoffel als Nahrungsquelle und baut sie seit nunmehr 6.000 Jahren an.
- ✔ In Zentralafrika entstanden vor circa 5.000 Jahren die ersten Kaffeeplantagen.

Mit dem Anbau der ersten Wildpflanzen durch die jetzt sesshaft gewordenen Menschen der Jungsteinzeit begann auch die Veränderung der Pflanzen. Denn die Menschen betrieben Zuchtwahl, das hieß, sie suchten die ertragreichsten Individuen beziehungsweise solche mit besonders schmackhaften Früchten aus und verwendeten deren Samen für die Aussaat im nächsten Jahr. Durch diese kontinuierliche Selektion entwickelten sich mit der Zeit unsere heutigen Kulturpflanzen, die sich mittlerweile deutlich von ihren Wildformen unterscheiden.

Mit dem Wachstum der Weltbevölkerung Schritt halten

Im Juli 2012 lebten 7,06 Milliarden Menschen auf der Erde. Schätzungsweise knapp eine Milliarde dieser Menschen haben nicht genug zu essen. Insbesondere Kinder leiden darunter und jedes Jahr sterben etwa elf Millionen Kinder im Alter bis fünf Jahren, 60 Prozent davon an den Folgen der Unterernährung. Weil täglich etwa 230.000 Menschen weltweit dazu kommen, wird sich die Situation weiter verschärfen; die Vereinten Nationen rechnen für das Jahr 2050 mit mehr als neun Milliarden Menschen.

Anders als die Weltbevölkerung wird jedoch die Erde nicht größer. Ihre Ressourcen sind begrenzt und die landwirtschaftlich nutzbaren Flächen könnten sogar noch weniger werden. Raubbau an der Natur und Klimaveränderungen führen zu Bodenerosion (Bodendegradierung) und zur Ausbreitung von ariden (trockenen) Gebieten; in einem ariden Klima übersteigt die Verdunstung den Niederschlag. In Extremfällen bilden sich dann Wüsten (Desertifikation).

Nur etwa zehn Prozent der Erdoberfläche eignen sich zur Landwirtschaft – und der größte Teil davon wird bereits bewirtschaftet. Wir Menschen nutzen ungefähr 40 Prozent der Landfläche der Erde, davon etwa 33 Prozent für die Landwirtschaft. Dabei werden nur auf etwa einem Drittel der landwirtschaftlichen Fläche Nahrungspflanzen angebaut. Zwei Drittel nutzen wir für den Anbau von Futterpflanzen und als Weideland für Nutztiere.

Wenn Sie die komplette Fläche zusammenschieben, auf der weltweit Nahrungspflanzen angebaut werden, hätte das Gebiet ungefähr die Größe von Südamerika. Wenn Sie dasselbe mit der Fläche für Futterpflanzen und Weiden tun, entsteht ein Gebiet so groß wie Afrika. Die Fläche von menschlichen Siedlungen nimmt zusammengenommen nur etwa ein Drittel der Fläche Europas ein.

Um auch weitere mindestens zwei Milliarden Menschen im Jahr 2050 ernähren zu können, arbeiten Politiker, Wissenschaftler und Landwirte fieberhaft an neuen Konzepten für die Landwirtschaft. Wie können wir auf der begrenzten landwirtschaftlich nutzbaren Fläche mehr Nahrung produzieren als heute?

Die grüne Revolution

In den 1940er Jahren gab es schon einmal eine brenzlige Situation: Die Weltbevölkerung wuchs schneller als die Landwirtschaft. Weltweit wurden in den reichen Industrieländern Programme gestartet, die den Bauern in weniger entwickelten Regionen der Erde Hilfestellung geben sollten. So finanzierte beispielsweise die US-amerikanische Rockefeller-Stiftung ein Programm zur Verbesserung der Weizenernten in Mexiko. Über fast 20 Jahre wurde unter der Leitung des amerikanischen Agrarwissenschaftlers Norman Borlaug geforscht – mit Erfolg: man hatte schließlich Zwergformen des Weizens gezüchtet, die gleichzeitig ertragreich und resistent gegen Schädlinge waren.

In den 1960er Jahren führte Borlaug dann diese Weizensorten auch in Indien und Pakistan ein – begleitet von einem Aufklärungsprogramm, in dem die Bauern lernten, wie der Weizen am besten angebaut wird. In den 1980er Jahren übernahm dann China ebenfalls die verbesserten Weizensorten mitsamt den speziellen Anbaumethoden. So stieg China zu einer der führenden Nahrungsmittelproduzenten der Welt auf. Aufgrund des großen Erfolges dieser landwirtschaftlichen Innovation wurde sie als »Grüne Revolution« gefeiert und Borlaug, Vater der Revolution, erhielt 1970 den Friedensnobelpreis. Er hatte mit seinem Programm mehr als eine Milliarde Menschen vor dem Hungertod bewahrt und damit der Welt mehr Frieden gebracht.

Einige Ansatzpunkte werden bereits diskutiert:

- **Essen Sie weniger Fleisch:** Damit Sie ein Kilo Rindfleisch erzeugen können, müssen Sie die Kuh mit 10 bis 15 Kilo Getreide füttern. Auch wenn Rindfleisch mehr Kalorien pro Kilogramm als Getreide hat – mit 10 bis 15 Kilo Getreide ließe sich der Kalorienbedarf von mehr Menschen decken als mit einem Kilo Rindfleisch.
- **Steigerung der Erträge auf den landwirtschaftlichen Flächen:** In diesem Bereich gibt es bereits große Fortschritte; durch neue Sorten, verstärkte Bewässerung und Schädlingsbekämpfung konnten in vielen Gebieten der Erde bereits Erfolge erzielt werden (siehe Kasten »Die grüne Revolution«). Während der Jahre 1987 bis 1996 verdoppelten sich in den USA beispielsweise die Erträge für Sojabohnen und Weizen, und die Ernten für Mais verdreifachten sich sogar. Mithilfe von genetisch manipulierten Nutzpflanzen versuchen manche Wissenschaftler, diesen Trend fortzusetzen – ein gefährlicher Plan (siehe Kapitel 19).
- **Verstärkte Suche nach neuer landwirtschaftlicher Nutzfläche:** Obwohl sich schon die besten Flächen »unter dem Pflug« befinden, führt der immense Druck nach weiteren Anbauflächen dazu, dass auch wenig geeignetes Land urbar gemacht wird. Eines der größten Probleme in diesem Zusammenhang ist die Abholzung tropischer Regenwälder, die weit mehr Nachteile als Vorteile hat:
  - Die Böden der Regenwälder sind sehr flachgründig und arm, da der gesamte Nährstoffkreislauf oberirdisch abläuft. Sie liefern nur für ein bis zwei Jahre gute Erträge; dann sind sie komplett ausgelaugt und sowohl als Wald als auch als Ackerland unbrauchbar. Die Menschen ziehen dann weiter und roden das nächste Waldstück, oft durch Feuer, was ein zusätzliches Problem (CO_2-Emission) darstellt.

- Wälder stellen wichtige *Kohlenstoffsenken* dar. Bäume nehmen in großem Maße Kohlendioxid (CO_2) aus der Luft auf und bauen den Kohlenstoff in ihre Biomasse ein. Wenn Wälder gerodet werden, entfällt dieser Effekt und der im Holz gebundene Kohlenstoff gelangt als klimaschädliches CO_2 in die Atmosphäre, insbesondere wenn Brandrodung betrieben wird.
- Wälder sind Heimat für viele Tier- und Pflanzenarten. Ein Großteil der globalen Biodiversität ist in den Regenwäldern zuhause. Wir sollten sie bewahren, zumal dort unter Umständen noch nützliche Organismen leben, die wir noch gar nicht entdeckt haben.

Pflanzliche Produkte nutzen

Pflanzen dienen uns Menschen aber nicht nur als Nahrungsmittel, sondern werden auf ganz vielfältige Weise genutzt. Sie liefern uns auch Baumaterial (vor allem Holz), Papier, Stoffe, Gewürze, Farbstoffe, Medikamente und Treibstoffe.

Häuser bauen

Holz, sowohl von Nacktsamern als auch von Bedecktsamern, ist der am meisten verwendete Baustoff weltweit. Die enorme Nachfrage nach Bauholz bedroht mittlerweile die Existenz vieler Wälder auf der Erde. Waldreiche Staaten in Nordamerika und Europa haben daher eine nachhaltige Bewirtschaftungsform etabliert. *Nachhaltig* bedeutet, dass nur so viel genutzt wird, wie nachwächst. Die langfristigen Auswirkungen auf das Ökosystem Wald bleiben damit minimal. Für Endverbraucher ist das Holz aus solchen umweltgerecht bewirtschafteten Wäldern zum Beispiel an dem Gütesiegel FSC (Forest Stewardship Council) zu erkennen, das es seit 1993 gibt.

Aufgrund der nachhaltigen Bewirtschaftung geht es den amerikanischen und europäischen Wäldern heute besser als vielen Wäldern in ärmeren Ländern, obwohl Europa und Nordamerika die größten Holzproduzenten der Welt sind. In Europa ist sogar seit 1990 ein leichter Zuwachs der Waldfläche zu verzeichnen und in Nordamerika ging die Waldfläche seitdem nur gering zurück. Ein »Geheimrezept« zur Erhaltung der Wälder trotz starker Nutzung sind unter anderem großflächige Aufforstungsprogramme, die in Europa schon vor mehr als einhundert Jahren begonnen wurden. Während in vielen anderen Weltregionen natürliche Wälder (Urwälder) vorherrschen und zunehmend abgeholzt werden, sind Urwälder bei uns selten und stehen meist unter Naturschutz. Hierzulande dominieren die Forste, also Wälder aus Menschenhand, die bei nachhaltiger Bewirtschaftung jedoch auch sehr gute ökologische Funktionen aufweisen.

Leider haben sich nachhaltige Waldnutzungsformen in vielen Ländern Afrikas, Südamerikas und Asiens noch nicht durchgesetzt. Dort gehen die Waldflächen beständig zurück. Es fehlen regelmäßige Aufforstungen und die Abholzung findet daher häufig in den besonders bedeutsamen Primärwäldern statt. Damit sind vor allem Regenwälder gemeint, die sich noch in ursprünglichem Zustand befinden und daher für die globale Biodiversität enorm wichtig sind.

Im Gegensatz dazu stellen sogenannte Sekundärwälder Pflanzengesellschaften dar, die sich nach Abholzung des Primärwaldes entwickeln. Sie erreichen meist nicht den Artenreichtum wie ihn der Primärwald am selben Standort hatte.

Wie viel Holz als Baumaterial gebraucht wird, lässt sich an der Menge des Schnittholzes ablesen, das die Sägewerke verlässt. Weltweit produzieren die europäischen Länder das meiste Schnittholz, gefolgt von Nordamerika. In Asien und Südamerika nimmt die Produktion stetig zu, wobei leider noch zu wenig Holz in Forsten beziehungsweise Plantagen produziert wird.

Neben nachhaltiger Nutzung kann auch verstärktes Recycling zum Schutz natürlicher Wälder beitragen. Bis zu 40 Prozent des Bauholzes kann nach Abriss oder Ähnlichem wieder verwertet werden.

Die ökologische Bauwirtschaft erkennt den Wert natürlicher Ökosysteme an und achtet auf effiziente Wasser- und Energienutzung sowie Abfallvermeidung. Sparsamer Umgang mit Ressourcen und eine geringstmögliche Umweltverschmutzung zeichnen diesen alternativen Wirtschaftszweig aus. Die verwendeten Materialien kommen überwiegend aus nachhaltiger Produktion oder aus dem Recycling. Wenn Sie interessiert sind und die Umwelt beim Hausbau nicht mehr als nötig belasten möchten, können Sie sich auch im Internet informieren, zum Beispiel unter `http://www.oekologisch-bauen.info/`.

Die Papierherstellung

Ungefähr 42 Prozent der weltweiten Holzproduktion wird zur Papierherstellung verwendet, Papier zum Schreiben, Einpacken und Abwischen. Dabei werden in den Industrienationen, die etwa 20 Prozent der Weltbevölkerung ausmachen, mehr als 85 Prozent des weltweiten Druckpapiers verbraucht.

Um aus Holz Papier herzustellen, müssen die Zellulosefasern des Holzes vom Lignin befreit werden; es würde das Papier zu hart machen.

Der Prozess der Papierherstellung

In Abbildung 20.2 ist dargestellt, wie aus einem Baumstamm viele Blatt Papier entstehen:

1. **Nach dem Fällen werden die Baumstämme zunächst entrindet und dann klein geschnitten. Es entstehen Holzspäne, die weiterverarbeitet werden können.**

2. **Die Holzspäne werden mechanisch und chemisch zu Fasern aufgelöst.**

3. **Im sogenannten Hydrapulper werden die Fasern dann mit Wasser vermischt, sodass eine zähe Papierpaste entsteht.** Wenn Altpapier recycelt wird, kommt es ebenfalls in den Hydrapulper. Zuerst werden jedoch Heftklammern und andere Verunreinigungen entfernt. Die Tinte wird in einem speziellen Druckfarbenentferner abgeschieden.

4. **Die Papierpaste wird vom Hydrapulper in eine Mischungsbox überführt. Dort werden Chemikalien und Farbstoffe zugegeben, damit am Ende die gewünschte Papiersorte entsteht.**

5. Die Papierpaste wird raffiniert, wodurch unter anderem auch die Flexibilität des Papiers erhöht wird.

6. Im Kontroll- und Reinigungsprozess wird die Papierpaste unter anderem heftig geschleudert, um Verunreinigungen zu entfernen.

7. Die Papierpaste wird in der Papiermühle mit Wasser verdünnt, dann ausgerollt und geschnitten.

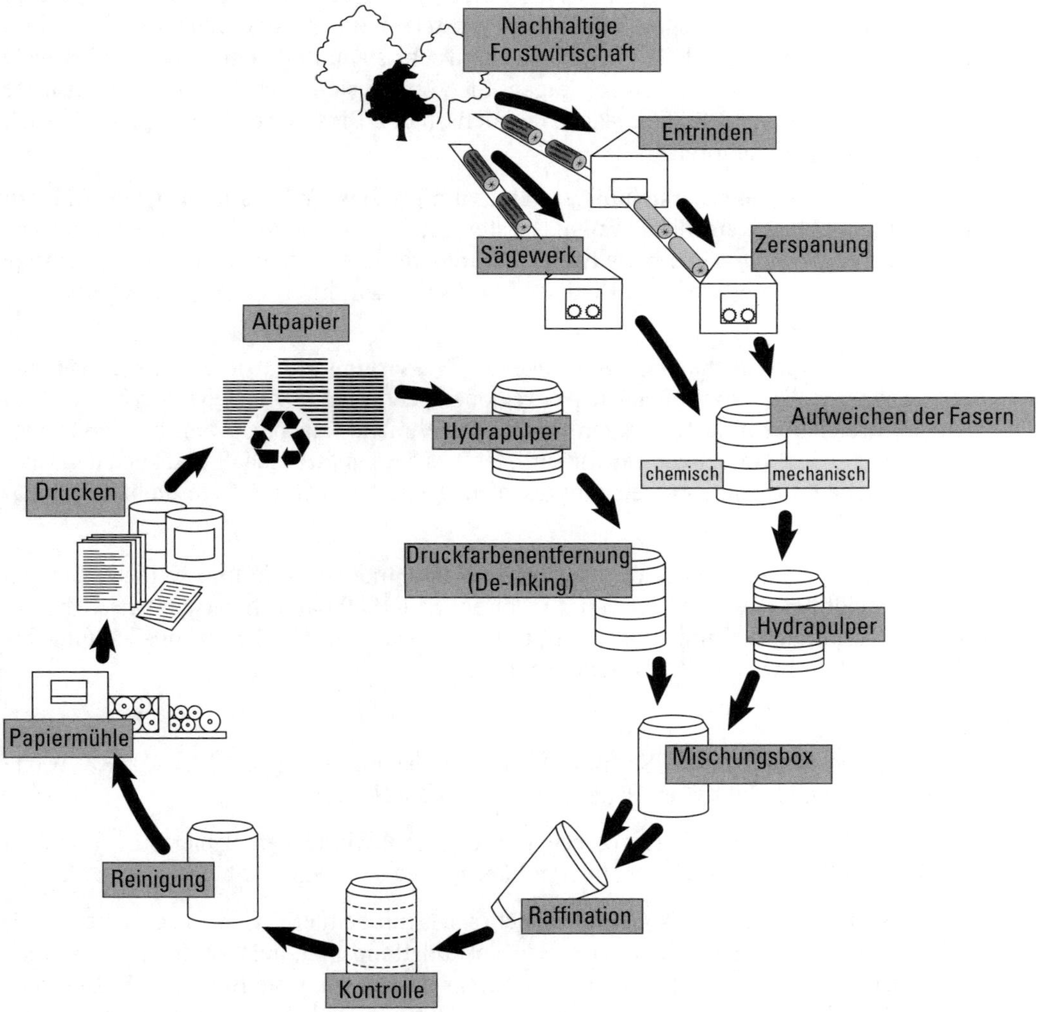

Abbildung 20.2: Die Papierherstellung.

Gesichtspunkte des Umweltschutzes

Der enorme Papierverbrauch unserer Gesellschaft bringt einige gravierende Umweltprobleme mit sich:

- **Beim konventionellen Bleichen von Papier werden giftige Chemikalien verwendet, die umweltbelastend wirken.** Damit qualitativ hochwertiges, rein weißes Papier für unsere Drucker erzeugt werden kann, muss die Papierpaste mit aggressiven Chemikalien gebleicht werden. In vielen Papiermühlen kommt zum Beispiel Chlor zum Einsatz, wodurch organische Chlorverbindungen (wie Dioxin) entstehen, die mit dem Abwasser der Fabrik in die Flüsse gelangen. Solche Chemikalien sind sehr stabil und können damit über viele Jahre verschiedene Organismen schädigen. Sie können sich auch in der Nahrungskette anreichern; an deren Ende steht jedoch der Mensch und Dioxine gelten zum Beispiel auch als krebsfördernde Faktoren.
- **Der Rohstoff zur Papierherstellung stammt zum größten Teil aus natürlichen Wäldern und nicht aus Plantagen oder Forsten.** Die stetig steigende Nachfrage nach Papier fördert die Abholzung von Urwäldern weltweit. Dadurch verlieren wir nicht nur eine wichtige Kohlenstoffsenke, sondern auch Biodiversität, weil Arten durch Lebensraumverlust aussterben.
- **Papierfabriken verbrauchen riesige Mengen an Wasser und produzieren klimaschädliche Gase.** Sauberes Wasser ist in vielen Weltregionen schon heute Mangelware, aber auch in den regenreicheren Industriestaaten wird es zunehmend knapper. Wenn bei der Papierherstellung zu viel Wasser verbraucht wird, fehlt es der Landwirtschaft und auch den Ökosystemen. Die Emission von Treibhausgasen aus Papierfabriken trägt zur globalen Klimaerwärmung bei.

Mit der wachsenden Weltbevölkerung und Industrialisierung weiterer Staaten steigt der Papierbedarf immer mehr an. Seit 1950 hat sich beispielsweise die Papierproduktion um 400 Prozent erhöht und sie soll sich Schätzungen zufolge bis 2020 um weitere 20 Prozent erhöhen.

Was Sie tun können:

- Sparen Sie Papier! Drucken Sie nur, wenn es unbedingt nötig ist. Das »elektronische Büro« hat Vorteile: Sie sparen Platz und schonen die Umwelt.
- Sammeln Sie Papier, damit es recycelt werden kann. Die blauen Papiertonnen sind in Deutschland Standard, in vielen anderen Ländern jedoch noch nicht.
- Kaufen Sie Produkte aus Altpapier oder solches, das mit dem FSC-Gütesiegel versehen ist. Viele Dinge des täglichen Lebens, zum Beispiel Toilettenpapier, müssen nicht schneeweiß sein. Auch Schriftverkehr kann heute auf Altpapier erfolgen, viele Behörden in Deutschland tun dies bereits. Wenn die Nachfrage nach Altpapierprodukten weiter steigt, wird die Recyclingindustrie gefördert. Das senkt den Bedarf an frischem Holz zur Papierherstellung. (Zu Ihrer Beruhigung: Auch dieses Buch wurde auf FSC-Papier gedruckt.)
- Unterstützen Sie die Verwendung umweltfreundlicher Materialien bei der Papierherstellung. In Schweden werden zum Beispiel bereits weniger umweltschädliche Bleichmittel verwendet. Papier muss nicht zwingend aus frischem Holz hergestellt werden. Man kann

es auch aus Sägemehl, Textilien, Abfallholz und sogar aus dem Kot von Pflanzenfressern (Elefanten, Kängurus und so weiter) herstellen. Sie werden es kaum glauben – dieses »Dungpapier« stinkt gar nicht! Machen Sie politischen und wirtschaftlichen Druck, damit die Papierindustrie zu umweltfreundlicheren Methoden greift.

Wir tragen Baumwolle

Ungefähr die Hälfte unserer Kleidung und Textilien werden aus Baumwolle hergestellt. Sie wird auf 2,4 Prozent der landwirtschaftlichen Flächen in mehr als 90 Ländern der Erde angebaut. Das summiert sich zu einer jährlichen Produktionsmenge von etwa 20 Millionen Tonnen Baumwolle.

Leider brauchen Baumwollpflanzen sehr viel Wasser und sind auch anfällig gegen Schädlinge. Die Farmer müssen reichlich bewässern und mit Pestiziden spritzen, um eine gute Ernte einzufahren; das belastet die Umwelt und die Plantagenarbeiter gleichermaßen. Glücklicherweise haben sich mittlerweile Initiativen gegründet, die den Anbau von Baumwolle umweltfreundlicher gestalten wollen. In Kalifornien gibt es beispielsweise das »Sustainable Cotton Project«, das Farmer, Textilfabrikanten, Händler und Endverbraucher zusammenbringt, die Aufmerksamkeit für die Problematik steigert und nach umweltverträglichen Lösungen für alle Beteiligten sucht.

Pflanzliche Treibstoffe für die Zukunft

Biokraftstoffe sind in aller Munde, nicht erst seit es Super E10 an deutschen Tankstellen gibt. Wir sprechen hier über den zurzeit am schnellsten wachsenden Zweig der landwirtschaftlichen Industrie. *Biokraftstoffe* werden aus organischem Material hergestellt, das pflanzlichen oder tierischen Ursprungs sein kann. Die Nachfrage steigt stetig, da die fossilen Energieträger Kohle, Öl und Gas immer knapper werden. Die fossilen Rohstoffe haben sich in Jahrmillionen gebildet (Steinkohlewälder des Karbons; siehe auch Kapitel 15) und werden nun rapide aufgebraucht.

Eine Möglichkeit die Energiekrise abzumildern, ist die Herstellung von Ethanol und Biodiesel aus Pflanzen, die heute großflächig angebaut werden können. Genau dieser Flächenbedarf stellt aber auch ein viel diskutiertes Problem dar, da wir die Äcker eigentlich zur Nahrungsmittelproduktion brauchen.

Die Herstellung von Bioethanol

In Abbildung 20.3 ist dargestellt, wie zellulosereiches Pflanzenmaterial zur Ethanolherstellung genutzt werden kann:

1. Pflanzenmaterial, wie zum Beispiel Mais, wird geerntet und zerkleinert, sodass eine Art Maisgranulat entsteht. Dieses wird dann gemahlen, entweder trocken zu einem Maismehl oder nass zu einem Maisbrei.

2. Durch die Zugabe von Enzymen werden die langkettigen Kohlenhydrate des Maises, wie Zellulose und Stärke, aufgebrochen und in kleinere Zuckermoleküle verwandelt.

3. Es wird Hefe zugesetzt. Sie dient zur Fermentation; bei diesem biologischen Prozess werden Zucker abgebaut, sodass Bioethanol und Kohlendioxid entstehen.

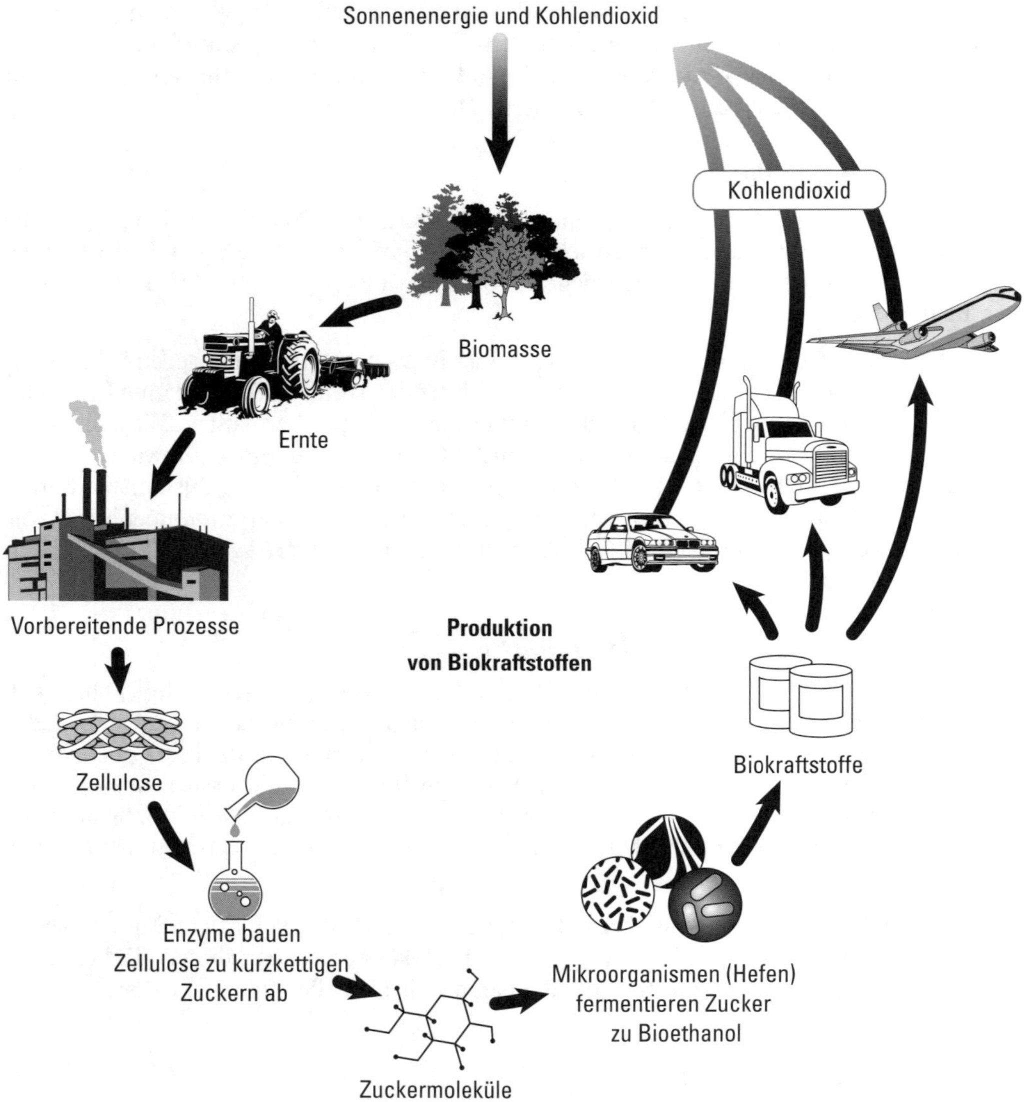

Abbildung 20.3: Die Herstellung von Biokraftstoffen.

Biodiesel

Biodiesel wird im Gegensatz zu herkömmlichem Dieselkraftstoff aus pflanzlichen Produkten hergestellt. Meist werden dazu Pflanzenöle (zum Beispiel Rapsöl) verwendet, aber auch Abfallstoffe, wie altes Frittierfett. Die pflanzlichen Fette werden mithilfe von Laugen (basische Flüssigkeiten mit einem pH-Wert >7) und Alkohol (zum Beispiel Methanol) in Biodiesel umgewandelt.

Für einige Leute stellen Biokraftstoffe eine attraktive Alternative zu fossilen Energieträgern dar. Sie werden aus nachwachsenden Rohstoffen gewonnen und unterstützen die etablierte Technologie der Verbrennungsmotoren mit Benzin und Diesel. Aber wie so oft gibt es auch hier gravierende Bedenken:

✔ Der Anbau von Nutzpflanzen zur Biokraftstoffproduktion wird möglicherweise finanziell attraktiver für die Landwirte als der Anbau von Nahrungspflanzen.

  - Die für Nahrungspflanzen verwendeten Anbauflächen nehmen ab und der Hunger in der Welt steigt an. Wir haben diese Problematik schon zu Beginn dieses Kapitels diskutiert.

  - Nahrungsmittelknappheit hat steigende Nahrungsmittelpreise zur Folge – die Leidtragenden sind die ohnehin sozial benachteiligten Menschen unserer Gesellschaft.

✔ Die Herstellung von Ethanol aus Mais kostet viel Energie. Der Energiegehalt von Ethanol ist nur geringfügig höher als die für seine Herstellung aufgewendete Energie.

Andere pflanzliche Ausgangsstoffe für die Bioethanolproduktion, wie Stroh, Holzreste und Schnittgut aus der Landschaftspflege, sind eine umweltverträglichere Alternative zu Nahrungspflanzen. Auch die Verwendung der Rutenhirse *(Panicum virgatum)*, einer anspruchslosen C4-Pflanze der nordamerikanischen Prärien, kann helfen, wertvolle landwirtschaftliche Flächen zu sparen.

Eine weitere Alternative zum Bioethanol sind Kuhfladen. Ja, Sie haben richtig gelesen: Die Exkremente von Kühen werden zur Produktion von Brennstoffen eingesetzt. Man kann aus den stinkenden Haufen Methangas gewinnen, das sehr gut brennt und zur Stromerzeugung verwendet wird. Das Ganze hat noch einen weiteren Vorteil: Es besteht keine Konkurrenz mit Maisäckern – wer will schon Kuhfladen essen!?

Die Bedeutung pflanzlicher Inhaltsstoffe

Pflanzliche Arzneimittel, Nahrungsergänzungsmittel und Süßstoffe sind heutzutage sehr beliebt. Jüngstes Beispiel ist *Stevia*, ein Kraut, das Speisen ohne Kalorien süß macht. Aber auch hier gilt es, Vorsicht walten zu lassen. Natürliche Pflanzenextrakte können sehr nützlich und gesund sein, sie können aber auch gefährlich werden.

Viele unserer wirkungsvollsten Medikamente und Gifte sind pflanzlichen Ursprungs. Bei der eigenmächtigen Anwendung pflanzlicher Mittel, also ohne ärztlichen Rat, sollte man stets den altbekannten Spruch beherzigen: »Die Dosis macht das Gift«!

Pflanzliche Arzneimittel

Es gibt viele Beispiele für die jahrhundertelange Tradition pflanzlicher Arzneimittel. Weidenrinde und Weidenblätter wurden von chinesischen Ärzten bereits um 500 vor Christus verwendet. Die Alten Griechen, Ägypter und Assyrer wussten die Heilwirkung der Weide *(Salix sp.)* ebenfalls zu schätzen. So empfahl der berühmte griechische Arzt Hippokrates (460 bis

377 vor Christus) Frauen während der Geburt, Weidenblätter gegen die Wehenschmerzen zu kauen. Und auch heute noch vertrauen viele Menschen weltweit auf die fiebersenkende und schmerzlindernde Wirkung der Weide.

Durch die moderne Wissenschaft wurden viele der althergebrachten Hausmittel als wirkungslos und/oder sogar als gesundheitsgefährdend eingestuft. Nicht so jedoch die Weide. Sie hat alle Tests bestanden und seit 1828 kennt man auch die wirksame Komponente: Britische Forscher isolierten aus der Weidenrinde das Molekül Salicin. Es wurde anschließend in Salicylsäure und schließlich in Acetylsalicylsäure (Aspirin) umgewandelt.

In Abbildung 20.4 sind drei wichtige Arzneipflanzen dargestellt – wir kennen jedoch viele weitere:

- Die Silberweide (*Salix alba,* Familie Salicaceae) enthält Salicin, das schmerzlindernd, fiebersenkend und entzündungshemmend wirkt. Heute wird Aspirin jedoch aus synthetisch hergestellter Acetylsalicylsäure gewonnen.
- Der Fingerhut (*Digitalis purpurea,* Familie Scrophulariaceae) produziert Herzglykoside (Digioxin und Digitoxin), die eine große Bedeutung in der Behandlung von Herzkrankheiten haben. Die Stoffe sind in der Lage, die Schlagkraft des Herzens zu steigern und die Herzfrequenz zu senken. Aber bitte beim nächsten Waldspaziergang keinen Selbstversuch starten! Eine etwas zu hohe Dosis kann tödlich wirken.
- Der Einjährige Beifuß (*Artemisia annua,* Familie Asteraceae) bildet Artemisinin; das Kraut wird seit Langem in der chinesischen Medizin unter dem Namen Qinghao zur Fiebersenkung eingesetzt. In den letzten Jahren erlangte Artemisinin verstärkte Bedeutung als Malariamittel.
- *Aloe vera* (Familie Xanthorrhoeaceae) kennen Sie vielleicht, wenn Sie schon einmal einen Sonnenbrand hatten. Das transparente Gel aus ihren sukkulenten Blättern wird zur Behandlung von Wunden, Hautkrankheiten und Verbrennungen wie Sonnenbrand eingesetzt.
- *Camptotheca acuminata* gehört zur Familie der Nyssaceae und ist in China beheimatet. Aus Samen, Holz und Rinde des Baumes wurde Camptothecin isoliert, eine Substanz, die wirksam gegen Krebs ist.
- Das Chinesische Meerträubel (*Ephedra sinica,* Familie Ephedraceae) produziert Ephedrin, das zum Beispiel bei Atemwegserkrankungen eine abschwellende Wirkung hat. Die Rutensträucher (siehe auch Kapitel 16) werden unter dem Namen Ma-Huang in der traditionellen chinesischen Medizin eingesetzt.
- Die Pazifische Eibe (*Taxus brevifolia,* Familie Taxaceae) produziert in ihrer Rinde die Substanz Taxol (siehe auch Kapitel 16). Sie hat sich als wirksam gegen Krebs erwiesen, besonders gegen Eierstockkrebs (Ovarialkarzinom).

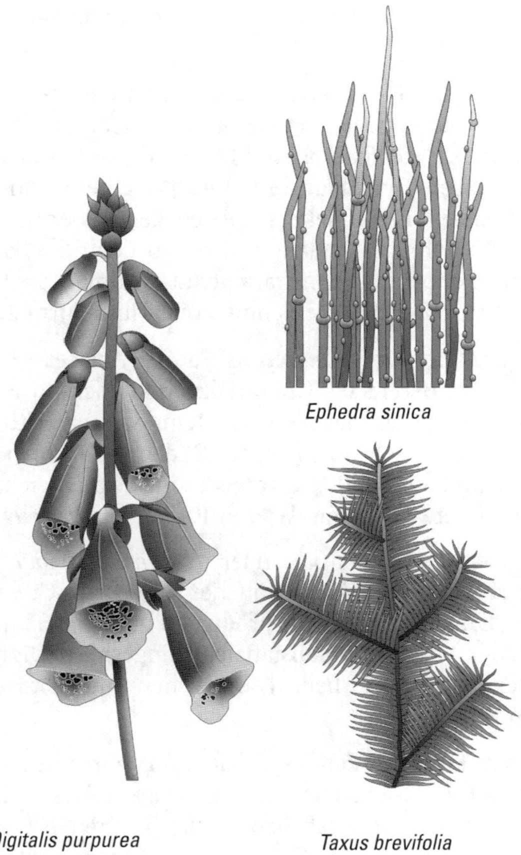

Abbildung 20.4: Arzneipflanzen.

Giftpflanzen

Sokrates, der berühmte griechische Philosoph, wurde wegen seiner philosophischen Ansichten und Missachtung der Götter 399 vor Christus zum Tode verurteilt. Er akzeptierte das Urteil und wurde mit dem Gift des Schierlings hingerichtet – er trank den Schierlingsbecher. Der Gefleckte Schierling, ein heimischer Doldenblütler, ist nur eine von vielen giftigen Pflanzen in unserer Flora. Viele unserer Zimmer- und Gartenpflanzen sind bei Verzehr ebenfalls giftig und auch Tiere haben trotz ihres guten Instinkts ein gewisses Risiko, sich beim Fressen zu vergiften.

Viele Inhaltsstoffe von Pflanzen wirken bei Aufnahme in einen tierischen beziehungsweise menschlichen Körper auf die inneren Organe. Wie stark sie wirken und ob es eine heilende Wirkung ist oder eher zu Übelkeit, Erbrechen und vielleicht sogar zum Tod führt, hängt einerseits von der Art der chemischen Substanz ab. Andererseits spielt die aufgenommene Menge eine Rolle und es gilt erneut der Spruch: **»Die Dosis macht das Gift«**. Wir haben das schon am Beispiel des Fingerhuts (siehe oben) erläutert und bei koffeinhaltigen Pflanzen (siehe unten) ist es nicht anders.

In Abbildung 20.5 sind einige besonders gefährliche beziehungsweise bekannte Giftpflanzen dargestellt:

- Eine früher häufig in unserer Flora vertretene Giftpflanze ist die Eibe (*Taxus baccata*, Familie Taxaceae). Mittlerweile findet man sie fast nur noch als Ziergehölz. Alle Teile des sehr schattenverträglichen Nadelbaums sind hochgiftig, außer dem roten fleischigen Samenmantel. Dies ist auch ein Grund für ihren Rückgang, denn Landwirte und Pferdebesitzer stehen wildwachsenden Eiben sehr skeptisch gegenüber. Zahlreiche Tiere starben durch den zufälligen Verzehr der Nadeln und so wurden die Pflanzen systematisch bekämpft. Dabei waren sie ohnehin schon stark genutzt worden, weil ihr Holz sich für viele Anwendungen eignet, zum Beispiel für Schnitzereien und Furniere.
- Der Gefleckte Schierling (*Conium maculatum*, Familie Apiaceae) bildet in allen Pflanzenteilen das Alkaloid Coniin. Bereits 0,5 Gramm davon können für einen Erwachsenen tödlich sein. Die Substanz wirkt auf das Nervensystem, der Tod tritt meist durch Atemlähmung ein. Die Pflanzen wachsen vor allem im Süden Deutschlands an stickstoffreichen Standorten in Gräben und auf Schuttplätzen; sie sind relativ leicht mit anderen Doldenblütlern zu verwechseln, etwa mit dem Wiesen-Kerbel *(Anthriscus sylvestris)*.
- Viele lieben den herrlich blühenden Oleander (*Nerium oleander*, Familie Apocynaceae) und kultivieren die frostempfindlichen Sträucher in Kübeln. Gut zu wissen also, dass es sich um sehr giftige Pflanzen handelt. Sie produzieren besonders in den Blättern das Glykosid Oleandrin, das der wirksamen Substanz des Fingerhuts (Digitoxin) ähnelt. Bei Aufnahme in den Körper führt es zu Übelkeit, Erbrechen und Herzrhythmusstörungen, die zum Tod führen können.
- Die Gattung *Astragalus* (Tragant; Familie Fabaceae) gehört mit rund 2.000 Arten zu den größten Gattungen der Gefäßpflanzen. Einige Tragant-Arten bilden unterschiedliche Gifte, die vor allem für Nutztiere gefährlich werden können. Sie weiden die Kräuter zufällig und zeigen dann typischerweise Symptome wie Aggressivität und Erblindung. Auf dem amerikanischen Kontinent spielen solche Vergiftungen von Rindern eine große Rolle. Bei uns kommt hauptsächlich der ungiftige Süße Tragant *(T. glycyphyllos)* vor. Er hat einen besonders hohen Futterwert, da seine Blätter sehr lecker und süß schmecken (daher der Name).
- Die Tollkirsche (*Atropa belladonna*, Familie Solanaceae) bildet im Spätsommer glänzende, violett-schwarze Beerenfrüchte aus, die Spaziergänger leicht dazu verleiten, sie zu essen. Aber Vorsicht! Sie enthalten giftige Alkaloide, unter anderem Atropin und Scopolamin, die bei entsprechender Dosierung für den Menschen tödlich sein können. Sie wirken auf das Nervensystem und führen zu Muskellähmungen inklusive des Herzens. In geringer Dosierung werden die Substanzen jedoch auch medizinisch eingesetzt, zum Beispiel von Augenärzten. Atropin erweitert nämlich die menschlichen Pupillen und erhöht damit die Attraktivität, eine Wirkung, die seit Langem bekannt ist und auch zu dem Artnamen *(bella donna = schöne Frau)* führte.
- Zu den giftigsten Pflanzen in Europa zählen der Eisenhut (*Aconitum sp.*, Familie Ranunculaceae), der in Deutschland mit fünf Arten vor allem in den Bergen vertreten ist; am häufigsten und auch im Flachland (oberhalb von 200 Metern über dem Meeresspiegel) findet sich der Blaue Eisenhut *(A. napellus)*. Weltweit ist die Gattung mit rund 400 Arten ver-

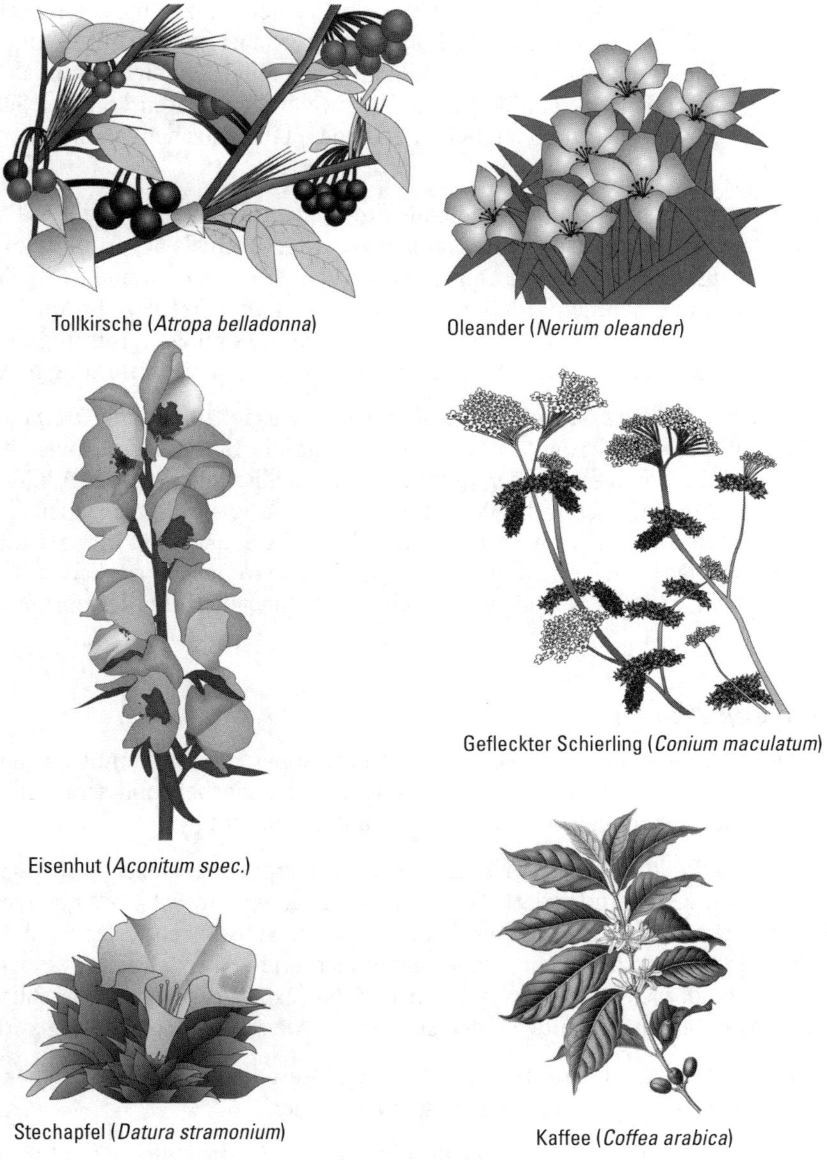

Abbildung 20.5: Giftpflanzen.

treten (die meisten davon in China) und aus vielen Ländern gibt es Überlieferungen zu seiner Giftwirkung. Aufgrund seiner großen, helmförmigen Blüten stellt der Eisenhut auch eine beliebte Zierpflanze dar. Die Giftwirkung geht auf Alkaloide (unter anderem Aconitin) zurück, die über die Schleimhäute aufgenommen werden; drei bis acht Milligramm gelten für den Menschen als tödliche Dosis. In geringer Dosierung wird Eisenhut in der traditionellen chinesischen Medizin verwendet.

- Die wegen ihrer hübsch gezeichneten Blätter als Zimmerpflanzen beliebten Dieffenbachien (*Dieffenbachia sp.*, Familie Araceae) kommen natürlicherweise in Mittel- und Südamerika vor. Sie bilden Kalzium-Oxalat-Kristalle in ihrem Milchsaft, die bei Aufnahme in den Körper zu brennenden Schleimhäuten und Schwellungen führen können. Schwillt die Zunge stark an, kann man sogar ersticken. Indianer stellen aus dem Milchsaft traditionell ein wirksames Pfeilgift her.
- Der wahrscheinlich aus Mexiko stammende Stechapfel (*Datura stramonium*, Familie Solanaceae) kommt bei uns fast nur als Zierpflanze, selten auch als Ackerunkraut vor. Er besitzt große weiße Blüten, dornige Samenkapseln (daher der Name) und ist in allen Teilen giftig. Besonders die Wurzeln, Blätter und Samen enthalten Tropan-Alkaloide, die denen der Tollkirsche ähneln. Bereits Mengen von 0,3 Gramm können Vergiftungserscheinungen wie Sinnestäuschung, Übelkeit, Pupillenerweiterung und Atemlähmung hervorrufen.
- Kaffeesträucher (*Coffea arabica*, Familie Rubiaceae), Kakaobäume (*Theobroma cacao*, Familie Sterculiaceae) und Kolabäume (*Cola sp.*, Familie Sterculiaceae) weisen in ihren Früchten Koffein auf, Teesträucher (*Camellia sinensis*, Familie Theaceae) bilden Koffein in ihren Blättern. Wir wissen die Wirkung des Alkaloids als Muntermacher zu schätzen und Sie wundern sich vielleicht, warum die beliebten Genussmittel hier als Giftpflanzen besprochen werden. Wieder ist die Dosis entscheidend: Wenn Sie nämlich zu viel Koffein zu sich nehmen, kann es Schlaflosigkeit, Zittern, Schlaganfall und Herzprobleme auslösen.

Halluzinogene Pflanzen

Als *Halluzinogene* werden chemische Substanzen bezeichnet, die den Gemütszustand und die Wahrnehmung verändern. Im Drogenrausch sehen, hören, riechen und schmecken wir anders als normal und sehen vielleicht Dinge, die gar nicht da sind.

Viele Kulturen und Religionen auf der Erde haben halluzinogene Pflanzen in ihre spirituellen und medizinischen Rituale integriert. Die Menschheitsgeschichte ist dementsprechend voll von Berichten über die Verwendung von halluzinogenen Substanzen. Priester und Medizinmänner nutzten ihr Potenzial in spirituellen Sitzungen und versetzten sich in einen anderen Bewusstseinszustand; viele Künstler und Schriftsteller experimentierten ebenfalls mit psychoaktiven Drogen und auch heute werden sie noch teilweise zur Entspannung konsumiert.

In Abbildung 20.6 sind zwei Pflanzen und zwei Pilze dargestellt, die von Menschen verschiedener Kulturkreise als halluzinogene Drogen genutzt werden:

- Peyote (*Lophophora williamsii*, Familie Cactaceae) ist ein stachelloser Kaktus, der in den südlichen USA und in Mexiko vorkommt. Er enthält zahlreiche Alkaloide, darunter das psychoaktive Meskalin, das ähnliche halluzinogene Effekte wie LSD (Lysergsäurediethylamid) und Psilocybin hervorruft. Als unerwünschte Nebenwirkung treten Herzrasen, erhöhter Blutdruck und Übelkeit auf.
- Halluzinogen wirkender Hanf (*Cannabis sativa*, Familie Cannabaceae) hat noch viele weitere Namen, zum Beispiel Marihuana, Gras und Haschisch. Daneben hat auch der Faser-Hanf eine lange Tradition, bei dem es sich aber um dieselbe Pflanze handelt. Meist werden die männlichen Pflanzen zur Faserproduktion und die weiblichen zur – in Deutschland

Peyote (*Lophophora williamsii*)

Fliegenpilz (*Amanita muscaria*)

Marihuana (*Cannabis sativa*)

Kahlköpfe (*Psilocybe sp.*)

Abbildung 20.6: Halluzinogene Pflanzen.

illegalen – Drogenproduktion verwendet. Die wirksame Substanz ist das Tetrahydrocannabinol (THC), das sich vor allem in den weiblichen Blüten findet. Konsumenten rauchen entweder die Blüten oder das daraus gewonnene Harz (Haschisch). Das lipophile THC findet im Gehirn viele geeignete Rezeptoren und kann so Euphorie, Glücksgefühle und übertriebene Wahrnehmungen auslösen. Obwohl für Dauerkonsumenten keine körperlichen Abhängigkeiten belegt sind, kann die Substanz psychisch abhängig machen und langfristig zur Beeinträchtigung des Lernvermögens, der Konzentration und des Gedächtnisses führen. *Cannabis* wird aber auch medizinisch eingesetzt, zum Beispiel als Appetitanreger bei Krebspatienten oder als Schmerzmittel bei Multipler Sklerose.

✔ Das Schwarze Bilsenkraut (*Hyoscyamus niger*, Familie Solanaceae) ist mit der Tollkirsche und dem Stechapfel verwandt. Es bildet ähnliche Alkaloide, darunter das Hyoscyamin, ist jedoch weitaus weniger giftig. Im Mittelalter wurde es in Deutschland dem Bier zugesetzt, um dessen Haltbarkeit und die berauschende Wirkung zu erhöhen. Erst als im 15. Jahrhundert der Hopfen (*Humulus lupulus,* Familie Cannabaceae) eingeführt wurde, der Bier nicht nur bitter sondern auch haltbar macht, verbannte man das Bilsenkraut aus den Braukellern. Manche Quellen sind der Ansicht, dass der Begriff »Pils« von Bilsenkraut abgeleitet wurde und nicht von der tschechischen Stadt Pilsen.

- Die Alraune (*Mandragora officinarum,* Familie Solanaceae) gehörte im Mittelalter zu den wichtigsten magischen Pflanzen. Grund dafür war in erster Linie die oft sehr menschenähnliche Gestalt ihrer Wurzel und nicht ihr Gehalt an Tropan-Alkaloiden. Sie wurde medizinisch hoch geschätzt und galt als schmerzstillend, empfängnisfördernd und aphrodisierend. Hexen verwendeten die Alraune als Zaubertrank, der aufgrund der Alkaloide verschiedene Halluzinationen auslöste. Die Legenden um die Alraune bestehen vielfach noch heute, wie man in den Harry Potter-Büchern nachlesen kann.
- Der Fliegenpilz *(Amanita muscaria)* wächst auch häufig in unseren Wäldern und jeder weiß, dass er giftig ist. Das ist richtig. Wenn er aber sehr gering dosiert wird, löst er halluzinogene Wirkungen aus. Das liegt an der Ibotensäure beziehungsweise ihrem Folgeprodukt, dem Muscimol. Die Substanz blockiert einige Neuronen, was zu Halluzinationen und oft auch starker Müdigkeit führt. Besonders bei sibirischen Naturvölkern ist der Pilz als Rauschdroge beliebt.
- Pilze aus der Gattung *Psilocybe* produzieren ebenfalls halluzinogene Substanzen, zum Beispiel das Psilocybin. Sie ähneln dem Neurotransmitter Serotonin und erhöhen daher dessen Signalwirkung im Gehirn. Es sind kleine unscheinbare Pilze, deren Konsum aber auch zu heftigen Nebenwirkungen wie Übelkeit, Herzrasen und brennenden Schleimhäuten führen kann.

Teil VI

Der Top-Ten-Teil

»Ich glaube irgendwas bei Deinen Kakteen ist gerade gestorben.«

In diesem Teil ...

Oberflächlich betrachtet könnte man meinen, dass Pflanzen recht langweilig sind. Sie stehen eigentlich nur herum und sehen manchmal noch nicht einmal schön aus. Doch bei genauerem Hinsehen stellen wir fest, dass viele Pflanzen äußerst interessant sind. Sie tricksen Tiere aus, fangen Insekten und verdauen sie oder parasitieren auf anderen Pflanzen. In diesem Teil stelle ich zehn außergewöhnliche Pflanzen vor.

Sich mit Pflanzen näher zu beschäftigen, kann also richtig Spaß machen, es kann aber auch sehr viel Arbeit bedeuten.

Falls Sie Student sind, finden Sie auf der Webseite `www.downloads.fuer-dummies.de` zudem zehn Tipps, wie man etwas leichter und effektiver lernen kann.

Zehn außergewöhnliche Pflanzen

21

In diesem Kapitel

- Wie Pflanzen das Verhalten von Insekten steuern
- Pflanzen betreiben nicht immer nur Photosynthese
- Die wunderbaren Anpassungen der Pflanzen

Pflanzen stehen nur in der Landschaft rum und machen nicht viel – sie sind einfach langweilig. Wenn Sie so etwas schon einmal gedacht haben, dann sind Sie hier richtig. Lernen Sie die folgenden zehn Pflanzen kennen – und Sie werden Ihre Meinung ändern!

Fleischfressende Pflanzen – die Kobralilie

Karnivore Pflanzen gibt es viele, die Kobralilie *(Darlingtonia californica)* ist eine der spektakulärsten davon. Sie gehört zur Familie der Sarraceniaceae und kommt in bergigen, niederschlagsreichen Regionen im Westen der USA (Oregon und Nordkalifornien) vor. Die Pflanzen wachsen an nährstoffarmen Standorten (Moore, Felsen, Sandgebiete und so weiter) und bilden sogenannte Kannenblätter aus (siehe auch Abbildung 13.4), die als Insektenfalle fungieren. Bei der Kobralilie sehen diese Blätter einem Schlangenkopf sehr ähnlich, sogar eine »Schlangenzunge« ist ausgebildet. Die bis zu einem Meter lang werdenden Blätter stehen entweder aufrecht oder hängen über, sodass sie mit ihrer Öffnung am oberen Ende wieder den Boden berühren. Auf diese Weise können die Pflanzen sowohl fliegende als auch kriechende Insekten fangen.

Angelockt werden die Tiere durch einen süßen Duft, den die Nektarien auf der Schlangenzunge produzieren. Die Insekten landen dann vom Duft geleitet an der kleinen Öffnung des schlauchförmigen Blattes, krabbeln hinein und sind maßlos enttäuscht: kein Futter ist zu finden! So machen sie sich gleich wieder auf, die »Kanne« zu verlassen und fliegen in Richtung Licht. Aber da wo es hell ist am oberen Ende des Kannenblattes ist keine Öffnung, sondern ein geschlossenes Fenster. Es sind transparente Gewebe, die Licht durchlassen und den Insekten ein Fenster vorgaukeln. Sie versuchen dann hinauszukrabbeln, aber Wachsauflagerungen machen die Blattoberfläche spiegelglatt und abwärts gerichtete Haare verhindern zusätzlich ein Entkommen. Schließlich sind sie erschöpft und fallen auf den Grund des Kannenblattes. Jetzt ist die Pflanze in der Lage, den Wasserstand im Blatt aktiv zu erhöhen. Die Insekten ertrinken und werden von symbiontischen Bakterien zersetzt, die sich in der Verdauungslösung befinden. Die Zellen in diesem unteren Bereich des Blattes besitzen keine Kutikula, sodass die Nährstoffe der abgebauten Insektenkörper direkt aufgenommen werden können. So versorgt sich die Kobralilie Tag für Tag mit essentiellen Nährstoffen.

Stinkende Pflanzen – die Titanwurz

Die Titanwurz *(Amorphophallus titanum)* gehört zur Familie der Aronstabgewächse und kommt natürlicherweise im Regenwald der indonesischen Inseln vor. Die Pflanzen werden von Aasfliegen und -käfern bestäubt und locken diese mit entsprechenden Düften an. Bei uns findet man die Titanwurz häufig in den Gewächshäusern der Botanischen Gärten, aber weniger wegen ihres üblen Geruchs. Grund für die Beliebtheit der Pflanzen ist der enorm große Blütenstand; er stellt mit mehr als 2,50 Metern Höhe den größten unverzweigten Blütenstand im Pflanzenreich dar. Können Sie sich vorstellen, wie das riecht? Besucher strömen dann in Massen in die Gärten, um das Superlativ zu sehen. Meist wird es ein sehr kurzer Besuch, denn der Gestank ist im wahrsten Sinne des Wortes atemberaubend; es gibt Berichte, dass am Eingang des Gewächshauses Gasmasken für das obligatorische Foto verliehen werden.

Für die Pflanze sind der riesige Blütenstand, bei dem oben männliche und unten weibliche Blüten sitzen (Einhäusigkeit), und die Duftproduktion ein ziemlicher Aufwand, der daher auch nur alle paar Jahre betrieben wird. Nach der Bestäubung durch die Insekten entwickeln sich die fleischfarbenen, weiblichen Blüten zu orangeroten Beerenfrüchten – die Pflanze stirbt dann ab. Die meiste Zeit befindet sich die Titanwurz in einer rein vegetativen Phase und stinkt nicht; die Mitarbeiter der Botanischen Gärten können dann aufatmen. Nur zur Blütezeit fordern manche tatsächlich eine Zulage wegen erschwerter Arbeitsbedingungen.

Ein galoppierendes Moos

Viele Pflanzen bewegen sich: Die Venusfliegenfalle klappt ihre Blattfallen zu, Mimosen falten ihre Blättchen zusammen und Bohnen winden ihre Ranken um stützende Elemente. Aber es gibt auch Pflanzen, die sich von einem Ort zum anderen bewegen, zum Beispiel das Moos *Grimmia ovalis*. Die in den Bergen und polaren Gebieten auf Silikatfelsen wachsenden Pflänzchen bilden dichte Polster, die jedoch sehr leicht zerfallen. Wahrscheinlich durch physikalische Bewegungen der Steine (Frieren und Auftauen) werden die Polsterstückchen dann hangabwärts bewegt, wobei immer wieder einzelne Stämmchen liegen bleiben. Mit dieser Wanderungsbewegung kann sich das Moos sehr effektiv ausbreiten. Außerdem werden dabei manchmal noch andere kleine Pflanzen mitgenommen, die auf dem *Grimmia*-Polster wachsen – sozusagen per Anhalter durch die Botanik!

Lebende Steine sind auch Pflanzen

Pflanzen haben ganz unterschiedliche Strategien entwickelt, um sich vor Fressfeinden zu schützen. Sie bilden Dornen und Stacheln oder produzieren giftigen Milchsaft. Einen sehr seltenen Trick wenden Pflanzen der Gattung *Lithops* an: Sie tarnen sich als Stein und stellen sich tot. Fast vollständig im Sand vergraben wachsen die zu den herrlich blühenden Mittagsblumengewächsen (Aizoaceae) gehörenden Sukkulenten in der Wüste. Nur der flache obere Teil ihrer beiden Blätter schaut über die Erdoberfläche und aufgrund ihrer gelblichen, rötlichen oder grauen Farbe sehen sie einfach aus wie ein Stein. Jedes hungrige Tier wird hier achtlos vorbeigehen.

Natürlich hat diese überwiegend unterirdische Lebensweise einen gravierenden Nachteil: Es fehlen grüne Blätter für die Photosynthese. Die lebenden Steine haben aber auch dieses Problem gelöst. Die abgeflachte Oberseite der Blätter weist transparentes Gewebe auf, sozusagen Fenster, durch das Licht in tiefer gelegenes Blattgewebe eindringen kann. Dort, unter der Erde läuft dann die Photosynthese ab. So erhielten die *Lithops*-Arten noch einen weiteren deutschen Namen – Fensterpflanzen.

Auferstanden von den Toten

Der Moosfarn *Selaginella lepidophylla* (siehe auch Kapitel 15) kann jahrelange Trockenheit überstehen und dann beim nächsten Regen weiter wachsen. Die in den amerikanischen Wüstengebieten (Arizona, Texas, Mexiko) vorkommenden Pflanzen rollen ihre in einer Rosette stehenden Blätter bei längerer Trockenheit immer mehr ein; die äußeren Äste sterben ab und wenn Sie solche eine Pflanzenkugel sehen würden, wäre Ihr Urteil eindeutig: Die Pflanze ist tot. Tatsächlich bleiben aber im Zentrum der Pflanze lebende Zellen erhalten, auch bei jahrelanger Trockenheit. Sie schlafen sozusagen und warten auf den nächsten Niederschlag. Wenn dieser kommt, rollen sich auch die äußeren, abgestorbenen Äste wieder auf (durch hygroskopische Bewegungen) und die Pflanzen beginnen wieder zu wachsen. Gelegentlich werden die Pflanzen als »Rose von Jericho« auf Märkten verkauft. Ein Schwindel, denn die echte »Rose von Jericho« ist eine Blütenpflanze, der Kreuzblütler *Anastatica hierochuntica*, der zwar ähnlich aussieht, aber mittlerweile nur noch selten in Nordafrika vorkommt.

Die seltsame Welwitschia

Welwitschia mirabilis ist einmalig und mit keiner anderen Pflanze zu vergleichen (siehe Abbildung 16.2). Sie wächst in Namibia in einer der trockensten Wüsten dieser Erde und bildet während ihres langen Lebens (schätzungsweise bis 2.000 Jahre) nur zwei Blätter aus. Diese wachsen an der Basis ständig weiter und sterben von der Spitze her ab. Sie zerschlitzen sich, spalten und rollen sich auf und wickeln sich manchmal um die kurzen Stämme. Die Pflanzen sehen dann fast wie Außerirdische aus, die in der sonst fast vegetationslosen Wüste umherlaufen. *Welwitschia* gehört zu den Nacktsamern und ist zweihäusig. Die weiblichen Pflanzen bilden zur Blütezeit am oberen Stammende Zapfen aus, die wie kleine Antennen aussehen – der Alien ist somit komplett.

Der weiße Fichtenspargel wächst über der Erde

Pflanzen sind grün – das weiß jeder. Sie müssen grün sein, denn ohne den grünen Farbstoff Chlorophyll funktioniert die Photosynthese kaum. Wie kann also eine Chlorophyll-lose Pflanze wie der Fichtenspargel (*Monotropa sp.*) überleben? Ganz einfach, sie parasitiert und lebt von anderen Pflanzen. Der bis zu 25 Zentimeter hoch werdende Fichtenspargel ist dabei besonders geschickt. Er zapft eine andere grüne Pflanze nicht direkt an, sondern verbindet sich über seine Wurzeln mit einem Mykorrhiza-Pilz im Boden. Dieser Pilz lebt wiederum in Symbiose mit einem Baum, das heißt, er bekommt seine Nährstoffe vom Baum und dieser erhält vom Pilz Unterstützung bei der Wasserversorgung (siehe Kapitel 18). Der »faule« Fichtenspargel lehnt sich dagegen entspannt zurück und lässt beide für sich arbeiten. Er ist ein Vollparasit. Im Gegensatz dazu betreiben Halbparasiten, wie die grünen Misteln *(Viscum sp.)*, auch selbst noch Photosynthese.

Hat die Fliegen-Ragwurz Sex mit Insekten?

Orchideen (Familie Orchidaceae) sind wunderbar. Ihre mehr als 20.000 Arten besiedeln alle Lebensräume und bilden äußerst faszinierende Blüten aus. Auf vielen deutschen Fensterbänken finden wir *Phalaenopsis*-Arten, die besonders pflegeleicht sind und in verschiedenen Farben blühen. In der Natur geht es vor allem um erfolgreiche Vermehrung und dazu haben sich manche Orchideen eine sehr extravagante Lösung einfallen lassen: Sie paaren sich mit Insekten. Unsinn, werden Sie sagen, das geht doch nicht; Pflanzen und Tiere können zusammen keine Nachkommen erzeugen. Richtig! Aber die Fliegen-Ragwurz *(Ophrys insectifera)* tut auch nur so. Sie bildet genau wie einige andere *Ophrys*-Arten sogenannte Täuschblüten aus und sichert damit ihre Fremdbestäubung. Die Pflanzen blühen bei uns im Mai und Juni auf Kalkmagerrasen sowie in lichten Kiefertrockenwäldern; ihre Blüten sehen nicht nur aus wie weibliche Grabwespen, sondern sie riechen auch so. Durch diese perfekte Nachahmung werden männliche Wespen (vor allem *Gorytes mystaceus*) angelockt, landen auf der Lippe und führen Begattungsbewegungen aus. Dabei heften sich die Pollinien an dem Insekt an und werden mit ihm zur nächsten Blüte getragen. Die Wespenmännchen denken also, sie begatten gerade ein Weibchen – ein toller Trick der Orchidee, ihre Blüten genau in Wespenform zu gestalten. Blütenbiologisch interessant ist aber auch, dass der Lockstoff, den die Blüten abgeben, dem Sexuallockstoff (Pheromon) der weiblichen Wespen entspricht. Eine solche chemische Nachahmung wurde für die Schwester-Art *O. sphegodes* sogar im Labor bestätigt: Diese Orchidee wird von männlichen Sandbienen *(Andrena nigroaenea)* bestäubt und bildet dazu die passenden Täuschblüten aus. Chemiker haben herausgefunden, dass der Sexuallockstoff, den Sandbienen-Weibchen verströmen, chemisch weitgehend identisch ist mit dem Duftstoff der Blüten. Das ist Koevolution in Perfektion.

Rundum faszinierend – die Riesenseerose

Sie bilden riesige Schwimmblätter, die sogar einen Menschen tragen können und ihre fußballgroßen Blüten öffnen sich nachts. Vielleicht haben Sie schon einmal eine Riesenseerose *(Victoria regia)* im Botanischen Garten gesehen. Oder ein Bild, das einen Menschen zeigt, der auf dem Blatt sitzt. Die Pflanzen sind in den Gartenteichen im Sommer sehr beliebt. Ihre Blätter erreichen einen Durchmesser von mehr als zwei Metern und tragen ein Gewicht bis zu 60 Kilogramm. Die besondere Tragfähigkeit wird dabei durch das Blattadernetz auf der Unterseite unterstützt, das in seinen Zwischenräumen viele Lufttaschen aufweist. Diese wirken wie kleine Rettungsringe und geben ordentlich Auftrieb. Außerdem besitzt die Blattunterseite viele Stacheln, die gegen Fressfeinde im Wasser schützen. Die zwittrigen Blüten öffnen sich nachts, wobei zunächst nur die weiblichen Organe zur Bestäubung bereit sind. Sie sind weiß gefärbt und werden von der Pflanze aktiv aufgeheizt. Dadurch wird ihr ananasartiger Duft noch intensiver verbreitet. Er lockt Blatthornkäfer an, die in die Blüte krabbeln, und wer am

Morgen noch da ist, bleibt gefangen. Denn die Blüten schließen sich über den Tag, um sich dann in der nächsten Nacht erneut zu öffnen. Sie sind jetzt rosa gefärbt und männlich, das heißt die Pollen sind bereit, verteilt zu werden. Die schon sehnsüchtig auf ihre Freilassung wartenden Käfer werden folglich vor dem Verlassen der Blüte mit Pollen eingestäubt.

Ein Baum im Baum – die Würgefeige

Bäume wurzeln im Boden und wachsen über Jahrzehnte, ja Jahrhunderte nach oben, der Sonne entgegen. Das kennen wir, das ist die Regel. Aber keine Regel ohne Ausnahme. Die in Indien beheimatete Würgefeige *(Ficus benghalensis)* keimt auf anderen Bäumen und wächst sozusagen von oben nach unten. Der Baum produziert schmackhafte Früchte, ähnlich den uns aus dem Mittelmeergebiet bekannten Feigen *(Ficus carica)*. Sie werden gern von Vögeln gefressen und ihre winzigen Samen landen dann mit dem Vogelkot auf den Ästen von Regenwaldbäumen. Nachdem sie ausgekeimt sind, wachsen die Bäume zunächst epiphytisch, was im schattigen Regenwald ein großer Vorteil ist. Mit der Zeit schickt die Würgefeige aber vermehrt Luftwurzeln nach unten, die sich wie ein Netz um den Stamm des Trägerbaumes schlingen. Sobald diese Wurzeln dann den Boden erreicht haben, wird es für diesen kritisch: Das Wachstum der Feige beschleunigt sich und mehr und mehr Wurzeln schlingen sich um den Trägerbaum. Er wird letztlich erwürgt und stirbt ab, nachdem die Feige auch mit ihren Blättern den Konkurrenzkampf um Licht gewonnen hat. In einigen Jahren ist der tote Baum komplett verrottet, sodass alte Würgefeigen oft innen hohl sind. Sie können mit ihrem Blätterdach und ihren zahlreichen Stützwurzeln riesige Flächen überspannen, manchmal mehr als einen Hektar.

Stichwortverzeichnis

C

D

E

F

M

N

O

P

R

S

T

U

V

W

X

Z

Rätseln auf der Spur

ISBN 978-3-527-70469-9

Verbrecherjagd mal anders: Was einst die Pistole, ist heute eine Pipette, und die Uniform ist ein weißer Kittel. Wer wissen will, wo welche Körnchen Wahrheit in Serien wie »CSI«, »Crossing Jordan« und Co. stecken, sollte dieses Buch lesen.

ISBN 978-3-527-70480-4

Alle, die sich für das Universum, das Leben und den ganzen Rest interessieren, sind hier genau richtig. Naturwissenschaften und Philosophie treffen bei den wohl wahrhaft elementaren Fragen nach dem Ursprung allen Seins aufeinander. Dieses Buch hilft, schnell und verständlich Antworten zu finden.

ISBN 978-3-527-70824-6

Was sind die Lehren von Immanuel Kant? Was hat es mit dem Urknall auf sich? Warum ist der Himmel blau? Horst Herrmann und Winfried Göpfert geben Ihnen in diesem Buch Antworten auf diese und viele andere Fragen.